郭本禹 主编

外国心理学流派大系

FOREIGN PSYCHOLOGY SCHOOL SERIES

现象的沉思

——现象学心理学

崔光辉 著

山东教育出版社
·济南·

图书在版编目（CIP）数据

现象的沉思：现象学心理学 / 崔光辉著. -- 2版.
济南：山东教育出版社，2025. 1. --（外国心理学流派大系 / 郭本禹主编）. -- ISBN 978-7-5701-3443-4

Ⅰ. B84-069

中国国家版本馆CIP数据核字第2024E2T250号

WAIGUO XINLIXUE LIUPAI DAXI

XIANXIANG DE CHENSI——XIANXIANGXUE XINLIXUE

外国心理学流派大系　　郭本禹　主编

现象的沉思——现象学心理学　　崔光辉　著

主管单位：山东出版传媒股份有限公司

出版发行：山东教育出版社

地址：济南市市中区二环南路2066号4区1号　邮编：250003

电话：（0531）82092660　网址：www.sjs.com.cn

印　刷：山东华立印务有限公司

版　次：2025年1月第2版

印　次：2025年1月第1次印刷

开　本：710毫米 ×1000毫米　1/16

印　张：22.25

字　数：347千

定　价：88.00元

（如印装质量有问题，请与印刷厂联系调换）印厂电话：0531-76216033

主　编　郭本禹

副主编　高峰强　杨韶刚　高申春

编　委（以姓氏笔画为序）

丁　芳　方双虎　王国芳　李广军　杨韶刚　修巧艳

贾林祥　郭本禹　高申春　高峰强　崔光辉　熊哲宏

江苏省研究生科研创新计划项目（CX07B-010Y）

江苏省重点学科“基础心理学”资助项目

教育部普通高等学校人文社会科学重点研究基地南京师范大学道德教育研究所成果

目录

Contents

总 序

著名心理学家艾宾浩斯曾说过:“心理学虽有一长期的过去,但仅有一短期的历史。”心理学的长期过去可以上溯到古希腊、古罗马时期的心理学思想,从大约公元前6世纪到公元19世纪中叶的这一时期被称为前科学心理学时期或哲学心理学时期。1879年,冯特在德国莱比锡大学创建了世界上第一个心理学实验室,标志着科学心理学的诞生。此后的短期历史被称为科学心理学时期。科学心理学是指具有科学形态的心理学,与之相对的是前科学形态的心理学。前科学形态的心理学主要指形而上学的心理学,它以纯粹思辨的方式进行推演研究,试图揭示心理现象的本质。科学形态的心理学即科学心理学,它主要受到近代科学尤其是自然科学的影响,采用经验尤其是实验的方式进行归纳研究,得出心理现象本质的知识。

从理论形态演变上看,科学心理学的发展主要表现为不同心理学流派的产生、发展和更替过程。这一过程大致沿着科学主义心理学和人文主义心理学两条路线不断演进。科学主义心理学是主流的心理学取向,主要包括内容心理学、构造心理学、机能心理学、行为主义心理学、皮亚杰学派心理学和认知心理学等流派。人文主义心理学是非主流的心理学取向,主要包括意动心理学、精神分析心理学、格式塔心理学、现象学心理学、存在心理学和人本主义心理学等流派。现代心理学流派的发展过程大致可以划分为三个阶段:一是哲学心理学时期的思想起源,从大约公元前6世纪到19世纪70年代;二是心理学流派自身的历史演进,从19世纪70年代到20世纪80年代;三是心理学流派的当代效应,从20世纪80年代至今。

一、现代心理学流派的思想起源

在前科学心理学的漫长历史中,心理学曾一度是“灵魂的奴仆”、“神学的婢女”和“哲学的附庸”。现代心理学流派萌芽于古希腊,发端于近代欧洲。古希腊心理学思想表现为存在(being)与形成(becoming)的张力,近代欧洲心理学思想表现为经验主义与理性主义的对立，到科学心理学时期就演变为科学主义心理学和人文主义心理学的纷争。

1. 思想萌芽

古希腊是现代心理学流派的思想源头。在哲学形成之前，古希腊人已经开始了对灵魂(psyche)的探索。当时人们认为灵魂是一种生命气息，它在人死亡时离去。“心理学”(psychology)一词就由此而来。大约在公元前6世纪，古希腊产生了哲学。古希腊哲学致力于探究世界的本原，其中包括回答灵魂是什么。因此，此时的心理学是灵魂的奴仆。

古希腊哲学隐含着存在与形成的张力。这一张力最初体现在巴门尼德和赫拉克利特之间。巴门尼德提出，要通过理性的道路来获得确定无疑的知识。他推崇理性认识的重要性，贬低感觉经验的作用，认为后者只能产生纷乱的意见。赫拉克利特则通过“人不能两次踏入同一条河流”来表述世界变动不居的特征。他重视感觉经验的重要性，甚至认为视觉经验比听觉经验更可靠。存在与形成的张力在柏拉图和亚里士多德那里达到顶峰。柏拉图发展了巴门尼德的观点，认为存在着普遍的理念世界，变化中的现实事物只是对不变的理念的一种模仿。理性是最高级的灵魂，并指导着意气和情欲。亚里士多德是古希腊思想的集大成者，其《论灵魂》一书可以视为西方心理学史上第一本心理学著作。他持有形成的立场，对柏拉图的观点进行了改造。在他看来，世间万物都是有目的的，朝向隐得来希即自身的全面发展迈进，因而处于时刻流转中，灵魂也是如此。他强调感觉经验在灵魂中的重要地位，认为感觉限定着灵魂的认识活动。

在古希腊之后，西方心理学思想的目的虽然发生了变化，但却依然延续着存在与形成的张力。到了中世纪，一切思想均转向认识上帝，此时的心理学成为“神学的婢女”。两位基督教哲学家奥古斯丁和托马斯·阿奎那为心理学思想指出两条不同的道路。奥古斯丁提出通过内心的感受来获得上帝的启示，从而走向形成立场；托马斯·阿奎那提出通过理性和逻辑论证来获得上帝的启示，从而走向存在立场。

总之，从古希腊到中世纪，心理学从作为“灵魂的奴仆”到作为“神学的婢女”，提出了许多朴素的心理学思想，构成了现代心理学流派的思想萌芽，其间一直延续着存在与形成的张力，开启了现代科学主义心理学和人文主义心理学纷争的历史源头。

2. 思想发端

经过漫长的中世纪，西方世界从文艺复兴时期进入近代。近代自然科学的进步使世界图景发生了根本改变，从中世纪以上帝为中心的神秘世界观转变为数学的机械世界观，对哲学以及心理学产生着越来越重要的影响。近代哲学的目的从古希腊探讨世界本原是什么转向如何认识世界。近代心理学由“神学的婢女”变成“哲学的附庸”，不再是对灵魂和上帝的探讨，而是围绕如何认识世界对心理学问题展开系统的理论阐述，表现为经验主义与理性主义两种对立的观点。这两种对立的观点由先前形成与存在的张力衍生而来：经验主义延续了形成的观点，理性主义延续了存在的观点。近代心理学思想在英国和法国表现为经验主义心理学思想，在荷兰和德国表现为理性主义心理学思想。

经验主义心理学思想主张，一切心理现象均是经验（如感觉和观念）的集合或联结。经验主义心理学思想从英国的培根开始。他认为，知识和观念起源于感性世界，感觉经验是一切知识的源泉。在培根之后，经验主义心理学思想有两种形式：英国的联想论心理学思想和法国的感觉论心理学思想。英国的联想论心理学思想以经验为基础，以联想为工具，试图揭示观念的形成和发展的规律。霍布斯是联想论心理学思想的先驱，他坚持知识和观念来源于感觉经验。洛克第一个提出“联想”概念，认为联想是观念的联合，简单观念经过综合、联系和分离形成人的心灵内容。贝克莱和休谟进一步发展了联想论心理学思想，解释了空间知觉和联想规律。哈特莱是联想论心理学思想体系的建立者，试图用生理学概念把经验论和联想论结合起来，用联想去解释一切心理现象。培因是联想论心理学思想的集大成者，对联想的规律、种类和动力等进行了系统化的阐述，在联想论心理学思想向科学心理学的过渡上起到承前启后的作用。

法国的感觉论心理学思想主要受到笛卡儿关于身体是机器的思想和洛克的唯物主义经验论的影响，强调感觉经验在认识中的作用。与联想论心理学思想一样，感觉论心理学思想也认为，一切观念源自经验，所有的心理事件都能用感觉和联想规律来解释，同时，它还重视心理与脑的关系，认为心理是脑的属性，脑是思想的器官，这对科学心理学的产生起到积极的作用。拉·美特利提出了“人是机器”的观点，对后来行为主义心理学有重要的影响。孔狄亚克改造了洛克的经验论心理学思想，形成了感觉论心理学思想体系。此后经过爱尔维修和波纳等人的发展，到卡巴尼斯那里，感觉论心理学思想发展到极致，并推进了生理心理学的发展。

理性主义心理学思想主张，人的心理是一种主动活动的、富于理性的固有观念，即一切心理作用都归结为不同程度的理性。理性主义心理学思想从法国的笛卡儿开始。他认为，人的知识不是来源于感觉经验，而是来源于理性，理性的演绎是唯一正确方法。作为理性表现的知识和能力是先天具有的，因此，他主张天赋观念论。莱布尼茨是理性主义心理学思想的开创者，他提出统觉说，认为心理从无意识的微觉到最有意识的统觉，具有把握对象的不同程度。他把统觉视为对感知自身内在状态的意识，即自我意识。沃尔夫是官能心理学的创始人，他认为人的心灵具有各种官能，心灵利用其不同的官能从事不同的活动。康德提出心理的先天范畴论，并使心理过程的知、情、意三分法流行起来。他认为，统觉是人的一种先验的综合统一的认识能力。赫尔巴特第一次明确宣称心理学是一门科学，但还需要建立在形而上学之上，仍属于哲学的科学。他还将统觉团等思想应用到教育心理学中。陆宰是实验心理学建立前的最后一位哲学心理学家，提出空间知觉的符号部位说，在理性主义心理学思想向科学心理学的过渡上起到承前启后的作用。

总之，近代心理学思想具有丰富的内容，形成了系统的心理学思想体系。它与近代科学一起，直接促成了科学心理学的诞生。经验主义心理学思想提出被动的心灵观，强调主体后天的经验性、心理活动的元素性和被动性，将人的心理视作静态的联想过程。理性主义心理学思想提出主动的心灵观，强调主体先天的主动性、心理活动的整体性和动力性，将人的心理视作发展的过程。经验主义心理学思想演变为现代心理学中的科学主义心理学，理性主义心理学思想演变为现代心理学中的人文主义心理学。正是在这种意义上，近代心理学思想成为现代心理学流派的思想发端。

二、现代心理学流派的历史演进

科学心理学产生于 19 世纪 70 年代，一开始就表现为两种理论形态，即科学主义心理学和人文主义心理学。科学主义心理学的第一个学派是冯特创立的内容心理学（主要是实验心理学），人文主义心理学的第一个学派是布伦塔诺创立的意动心理学。内容心理学与意动心理学形成了心理学史上两条路线之间的第一次对立与纷争。自此，科学主义心理学与人文主义心理学各自相对独立发展，两者之间少有相互交流和彼此借鉴。

过去人们主要是从狭义上来理解科学心理学，认为科学心理学完全等同于冯特创立的内容心理学（主要是实验心理学）。现在人们倾向于从大科学观来看待科学，认为科学既包括自然科学也包括人文科学和社会科学。尽管两者的研究对象不同、追求的真理目标和价值不同、探究真理的方式和方法不同，但它们毕竟都是科学，都以探究终极真理为己任。对于以既具自然属性又具社会属性的人为研究对象的科学心理学来说，只有以实验心理学为代表的科学主义心理学是远远不够的，还需要另一种心理学即人文主义心理学。历史发展的事实也是如此，1874 年，冯特的《生理心理学原理》（下卷）和布伦塔诺的《经验观点的心理学》同时出版，这两本著作都把新心理学界定为一门经验科学，分别标志着现代科学主义心理学和现代人文主义心理学的开端。因此，科学心理学有两个创始人或者说有两位“父亲”，一个是冯特，另一个是布伦塔诺。过去人们之所以只提冯特是科学心理学之父，是因为波林那本著名的《实验心理学史》教科书造成了我们的误解。波林是铁钦纳的学生，铁钦纳力图把自己标榜为冯特的正统传人，要求波林按照他的实验心理学内容重新解读冯特的心理学体系。① 因此，在《实验心理学史》中大量论述冯特等人的实验心理学内容，而对冯特的对立者布伦塔诺等人的贡献则不予重视，以至于布伦塔诺被历史埋没了近半个世纪，成为学术史上的“隐身人”。这不能不说是一个历史的误会！我们今天需要澄清铁钦纳和波林所造成的误解，还布伦塔诺及其意动心理学的历史本来面目。

在现代心理学流派的演进过程中，有的作为一个心理学派别已经消失，融进了心理学的历史进程，如内容心理学、意动心理学和机能心理学等；有的犹如老树常青，如行为主义心理学和精神分析心理学在今天仍然具有活力。某些较大的心理学流派又包括一些较小的分支派别，如行为主义前后有三代，精神分析更是分支派别繁多。

1. 科学主义心理学流派的历史演进

科学主义心理学亦称自然科学心理学，是指一种以自然科学为价值定向的心理学研究取向，它坚持心理学的自然科学观和实证主义的客观实验范式，力图建构以自然科学为模板的心理学理论模式。科学主义心理学是主流的心理学取向，它从内容心理学开始，依次表现为构造心理学、机能心理学、行为主义心理学、皮亚杰学派心理学和认知心理学等派别。它们之间具有明显的连续性，要么是一种继承关系，如构造心理学对内容心理学的继承；要么具有对立关系，如认知心理学对行为主义心理学的反动。

(1) 内容心理学。

科学主义心理学从冯特的内容心理学（content psychology）开始。在冯特之前，心理学一直附庸于哲学，处于默默无闻的状态。冯特全面总结了哲学心理学、生理学和心理物理学的研究成果，把哲学心理学的理论观点、自然科学的研究方法与心理学的有关研究课题结合起来，将实验法引入心理

① 据说波林每写完《实验心理学史》的一章，都要交给铁钦纳审读。

学研究领域，于1879年在德国莱比锡建立了世界上第一个心理学实验室，使心理学获得了科学的形态，标志着现代科学心理学的确立。莱比锡成为世界新心理学的圣地，各国的学生都前往跟随冯特学习。

冯特创立的实验心理学，开辟了科学心理学的科学主义研究路线。冯特认为，科学心理学应该是一门经验科学，他把心理学的研究对象规定为直接经验，而不同于自然科学所研究的间接经验。他认为，心理学作为研究心理、意识事实的一门经验科学，其任务就在于分析出心理或意识的元素，并确定元素构成复合观念的原理与规律。冯特通过实验内省法分析，发现最基本的心理元素有两个，即感觉元素与感情元素。任何复杂的心理现象都是由心理元素结合而成的，简单的心理元素通过联想、统觉结合成为心理复合体。正是从这个意义上说，冯特的实验心理学被贴上"内容心理学"的标签。冯特的内容心理学与其同时代的布伦塔诺的意动心理学形成直接对立，这也是科学主义心理学与人文主义心理学长期纷争的开始。

与冯特同时代的德国心理学家艾宾浩斯和缪勒等人发展了他的内容心理学。艾宾浩斯创造性地运用实验法研究记忆这种高级的心理过程，开辟了实验研究的新领域。缪勒在哥廷根大学创建了一个设备完善的心理学实验室，其地位仅次于莱比锡心理学实验室，吸引了从欧洲和美国来的许多学生，取得了多方面的研究成果。以冯特的学生铁钦纳为代表的构造心理学(structural psychology)又称构造主义(structuralism)，其思想体系继承和发展了冯特的内容心理学的主要观点，特别是在坚持心理学是一门实验科学的观点上，二者一脉相承，可以看成是冯特的内容心理学的极端形式。

(2) 机能心理学。

机能心理学(functional psychology)产生于19世纪末20世纪初的美国，是美国本土出现的第一个正式的科学心理学思想体系。早在1890年，美国心理学之父詹姆斯在《心理学原理》中就将机体适应环境的心理功效规定为心理学的研究对象，这为19世纪末20世纪初的美国心理学定下了机能心理学的总基调。美国机能心理学与德国实验心理学之间存在着密切的关系。冯特在德国创建了心理学实验室之后，美国有许多年轻人来到冯特的实验室学习新的内容心理学，这些人回国后热心倡导生理心理学和实验心理学，并在各自所在的大学开设新课程，建立实验室。这样，德国实验心理学的科学形式就传入了美国，为美国的心理学家们提供了一种科学的思维方式和研究手段。但是美国年轻一代的心理学家不赞成冯特只以实验的内省方法研究纯粹的意识内容，强调用观察、测验和实验等多种方法研究意识或心理功能。他们认为，心理学可用于解决人们在不同的环境中如何活动、如何适应不同的环境等日常生活问题。

机能心理学有狭义和广义之分，与构造心理学直接对立的是狭义的机能心理学，即以杜威、卡尔、安吉尔为代表的芝加哥学派。代表美国心理学一般特征和总体倾向的是广义的机能心理学，即以卡特尔、桑代克、武德沃斯为代表的哥伦比亚学派。随着构造心理学因1927年铁钦纳逝世而消失，狭义的机能心理学由于失去了对立面逐渐退出历史舞台。而广义的机能心理学由于随后行为主义心理学的产生，也完全融入了美国心理学发展的历史洪流之中。

（3）行为主义心理学。

行为主义（behaviorism）是20世纪初起源于美国的一个心理学派别，它在20世纪70年代之前是实验心理学中最有影响的运动，被称为心理学的“第一势力”。1913年，华生发表的《行为主义者心目中的心理学》一文标志着行为主义的诞生。华生抨击了传统上研究意识的内省心理学，批判了构造心理学和机能心理学，并声称心理学应该抛弃内省法而采用客观的实证方法研究可观察的外显行为。由此，行为主义作为一种新生的力量登上了心理学的历史舞台，其浩大的声势很快席卷了美国，并几乎遍及全世界，成为心理学史上著名的“行为主义革命”，被称为心理学史上的“第一次革命”。

行为主义的发展经历了三代。从1913年到1930年，是以华生等人为代表的第一代行为主义，又称古典行为主义。与华生同时代的魏斯、霍尔特、亨特、拉施里以及中国的郭任远等人，也对行为主义的推广做出了重要贡献。从20世纪30年代至60年代，赫尔、托尔曼、斯金纳等人对华生的极端简单化的观点和方法不满，都采纳操作主义和逻辑实证主义的哲学观点，开展了一系列研究，形成了各具特色的新体系，共同促生了第二代行为主义的心理学运动，也被称为新行为主义（neobehaviorism）。尽管第二代行为主义的术语名称、理论观点、概念体系等各不相同，但其行为主义的基本立场却是一致的。从20世纪50年代起，随着赫尔、托尔曼的过世，只有斯金纳等少数人仍坚持激进的行为主义观点，更多的批评者则看到了行为主义的实证主义哲学基础、严格的环境决定论以及人兽不分观点的严重缺陷。罗特、班杜拉、米契尔等更新一代的行为主义者，采取了更加温和的态度，大胆引入刚刚兴起的认知心理学的术语来说明人的行为，力图克服行为主义的危机，对行为主义进行认知心理学改造，形成了第三代行为主义，又称新的新行为主义（new-neobehaviorism）。

（4）皮亚杰学派心理学。

皮亚杰学派（Piagetians）是20世纪20年代由瑞士心理学家皮亚杰创立

的。由于该学派的研究工作主要是在日内瓦大学及日内瓦发生认识论国际研究中心进行的，因此又称日内瓦学派。皮亚杰学派通过研究个体的认识发生，把认识论和心理学紧密结合起来创立了发生认识论，在心理学史上第一次系统而完整地描绘了儿童心理的发生和发展，指明儿童心理发展的实质是个体通过同化和顺化这两种形式来适应环境达到有机体与环境的平衡，并进一步详细探讨了儿童心理发展的结构、影响因素和发展阶段。皮亚杰学派对心理学、哲学和教育学诸多学科领域产生了广泛而深远的影响。

自20世纪50年代中期以来，皮亚杰理论受到了严重的挑战与诘难，出现了新皮亚杰学派(neo-Piagetians)和后皮亚杰学派(post-Piagetians)。新皮亚杰学派采用信息加工观点，对经典的皮亚杰体系作出一定的修正，使之更完善和更具解释力。后皮亚杰学派从地域上是指那些法语世界的学者(主要是法国和瑞士)所形成的一个松散的联盟，他们(也包括少数说英语的学者)在方法论上主张或实际从事以皮亚杰的临床法为标准构建发展量表和运算测验，在理论上主张差异心理学与发展心理学的真正整合。

(5) 认知心理学。

认知心理学(cognitive psychology)有广义和狭义之分，广义的认知心理学指的是所有侧重研究人的认知过程的心理学，狭义的认知心理学专指现代认知心理学。现代认知心理学表现为三种理论形态：信息加工论心理学、联结主义认知心理学和生态论认知心理学。

信息加工论认知心理学产生于20世纪50年代中期，其主要代表人物有纽厄尔、西蒙和奈瑟等人。它以“心理活动像计算机”为隐喻，用信息加工的观点看待人的认知过程，认为人的认知过程是一个接受、加工、贮存和输出信息的过程。由于这种观点以符号操作为基础，通过符号的串行加工方式建立心理模型，故又称符号论认知心理学。信息加工论认知心理学把以往被行为主义排挤到后台的意识重新拉回到心理学研究的前台，实现了心理学研究对象的回归。它还在继承传统科学主义心理学的客观实证方法基础上，综合运用反应时实验和自我观察法，尤其把计算机模拟方法作为重要研究工具，取得了心理学研究方法的突破。20世纪70年代，信息加工认知心理学成为心理学研究的主流，席卷了心理学的大多数分支。它的兴起被称作心理学史上的一场“认知革命”，相对于先前的行为主义革命是心理学史上的“第二次革命”。

20世纪80年代以来，联结主义认知心理学开始复兴。在联结主义心理理学看来，人脑不能简单地等同于计算机，符号加工与真实的人类心理加工存在很大差距。它提出以大脑隐喻代替计算机隐喻，把大脑视为生物的神经网络，以平行分布加工代替串行加工。联结主义认知心理学试图构建一个更接近于神经活动的认知模型，暂时缓解了认知心理学遇到的困难。

从20世纪90年代开始，生态论认知心理学受到研究者的重视。它批判认知心理学注重实验室研究、远离日常生活的倾向，强调心理是人与环境互动的结果，主张心理学应当走出实验室、在现实环境中研究人的心理和行为，追求心理学研究的生态学效度，促进了认知心理学与实际生活的联系。

2. 人文主义心理学流派的历史演进

人文主义心理学亦称人文科学心理学，是指一种以人文科学为价值定向的心理学研究取向，它坚持心理学的人文科学观和现象学（存在主义、解释学）的主观经验范式，力图建构以人文科学为模板的心理学理论模式。人文科学心理学是非主流的心理学取向，它的发展有两条线索：一条从意动心理学开始，依次表现为格式塔心理学、现象学心理学、存在心理学、人本主义心理学、超个人心理学等流派，它们之间具有明显的连续性；另一条从古典精神分析心理学开始，依次表现为自我心理学、客体关系学派、自体心理学、社会文化学派、存在分析学、马克思主义精神分析学、后现代精神分析学等，它们之间也具有明显的连续性。当然，这种划分无论是时间上还是在思想渊源上都具有一定的相对性和交叉性。例如，存在心理学与精神分析学具有很大的关联性，存在心理学有时又称存在精神分析学或简称存在分析学。再如，作为存在心理学家的罗洛·梅和布根塔尔等人也可以归入人本主义心理学阵营。

（1）意动心理学。

人文主义心理学从布伦塔诺的意动心理学（act psychology）①开始。意动心理学有狭义、广义之分。狭义的意动心理学主要是指布伦塔诺的意动

① 布伦塔诺开创了意动心理学的体系，但并未提出“意动心理学”这个概念。“意动心理学”进入心理学界，首先要归功于铁钦纳，他于1921年和1922年在《美国心理学杂志》上连续发表《机能心理学与意动心理学：Ⅰ》和《机能心理学与意动心理学：Ⅱ》，区分出两种心理学团体：关注生物学方面的机能心理学和关注意向方面的意动心理学。他明确指出，意动心理学以布伦塔诺、麦农、斯顿夫、立普斯、胡塞尔和屈尔佩为代表，英国的斯托特也受到布伦塔诺的影响。（Titchener，E. B.，Functional psychology and the psychology of act：I. *American Journal of Psychology*，1921，32，pp. 519～542）1921年，他又在《美国心理学杂志》上发表《布伦塔诺与冯特：经验与实验的心理学》，认为他们开创了不同的心理学取向。他说：“心理学的学生，尽管其得益是双倍的，但依然必须在这一个和另一个之间作出选择。在布伦塔诺和冯特之间，没有中间的道路。”（Titchener，E. B.，Brentano and Wundt：empirical and experimental psychology. *American Journal of Psychology*，1921，32，pp. 108～120）在铁钦纳之后，他的忠实的学生波林继承了老师的观点，将布伦塔诺和冯特视作两种阵营。他说：“19世纪后期和20世纪早期的系统心理学的分歧在于意动和内容，也就是在于布伦塔诺和冯特。”（波林著，高觉敷译：《实验心理学史》，商务印书馆1981年版，第406页）

心理学，广义的意动心理学除了布伦塔诺的意动心理学，还包括斯顿夫的机能心理学①、形质学派、符茨堡学派等。

布伦塔诺不同于冯特，他主张把意动作为心理学的研究对象，强调心理的意向性、活动性和整体性；提倡通过直接体验的方法，如内部知觉方法，来研究心理现象的组织规律和本质。布伦塔诺最先确立了意动心理学体系。在他之后，其学生斯顿夫提出机能心理学，麦农和厄棱费尔等人提出形质心理学，推进了意动心理学的发展。同时，冯特的学生屈尔佩站在意动心理学的立场上，领导符茨堡学派进行无意象思维的研究，并提出二重心理学，尝试调和意动心理学和内容心理学。此外，英国的沃德和斯托特、法国的里博和沙可也受到意动心理学的影响，推动了意动心理学在英国和法国的发展。

布伦塔诺等人的意动心理学与冯特等人的内容心理学相抗衡，开创了心理学中的人文主义路线与科学主义路线对立之先河。在意动心理学之后，弗洛伊德受到布伦塔诺的心理意动观的影响创立了精神分析心理学，惠特海默等人受到斯顿夫的影响，提出格式塔心理学，作为心理学中的“第三势力”的现象学心理学和人本主义心理学也回应了意动心理学。

(2) 格式塔心理学。

格式塔心理学(Gestalt psychology)又译“完形心理学”，包括两个分支，一是格式塔心理学的格拉茨学派，二是格式塔心理学的柏林学派②。1890—1900 年间，厄棱费尔和麦农将其老师布伦塔诺的意动心理学具体运用到形、形质问题的研究上，认为形、形质的形成有赖于意动。后来这一思想又通过威塔塞克和贝努西等人的努力继续传播于世。由于他们提出形质学说，故称为形质学派。这一学派是以奥地利的格拉茨大学为中心，又称格拉茨学派。

格式塔心理学的柏林学派由惠特海默、苛勒和考夫卡三位德国心理学家于 1912 年创立。这个学派最初以反对冯特的元素论作为出发点，强调经验和行为的整体性，认为整体不等于且大于部分之和，整体的性质决定部分的性质，部分的性质则有赖于它在整体中的关系、位置和作用。整体观贯穿

---

① 斯顿夫的机能心理学不同于美国心理学的机能主义，对后者也没有直接的影响。斯顿夫的机能强调的是一种逻辑的机能，而美国机能主义强调的是一种生物或适应的机能。

② 史密斯指出，格拉茨学派可以与柏林学派并列，作为格式塔心理学的两个中心。(Smith, B., *Austrian Philosophy: The Legacy of Franz Brentano*, Open Court Publishing Company, 1994, pp. 259～272)林登费尔德也指出：“格拉茨学派本来能够轻易地成为战争时期[指第一次世界大战]格式塔心理学主要的中心。”(Lindenfeld D. F., *The Transformation of Positivism Alexius Meinong and European Thoug, 1880—1920*. University of California Press, 1980, p. 237)

于柏林学派体系之中，在对知觉、心身关系、思维、学习和人格问题的解释上都体现了这一观点。由此出发，柏林学派十分注重心理各成分之间的动力性、交互性和系统性。

柏林学派承认形质学派的地位与作用，在诸多方面与其保持一致：它们都坚持整体论观点，反对元素论观点；都把对形式和图形关系尤其是知觉作为核心主题。不过，格拉茨学派与柏林学派间存在着一定的差异。两个分支的争论反而成了格式塔心理学发展的动力，这反映在后来意大利的格式塔心理学发展上。

格式塔心理学的柏林学派除了三位创始人之外，后来受到柏林学派影响的勒温转向团体动力学，可以视作是对格式塔心理学的一种继承和发展。海德和费斯汀格等继承和发展了团体动力学，各自提出新的理论和学说，并在美国社会心理学界长期占据着统治地位，而格拉茨学派在一定程度上被冷落了。

(3) 现象学心理学。

在 20 世纪五六十年代，美国的现象学心理学、存在心理学和人本主义心理学以相似的人文主义心理学观点共同构成心理学的“第三势力”，它们共同反对心理学的“第一势力”行为主义心理学和“第二势力”精神分析心理学。在严格意义上，“第三势力”心理学都是心理学的一种共同研究取向，而非一个严格意义上的学派。当然，从起源上看，现象学心理学和存在心理学都比人本主义心理学出现得较早。

现象学心理学(phenomenological psychology)是产生于 20 世纪上半叶的一种心理学取向，它上承人文科学心理学最初形态的意动心理学，并受到现象学哲学的直接影响。它从直接呈现的经验出发，坚持意向性观点，对经验加以描述。胡塞尔的现象学心理学和哥廷根的实验现象学构成了现象学心理学的最早思想雏形。从地域上看，现象学心理学可分为欧洲的现象学心理学与美国的现象学心理学。前者主要有以萨特和梅洛—庞蒂为代表的法兰西学派、以伯伊滕蒂克等人为代表的乌特列支学派。后者兴起于 20 世纪 40 年代，到 60 年代逐渐形成了以乔治为代表的迪尤肯阵营。美国的现象学心理学的兴起过程主要是吸收与转化现象学哲学和欧洲现象学心理学的过程，这个过程实际上是现象学心理学在美国的本土化过程。1970 年，乔治创办《现象学心理学杂志》，在现象学心理学发展中具有标志性意义。从理论形态上，现象学心理学可以分为三个维度六种形态：在研究方式上，表现为思辨的与实验的现象学心理学；在研究取向上，表现为经验与解释的现象学心理学；在研究领域上，表现为存在与超个人的现象学心理学。

(4) 存在心理学。

存在心理学(existential psychology)主要受到存在主义哲学和精神分析心理学的影响,以人的存在为核心观点,采用现象学方法,来理解人的爱、本真、自由、焦虑、孤独、死亡等存在状态。存在心理学家在坚持心理学的存在主义观点和现象学方法方面是一致的,但他们在研究主题上又各有侧重。存在心理学在20世纪三四十年代兴起于欧洲,并在五六十年代发展于美国和英国。早期的欧洲存在心理学的主要代表人物是瑞士的宾斯汪格、鲍斯和奥地利的弗兰克尔等人。美国的存在心理学以罗洛·梅为领军人物,此后还有布根塔尔、施奈德和雅洛姆等人。1958年,罗洛·梅等主编的《存在:心理学与精神病学中的一种新维度》是美国的存在心理学发展的一个里程碑。1959年,在美国心理学会的年会上举办了关于存在心理学的研讨会,会议论文由罗洛·梅主编并以《存在心理学》(1961)为题出版。1960年开始,美国陆续创办了几种存在心理学杂志,如《存在精神病学》(1960,后更名为《存在主义杂志》)、《存在心理学与精神病学评论》(1961)、《存在分析者》(1964)、《存在精神病学》(1964)等,这些刊物成为存在心理学最重要的阵地。英国的存在心理学以莱因等人为代表。

(5) 人本主义心理学。

人本主义心理学(humanistic psychology)诞生于20世纪五六十年代,是美国心理学中的一种新思潮和革新运动。它假定每个人的内部都存在着一种成长的机制,这种机制可以促使人们在环境允许的情况下实现他们的潜能,而心理学家的目标和责任就是关注这种内部潜能,并寻求各种方法来帮助人们实现这种潜能。奥尔波特、马斯洛、罗杰斯等人是其主要代表人物,此外,存在心理学家罗洛·梅和布根塔尔等人的思想也具有人本主义心理学倾向。在20世纪60年代末,从美国人本主义心理学中又分化出超个人心理学,它是人本主义心理学创始人马斯洛和萨蒂奇等人在对人本主义心理学进行自我扬弃的基础上提出来的。超个人心理学超越了人本主义以个人的自我实现为目标的狭隘认识,迈向以研究人类心灵与潜能的终极价值和真我完满实现为目标。人本主义心理学理论形态包括以奥尔波特、马斯洛、罗杰斯等人为代表的自我实现理论、以罗洛·梅和布根塔尔等人为代表的自我选择论和以马斯洛和萨蒂奇等人为代表的自我超越论。

(6) 精神分析心理学。

精神分析(psychoanalysis)由奥地利著名医生弗洛伊德于19世纪末创立,它既是一种治疗心理疾病的方法,又是一种潜意识的心理学说。精神分析最初是从神经症治疗实践中产生的,逐渐发展成为现代西方心理学的一个主要流派，被称为西方心理学的“第二势力”。自20世纪20年代以来，精神分析逐渐超越了心理学的范围，扩展到社会科学的诸多领域，开创了一场人类思想文化运动。可以说，精神分析心理学是西方心理学史上绵延最长、影响最大、分支派别最多的一个心理学流派。

自从弗洛伊德创建精神分析理论以来，精神分析运动已经经历了百年的发展历程，其发展循着内部和外部两条路径。内部发展路径指的是精神分析内部的不断分裂与重组、演变与发展。其逻辑线索是，弗洛伊德所倡导的驱力模式，经过荣格、阿德勒等人的过渡之后，进一步演化为自我模式、关系模式和自体模式，分别对应着以安娜、哈特曼和埃里克森等人为代表的自我心理学，以克莱因、费尔贝恩和克恩伯格等人为代表的客体关系学派和以科胡特等人为代表的自体心理学等，它们从学科内部推动着精神分析运动向前发展。外部发展路径指的是弗洛伊德之后的精神分析从外部学科，如医学、社会学、文化学、哲学、语言学等积极汲取养分，一些精神分析学家把传统精神分析学与其他学科相结合，分别出现了以霍妮、沙利文、卡丁纳和弗洛姆等人为代表的社会文化学派，以宾斯万格、鲍斯、罗洛·梅、莱因等人为代表的存在分析学，以赖希、马尔库塞和弗洛姆等人为代表的马克思主义精神分析学，以拉康等人为代表的后现代精神分析学等，它们推动了精神分析运动向外发展。

精神分析百年运动的发展历程是一个不断分裂与整合的过程。其整合过程就是不断地克服片面性、极端性从而逐渐地走向互相吸收、融合的历程，表现在它的不同发展阶段之间、其内部的各种模式之间以及它与外部诸多学科之间的相互吸收与融合。精神分析运动的整合逻辑与其发展逻辑相一致，也循着内部整合与外部整合两条路径。内部整合路径是指精神分析内部的各种模式之间的整合，即对驱力或本能、自我、客体关系与自体模式之间的不断整合，包括雅可布森的自我理论整合、克恩伯格的客体关系理论整合、科胡特的自体理论整合和米契尔的关系理论整合等。外部整合路径是指精神分析与外部邻近学科，如社会学、文化学、哲学、语言学、医学和神经科学之间的整合，包括社会文化学派的文化理论整合、存在精神分析的人本主义理论整合、拉康的语言学理论整合和神经科学的科学化整合等。无论是内部整合还是外部整合都推动了精神分析运动不断向前发展。

三、现代心理学流派的当代效应

20世纪80年代以来，西方心理学进入“后体系时代”(postsystem era)[1]。尽管一些学派和思潮如行为主义心理学、认知心理学、精神分析心理学、人本主义心理学等依然存在，但是，学派纷争日益淡化，学派界限日趋模糊，大多数心理学家更倾向于具体问题的研究，提出一些微观理论模型，而不大关心学派建设。就宏观理论观点而言，当代心理学也出现了一些新的研究趋势。这些新趋势一方面延续着科学主义心理学与人文主义心理学的分野。例如，联结主义认知心理学、认知神经科学、生态心理学、进化心理学等主要体现了科学主义心理学精神，后现代心理学、女性主义心理学、叙事心理学、文化心理学、积极心理学等主要体现了人文主义心理学精神。同时，这些新趋势在一定程度上也体现了科学主义心理学和人文主义心理学之间相互吸收和融合的新特点。当代出现的这些心理学的新趋势，只能看成是新的心理学研究取向，还不能视为严格意义上的心理学派别，而且，它们各自的代表人物也没有打算创立什么新的学派。

1. 科学主义心理学流派的当代效应

以自然科学为价值定向的科学主义心理学的当代趋势主要有：联结主义认知心理学、认知神经科学、生态心理学和进化心理学等。表面上看来，虽然不断有新的特征纳入到这些趋势中，比如多学科的交叉性以及研究方法的多元化，但是这些趋势在总体上却都反映出了诸如坚持经验证实原则、强调量化研究等科学主义心理学所固有的研究特征。

(1) 联结主义认知心理学。

联结主义认知心理学(connectionist cognitive psychology)是联结主义模型研究于20世纪80年代在认知心理学领域的复兴。它的复兴既逢信息加工论认知心理学遭到怀疑与困难之时，又得益于脑科学和神经科学的飞速发展。1986年，鲁梅尔哈特和麦克里兰编辑出版的联结主义“圣经”《并行分布加工：认知结构的微观探索》一书，标志着联结主义认知心理学进入发展的鼎盛时期。联结主义认知心理学以“心理活动像大脑”为隐喻基础，把认知过程类比为神经网络的整体活动，把认知系统看做是简单而大量的加工单元的联结网络，网络中的每一单元在某一特定时刻总是处在某种激活

[1] Brennan, J. F. (2003). *History and systems of psychology*. New Jersey: Pearson Education, p. 280.

水平上，其实际的激活水平与来自环境和其他与之相连的单元有关。在联结主义看来，知识并不存在于特定的地点，而是存在于单元之间的联结之中，学习就是建立新的激活模式或改变单元之间的联结强度，因此，不同的激活模式能够解释不同的认知过程。相对于信息加工论认知心理学，联结主义认知心理学所研究的人工神经网络与大脑的功能方式更为一致，因为人脑就是由大量神经细胞以复杂方式联结起来的。联结主义认知心理学为处于危机中的认知心理学带来了新的生机，被称作“在认知解释方面的一场哥白尼式的革命”①，但它以对大脑的同构型或同态型模型为研究对象本身就具有一定的局限性。

(2) 认知神经科学。

认知神经科学(cognitive neuroscience)是20世纪80年代末出现的一种主要研究趋势。这一趋势重在研究和探讨人类心理及其活动的脑基础，以便揭示出人类心理和大脑之间的关系。认知神经科学融合了多个学科，比如脑科学、认知科学、神经科学等。这一新趋势有两点基本主张：一是认为脑结构与脑功能具有多层次性的特点；二是认为虽然人脑的结构是脑功能的基础，但在结构和功能之间并非简单的对应关系。这一趋势以传统认知心理学的行为实验研究方法为基础，主要采用脑功能成像技术进行研究。这其中主要包括基于脑代谢或脑血流变化的正电子发射断层扫描技术(PET)、功能性核磁共振成像技术(fMRI)和基于脑电或脑磁信号的脑生理功能成像的事件相关电位技术(ERP)、脑磁图技术(MEG)。认知神经科学将认知科学中的精细、严密的实验设计和现代神经科学中的先进技术相结合，丰富了心理学的研究，促进了人们对心理学中的一些重要主题研究的深入。有观点甚至认为认知神经科学正取代认知心理学成为心理学发展的新阶段。② 虽然这一新的趋势目前还正处于进一步发展和完善之中，但相信它会给心理学研究带来更多的借鉴和突破。

(3) 进化心理学。

进化心理学(evolutionary psychology)是在20世纪80年代末期出现于心理学研究领域中的一种新的研究趋势，其主要代表人物有巴斯、考斯麦茨、巴库等人。进化心理学主要受到本能心理学、认知科学和精神分析理论的影响，在方法论上主要运用生物学的进化理论来探讨人类心理的起源和

① Andy Clark & Rudi Lutz(1992). *Connectionism in context*. Springer-Verlag, p. 9.

② 索拉索编，朱滢、陈烜之等译：《21世纪的心理科学与脑科学》译者前言，北京大学出版社2002年版，第12页.

本质，并尤其强调自然选择的机制。这一趋势的基本观点主要包括：理解心理机制的关键在于过去；功能分析是理解心理机制的最主要途径；人类在解决问题的过程中逐渐演化出心理机制；心理机制具有模块性；人类的行为和表现是外部环境和心理机制相互作用的结果。进化心理学的研究主要建立在多种方法和数据来源的基础之上，通常采用比较法和实验法对所提出的假设进行检验，数据资料主要来源于观察资料、自我报告、生活史、考古学记录、狩猎采集社会的数据等。进化心理学把心理学的研究融进了生命科学的研究范围之中，拓宽了心理学的研究领域，并对人性等问题做了深入探讨。虽然进化心理学目前尚存在诸多争议，但是它无疑启发并促进了心理学的深入研究和纵深发展。

(4) 生态心理学。

生态心理学(ecological psychology)是在20世纪80年代末最终确立并得以发展的心理学新趋势之一。它受到科学、哲学和心理学等多个学科的影响，但以心理学的影响为主。在心理学领域中，生态心理学既受到机能主义心理学、行为主义心理学、认知心理学等这些主要的科学主义心理学流派的影响，又受到格式塔心理学、精神分析心理学和人本主义心理学等人文主义心理学流派的影响。从这些影响中，我们可以看到生态心理学这一新趋势在总体上反映了科学主义心理学和人文主义心理学的融合迹象。生态心理学的特征主要包括：强调人类心理的整体性；主张心理学的研究应面向生活世界；主要关注生态危机。在研究方法上，生态心理学虽然倡导多元化取向，但在实际研究中往往以注重生态效度的实验法、以行为抽样记录为主的自然观察法、以背景评估为主的测量法以及档案法为主。由于生态心理学的发展处在以科学主义为主导的当代心理学氛围下，不可避免地对经验和实验尤为注重，这也在一定程度上限制了生态心理学的发展空间。

2. 人文主义心理学流派的当代效应

以人文社会科学为价值定向的人文主义心理学的当代趋势主要有：后现代心理学、女性主义心理学、叙事心理学、文化心理学、积极心理学等。它们主要以现象学为哲学基础，以质化描述和个案分析方法研究现实生活中人的整体经验世界，关注人的价值、尊严、情感的理解和体验等主题，重视社会和文化因素对人的心理的影响。

(1) 后现代心理学。

后现代心理学(postmodern psychology)是在20世纪80年代中后期，受到后现代文化思潮的直接影响，在西方主流心理学面临困境与危机的情势下产生的一种心理学新趋势。它直接缘起于在心理学界处于非主流地位的人文科学定向的心理学思想。它以批判和消解科学主义心理学，并从后现代视野重新审视和重构心理学为基本特征。后现代心理学反对把心理学视为一门自然科学，从总体上倾向将心理学划为人文科学阵营；反对只研究可观察的对象，主张扩大心理学的研究对象；反对以实证方法为中心和量化分析，主张质化研究；反对原子论、还原论、客观论、决定论，倡导整体论、建构论、去客观化、或然论；反对追求普适性真理、价值中立和把人视作机器的观点，主张淡化对普适性真理的追求，关注事实与价值的融合，张扬人性；反对将知识视为客观实在，主张把知识放到社会背景中，视其为人际互动和社会建构的结果。后现代心理学作为后现代文化思潮的重要组成部分，体现出人文科学的精神，对人文主义心理学领域具有积极意义。

(2) 女性主义心理学。

女性主义心理学(feminist psychology)产生于20世纪60年代末以来的西方女性主义思潮背景之下。其发展逻辑体现为三种研究取向：20世纪六七十年代出现的经验论女性主义心理学，20世纪80年代出现的立场论女性主义心理学和20世纪90年代出现的后现代女性主义心理学，其中后现代女性主义心理学占据主流地位。女性主义心理学的主流观点是：消除心理学中男性中心的偏见，建立“性别公平”的“好科学”；反对实证霸权，主张采用适于女性的多元方法，如质化方法；反对传统心理学的客观和价值中立的研究模式，提倡在社会文化背景下对女性的主观经验如价值、情感和信念的深度理解；主张从社会性别视角革新咨询关系，尊重女性能力、尊严及价值，强调赋予自我决定的治疗目标，建立平等的咨询关系。女性主义心理学对我们全面认识人类心理和关注女性心理起到独特作用。

(3) 叙事心理学。

叙事心理学(narrative psychology)诞生于20世纪80年代中期，它受到后现代文化思潮的影响，是现代文学中的叙事分析与社会心理学相结合的产物。它是通过分析神话、民间故事、小说等虚构文本来探讨和理解我们精神世界的意义系统和结构的一种人文主义心理学取向。叙事心理学以自我叙事表征心理过程的核心特征，主张用话语分析等质化方法研究人的意义、价值、情感和人格，研究人的生活故事，其目标是理解，而非实证和解释；它强调人的心理的情景性和生成性，既关注日常生活世界中人的发展过程的连续性，又注重对人生链条上每一个故事内容的分析；它认为心理问题产生的原因在于外界事物导致个体生活故事的连续性遭到破坏，心理治疗的目的是帮助个体“修复故事”或重构一个新故事。叙事心理学以其独特的研究方法和视角，启示我们重新审视传统心理学的目标和方法。

（4）文化心理学。

文化心理学（cultural psychology）是20世纪末产生的一种心理学取向，是对主流心理学困境与危机的一种反应和结果。它主要通过人文科学模式研究特定文化中人的心理或行为，重视实际语境，强调生态学研究方法，重视主位研究、同文化研究和本体论解释学研究。它强调文化与心理的创生关系和互动关系，力图改变传统文化与心理学领域研究中的文化决定论模式。文化心理学主要有三种取向：符号理论取向、活动理论取向和个人主义理论取向。它对科学主义心理学进行了全面的批判和建构：反对物性，张扬人性；反对经验—理性理论模式，主张文化研究范式；反对传统心理学的本体论和普遍知识观，坚持文化相对主义与建构主义；反对二分主义和以此为基础的本质主义、基础主义和归因主义，倡导整体主义、非本质主义、非基础主义。文化心理学重视人性，突出心理学的人文科学性，弥补了科学主义心理学的不足。

（5）积极心理学。

积极心理学（positive psychology）是利用心理学目前已比较完善和有效的实验方法与测量手段，来研究人类的力量和美德等积极方面的一种心理学思潮。它产生于20世纪末的美国，是相对于主流心理学中的"消极心理学"而言的。它反对传统心理学以消极、问题、障碍、病态心理为研究重点，反对本能驱力论、环境决定论和悲观人性论，强调对主观幸福感、美德、力量和潜能等积极品质的研究；反对心理学研究只关注对"问题"的修补，主张心理学关注和鼓励人保持积极心理品质。积极心理学的主要研究内容包括：积极情感体验，如主观幸福感、满足和快乐等；积极人格，如自尊、虔诚、宽恕、善良、爱、正直、感恩等；积极的社会组织系统，如工作制度、家庭关系和学校管理等。积极心理学虽然沿用了实证主义的研究方法，但也逐渐尝试借鉴质化研究方法，更重要的是它继承和发展了人文主义心理学的人性观与心理观，其目标在于寻求人类的人文关怀和终极关怀，它在总体上属于人文主义心理学，同时也体现了科学主义心理学与人文主义心理学的融合迹象。

在当前西方心理学中，科学主义心理学与人文主义心理学逐渐开始对话与交流，出现了相互融合的新迹象。例如，上述生态心理学和积极心理学两种研究趋向就表现出这种融合的特点。又如，精神分析心理学通过借鉴认知神经科学的研究方法和成果向科学主义心理学融合。神经精神分析学（neuropsychoanalysis）是一门将传统精神分析学与神经科学的理论和方法相结合的新研究领域。其领军人物马克·索姆斯指出，神经精神分析学"联系心理与大脑，以详细探究因不同大脑结构受损而带来的人格、动机和情绪变化的内部心理结构。如此，我们可以辨别引起这些症状和症候群的多重潜在因素，并将它们与其解剖的'活动场景'联系起来"①。1999 年《神经—精神分析学》杂志创刊，2000 年国际神经—精神分析学协会创建，标志着神经精神分析学的正式建立。神经精神分析学试图通过结合精神分析学与神经科学的理论与方法，实现精神分析的科学化，被称为 21 世纪精神分析研究的新范式。再如，认知科学通过借鉴现象学的方法向人文主义心理学融合。1996 年，认知科学家瓦雷拉提出神经现象学（neurophenomenology）构想，试图将认知科学与现象学结合起来。② 神经现象学是研究意识体验的神经科学，在理论上寻求对意识的神经生理层面进行具身化（embodied）与大规模（large-scale）的动力学研究；在方法上广泛而严格地使用现象学的第一人称主观经验报告策略，来量化和描述意识的大规模的神经动力活动。神经现象学鲜明地体现了实证方法与现象学方法的结合。

四、现代心理学流派的理论特征

现代心理学流派的发展与演进并非杂乱无章，而是有其内在的理论逻辑。这种理论逻辑从心理学的科学观、对象论、方法学和理论观等方面体现了科学主义心理学与人文主义心理学的分歧与争论。心理学史学家华生③、科恩④、金布尔⑤等人都曾对此进行过研究。我们在这里分别从科学观、对象论、方法学和理论观方面总结科学主义心理学和人文主义心理学的不同理论特征，以进一步深化对现代心理学流派的理解。

1. 科学观

心理学科学观是指心理学家关于心理学的学科性质、定位及其建构方式的理论观点，体现为心理学家对心理学研究对象的理解、对心理学研究方

① Kaplan-Solms, K. & Solms, M. (2000). *Clinical studies in neuropsychoanalysis*. London: Karnac, p. 62.

② Varela, F. J. (1996). Neurophenomenology: A methodological remedy to the hard problem. *Journal of Consciousness Studies*. 3(4), pp. 330～50.

③ Watson, R. I. (1967). Psychology: A prescriptive science. *Americcan Psychologist*. 22(5), pp. 435～443.

④ Coan, R. W. (1979). *Psychologist: Personal and theoretical psthways*. New York: Irvington Publishers, Inc.

⑤ Kimble, G. A. (1984). Psychology's two cultures. *Americcan Psychologist*. 39(8), pp. 833～839.

式的确定以及对其理论本身的表述。心理学家持有什么样的科学观,决定着他们怎样看待心理学,怎样研究心理学,致力于将心理学建构成什么样的科学。科学主义心理学与人文主义心理学在科学观上表现为自然科学观与人文科学观的差异。

科学主义心理学自冯特起,就确立了心理学的自然科学观,以物理学、生理学和生物学等自然科学为模板,反对旧的思辨的形而上学心理学,将心理学打造为自然科学的一个分支。这种科学观遵从17世纪以来流行于物理学等学科中的数学和机械观点,将世界视作遵循物理规律的自然物的世界,力图通过客观的实验研究发现自然物的成分及其运动规律。铁钦纳将冯特的内容心理学观点推向极致,认为心理学类似形态学,它通过类似于"活体解剖"的工作发现心理的元素及其结合规律。行为主义者华生曾明确宣称:"心理学是自然科学的一个分支,它将人的活动及产物作为主题。"①华生将心理学的研究对象限定在可观察的行为范围内,同时将心理排除在心理学大门之外。认知心理学虽然实现了心理的复归,但仍将可客观操作的信息符号作为研究对象,来发现其中的运转规律。科学主义心理学通过采用自然科学模式,极大地推动了心理学的发展,但同时也存在过于强调自然科学观点、忽视心理的原本面目的不足。心理学史学家科克对此批评说:"物理学的语言成了心理学的理想术语。科学的脸面远比真知灼见更具魅力。心理学史成了对自然科学的模仿史。"②

与科学主义心理学不同,人文主义心理学自布伦塔诺起,就确立了心理学的人文科学观,将心理学打造为人文(社会)科学的一个分支。这种科学观重视人的世界的整体性与独特性,将世界视作有意义的世界,力图在忠于心理现象原本面目的前提下,通过描述和理解阐发其中所蕴含的意义与价值。人文主义心理学强调心理的整体性、主观性、动态性和独特性,主张以人文(社会)科学的理论模式来研究心理学,以达到对人的心理生活的理解。狄尔泰通过区分描述心理学(descriptive psychology)与说明心理学(explanatory psychology),明确提出人文科学的心理学观点。格式塔心理学提出"整体大于部分之和"的口号,强调心理现象的整体性。精神分析心理学力图通过理解与解释来考察人类心灵深处的潜意识现象。"第三势力"心理学则明确自己的人文科学立场,通过研究人的存在、潜能、意义、价值等主题,

① Watson, J. B. (1919). *Psychology from the standpoint of a behaviorist*. Philadelphia: J. B. Lippincott Company, p. 1.

② Koch, S. (1959). *Psychology: A study of a science* (vol. 3). New York: McGraw-Hill, p. 783.

彰显心理现象的整体性与独特性，揭示其中的意义源泉。人文主义心理学采用人文科学模式，丰富了心理学的主题和领域，推进了心理学的发展，但在方法落实等方面存在着不足。

2. 对象论

心理学的对象论是指心理学家在研究对象上的主张与阐释，它对于心理学的研究主题和领域等具有重要的指导意义。科学主义心理学与人文主义心理学在对象论上表现为人性观和心理观两个具体层面上的分歧。

人性观是指对人的本性的理解。科学主义心理学在人性观上坚持自然科学的立场，表现出自然化倾向。这种人性观把人从各种背景中隔离出来，视其为纯粹物理世界中的自然存在。冯特在创立科学主义心理学时，就将人和物等同，通过考察心理的元素及其结合规律，把人降为自然的化合物。行为主义将人和动物等同，通过考察刺激—反应的联结来推断人的适应行为，把人降为大白鼠。认知心理学将人视作物理符号系统，通过计算机模拟来推导人的内部心理过程，把人降为机器。科学主义心理学的人性观有利于掌握人的心理机制和规律，但忽视了人的自身独特性及其社会性。而人文主义心理学在人性观上坚持人文科学的立场，强调人在世界中的独特地位，提倡从社会、历史、文化和精神的视角去理解人。格式塔心理学重视具体情境中的人，精神分析心理学侧重从人的生活史考察人的内心世界，存在心理学则从人在世界中的存在来展现人的精神面貌。人文主义心理学拓展了心理学对人性的丰富性理解，但对人的自然属性重视不够。

心理观是指对心理学研究对象的看法。科学主义心理学将研究对象视作具有物理特征的自然物，尤其强调研究可观察的对象，如认知、行为等，而那些不能观察或无法实验证实的经验都被排斥在心理学的研究对象之外。冯特的内容心理学和铁钦纳的构造心理学都将各种复杂的心理过程分析为基本的心理元素，结果导致严重脱离实际的“砖块和水泥”的心理学。华生和斯金纳等人的行为主义心理学因为排除了意识和心理而成为“无头脑”的心理学。信息加工论认知心理学从信息的输入与输出来推论人的内在认知加工的规律。而人文主义心理学重视研究心理的主观体验，如情感、潜能、创造、价值等，强调心理学研究对象的主观性、意义性、整体性以及与情境的独特关联。布伦塔诺通过提出心理的意向性本质，强调了心理现象与对象的关联性。精神分析强调过去经验的独特意义，由此来发掘潜意识的奥秘。现象学心理学力求从人所体验到的生活世界出发，来考察心理的本质。人本主义心理学关注人的内在体验，如潜能、需要和自我实现等。

3. **方法学**

从方法学上看，科学主义心理学与人文主义心理学无论在哲学方法论上还是在具体研究方法上都存在较大的分歧。科学主义心理学以实证主义为哲学基础，使用自然科学的研究方法，如实验室研究、量化研究和共同规律研究；人文主义心理学以现象学为哲学基础，使用人文(社会)科学的研究方法，如现场研究、质化研究和特殊规律研究。

(1) 实证主义与现象学。

科学主义心理学与人文主义心理学在哲学方法论上存在分歧。科学主义心理学以实证主义为哲学方法论。实证主义坚持客观立场，强调研究对象的可观察性，提倡通过经验的验证来发现心理现象的机制和规律。实证主义包括孔德的激进实证主义、马赫和阿芬那留斯的经验实证主义以及维也纳学派的逻辑实证主义三代，它们分别为华生的行为主义、铁钦纳的构造主义以及新行为主义提供哲学方法论。在实证主义哲学的影响下，科学主义心理学提倡实验、测量等量化方法，力求得出心理的本质。人文主义心理学以现象学为哲学方法论。现象学从生活世界出发，强调忠于心理现象本身，提倡通过经验的描述和理解，来揭示心理现象的原本面目。现象学包括胡塞尔现象学、存在主义和解释学三代，它们分别为格式塔心理学、人本主义心理学、现象学心理学、存在心理学和精神分析提供哲学方法论。在现象学哲学的影响下，人文主义心理学提倡个案、现场等质化方法，力求理解心理的意义。

(2) 实验室研究与现场研究。

科学主义心理学强调严格控制的实验室研究，而人文主义心理学注重日常生活的现场研究。科学主义心理学深受自然科学观和实证主义哲学的影响，信奉实验方法，主张通过精巧的实验设计、严格的变量控制来研究心理现象。例如，冯特把生理学和心理物理学的实验方法引入心理学，并把传统的内省法改造为实验的内省法，对感知觉、联想等进行了大量实验研究。行为主义更是笃信客观实验法，认为只有运用严格的实验程序与仪器设备，才能进行科学的心理学研究。信息加工论认知心理学也主要是在实验室内进行研究，运用反应时实验、眼动实验和计算机模拟等方法，并在使用中特别强调实验变量及其控制。与之相对，在人文科学观和现象学哲学的影响下，人文主义心理学认为心理学研究应当走出实验室，走进日常生活情境，采用访谈和自然观察等现场研究方法。精神分析心理学在临床背景下探究人的潜意识，对梦、口误、笔误、遗忘和疏忽等现象进行分析。格式塔学派主张采用实验现象学和自然观察法来研究人的直接经验。人本主义心理学采用个案、访谈等方法揭示个体的独特性。

(3) 量化研究与质化研究。

科学主义心理学侧重量化研究，而人文主义心理学突出质化研究。科学主义心理学关注研究的精确性，强调定量分析。铁钦纳说过："在科学中，一切解释对我来说，都是依存变量和独立变量的相关性。"①行为主义心理学通过数量分析来确定刺激与反应或环境与行为之间的关系，这在赫尔的逻辑行为主义和斯金纳的操作行为主义中表现得尤为突出。认知心理学用反应时作为感知觉、记忆、思维和语言等多种心理现象的主要指标，任何复杂的心理活动都可以转化为反应时指标或测验分数。而人文主义心理学并不排斥量化方法，但对科学主义心理学过于追求量化的倾向进行了批评，大力倡导质化研究。布伦塔诺以内部知觉方法研究心理的活动，精神分析心理学运用自由联想和梦的分析揭示潜意识的意义，格式塔心理学通过实验现象学方法揭示心理的本质，人本主义心理学和现象学心理学通过现象学方法发掘经验的意义。

(4) 共同规律研究与特殊规律研究。

科学主义心理学坚信客观的普适性原则，认为通过经验观察和实验就能归纳出适合所有人的共同规律，以此对心理与行为进行统一性解释。例如，行为主义者认为心理学可以发现人类行为的一般规律，并据此对人类的行为进行预测和控制。华生指出，心理学"在某种程度上成为探索人类生活的基础……为所有的人理解他们自己行为的首要原则做准备……应该使所有的人渴望重新安排自己的生活"②。认知心理学通过严格控制的实验室研究，得出人类认知的一般规律。而人文主义心理学主张，普适性的共同规律并没有多少意义，心理学研究不应离开特定的个体和具体的情境，而应重在发现适合个体的特殊规律。精神分析心理学从临床案例观察出发，得出适于某类病症的理论解释。人本主义心理学采取折中融合的方法论原则，马斯洛和奥尔伯特等人坚持在共同规律研究之外，一定要运用特殊规律研究法对个案进行深入研究。

4. 理论观

(1) 客观论与主观论。

科学主义心理学将实证主义哲学的实证性原则贯彻到心理学中，追求客观化，强调以量化方法研究可观察的对象。例如，机能主义心理学把人的

① 郭本禹主编：《西方心理学史》，人民卫生出版社2007年版，第350页。
② 华生著，李维译：《行为主义》，浙江教育出版社1998年版，第304页。

心理整体视为一种机体有效适应生活条件的活动过程，使心理学的研究重心转移到有机体与客观环境的适应关系中，进行开放、客观的研究。行为主义心理学是客观心理学的典型代表。华生反对把心理封闭在主体之内，主张以客观可观察的行为作为心理学的研究对象，以严格的客观法代替主观内省法。斯金纳把自己的新行为主义体系定性为："从科学的角度看，这个体系是实证主义的。它的任务以描述为限，不企图提出解释，它的一切概念都由直接观察的结果来给以定义，不涉及身体部位或生理的特点。"①信息加工论认知心理学也信奉客观主义，强调在严格控制的实验条件下，使用精密仪器观察自变量与因变量之间的关系。人文主义心理学则受现象学哲学的影响，认为心理学要抓住统摄经验的有意义的结构，以现象学的方法研究主体的意识活动。布伦塔诺以直接体验为方法研究人的内在的意动。格式塔心理学主张采用实验现象学方法与自然观察等方法研究人的直接经验，反对人为的抽象和元素分析。而人本主义心理学则突出了人的主体性和主观性在心理学中的地位，倡导以整体分析法、现象学方法研究人性、价值、创造性和自我实现等高级心理过程。

（2）方法中心论与问题中心论。

科学主义心理学认为，要想使心理学真正成为一门实证科学，就必须采用曾经使自然科学获得巨大成功的研究方法和研究范式，坚持"以方法为中心"的研究思路。马斯洛指出："方法中心就是认为科学的本质在于它的仪器、技术、程序、设备以及方法，而并非它的疑难、问题、功能或者目的。"②方法中心论根据研究方法确定研究问题。这种观点在行为主义心理学那里表现得最为突出。华生宣称，行为主义的目的在于方法论的革命，并以研究意识和心理缺乏科学的方法为理由而将其赶出了心理学。信息加工论认知心理学尽管不像行为主义那样极端，但也具有方法中心论的倾向，强调以实验法和计算机模拟法研究人的信息加工过程。而人文主义心理学则反对方法中心论的倾向，主张以问题为中心，根据研究问题选择方法，既可采用实验法等定量分析的方法，也可采用个案、自陈、描述等定性的方法。例如，精神分析心理学为了研究潜意识心理，抛弃了实验室研究，而使用自由联想、梦的分析、日常生活分析等方法。人本主义心理学家马斯洛也明确指出，方法和手段是为目的服务的，其意义为问题所规定，心理学应以对个人或社会有意义的问题，如潜能、价值和自我实现为中心，然后才是选择适当的研究方

① 章益辑译：《新行为主义学习论》，山东教育出版社1983年版，第295页。
② 马斯洛著，许金声等译：《动机与人格》，华夏出版社1987年版，第14页。

法。

(3) 元素论与整体论。

科学主义心理学继承了联想主义心理学的传统,采用元素论来研究心理现象,认为确定心理现象的构成元素及其结合规律是心理学的首要任务。冯特最早提倡对心理进行元素分析,铁钦纳也坚持这种观点,并且分析得更为精细,提出意识是由感觉、表象和感情三种元素构成的。古典行为主义虽然在研究对象上反对冯特和铁钦纳,但在元素观上与他们保持一致。华生把复杂的行为简单化,将其视为刺激与反应的联结。信息加工论认知心理学继承了行为主义的元素分析传统,将心理视为信息及其符号单元。而人文科学心理学则更多地受到现象学方法的影响,主张对人的心理现象进行整体描述,认为整体不是部分或属性的机械相加,整体不为部分所决定,相反还决定部分。格式塔心理学是整体论心理学的典型代表。格式塔心理学家苛勒指出:"我们所需要的是那些可用以了解我们的直接经验的概念,至于感觉之类的分子,我们凭自己的观察没有发现这些分子。"[①]人本主义心理学也反对将人的心理和行为肢解为统计数字或数学公式的定量分析,强调将人作为一个整体来把握,如奥尔波特主张对人格进行整体的研究,马斯洛主张用整体分析法研究人的心理。

(4) 因果决定论与自由意志论。

科学主义心理学把人的心理现象看做自然现象,认为人的心理与行为都遵循因果决定论。决定论的观点认为,所有的心理事件都是有原因的,都是由某种先行的因素决定的,因而我们可以依据先前的心理事件来解释心理活动。科学主义心理学的创始人冯特指出,作为自然科学家,"我们必须把每一种行为中的变化都追溯到一种唯一可观察到的同一种东西,即运动。"[②]在后来的心理学发展中,行为主义在这方面的表现最为典型。行为主义强调行为分析的目的就是发现行为的原因,从各种各样的环境刺激中确定反应的决定因素,以便为预测和控制行为服务。尽管新行为主义包含着中介变量和行为目的等概念,但这些概念主要是对行为的刺激反应的操作化,与自由选择的意图和追求无关。与此相反,人文主义心理学强调人的自由意志和自由选择,认为人可以独立自主地做出决定,不受外在环境的干扰。存在心理学和人本主义心理学都坚持人具有自由意志,能够进行自由选择。如罗洛·梅指出,一个人若没有自由,他身上起作用的就只有达尔文

① 高觉敷:《高觉敷心理学文选》,江苏教育出版社 1986 年版,第 314 页。

② Ernst Cassirer(1950). *The problems of knowledge*. Yale University Press, p. 88.

的决定论原则了;心理治疗的目的是使人重获自由。弗兰克尔也指出,意志自由属于经验的直接性,即便是身体被囚禁了,人的精神也是自由的,意志自由赋予人新的生命体验。

(5) 机械论与生机论。

科学主义心理学固守"人是机器"的信念,主张研究物的范式同样适用于研究人的心理,并以机械论的观点解释一切心理事件。行为主义者华生认为,心理学的任务就是帮助和指导人这架机器能更快地适应新的环境、更好地运作下去。他公开宣称:"我们要把一个人之各方面的行为,完完全全地合拢起来,并把这样一个人看作一个复杂而又活动着的有机的机械。"①信息加工论认知心理学同样将人设想为机器,把人脑比作计算机,用计算机的信息加工过程来模拟说明人对外部世界的认知过程。与此相反,人文主义心理学则坚持生机论的观点,强调心理现象的有机性,重视人类意识的积极性和主动性,认为对于心理与意识的机械分析无助于对其本质的揭示。例如,格式塔心理学强调整体、组织作用、结构等在知觉过程及高级心理过程中的作用,注重人们对感觉信息输入的组织和解释的主动性。人本主义心理学肯定了价值、目的、意义等在人的心理活动和行为反应中的作用,认为个体的需要具有多种层次,人具有自主选择成长的倾向,在适宜的成长条件下会积极努力实现自己的潜能和价值。

(6) 价值中立论与价值负荷论。

在自然科学的研究中,许多人都信奉价值中立,主张科学只研究事实、知识,回答是不是的问题,不研究价值、意义,不回答该不该的问题。科学主义心理学以自然科学为模板,坚持价值中立论,其典型特征是强调心理研究的客观性,认为心理学研究探讨的是意识和行为的一般、共同的事实与规律,不掺杂任何个人的态度、情感,不涉及任何主观倾向和价值观念。例如,铁钦纳主张对人的心理进行纯粹客观的研究,并通过这种研究找到不受任何文化影响的一般心理元素及其结合规律。华生把人的行为看成客观的自然现象,认为可以对其进行严格的实验研究和价值中立的理论描述。信息加工论认知心理学因循了行为主义心理学追求实证性和价值中立的研究方式,试图通过计算机模拟揭示人脑的信息加工过程的普遍事实与规律,而不太考虑社会、文化、历史等因素的影响与制约。而人文主义心理学则采取了价值负荷论的立场,认为心理学的研究与所处社会的价值取向、意识形态有着密切的关系,心理学不能超越社会文化价值取向而进行纯客观的研究,心

① 华生著,陈德荣译:《华生氏行为主义》,商务印书馆 1935 年版,第 427~428 页。

理学研究必然负荷着所处社会的文化价值观。如人本主义心理学强调对人的需要、尊严和自我实现等的研究，这些经验体现人类真正的本性。马斯洛就曾指出："科学过去不是，现在不是，并且也不可能是绝对客观的，科学不可能完全独立于人类的价值。"①

总之，现代心理学流派的百年历程是科学主义心理学与人文主义心理学各自的相对独立发展，其间表现出长期冲突与纷争的局面。两者之间的张力在促进科学心理学长足发展的同时，也使心理学陷入分歧的困境。尽管当代心理学出现了科学主义心理学与人文主义心理学相互融合的某些迹象，但两者的分野在未来相当长的时间内仍会继续存在。虽然我们也希望两者走向统合，但这种统合之路漫长而艰巨，绝非简单地用一种主义叠加或消解另一种主义。历史已经证明，企图将两种主义合二为一的做法是不成功的。例如，二重心理学对内容心理学和意动心理学的调和，正像波林所指出的，只是一种"懒汉的做法"。当前，我们对两者的分歧应持尊重和包容的态度，也欢迎不同心理学研究取向之间的对话与交流。对科学主义心理学与人文主义心理学的融合，我们将拭目以待！

郭本禹

2008年12月18日

于南京师范大学

① 马斯洛著，许金声译：《动机与人格》，华夏出版社1987年版，第21页。

导言

一、为什么要研究现象学心理学

什么是现象学心理学(phenomenological psychology)？这是在考察现象学心理学之始必须回答的问题。在面对这个问题时，我们会处于与现象学家梅洛—庞蒂(M. Merleau-Ponty)相似的情境。他在其代表作《知觉现象学》(1945)一书中开篇指出："什么是现象学？在胡塞尔的最初著作出版后的半个世纪，还要提出这个问题，似乎是离奇的。然而，这个问题远没有解决。"①同样，现象学心理学兴起于20世纪上半叶，迄今已过了半个多世纪，但并未给我们留下确切的答案。

今天，我们在面对现象学心理学时，处于一种既熟悉又陌生的独特情境。熟悉之处在于，"现象学心理学"一词越来越频繁地出现在我们的学科视野中。自21世纪以来，2000年出版的《心理学百科全书》中，收录了"现象学心理学"条目。2001年，史密斯(N. W. Smith)在心理学史教材《当代心理学体系》中，将现象学心理学视作十种较大的心理学体系之一，与认知心理学、精神分析、行为主义和人本主义心理学等相并列。同年，基恩(E. Keen)在《美国心理学观念史》中，将现象学心理学列为美国心理学的新进展之一。2005年，斯皮内利(E. Spinelli)的著作《解释的世界：现象学心理学导论》第二版出版，该书初版(1989)即成为畅销书，先后共印刷八次。作者甚至指出这样一个微妙的变化：在普通心理学教材中，过去以人本主义心理学指代"第三势力"心理学，当前以现象学心理学等代之。② 2006年，安斯沃思(P. D. Ashworth)和丘恩(M. C. Chung)主编了《现象学与心理科学》，考察了现象学与心理学的关联，反映出了学界对现象学心理学相关领域的重视。2007年，兰德里奇(D. Langdrigde)出版了《现象学心理学：理论、研究和方法》。该书是培森(Pearson)出版社推出的心理学学科分支系列著作之一，预

---

① 梅洛—庞蒂著，姜志辉译：《知觉现象学》，商务印书馆2005年版，第1页。

② Spinelli, E. (2005). *The interpreted world: an introduction to phenomenological psychology*. London • Thousand Oaks • New Delh: Sage Publications, p. 176.

示着学界对现象学心理学领域关注的升温。

除了研究者的关注外，实践者也越来越多地对现象学心理学给予重视。这在心理学的质化研究中体现得尤为明显。心理学中的质化研究自20世纪80年代起发展，90年代突飞猛进，以致奥尼尔(P. O'neill)借用库恩的范式论观点，称质化研究预示着心理学中的新范式。[①] 庞蒂洛托(J. G. Ponterotto)则将质化研究称作心理学中继精神分析、行为主义、人本主义和女性主义/多元文化主义之后的“第五势力”[②]。在20世纪，现象学心理学是质化研究的中坚力量。据伦尼(D. L. Rennie)等对1900—1999年间PsycINFO数据库的统计，20世纪80年代前，心理学中的“现象学心理学”研究在质化研究中占据主导地位，其研究占质化研究总量的90%，此后，现象学心理学研究的数量依然保持恒定。[③] 从出版的著作来看，进入21世纪以来，现象学心理学在质化研究中依然处于重要位置。2001年，迈克劳德(J. Mcleod)出版专著《咨询与心理治疗中的质化研究》，他在概述之后，以三章的篇幅介绍了现象学与解释学研究，并称“所有质化研究的基础均在于解释学和现象学”[④]。同年，在《人本主义心理学手册》中，现象学心理学的代表人物丘吉尔(S. D. Churchill)和沃兹(F. Wertz)撰写了现象学心理学的研究方法，将其作为人本主义心理学的质化研究的组成部分。2003年，卡米克(P. Camic)、罗兹(J. Rhodes)和亚德利(L. Yardley)在主编的《心理学中的质化研究》中，请现象学心理学的主要代表人物乔治(A. Giorgi)等撰写了现象学心理学的研究方法章节。2006年，当今世界现象学心理学的中心——迪尤肯阵营的费希尔(C. T. Fischer)主编《写给心理学家的质化研究方法》，将现象学心理学渗透到质化研究中去。2006年，在布雷克威尔(G. M. Breakwell)主编的教材《心理学研究方法》中，列入了当前英国最为流行的现象学心理学方法——“解释现象学分析”，反映出了学界对现象学心理学方法的重视。2007年，前面提到的兰德里奇也正是在质化研究的背景下介绍了现象学心理学的研究方法，展现了现象学心理学的广阔实践图景。2008年，现象学心理学的另一代表人物史密斯再版了其主编的《质化心理学》。该书在概述质

---

① O'Neill, P. (2002). Tectonic change: The qualitative paradigm in psychology. *Canadian Psychology*, No. 3, pp. 190～194.

② Ponterotto. J. G. (2002). Qualitative research methods: The fifth force in psychology. *The Counseling Psychologist*, No. 3, pp. 394～406.

③ Rennie, D. L., Watson, K. D. Monteiro, A. M. (2002). The rise of qualitative research in psychology. *Canadian Psychology*, No. 3, pp. 179～189.

④ Mcleod, J. (2001). *Qualitative research in counseling and psychotherapy*. London · Thousand Oaks · New Delhi: Sage Publications, p. 56.

化研究之后，以两章的篇幅介绍乔治的研究方法和史密斯的解释现象学分析。

可见现象学心理学逐渐走向我们，且声名日盛。但我们似乎并未与之相逢，相反，却产生了一种陌生的感受。那么，究竟什么是现象学心理学？在国外，对它的误解和混淆一直不断。1963 年，在赖斯大学(Rice Universtiy)召开了题为“行为主义与现象学”的讨论会议，会后出版了由沃恩(T. W. Wann)主编的论文集——《行为主义与现象学：现代心理学的对立基础》。有评论者将这次会议称作“现象学的讽刺画”，认为“这次研讨会作为心理学历史上最容易被误解和被误导的会议，将在未来的数年里占据很重要的地位”[①]。1967 年，布罗迪(N. Brody)和奥本海姆(P. Oppenheim)发表论文《心理学中行为主义与现象学的方法论差异》，现象学家赞纳(R. Zaner)评论说，两位学者对现象学的理解“严重地使人产生误解，且有时是错误的”[②]。1971 年，现象学家科克利曼斯(J. J. Kockelmans)在考察美国现象学心理学时指出：“一些人在如此宽泛的意义上使用这个术语，以致它成为一个包罗万象的标签，指代近 30 年来形成的反对心理学中处于支配地位的行为主义理论的所有心理学概念。”[③]1986 年，詹宁斯(J. L. Jennings)发表论文《重评胡塞尔：心理学与现象学间被遗忘的差别》，斯奈德(D. Snyder)在评论时指出，心理学与现象学间并不存在詹宁斯所谓的鸿沟，心理学可以受到现象学的“很好服务”(well-served)。[④] 2001 年，史密斯指出：“也许只有行为分析比现象学心理学更多地被人误解。”[⑤]2005 年，心理学史学家肯德勒(H. H. Kendler)发表《心理学与现象学：一种澄清》一文，加尔扎(G. Garza)评论说：“看到这样一种对现象学的误解成为讨论的基础是令人失望

---

① 史密斯著，郭本禹等译：《当代心理学体系》，陕西师范大学出版社 2005 年版，第 317 页。

② Brody, N., Oppenheim, P. (1967). Methodological differences between behaviorism and phenomenology in psychology. *Psychological Review*, No. 4, pp. 330～334. Zaner, R. M. (1967). Criticism of “Methodological Differences Between Behaviorism and Phenomenology in Psychology”. *Psychological Review*, No. 4, pp. 318～324.

③ Kockelmans, J. J. (1971). Phenomenological psychology in the United States: a critical analysis of the actual situation, *Journal of Phenomenological Psychology*, No. 2, pp. 139～173.

④ Jennings, J. L. (1986). Husserl revisited: the forgotten distinction between psychology and phenomenology. *American Psychologist*, Vol. 41, pp. 1231～1240. Snyder, D. (1988). Comment on Jennings. *American Psychologist*, Vol. 43, pp. 403～404.

⑤ 史密斯著，郭本禹等译：《当代心理学体系》，陕西师范大学出版社 2005 年版，第 320 页。

的。”①

这些误解和混淆甚至出现在现象学心理学内部。丘吉尔是迪尤肯阵营的代表人物，他在为《心理学百科全书》撰写的“现象学心理学”词条中，认为可以将存在—现象学心理学简称为现象学心理学。② 同属迪尤肯阵营的瓦尔(R. S. Valle)、金(M. King)和哈林(S. Halling)，在撰写的《心理学中的存在——现象学心理学导记》中也说：“指出以下一点是重要的：在当代作品中——包括本书中的那些——‘现象学心理学’通常作为‘存在—现象学心理学’的简略形式使用。”③但亦属迪尤肯阵营的丹图(D. Danto)在博士学位论文中却指出，在萨特(J-P. Satre)的存在精神分析中，可以将“存在—现象学心理学”缩略为“存在心理学”。④ 事实上，在迪尤肯阵营中，并未就现象学心理学、存在现象学心理学和存在心理学进行明确的区分，尽管三者存在较大的差异。

除了误解和混淆外，甚至还存在着因受到忽视而提出的诸多抗议。这与我们的另一疑问有关：现象学心理学究竟在哪里？1972 年，现象学史学家施皮格伯格(H. Spiegelberg)出版了《心理学与精神病学中的现象学：历史导引》，对与心理学有关的现象学作了迄今最为广泛的描绘。但迪尤肯阵营的默里(E. L. Murray)抗议说，施皮格伯格没有对迪尤肯的现象学心理学的“图景或深度给予说明”，“这是令人遗憾的”。⑤ 2006 年，迪尤肯阵营的克鲁南(T. F. Cloonan)对心理学史学家肯德勒的批评之一，是肯德勒并未注意到迪尤肯阵营的存在。克鲁南说：“对肯德勒(2005)忽略了参考美国现象学心理学家及他们著作的双重讽刺在于，该论文题目中的‘现象学’发表在美国的杂志，且这本杂志的名字叫做《美国心理学家》。”⑥

---

① Kendler, H. H. (2005). Psychology and phenomenology: a clarification. *American Psychologist*, Vol. 60, pp. 318～324. Garza, G. (2006). Clarifications with respect to psychology and phenomenology. *American Psychologist*, Vol. 61, pp. 255～256.

② Churchill, S. D. (2000). Phenomenological Psychology. In: A. E. Kazdin(Ed.). *Encyclopedia of Psychology*. New York: Oxford University Press, pp. 162～168.

③ Valle, R. S., King, M., Halling, S. (1989). An introduction to existential-phenomenological thought in psychology. In: R. Valle, S. Halling(Ed.). *Existential-phenomenological perspectives in psychology: exploring the breadth of human experience*. New York: Plenum Press, p. 7.

④ Danto, D. (2004). *From philosophy to practice: A hermeneutic analysis of existential-phenomenological psychotherapy*. Doctoral Dissertation of Duquesne University, p. 11.

⑤ Murray, E. L. (1973). Phenomenology in Psychology and Psychiatry (book review). *Journal of Phenomenological Psychology*, No. 2, pp. 385～379.

⑥ Cloonan, T. F. (2006). Clarifications with respect to phenomenology and psychololgy. *American Psychologist*, Vol. 61, pp. 254～255.

由于身处心理学史领域，我们对后一问题更感兴趣。从已有的西方心理学史著作来看，现象学心理学极少留下自己的踪迹。现象学心理学在心理学史中的处境甚至不如心理学中人文科学路线的开创者布伦塔诺(F. Brentano)。[①] 布伦塔诺在思想史上长期处于"隐身"(invisibility)状态，致使学界出现"布伦塔诺之谜"(the Brentano puzzle)。[②] 但心理学史学家波林(E. G. Boring)还是赋予了布伦塔诺与冯特(W. Wundt)平齐的地位："十九世纪心理学的主要派别是意动和内容，布伦塔诺和冯特，这正如我们经常说的。"[③]相比来说，现象学心理学根本就没有在波林《实验心理学史》中出现，一方面因为现象学心理学在20世纪前半叶未取得明显进展，另一方面却更是因为波林忽视并误解了现象学。他仅在格式塔心理学的前身内容中给予介绍。波林在最广泛的意义上使用现象学，视其为研究主观经验的学问。[④]他甚至得出"实验心理学开始是现象学"[⑤]的结论。当然，除了心理学史学家对现象学心理学重视程度不够外，现象学心理学家重视实践研究，历史意识不足，也是导致现象学心理学未能反映在心理学史著作中的一个原因。

基于上述的研究现状，迫切需要从整体上对现象学心理学进行全面而系统的研究。这正是本书的初衷所在。本书选取现象学心理学为题，力图对其作较全面的历史梳理和理论分析，明确现象学心理学的历史地位和理论定位，澄清对现象学心理学的种种误解，建构现象学心理学的学科体系，凸现现象学心理学的理论形态、研究方法、研究成果、理论特征，以还现象学心理学的本来面目。

二、国外关于现象学心理学的研究

由于作者只通英文，以下关于国外学界的阐述仅限于英语文献。在英语学界对现象学心理学的研究中，米西亚克(H. Misiak)和塞克斯顿(V. S. Sexton)1973年出版的《现象学的、存在主义的与人本主义的心理学》是迄今唯一一部系统地研究现象学心理学的历史的著作。两位学者将现象学心理

---

① 郭本禹：《布伦塔诺的意动心理学述评》，《心理学报》，1998年第1期，第106～112页。

② Poli, R. (1998). Forword. In: R. Poli. (Ed.). *The Brentano puzzle*. Aldershot: Ashgate Publishing Ltd, p. ix.

③ 波林著，高觉敷译：《实验心理学史》，商务印书馆1981年版，第435页。

④ Misiak, H., Sexton, V. S. (1973). *Phenomenological, existential and humanistic psychology*. New York: Grune & Stratton, p. 40.

⑤ 波林著，高觉敷译：《实验心理学史》，商务印书馆1981年版，第23页。

学界定为“第三势力”心理学的组成部分，他们在考察现象学哲学的基础上，以两章的篇幅分别梳理了现象学心理学在欧洲和美国的发展。他们提出，现象学心理学在欧洲主要表现为梅洛—庞蒂、伯伊滕蒂克、卡茨和米肖特等人的学说，在美国主要表现为乔治、迈克劳德、斯尼格和库姆斯等人的思想。但是，这部著作侧重历史研究，未能在此基础上进行理论分析，如厘清现象学心理学的理论形态等。并且，这部著作出版于 1973 年，不能反映现象学心理学的新近发展，如经验与解释的现象学心理学等。除米西亚克和塞克斯顿的工作外，现象学史学家施皮格伯格于 1972 年出版的《心理学与精神病学中的现象学》，对心理学与精神病学中与现象学相关的人物作了百科全书式的梳理。但是，这部著作是从现象学影响心理学的视角进行选材的，故不能全面考察现象学心理学本身的发展，并且如前所述，它忽略了迪尤肯阵营的工作。此外，布伦南(J. F. Brennan)在《心理学的历史与体系》(2003 年第 6 版)中，从“第三势力”心理学的角度提及了迪尤肯阵营的工作。

自 20 世纪 70 年代以来，国外共出版了不下七部英文版的现象学心理学导论性专著。1975 年，基恩(E. Keen)出版了《现象学心理学入门》，从人在世界中存在的角度，对现象学心理学的理论与研究进行了考察。但如迪尤肯阵营的史密斯(D. L. Smith)所评论的，基恩未能看出现象学对心理学的深刻意义，仅将其视作“治疗小失调的绷带”。顺便提及，基恩的这本著作并非“入门”著作，他力图穷尽这一领域，如史密斯所指出的，他并不进行导论性的“清理道路”工作，而是力图“建设超级公路”。① 之后基恩于 2001 年出版《美国心理学观念史》，将现象学心理学作为美国心理学的新进展之一。1979 年，南非现象学心理学家克鲁格(D. Kruger)出版了《现象学心理学导论》，对现象学心理学进行了考察，他主要受荷兰乌特列支学派以及存在心理学家鲍斯(M. Boss)等的影响。② 1983 年，麦考尔(R. J. McCall)出版《现象学心理学：导论》，此书也受到鲍斯的影响，主要从海德格尔(M. Heidegger)思想的角度梳理了心理学中的二元论和还原论问题，作者仅将现象学心理学视作为经验心理学奠定基础的预备学科，且并未提到欧洲现象学心理学和美国现象学心理学。1989 年，斯皮内利出版《解释的世界：现象学心理学导论》，此书第二版于 2005 年出版。斯皮内利是英国的存在心理治疗家，侧重从存在主义角度探讨现象学心理学，没有区分出现象学心理学与存

① Smith, D. L. (1976). “A Primer in Phenomenological Psychology” by Ernest Keen (book review). *Journal of Phenomenological Psychology*, No. 1, pp. 217～222.

② 该书的另一个版本于 1981 年由美国的迪尤肯大学出版社出版。

在心理学，且在该书（第二版）中论述心理治疗时标以“存在心理治疗”，主要介绍莱因（R. D. Laing）的思想。1990年，富勒（A. R. Fuller）出版《价值的顿悟：对一门现象学心理学的前提的探讨》，侧重存在主义，对现象学心理学的理论基础进行了探讨，如题目中的“顿悟”所示，作者尤其吸收了格式塔心理学的思想。作者忽视了整个现象学心理学的历史。正如奥斯特罗（J. M. Ostrow）在书评①中指出的，作者并未提到现象学心理学家斯特劳斯和乔治等。1996年，迪尤肯阵营的德罗贝蒂斯（E. M. DeRobertis）出版《现象学心理学：写给入门者的教科书》（1996），从现象学入手，对现象学心理学的研究实践和误解等进行了介绍。该书虽仅有77页，却反映出了美国现象学心理学的理论主张，但依然没有对现象学心理学与存在心理学作出明确的区分。2007年，兰德里奇出版了《现象学心理学：理论、研究和方法》，这是一部反映现象学心理学最新面貌的著作。作者将现象学心理学视作质化研究中的一种，对现象学心理学的实践进行了较为详尽的展示。但遗憾的是，作者受到迪尤肯阵营的影响，未能反映欧洲现象学心理学的发展脉络。

在当前的研究中，丘吉尔为《心理学百科全书》（2000）撰写的“现象学心理学”词条简要地描述了现象学心理学的代表人物，并阐述了现象学方法在心理学中的落实。但是，丘吉尔未能梳理现象学心理学的发展脉络，甚至没有参考米西亚克和塞克斯顿的工作。另外，丘吉尔也没有对现象学心理学与存在心理学作出区分。与丘吉尔的研究相比，史密斯在《当代心理学体系》（2001）中的工作更为深入。他介绍了法兰西学派的梅洛—庞蒂和萨特的研究以及美国的现象学心理学研究，并阐述了现象学心理学的研究领域以及与其他取向的关系。他尤其从原假设、元假设和假设三个方面剖析了现象学心理学的假设。他以一章的篇幅专门介绍了现象学心理学。应该说，这是心理学史教材首次给予现象学心理学以独立章节的地位。此前心理学史教材在介绍现象学心理学时，一般在“第三势力”或人本主义心理学章节中顺带提及。但是，与丘吉尔一样，史密斯未能全面梳理出现象学心理学的发展脉络，也未能对现象学心理学与存在心理学作出明确的区分。

对欧洲现象学心理学的研究，首先需要提到的是蒂内斯（G. Thinès）的专著《现象学与行为科学》（1977）。蒂内斯是比利时实验现象学家米肖特（A. Michotte）的学生，曾任《现象学心理学杂志》创刊时的合作主编（coedi-

① Ostrow, J. M. (1994). "Insight into Value: An Exploration of the Premises of a Phenomenological Psychology", by Andrew R. Fuller (book review). *Philosophy of the Social Sciences*, No. 1, pp. 117～120.

tor)，现为该杂志的顾问编辑(advisory editors)。这部著作从认识论的视角，考察了心理学与生物学领域的现象学思想，尤其系统梳理了欧洲的实验现象学心理学。由于所探讨的是美国心理学界长期忽略的内容，所以这部著作具有重要的意义。另外，斯特拉瑟尔(S. Strasser)在《哲学与现象学研究》杂志上发表了论文《欧洲心理学中的现象学趋向》(1957)，对欧洲现象学心理学的发展趋势进行了总体介绍。

在欧洲现象学心理学中，胡塞尔因其独特地位受到较多关注。美国现象学家科克利曼斯的《胡塞尔的现象学心理学：历史—批判研究》(1967)一书，最为系统地考察了胡塞尔各个思想发展阶段的现象学心理学观点。迪尤肯大学的豪泽(D. W. Hauser)在胡塞尔的《现象学心理学》英译者斯坎伦(J. Scanlon)的指导下，以胡塞尔弗莱堡讲座中的现象学心理学为主题，完成了博士学位论文(1982)。迪尤肯阵营的戴维森(L. Davidson)在美国现象学心理学的主要代表人物乔治的指导下，以《胡塞尔论心理学：返回实证性》为博士学位论文题目(1989)，研究了胡塞尔各个时期的心理学思想。后又与他人合作，于1991年在《现象学心理学杂志》上发表论文《心理主义与现象学心理学重评Ⅰ：从自然主义中解放》；12年后，又在该杂志上发表《心理主义与现象学心理学重评Ⅱ：返回实证性》。塞布鲁克学院的詹姆斯(J. L. James)在其博士学位论文《胡塞尔超越论的现象学心理学》(2002)中，对胡塞尔的超越论的现象学心理学进行了系统的梳理与考察。需要指出的是，学界在探讨胡塞尔的现象学心理学思想时，易囿于胡塞尔本人对现象学心理学的直接阐述，忽视其早期著作尤其是《逻辑研究》中的工作。为此我们认为，明希(D. Münch)的论文《胡塞尔的〈逻辑研究〉与描述心理学以及认知科学的关系》(2001)具有更为重要的价值。

相对于胡塞尔而言，哥廷根的实验现象学受到的关注极少。学界往往接受波林的观点，在格式塔心理学的前身内容中予以介绍，并会提到鲁宾(E. Rubin)的图形—背景研究。1968年，博曼(J. C. Bouman)出版专著《实验与现象学心理学中的图形—背景现象》，从存在主义尤其是梅洛—庞蒂思想的视角，研究了鲁宾的思想。穆斯塔卡德(I. K. Moustgaard)在《现象学心理学杂志》上发表论文《埃德加·鲁宾方法之后的现象学描述》(1975)，对丹麦哥本哈根学派作了介绍。另外，瑟伦森(J. B. Sørensen)发表在《现象学与认知科学》杂志上的论文《异己手实验(The Alien-Hand Experiment)》(2005)中，也提到了丹麦哥本哈根学派。

在对法兰西学派的梅洛—庞蒂和萨特的研究中，对其哲学思想的研究非常丰富，对其心理学思想的研究则并不太多，且集中在梅洛—庞蒂上。纽约州立大学的韦尔什(T. L. Welsh)以《原初经验:心理学在梅洛—庞蒂现象学中的地位》(2002)为题,完成了博士学位论文,并在《理论与心理学》杂志发表论文《从格式塔到结构:莫里斯·梅洛—庞蒂早期对人文科学的分析》(2006)。乔治在《现象学心理学杂志》上发表论文《作为心理学统一可能基础的梅洛—庞蒂的元心理学》(1974),从整体上探讨了梅洛—庞蒂的心理学思想。罗曼尼欣(R. D. Romanyshyn)也在该杂志发表论文《现象学与行为的阅读》(1977),阐述了梅洛—庞蒂的行为观。

学界对荷兰现象学心理学研究相对较少。加拿大卡尔加利大学的斯塔姆(H. J. Stam)和荷兰乌特列支大学的冯赫齐韦克(R. von Hezewijk)(2001)考察了乌特列支学派成员间的关系。另外,荷兰学者德霍尔(T. Dehue)在专著《改变规则:荷兰现象学心理学史 1900—1985》(1993)中的第三章,从方法社会学的视角考察了乌特列支学派。施皮格伯格在《心理学与精神病学中的现象学》中,对乌特列支学派的领袖伯伊滕蒂克(F. J. J. Buytendijk)作专章介绍。当然,科克利曼斯主编的《现象学心理学:荷兰学派》(1989)较全面地收集了荷兰现象学心理学的论文。另外,美国田纳西大学的布赖恩特(M. A. Bryant)在博士学位论文(1990)中,研究了乌特列支学派的范伦内普(D. J. van Lennep)的心理测验。

与对荷兰现象学心理学的研究一样,学界对比利时实验现象学家米肖特(A. Michotte)的研究也不多见。1991 年,蒂内斯等主编了《米肖特的知觉的实验现象学》,对米肖特的实验现象学进行了全面介绍。米肖特的思想对当今心理学依然有着重要意义。2006 年,韦格曼斯(J. Wagemans)等在荷兰的《心理学报》(Acta Psychologica)杂志主编了纪念米肖特的专集。

在对欧洲心理病理学和精神病学中的现象学心理学研究上,施皮格伯格对明克夫斯基(E. Minkowski)和斯特劳斯(E. W. Straus)分别作专章介绍。1976 年,《现象学心理学杂志》发表纪念斯特劳斯的专集。2004 年,现象学家赞纳(R. M. Zaner)发表论文《"范本"的领域:对欧文·斯特劳斯的批判性鉴赏》,考察了斯特劳斯的现象学心理学思想。

如果说由于地域和语言等原因,学界对欧洲现象学心理学研究相对较少的话,对美国的现象学心理学的研究应该较丰富。但事实上,对美国的现象学心理学的系统研究也并不多见。如上所述,其中一个重要原因是现象学心理学尚未完全进入心理学的视野;另一个原因是美国现象学心理学具有较强的实践趋向,而历史意识相对薄弱,例如,乔治于 1989 年移教塞布鲁克学院后,迄今所指导的博士学位论文几乎全是现象学心理学具体领域的实践研究。《现象学心理学杂志》于 1995 年发表了两篇研究美国现象学心理学史的论文，这是迪尤肯阵营内为数不多的系统研究。克鲁南在长达 81 页的论文《美国现象学心理学研究的早期历史》中，对美国现象学心理学的代表人物进行了系统而深入的分析。哈林在《存在—现象学精神病学与心理治疗简史》中，考察了精神病学与心理治疗领域的现象学心理学。此外则是迪尤肯阵营侧面的研究。1983 年，时任迪尤肯大学心理系主任的史密斯在《迪尤肯现象学心理学研究：卷Ⅳ》中发表了长达 43 页的论文《迪尤肯大学存在—现象学心理学研究生培养方案史》，介绍了迪尤肯大学心理学系的发展历程，这可视作对美国现象学心理学缩影式的描绘。2002 年，史密斯在该论文基础上，出版专著《受造奇妙可畏：迪尤肯大学研究生培养方案史》①，对该研究生培养方案进行了更为详尽的介绍。哈林在《现象学心理学杂志》上发表了书评(2004)，认为该书“给我们提供了大量有关这一与众不同的研究生培养方案历史的信息，以及大量有关学生注册模式、教师著作、具体年月中的课程和心理学系报告总结的‘原始材料’”②。1997 年，乔治在接受夏洛特和卡尔·彪勒奖时，发表题为《〈现象学心理学杂志〉的起源和将现象学介绍到科学心理学中的一些困难》的演讲，从《现象学心理学杂志》发展的视角，回顾了美国的现象学心理学的发展历程。

在迪尤肯阵营外，1971 年，现象学家科克利曼斯在《现象学心理学杂志》上发表《现象学心理学在美国：对实际情境的批判性分析》，考察了现象学心理学以及与之相关的格式塔心理学等。但作者局限于胡塞尔的现象学心理学观点，未能展示现象学心理学在经验层次的丰富内涵。1974 年，西密西根大学的 D·S·利(D. S. Leigh)完成题为《现象学心理学在美国的新进展及其对经验研究的意义》的硕士学位论文，重点考察了迪尤肯阵营，尤其是乔治、范卡姆和冯埃卡茨伯格的观点。1983 年，乔治·华盛顿大学的托佩尔(C. J. Topper)完成博士学位论文《卡尔·罗杰斯与哲学现象学》，梳理了美国现象学心理学家如斯尼格和库姆斯以及迈克劳德等的思想。另外，乔治提出的经验研究方法引起了较多关注。1984 年，加利福尼亚职业心理学学院的霍西诺(F. H. Hoshinao)完成博士学位论文《现象学方法：对胡塞尔与乔治的比较》，在分别介绍胡塞尔与乔治现象学方法的基础上，对二者进行了比较，并探讨了现象学方法如何落实到心理学层面上的问题。1990 年，加拿大约克大学的克莱因(P. Klein)在硕士学位论文中，对美国现象学心理学

① “受造奇妙可畏”源自《诗篇》139:14。

② Halling, S. (2004). Book review. *Journal of Phenomenological Psychology*; 2004, No. 1, pp. 115～120.

进行了考察。[①] 四年后,克莱因又在此基础上,和导师韦斯科特(M. R. Westcott)一起,在《加拿大心理学》杂志上发表论文《现象学心理学变化的特征》,整理出美国现象学心理学的理论形态,即传统、实验、经验和解释的现象学心理学。

综上所述,国外学界对现象学心理学的各组成部分进行了初步的梳理,为本书的研究提供了坚实的基础。但国外学界的研究也存在不足,对现象学心理学的整体研究较少,且有着较多的分歧和误解,尤其在对欧洲现象学心理学的研究上,极少有系统的历史梳理和理论分析。突出问题有:对现象学心理学界定的混淆和不统一,如没有完全对现象学心理学进行准确的历史定位和学科定位,似乎没有看到它是"第三势力"心理学的组成部分,没有区分现象学心理学与现象学在心理学中的应用;没有完全理清现象学心理学的思想来源和发展脉络、理论形态、研究方法和研究领域;没有全面提炼现象学心理学的理论特征等。因此,我们急需对现象学心理学进行整体性的系统梳理与深入研究,并进行合理而准确的评价。

三、本书的内容与主题

本书的研究目标是:从纵向和横向的视角,对现象学心理学从整体上进行全面而系统的研究,还现象学心理学的本来面目,凸现现象学心理学的方法、形态和特征,提升现象学心理学在心理学史上的历史地位。

本书正文共由八章组成。第一章对现象学心理学进行界定。首先从西方哲学的历史背景出发,考察了现象学对以往哲学的继承和突破。现象学沿循西方哲学对普遍知识的追求,反对以往哲学中的二元论和自然主义,提出从生活世界出发,并发展出相应的方法,从而为心理学打开了新的可能性。本章接下来论述现象学与心理学的关系,从现象学的视角来审视心理学,在此基础上,考察现象学心理学的产生,作出界定,指出现象学心理学是人文科学路线中"第三势力"心理学的组成部分,它以现象学为理论基础,反对自然主义和二元论,坚持以生活世界为出发点,坚持心理现象的意向性本质,主要通过使用经验层面的现象学方法,研究世间的心理现象,来获得知识,彰显世界的原本意义。本章最后对现象学心理学的相关混淆进行澄清。

第二章和第三章为纵向研究,探讨现象学心理学的思想来源和历史发

① Klein, P. (1990). *The methodology of Husserlian vs. contemporary phenomenological psychology: a historico-critical study*. Master Thesis of York University.

展。第二章阐述了现象学心理学的思想来源。从哲学思想来源上，考察现象学、存在主义和解释学为现象学心理学提供了怎样的资源；从心理学思想来源上，考察了心理学中的朴素现象学研究、意动心理学、狄尔泰的心理学和詹姆斯的心理学为现象学心理学做出了怎样的贡献。第三章梳理现象学心理学的历史演变。从现象学心理学的思想雏形上，考察了胡塞尔的现象学心理学和哥廷根的现象学心理学；从地域角度区分出欧洲现象学心理学和美国现象学心理学。在欧洲现象学心理学中，分别考察了法兰西学派的梅洛—庞蒂和萨特，乌特列支学派的伯伊滕蒂克、范伦内普和林斯霍滕，实验心理学领域的米肖特以及心理病理学领域的斯特劳斯。在美国现象学心理学中，首先分析美国现象学心理学的兴起，接下来考察了早期代表斯尼格和迈克劳德，最后进入迪尤肯阵营，来看其早期代表范卡姆、核心人物乔治和杰出代表冯埃卡茨伯格。

第四、五、六章是横向研究，考察现象学心理学的理论形态、研究方法和研究领域。第四章在梳理历史演变的基础上，提出现象学心理学的理论形态。从讨论克莱因的研究入手，沿思辨与实验、经验与解释、存在与超个人三种维度，分别考察思辨与实验的现象学心理学、经验与解释的现象学心理学、存在与超个人的现象学心理学。第五章考察了现象学心理学的研究方法。将现象学心理学与自然科学路线的研究方法进行了比较，并沿思辨与实验、经验与解释维度，分别考察了思辨与实验的研究方法、经验与解释的研究方法，特别从具体研究过程和研究例证等方面详尽展示现象学心理学的研究实践。第六章考察现象学心理学的研究领域。从心理过程、行为、人格、学习、心理治疗和消费心理六个领域展开。其中心理过程是现象学心理学研究的重点。本书从感觉、知觉、想象、记忆、思维、情绪和意志七个部分进行探讨。本书在介绍每一个研究领域时，力图展现现象学心理学的整体观点，并与自然科学路线的观点进行比较，通过具体研究来深化对现象学心理学的理解。

在纵向和横向研究基础上，本书在第七、八章中对现象学心理学进行了比较、总结和评价研究。第七章将现象学心理学置于西方心理学的背景下，采取自然科学与人文科学两条路线的框架，将其与其他心理学取向进行比较。现象学心理学从生活世界出发，强调心理现象的原本面目，反对自然科学路线的二元论和自然主义，力图从自身出发对其研究、加以理解。这体现在它与内容心理学、行为主义和认知心理学的比较上。现象学心理学与人文科学心理学的其他流派有着较多的一致性，但不满于它们的不彻底，力图推进一种严格的人文科学心理学。这体现在它与格式塔心理学、精神分析、人本主义心理学和存在心理学的比较上。第八章在前面讨论的基础上，总结了现象学心理学的理论特征，并进行评价和展望。本章先分别从哲学基础、学科观、出发点、研究对象、研究取向和价值取向六部分进行考察。现象学心理学以现象学运动为哲学基础，提倡人文科学观，以生活世界为出发点，在研究对象上倡导意向性观点，在研究取向上坚持质化的研究取向，在价值取向上坚持批判性的价值负载观点。之后对现象学心理学进行了评价和展望。首先考察了现象学心理学的贡献和局限，接下来考察了现象学心理学的启示，最后对现象学心理学进行了展望，认为现象学心理学的未来将任重而道远。

本书的主题是：现象学心理学是一种严格的人文科学心理学取向。现象学心理学以现象学为哲学基础，反对二元论和自然主义，提倡从生活世界出发，坚持心理的意向性本质观点，追求普遍的知识。现象学心理学是"第三势力"心理学的组成部分，以胡塞尔的现象学心理学和哥廷根的实验现象学为思想雏形，包括欧洲现象学心理学和美国现象学心理学。它沿不同维度表现为思辨与实验的现象学心理学、经验与解释的现象学心理学、存在与超个人现象学心理学六种理论形态。它发展出思辨与实验、经验与解释四种可行的方法，并在基础领域进行了大量的研究实践。它加强了心理学与哲学的联系，推进了心理学面向生活，深化了人文科学路线，推动了心理学中的质化研究，倡导了面向实事本身的工作风格，但也存在缺乏统合性的理论体系、发展不平衡、推广难度大、对知识与社会的关联重视不够等不足。现象学心理学将以稳健的姿态，通过漫长而严峻的知识之路，走向真实的世界。

第一章

从现象学到现象学心理学

在考察现象学心理学时，需要从现象学入手进行探讨。从西方哲学的发展来看，现象学继承了西方哲学对普遍知识的追求，通过揭示原初的生活世界，反对二元论和自然主义，提出还原和描述的方法，打开了一条通向真实世界的知识之路。现象学的突破为心理学省察自然科学路线，提倡人文科学精神提供了理论基础，也使现象学心理学成为可能。现象学心理学最终成为"第三势力"心理学的有机组成部分，它主张经验科学，提倡从生活世界出发，坚持意向性观点，通过研究世间的心理现象，来彰显世界的原本意义。

第一节　现象学的含义

现象学是现代西方哲学的一个重要流派，由德国哲学家胡塞尔(E. Husserl)创立。胡塞尔于1900—1901年出版《逻辑研究》(两卷本)，标志着现象学的诞生。胡塞尔的现象学产生了强大的效应，经过舍勒(M. Scheler)、海德格尔(M. Heidegger)、萨特(J-P. Satre)、梅洛—庞蒂(M. Merleau-Ponty)、迦达默尔(H-G. Gadamer)和利科(P. Ricoeur)等一大批哲学家的努力，成为现代西方哲学中一场声势浩大的运动，延续至今。不仅如此，现象学还影响了逻辑学、美学、心理学、宗教学、社会学、经济学、法哲学、教育学、文学、数学和医学等诸多学科。胡塞尔在为《不列颠大百科全书》所写的"现象学"词条(1927)中，对此作出了如下预见："'现象学'标志着一种在上世纪末、本世纪初在哲学中得以突破的新型描述方法以及从这种方法产生的先天科学，这种方法和这门科学的职能在于，为一门严格的科学的哲学提供原则性的工具并且通过它们始终一贯的影响使所有科学有可能进行一次方法上的变革。”①

如胡塞尔所述，现象学能够产生广泛效应的原因在于，它能够提供一种新型的描述方法，使人们以一种新的方式去省察世界，理解世界。这里的“新型描述方法”就是现象学方法，它构成了现象学的核心，或者说是现象学“共同的最小公分母”②。需要指出的是，对于这里的“方法”，应从其原本意义上加以理解。在西文中，“method”（方法）一词源于古希腊文“μεταóδóS”（拉丁文为“methodus”），它包括两部分：“μετα”，意指“遵循”；“óδóS”，意指“道路”。因此，方法的原意是“遵循某一道路”③。但方法远不止于遵循道路的具体规则和技术，它还隐含着从观念上指出道路的可能性，并对道路加以描述。因此，以下将从两个部分探讨现象学，其一是作为哲学的现象学，考察它如何开创了一条道路，以及开创了怎样的“道路”，用胡塞尔的话说，就是在西方哲学取得了怎样的“突破”；其二作为方法的现象学，考察它如何通向这条道路，遵循怎样的原则，使用怎样的技术，以“使所有科学有可能进行一次方法上的变革”④。

一、作为哲学的现象学

现象学取得“突破”，是指它对于以往的哲学有着创造性的发展。这种突破是在继承的基础上进行的，它并不意味着对以往哲学的全盘否定。因此，理解现象学需要从它所扎根的西方哲学来看。

西方哲学起源于古希腊。古希腊人在探索世界时奠定了对象性的思维方式，将世界作为客观的对象进行把握。⑤ 泰勒士（Thales）作为西方哲学史

---

① 胡塞尔著，倪梁康译：《现象学——不列颠大百科全书条目》，见胡塞尔著，倪梁康选编：《胡塞尔选集》，上海三联书店 1997 年版，第 341 页。胡塞尔所谓的“先天科学”是指他的超越论的现象学，并未得到其他现象学家的一致接受。

② Misiak, H., Sexton, V. S. (1973). *Phenomenological, existential and humanistic psychology*. New York: Grune & Stratton, p. 3.

③ 严平著：《走向解释学的真理——伽达默尔哲学述评》，东方出版社 1998 年版，第 18 页。

④ 胡塞尔著，倪梁康译：《现象学——不列颠大百科全书条目》，见胡塞尔著，倪梁康选编：《胡塞尔选集》，上海三联书店 1997 年版，第 341 页。

⑤ 叶秀山著：《思·史·诗——现象学和存在哲学研究》，见叶秀山著：《叶秀山文集》（哲学卷·下），重庆出版社 2000 年版，第 6 页。

上的第一位哲学家，为此树立了典型：将世界的本原推论为水。这种对象性的思维方式反映了西方哲学对确定性的追求。与之相应的是古希腊人所产生的惊异：人可以在认识个别对象过程中把握到一般的东西。譬如，我看到早晨冉冉升起的太阳，我在认识到当前看到的太阳的同时，可以把握到作为一般对象的“太阳”。前者是个别的、变化的，后者却是一般的、不变的，它们共同存在于我们对事物的把握之中。泰勒士之后，早期自然哲学家们延续了这种追求，他们将世界的本原视作水、无定、火、气、逻各斯、数、元素、原子等等。到了巴门尼德（Parmenides）那里，哲学家们的做法得到了最初的表述：走真理之路而非意见之路。真理之路通向不变的本原，而意见之路却通向不可靠的现象。苏格拉底（Socrate）为这种追求奠定了基础，他通过与学生的讨论，指出种种作为知识的美德是寓居于人的内心之中的，换句话说，真理之路需要向内心寻求。最终，苏格拉底的学生柏拉图（Plato）对此作出了明确的表述。他区分开意见（dŏxa）与知识（epistéme），前者是个别的、变化的，后者是普遍的、不变的。哲学家们探索世界的目的，在于摒弃有偏见的意见，去获得普遍的知识。

西方哲学的这种对真知的追求，经过漫长的历史延续到现代西方哲学，并最终为胡塞尔所继承。需要指出的是，在这种追求真知的背后隐含着对美好生活的伦理诉求。但追求真知却是西方哲学发展中最明显的脉络。原因在于，在大多数哲学家看来，通过获得真正的知识就能够过上一种严肃而理性的生活。这里，获得真知是最为核心和重要的。这在胡塞尔那里体现得非常明显。现象学家黑尔德（K. Held）说：“胡塞尔在他的纲领中提出的东西，决不是哲学的新理想，即：彻底的没有成见的知识。”[①]这样，现象学的主要目的在于，在探索世界中获得普遍、确定和无成见的知识。胡塞尔曾为此提出“哲学作为严格的科学”的口号。他认为，哲学“代表了人类对纯粹而绝对的认识之不懈追求”，在哲学的理想天地中，“没有为私人的‘意见’、‘观点’、‘立场’留下栖身的场所”。[②]

对于现象学来说，达到普遍知识的道路是艰难的。它在继承西方哲学时，需要面对历史留下的种种“意见”。这些意见在带来启示的同时，更多地妨碍了现象学对真正世界的考察。当柏拉图区分开意见与知识的同时，他对世界作出了相应的区分：变动不居的现象世界，只能带给我们意见；永恒不变的理念（idea）世界，才能带给我们本质的知识。柏拉图认为，理念世界

① 胡塞尔著，黑尔德编，倪梁康译：《现象学方法》，上海译文出版社 1994 年版，第 8 页。
② 胡塞尔著，倪梁康译：《哲学作为严格的科学》，商务印书馆 1999 年版，第 2～3 页。

是更真实的世界，现象世界是对理念世界的分有。[①] 举例来说，我所看到的晨曦中的太阳不过是对普遍的“太阳”理念的一种摹仿。柏拉图的这种世界二分观点经过发展，在近代哲学中以二元论的形式暴露出来。二元论是指将存在的事物划分为精神与物质两种不同存在的观点。二元论的最大问题是在意识与对象、人与世界乃至身体与心理之间设置了一条鸿沟。

近代哲学沿着唯理论和经验论两条路线发展。一般来说，唯理论重视精神的世界，认为它具有理性，能够确保得到普遍的知识，同时贬低来自物质世界的材料，认为它会带来混淆和误解。“近代哲学之父”笛卡尔(R. Descartes)将“我思”(Cogito)这种精神的存在作为无可置疑的出发点，强调通过普遍数学的方法来获得知识。但他随之就暴露出内在的缺陷。他推导出，存在着两种不同的实体：精神和物质。精神的本性是思想，物质的本性是广延，二者相互独立。而且，身体与心理分属不同的存在，通过神秘的松果腺进行作用。后来的斯宾诺莎(B. Spinoza)和莱布尼茨(G. W. Leibniz)等人均延续了笛卡尔的思想，但都存在二元论困境，试图通过身心两项论或预定和谐论等观点来加以应对。经验论重视由感官得自物质世界的材料。洛克(J. Locke)将心灵视作“白板”(tabula rasa)，并通过感觉经验获得知识。但他区分出感觉和反思，感觉是外物刺激的产物，反思是心理自发的活动，依然存在二元论。最终，休谟(D. Hume)将世界视作感觉印象的组合，从而否定身体和心理的存在，走向了不可知论。经验论和唯理论在康德(I. Kant)那里得到了综合，他强调理性的核心作用，同时重视感觉材料，提出通过知性统合感觉材料，以获得知识。但他的知性统合感觉材料的观点仍存在二元论的嫌疑。

胡塞尔注意到近代哲学对知识的追求，他指出：“现象学可以说是一切近代哲学的隐秘的憧憬。”[②]在这种意义上，胡塞尔是一位传统的哲学家。但是，他认为近代哲学未能揭示出原初世界。柏拉图对现象世界与理念世界的划分不过是人为作用的结果，依然未能反映出原初世界。胡塞尔在此基础上，做出了重要发展，从而跻身于现代哲学之列。他的做法是将这些置之一旁，直接从现象开始进行考察。从词源上看，“phenomenology”(现象学)由“phenomenon”(现象)和“logos”(逻各斯)组成。逻各斯指普遍的理念或知识。因此现象学是指关于“现象”的知识或学问。从英文“phenomenon”的同义词 apprearence 来看，“现象”(apprearence)与我们直接关联，是指“显

① 赵敦华著：《西方哲学简史》，北京大学出版社 2001 年版，第 46 页。
② 胡塞尔著，李幼蒸译：《纯粹现象学通论》，商务印书馆 1996 年版，第 160 页。

现”(appear)给我们的事物。不仅如此,在现象学家看来,“现象”是指“就其自身显示自身者”[①]。这意味着现象能够直接将自身即将其本质给予我们。换句话说,现象就是本质,现象自身存在着,背后并没有任何更真实的东西。

我们所看到的现象的世界就是本质的世界,二者都归于原初世界。这个世界就是我们生活于其中,直接与其打交道的世界。胡塞尔称之为“生活世界”(lebenswelt, lifeworld)。在这个世界中,我们可以直接把握到对象。与之相应,胡塞尔提出,心理具有意向性(intentionalität, intentionality)的本质,它始终与对象相关联,或者与对象直接关联,或者借助其他心理现象与对象相关联。心理与对象的直接关联过程,也就是心理直接把握对象的过程,胡塞尔将这个过程称作“直观”(Anschauung, intuition)。它包括知觉和想象。他又进一步提出,直观具有两种类型:感性直观与本质直观,感性直观使得对象将自身给予我们,本质直观在此基础上直接把握对象的本质。例如,我看到郁郁葱葱的树、莽莽苍苍的山,我同时看出了作为普遍之物的“树”、“山”。这里的两种直观过程是合为一体的。这就使得现象学具有了独特的面貌:它能够在经验与观念间维持着一种张力。[②] 一方面,它能够保持经验的内涵,另一方面,它能够保持普遍的知识(观念)。这样,现象学通过揭示原初世界,以独特的方式回应了古希腊人的惊异:人可以在认识个别对象过程中直接把握到一般的东西,从而得到确定的知识。

由此,现象学能够直面近代哲学中的二元论问题。从现象学的角度看,唯理论看到了精神可以直接获得普遍知识,但忽视了心理与对象的直接关联,倾向于将精神视作封闭的、空洞的存在。经验论看到了心理与对象的关联,但在二元论的框架下,将心理屈从于外界物理的对象,最终走向怀疑论。康德在通向知识的道路上迈出了重要的步伐,但依然存在不足。在他那里,感觉材料依然有屈从物理对象的嫌疑;另外,康德认为,在现象背后,还存在着物自体,他将获得知识的范围限定在现象领域。这是现象学不能同意的。

除了面对二元论问题外,现象学还要面对同时代哲学中流行的自然主义。哲学中的自然主义是指包括实证主义等在内的一种哲学思潮,它受到自然科学的影响。1453年,哥白尼(N. Copernicus)出版《天体轨道的革命》,提出“日心说”,标志着欧洲近代科学革命的开端。伽利略(G. Galileo)推进了物理学的发展,同时提倡以数学尤其是几何学来理解世界,将世界视作一

① 海德格尔著,陈嘉映、王庆节译:《存在与时间》,三联书店1988年版,第36页。

② 余慧元:《一种“纯粹”的经验如何可能?——胡塞尔现象学经验问题的扩展研究》,浙江大学博士学位论文,2004年,第36页。

架机器。牛顿(I. Newton)通过经典力学将科学加以系统化,同时将世界作为机器的观点精致化。此后,自然科学取得了突飞猛进的发展,它给哲学带来了巨大的冲击,使得哲学界出现自然主义思潮。自然主义与自然科学一样,将世界视作自然的存在,自然按照精确的物理规律处于具体时空之中。自然主义因此将世界视作物理的世界,心理不过是具有物理属性的存在。我们从中可以看出,自然主义通过将世界统一于自然的存在,来避开二元论问题。自然主义具有两个特征:将意识自然化、将观念自然化。① 从现象学的角度看,自然主义如同二元论一样,采取了先在的假设,从而构造出一个理想的世界,远离了原初的生活世界。这种构造的结果,是将世界视作纯粹的物理事实,导致生活意义的丧失。另外,自然主义将观念自然化,容易导致对普遍本质的否认,从而陷入怀疑论的泥潭。自然科学的失当最终将导致欧洲科学的危机乃至欧洲人的危机。

这里需要注意的是,现象学与实证主义并非哲学上的天敌。它们都是现代西方哲学的重要流派,有着某些共同的主张,即都追求普遍的知识,并且他们都将经验视作知识的来源。当然,这里的"经验"内涵是不同的。实证主义持自然主义立场,将经验视作类似自然物的存在,在现象学看来,实证主义的这种立场使其未能揭示世界的原本面目。现象学在这一点上与其存在根本的差异。但这并不意味着,现象学与实证主义之间存在截然的鸿沟。胡塞尔曾说过:"如果'实证主义'相当于有关一切科学的绝对无偏见地基于'实证'的东西,即基于可被原初地加以把握的东西的话,那么我们就是真正的实证主义者。"②

二、作为方法的现象学

现象学打开了一条通向原初世界的知识之路,它同时提出一系列相应的原则和技术,以确保能够稳健地走向这条道路。现象学将这些原则和技术归于现象学方法名目下。胡塞尔充分注意到方法的重要性。他说:"千辛万苦地努力获得那种对于其方法的基本成分的洞见,因而获得对那种在一门新学科中从其开始到整个发展过程中始终具有的、在方法上有决定意义的东西的洞见,对于现象学是至关重要的,其重要性完全不同于其他科学中

① 胡塞尔著,倪梁康译:《哲学作为严格的科学》,商务印书馆 1999 年版,第 9 页。
② 胡塞尔著,李幼蒸译:《纯粹现象学通论》,商务印书馆 1996 年版,第 79 页。

类似的努力所可能具有的重要性。"[①]梅洛—庞蒂甚至认为："现象学只能被一种现象学方法理解。"[②]需要指出的是，这里的"作为方法的现象学"并不完全等同于现象学的具体操作技术。如前所述，现象学方法已经蕴涵着现象学的核心思路，即通过揭示生活世界获得确定的知识。

现象学通向原初世界的道路是通过反思（reflection）这条途径来实现的。胡塞尔曾说："现象学的方法完全是在反思行为内起作用。"[③]当我看到这棵法桐树时，我能够看出"法桐树"这个普遍之物。我同时还能够体验着我在看的活动，这种体验就是反思。在我进一步考察"法桐树"这个普遍的东西时，我已经不可能在"看"这个心理活动中进行了。但我可以接着在反思中进行进一步的考察，同时不会引起所考察对象的任何变化。胡塞尔认为："反思……具有这样一种独特的特点：在反思中感知地被把握之物原则上可以被描述为这样一种东西，它不仅存在着并且在感知目光之内持续着，而且在这个目光朝向它时，它已经存在着了。"[④]

在踏上反思这条道路时，现象学需要确保从直观即对对象的直接把握出发。我可以回忆过去所看到的树木，并对树木进行进一步的反思。虽然在反思中不会引起任何变化，但回忆却是不可靠的。只有在直观中，对象才能原初地将自身给予我们。胡塞尔因此提出，现象学研究要从所给予的一切出发。他将之称作"一切原则之原则"。他说："每一种原初给予的直观都是认识的合法源泉，在直观中原初地（可说是在其机体的现实中）给予我们的东西，只应按如其被给予的那样，而且也只在他在此被给予的限度之内被理解。"[⑤]与之相应，胡塞尔提出"面向实事本身"（Zu den Sachen Selbst, back to things themselves）的口号，他说："但是合理化和科学地判断事物就意味着面向实事本身，或从语言和意见返回事物本身，在其所与性中探索事物并摆脱一切不符合事物的偏见。"[⑥]"现象实事本身"最终成为现象学的核心精神，它意味着直接把握对象，由此才能开启通向知识的反思之路。此外，胡塞尔还提出了相应的明见性（evidenz, evidence）原则。它意指对象要直接将自身给予我们，由此才能够获得确定无疑的知识。

---

① 胡塞尔著，李幼蒸译：《纯粹现象学通论》，商务印书馆1996年版，第163～164页。

② 梅洛—庞蒂著，姜志辉译：《知觉现象学》，商务印书馆2005年版，第2页。

③ 胡塞尔著，李幼蒸译：《纯粹现象学通论》，商务印书馆1996年版，第186页。

④ 倪梁康著：《胡塞尔现象学概念通释》，三联书店2007年版，第408页。胡塞尔著，李幼蒸译：《纯粹现象学通论》，商务印书馆1996年版，第125页。

⑤ 胡塞尔著，李幼蒸译：《纯粹现象学通论》，商务印书馆1996年版，第84页。

⑥ 胡塞尔著，李幼蒸译：《纯粹现象学通论》，商务印书馆1996年版，第75页。译文有改动。

为进一步确保直接把握对象，胡塞尔提出还原的方法，将对现象学研究起到干扰作用的一切排除出去。具体来说，还原包括三种方法：悬搁、本质还原和先验还原。[①] 悬搁（epoché）是指将有关对象的各种观点搁置起来，以直接面对对象。胡塞尔借用数学中的术语，将悬搁称作加括号（einklammerung，parenthesizing），指将有关对象的先见放到括号中，存而不论。悬搁主要包括两部分：将历史上关于对象的观点搁置起来，如在面对电脑时，应该将科学家关于电脑是否具有人类智能等观点存而不论；将有关对象怎样存在的观点搁置起来，如将这台电脑是否为物理的存在等放置一旁。在悬搁之后，可以对对象进行本质还原。本质还原（eidetic reduction）是通过对个别现象进行直观，排除事实成分，得到普遍的本质的过程。这个过程通常通过使用本质变更（eidetic variation）技术完成。研究者从所看到的一台具体的电脑出发，可以想象无限多的电脑与这台电脑进行比较，最终得到共同的部分，即普遍的本质。另外，胡塞尔为了进一步研究使得这一切成为可能的先验的主体性，还提出了先验还原（transcendental reduction）的方法，它将世界的存在彻底搁置起来，来考察先验自我，从而解决认识何以可能等问题。与此一致，胡塞尔也提出了超越论的现象学（transcendental phenomenology），来考察先天的认识问题。

还原为现象学打开了一扇面向真实世界的大门，使现象学得以对世界中的诸种现象进行研究，这就需要描述（beschreiben，description）。描述是在还原的基础上进行的，相对于还原的消极排除倾向，描述是如实发现对象本身，得到本质的积极行动。胡塞尔说："对于现象学来说，它被看做是现象学态度观察的先验纯粹体验的描述性本质科学；而且像任何其他不起基础结构作用并且不按观念化方式进行的描述性学科一样，它具有其内在的合法性。"[②]描述在面向对象时，通过使用概念，对对象进行必要的分析，得出对象的本质。这里不需要先在的假定，在这种意义上，描述与自然科学的解释形成明显的对立，后者采取先在的假定，将对象加以构造，因而无法面对对象本身。

这样，现象学在延续西方哲学对普遍知识的追求中，通过揭示原初的生活世界，与二元论和自然主义做斗争，并使用还原和描述等具体方法和原则，打开了一条通向真实世界的知识之路。正是在这种意义上，现象学取得了"突破"，"使所有科学有可能进行一次方法上的变革"。但这种"变革"的

① 张廷国著：《重建经验世界：胡塞尔晚期思想研究》，华中科技大学出版社 2003 年版，第 40 页。
② 胡塞尔著，李幼蒸译：《纯粹现象学通论》，商务印书馆 1996 年版，第 181 页。

具体实现,却需要现象学通过与具体学科领域的对话来完成。

第二节 从现象学到心理学

现象学与心理学的关系是复杂的。从表面上看,现象学是现代西方哲学的一个流派,心理学是一门科学,二者似乎没有太大关联。事实上,在现象学与所有学科的关联中,它与心理学的关系最为密切。胡塞尔师从心理学家布伦塔诺(F. Brentano),他从布伦塔诺的意动心理学出发,开创了现象学。他终生都在关注心理学问题。在"系统阐述现象学基本原理和方法的教科书"①——《纯粹现象学和现象学哲学的观念》(第一卷)"导论"中,胡塞尔正是通过澄清与心理学的关系提出现象学的。美国现象学家法伯(M. Farber)曾指出:"现象学与心理学的关系……是胡塞尔学术生涯中持续的主要主题之一。"②邱恩(M. C. Chung)和安斯沃思(P. D. Ashworth)甚至感叹道:"关于现象学与心理科学的故事,如果不是一篇短小或简易故事的话,就是一篇复杂的故事。这两种答案都不允许我们假装当前的这一卷已讲述了完整的故事。"③下面我们先澄清现象学与心理学的关联,然后从现象学"突破"的角度来看它对心理学的意义。

一、现象学与心理学的关联

现象学与心理学处于不同的层面。现象学是一门哲学,心理学则是一门科学。哲学与科学有着共同的根源,即古希腊思想。前已述及,古希腊哲学倡导对确定性知识的追求。在这种意义上,哲学与科学都致力于获得确

① 涂成林著:《现象学的使命——从胡塞尔、海德格尔到萨特》,广东人民出版社 1998 年版,第 364 页。

② Davidson, L. (1989). *Husserl on psychology: the return to positivity*. Doctoral Dissertation of Duquesne University, p. 2.

③ Chung, M. C., Ashworth, P. D. (2006). The meeting between psychology and psychological science. In: M. C. Chung, P. D. Ashworth (Ed.). *Phenomenology and psychological science*. New York: Springer, p. 9.

定性的知识,但二者所追求的知识分属不同的领域。这在古希腊那里已经得到了明确的表述。在柏拉图区分了意见与知识后,他的学生亚里士多德(Aristotle)作为古希腊哲学的集大成者,对科学进行了分类。亚里士多德依各学科的目的,将科学划分为三类:实用的、实践的和理论的。其中,理论的科学目的在于知识本身,它包括物理学、数学和形而上学。形而上学即这里的哲学,亚里士多德又称作"第一哲学",它研究"作为的是"(being as being,或译为"作为存在的存在"),物理学和数学等科学则研究具体的"是者"(beings,或译为"存在者")。

关于哲学和科学的关系,亚里士多德明确指出:"有一门学问研究作为'是'的'是'(或译'作为是者的是者'、'是者之为是者'),以及那些由它自身属于它的特性。其他各种特殊的学问则不是这样,因为它们没有任何一种是普遍的研究作为'是'的是的,它们只截取'是'的某个部分,研究这个部分的属性,例如数学就是这样做的。"①哲学研究整体的"是",科学只截取"是"的部分加以研究,哲学与科学因此是整体与部分的关系。进一步看,哲学研究未分化的"是",其他科学研究特殊内容的"是的东西",哲学与其他科学处于普遍和特殊的关系。② 由此可以得出,哲学是其他科学的根基。笛卡尔曾经形象地比喻说,所有科学统一于哲学,哲学是一棵大树,树根是形而上学(第一哲学),树干是物理学(自然哲学),发出来的各个树枝则是各门具体的科学,如医学、力学等,我们也可以将心理学纳入其中。

胡塞尔明确意识到了亚里士多德的观点。他提出超越论的现象学,将它视作"第一哲学"。他认为,可以通过先验还原等途径,研究超越论的主观性,它是最初的东西或自身包含一切存在与起源的真理的东西。正是它使得原初的生活世界成为可能。一切科学都需要从超越论的现象学中获得理论基础。在这种意义上,现象学作为一种科学,它与作为科学的心理学的关联在于,它能够为心理学提供理论基础。我们下面就来看这种关联的具体表现。

二、现象学视界中的心理学

现象学能够为心理学提供理论基础,这意味着现象学能够提供一种视

① 汪子嵩、王太庆:《关于"存在"和"是"》,见汪子嵩著:《亚里士多德·理性·自由》,河北大学出版社 2003 年版,第 359~360 页。

② 汪子嵩、王太庆:《关于"存在"和"是"》,见汪子嵩著:《亚里士多德·理性·自由》,河北大学出版社 2003 年版,第 360 页。

角来审视心理学。进一步看,它能够针对心理学的状况提供一种新的可能性,使其朝向这种可能性迈进。

在现象学看来,心理学是一门事实科学。胡塞尔明确指出:“心理学是一门关于事实、关于休谟意义上的 matter of fact(事实)的科学。”①心理学所研究的是事实,事实指存在于具体时空中的存在物,当然这里并不一定含有任何物理属性等假定。事实与本质相对,本质可以摆脱具体的时空。需要注意的是,事实与本质是不可分离的。这样,心理学家的研究对象始终是在时空中存在着的心理现象。例如,我知觉到这台电脑,这个心理活动是在当前我坐在电脑桌前进行的。进一步说,心理学所面对的是存在着的世界,尽管并非物理的世界。它并不将世界彻底悬搁起来,进行先验的研究,如胡塞尔在研究超越论的主体性中所做的一样。胡塞尔也将这种层面称作“世间”的(mundan, mundane)层面或者“世界”的(weltlich, worldly)层面。世间的与先验的相对,“它标志着在自然观点之内,在素朴的经验和实践中以及在科学的理论化中得以展开的人对世界的理解和人的自身理解”②。

事实科学与本质科学相对,它的研究以经验活动为基础。当我在研究知觉时,我必须面对一个人在特定条件下进行的知觉活动,我无法离开具体的时空条件,通过单纯的想象来进行研究。正是在这种意义上,胡塞尔将事实科学与经验科学“视作相等的概念”③。心理学因此也是一门经验科学。本质科学可以摆脱经验活动,胡塞尔举例说,一个在黑板上画几何图形的几何学家,他的经验活动不曾为他对几何学的本质奠定任何基础。④ 事实科学以本质科学为基础。在这种意义上,也可以看出心理学与现象学的关系,它以后者为基础。

在对心理学进行定位后,我们来看现象学中关于心理学的实际状况的观点。胡塞尔的话表明了现象学的立场:心理学“追随自然科学的榜样,这几乎不可避免地意味着:将意识事物化,而这从一开始就会将我们织入到悖谬之中,由此便会一而再、再而三地流露出朝向悖谬的提问和错误的研究方向的趋向”⑤。需要注意的是,现象学所针对的心理学是当时主流的自然科学路线心理学,包括冯特(W. Wundt)的内容心理学和行为主义。不过,正如下面看到的,现象学对自然科学路线的理论审视也可以应用到整个自然

① 胡塞尔著,李幼蒸译:《纯粹现象学通论》,商务印书馆 1996 年版,第 44 页。

② 倪梁康著:《胡塞尔现象学概念通释》,三联书店 2007 年版,第 305 页。

③ 胡塞尔著,李幼蒸译:《纯粹现象学通论》,商务印书馆 1996 年版,第 58 页。

④ 胡塞尔著,李幼蒸译:《纯粹现象学通论》,商务印书馆 1996 年版,第 58 页。

⑤ 胡塞尔著,倪梁康译:《哲学作为严格的科学》,商务印书馆 1999 年版,第 28~29 页。

科学路线心理学中去。

在现象学看来，心理学受到自然科学巨大进展的影响，逐渐接受了自然科学的方法，以自然科学为样板，来塑造自身的科学面目。胡塞尔说："经验心理学从它 18 世纪的开始以来便不断地受到困扰，这种困扰来自以物理—化学方法为样板的自然科学方法之欺骗形象。""并非无关紧要的是这样一个事实：实验—精确心理学的父辈都是生理学家和物理学家。"①除了受自然科学影响外，心理学还从近代经验论哲学中继承了自然主义心理学思想。这在洛克那里体现得最为明显。洛克将心理比做白板，感觉等材料像自然物一样，附加在板上或从板上消失。"这种将心理自然化的做法，经由洛克被传给整个近代，一直到今天。"②心理学从上述来源中接受了自然主义的主张，将世界视作自然的、具有物理属性的存在。作为世界一部分的心理现象也不例外。心理学家在研究心理现象时，将其视作与物质的自然相似的东西。进一步看，心理学家易将心理现象视作由原子式的成分组成，来寻求其基本成分，以及与其他因素间的因果规律。胡塞尔描述说："将对心理学的材料的经验的这种给予性与对物体的经验的给予性朴素地等同起来，就导致将前者物化；持久地将目光注视着作为典范的自然科学，就会诱使人们将心理学体验的材料理解为心灵的原子或原子的符合，诱使人们将两方面的任务并列起来。"③在冯特的内容心理学尤其是在铁钦纳(E. B. Titchener)的构造主义那里，这种元素论的做法体现得最为明显。胡塞尔明确指出："我们在冯特及其学派的反思中……看到这种仿效科学的认识论—形而上学解释的典范。"④心理学的自然主义主张到行为主义那里发展到极端。我们看到，华生(J. B. Watson)和斯金纳(B. F. Skinner)等激进行为主义者甚至明确否认心理现象的存在。此后，在认知心理学那里，依然具有自然主义的立场。认知心理学通过模拟的方式，将心理视作类似加工程序或神经元的物理存在。雷伯(A. S. Reber)在《心理学词典》的"心理"(mind)词条中写道："这一术语和它所蕴涵的东西，是哲学和心理学相结合而产生的历经磨难的产物。……但由于我们自己处置不当，不断地滥用它，苛刻地、粗暴地对待它，有时甚至把它关闭在密室中，不去听它迫切的哀求。"⑤

---

① 胡塞尔著，倪梁康译：《哲学作为严格的科学》，商务印书馆 1999 年版，第 28 页。

② 胡塞尔著，王炳文译：《欧洲科学的危机与超越论的现象学》，商务印书馆 2005 年版，第 80 页。

③ 胡塞尔著，王炳文译：《欧洲科学的危机与超越论的现象学》，商务印书馆 2005 年版，第 277 页。

④ 胡塞尔著，王炳文译：《欧洲科学的危机与超越论的现象学》，商务印书馆 2005 年版，第 277～278 页。

⑤ 雷伯著，李伯黍等译：《心理学词典》，上海译文出版社 1996 年版，第 502 页。

如同哲学中自然主义被迫面对二元论一样，坚持自然主义的心理学也要面对二元论。它与哲学中的自然主义一样，倾向于通过将心理视作类似物理的存在，来避开二元论。胡塞尔说："另外，不论是冯特还是其他人对受经验二元论束缚的心理学进行论证的方法，都停留在遵循洛克传统的将意识当做材料的自然主义的解释中。"①许多心理学家采取了副现象论的观点，认为心理由大脑产生，但心理不能产生行为，仅是大脑的副产品。例如，认知心理学将表象视作存在于内部世界的表征或者神经元网络的产物，就体现了这种观点。但心理学在坚持自然主义主张上，时常暴露出自己的二元论立场，如新行为主义者虽然承认心理的存在，但将心理视作主观的存在，将世界视作客观的存在，由此将二者对立起来。

心理学采用了自然主义的主张，但并未取得像自然科学一样的进展。相反，由于朴素地使用一些概念，使得自身陷入混乱之中。胡塞尔在 20 世纪上半叶，作出了这样的预测："因此毫不奇怪，心理学从未得到它所羡慕的典范，即自然科学，所显示的那种持续不断的向前发展，而且没有任何创造才能的人，没有任何方法上的技巧，能够防止它一再重新陷入危机。"②心理学更大的失误，在于远离了真实的心理现象，远离了生活世界，从而如哲学中的自然主义一样，丧失了生活的意义。

不过，胡塞尔也注意到心理学中人文科学路线的努力。他发现："少数几个心理学家，如斯顿夫(C. Stumpf)、利普斯(Th. Lipps)以及其他一些与他们相近的人，已经认识到实验心理学的缺陷……"③另外，在现象学所倡导的描述道路上，人文科学路线心理学已经做出了努力。胡塞尔说："这样，描述的科学对从理论上进行说明的科学这样一种图式也就好像不言而喻地准备好了——在心理学方面，我们发现这个图式在布伦塔诺和狄尔泰那里受到更明确的强调——，如一般来说在 19 世纪的情况，这是一个奋进的时代，这个时代最终产生了能与自然科学相比的严格科学的心理学。"④

现象学在审视了心理学之后，对心理学的自然主义问题进行克服，提出以现象学为理论基础，从生活世界出发，通过描述来获得心理的本质。这种克服的结果，在于确立了一门不同于自然科学的人文科学心理学。胡塞尔对此作出了详细的说明："只有当心理学建立在一门系统的现象学上，也就是说，只有当意识的本质构形以及它的内在相关项在系统的联系中得到纯

① 胡塞尔著，王炳文译:《欧洲科学的危机与超越论的现象学》，商务印书馆 2005 年版，第 278 页。
② 胡塞尔著，王炳文译:《欧洲科学的危机与超越论的现象学》，商务印书馆 2005 年版，第 255 页。
③ 胡塞尔著，倪梁康译:《哲学作为严格的科学》，商务印书馆 1999 年版，第 21 页。
④ 胡塞尔著，王炳文译:《欧洲科学的危机与超越论的现象学》，商务印书馆 2005 年版，第 267 页。

粹直观的研究和确定，只有当各种现象的概念，即那些被经验心理学家在其心理物理判断中用来表述心理本身的概念的科学意义和内涵得到了规范，只有这时，一门关于心理的经验科学，一门真正充分的、与自然相联系的经验心理学才能成立。”①这种心理学就是我们要研究的现象学心理学。

第三节 现象学心理学的界定

一、构成“第三势力”心理学的现象学心理学

现象学对心理学进行了审视，澄清了其自然主义的主张和二元论的立场。在此基础上，它通过自己的可行途径，倡导一种以现象学为理论基础的现象学心理学。可以说，现象学心理学已经呼之欲出了。

胡塞尔甚至做出进一步的努力，他提出一种基础性的现象学心理学。他于 1925 年在德国弗莱堡大学做了题为“现象学心理学”的讲座，1928 年，他又在荷兰阿姆斯特丹大学做了同名讲座。他在讲座中，提出一种现象学心理学。这种现象学心理学介于现象学与经验心理学之间，它建立在现象学的基础上，同时又能够为经验心理学奠定基础。它是一门本质科学，能够为作为事实科学的经验心理学提供指导。我们将在第三章对之进行进一步的探讨。这里需要指出的是，胡塞尔的现象学心理学直接构成了现象学心理学的思想雏形，它为现象学心理学指明了发展的空间，在一定程度上预示着现象学心理学的产生。

但实际的情形总是比理念更为复杂多样。胡塞尔并未注意到，在当时的心理学中，已经进行着自发的现象学心理学研究。并且，这种研究可以有着独立的来源，它可以追溯到心理学诞生之前歌德(J. W. von Goethe)的思想。歌德从所直接经验到的内容出发，结合实验，对于心理现象进行了描述的研究，开启了心理学领域的朴素现象学研究之先河。普金耶(J. E.

① 胡塞尔著，倪梁康译：《哲学作为严格的科学》，商务印书馆 1999 年版，第 43 页。

Purkinje)和海林(E. Herring)延续了歌德的研究传统,并将之传递到哥廷根大学的实验室。我们将在第二章做具体考察。这里需要指出的是,在胡塞尔提出现象学心理学构想的同时,哥廷根的实验现象学继承了歌德等人的思想,已经在实验心理学中进行了现象学研究。它与胡塞尔的现象学心理学一起,构成了现象学心理学的思想雏形。

现象学心理学的形成与发展是在行为主义和精神分析学两大心理学势力的背景下进行的。在 20 世纪上半叶,心理学中盛行的是行为主义。1913 年,行为主义的"旗手"华生发表论文《行为主义心目中的心理学》,宣告了行为主义的诞生。此后,行为主义经新行为主义和新的新行为主义的发展,成为自然科学路线心理学的主要组成部分。行为主义坚持以行为为研究对象,排斥不可见的心理现象,如上所述,行为主义坚持自然主义主张。除行为主义外,精神分析也是重要的心理学势力。1895 年,弗洛伊德(S. Freud)和布洛伊尔(J. Breuer)出版的《癔症研究》,标志着精神分析学的诞生。此后,精神分析学沿着内部发展路径,表现为分析心理学、个体心理学、自我心理学、客体关系学派和自体心理学等;沿着外部发展路径,表现为社会文化学派、存在精神分析学、马克思主义精神分析学、解释学精神分析学和后现代精神分析学等。[①] 精神分析学研究无法直接显现出来的潜意识,这在现象学看来是较难接受的。另外,弗洛伊德的精神分析学强调性本能的重要作用,依然存在自然主义的主张。

在心理学两大势力盛行的背景下,欧洲的一些学者开始提倡研究原初的心理现象,反对将心理现象自然化。这些学者或受到现象学的影响,如法兰西学派的梅洛—庞蒂和萨特、荷兰乌特列支学派的伯伊滕蒂克(F. J. J. Buytendijk)、范伦内普(D. J. van Lennep)和林斯霍滕(H. Linschoten)等人;或者受到实验现象学的影响,如比利时的米肖特(A. E. Michotte);或者自发地进行现象学研究,如德国的斯特劳斯(E. W. M. Straus)等人。他们都反对行为主义的自然主义,同时也都对精神分析学感到不满,转而在心理学中提倡现象学取向。现象学心理学由此在欧洲得以形成和发展。

现象学心理学是在反对行为主义和精神分析两种势力的背景下发展的,在这种意义上,它是"第三势力"心理学的组成部分。现象学心理学与"第三势力"心理学的关系在美国现象学心理学中得到了更明确的体现。20 世纪 40 年代起,美国逐渐有学者如斯尼格(D. Snygg)和迈克劳德(R. R.

① 郭本禹:《精神分析的发展逻辑》,《南京师范大学学报》(社会科学版),2006 年第 5 期,第 81～86 页。

Macleod)等人提倡现象学心理学。最终,在现象学和欧洲现象学心理学的影响下,迪尤肯大学于20世纪60年代发展了美国本土的现象学心理学。美国的现象学心理学明确将自己归属于“第三势力”心理学。美国现象学心理学的代表乔治(A. Giorgi)在代表作《作为人文科学的心理学:一种现象学取向》中,开宗明义地提出:“这部著作属于所谓的‘第三势力’心理学运动。”[①]乔治的学生沃兹指出:“现象学心理学可以视作宽泛的第三势力或人本主义运动中不同取向的一种。”[②]哈林也认为,迪尤肯阵营在美国第三势力心理学中扮演着重要的角色。[③]

但我们需要指出的是,美国现象学心理学与“第三势力”心理学中的人本主义心理学有着显著的差异。美国现象学心理学的阵地是《现象学心理学杂志》(1970年创办),人本主义心理学的阵地是《人本主义心理学杂志》(1961年创办),两份杂志有着明显的区别。前者侧重对经验的研究,后者侧重对潜能的发掘等主题,并且两份杂志的作者较少有重合之处。不过这种情况随着时间的推移,逐渐发生变化。现象学心理学开始越来越多地参与到人本主义心理学的发展之中。乔治于1989年移教“第三势力”心理学的中心塞布鲁克学院。他曾任美国心理学会第32分会人本主义心理学会主席(1987—1988)。他的学生沃兹和安斯图斯(C. M. Aanstoos)也曾先后担任过人本主义心理学会主席(1994—1995,1997—1998)。迪尤肯大学的费希尔(C. T. Fischer)也曾担任过这一职务(2001—2002)。另外,迪尤肯大学心理学系已成为“第三势力”心理学的中心之一。乔治、沃兹、安斯图斯和费希尔等开始在《人本主义心理学杂志》以及《人本主义心理学家》等杂志上发表论文。他们从现象学心理学的立场,力图与人本主义心理学展开对话,共同促进“第三势力”心理学的发展。在“第三势力”心理学进入21世纪的标志性的著作《人本主义心理学手册》(2001)中,可以看到乔治、安斯图斯、沃兹、丘吉尔和费希尔等诸多现象学心理学家的文章。可以说,美国现象学心理学在“第三势力”心理学中正担任越来越重要的角色。

从这种意义上说,现象学心理学在形成与发展中,逐渐与人本主义心理

---

① Giorgi, A(1970). *Psychology as a human science: A phenomenological approach*. New York: Harper & Row, p. xi.

② Wertz, F. J. (1989). Approaches to perception in phenomenological psychology: the alienation and recovery of perception in modern culture. In R. Valle, S. Halling (Ed.). *Existential-phenomenological perspectives in psychology: exploring the breadth of human experience*. New York: Plenum Press, p. 83.

③ Halling, S. (2004). Book review. *Journal of Phenomenological Psychology*. 2004, No. 1, pp. 115～120.

学和存在心理学并列，共同构成“第三势力”心理学。[①] 美国心理学史家布伦南(J. F. Brennan)曾明确指出，“第三势力”运动可以分别表述为存在心理学、现象学心理学和人本主义心理学。[②] 米西亚克(H. Misiak)和塞克斯顿(V. S. Sexton)在研究“第三势力”心理学的著作中也持这种观点，他们明确区分出“现象学、存在主义和人本主义的心理学”。当然，他们同时也都承认“‘第三势力’现在是一个使用过度的术语”[③]。

二、现象学心理学的厘定

在进行了上述探讨后，我们现在来面对一个逼迫性的问题：什么是现象学心理学？显然，现象学心理学是一种心理学。从现象学对心理学的限定来看，这种心理学是一门经验科学或事实科学。这就是说，它的研究必须建立在经验活动基础上，它不能摆脱经验活动，就如数学家进行数学推理一样进行研究。它所研究的对象必须存在于世界中，必须处于世间的层面，而非先验的层面，无论怎样的心理现象都不能脱离世界，如几何图形一样存在于先验的理念之中。

与此相关的一个问题是，胡塞尔的现象学心理学工作属于本质科学，能否划入现象学心理学？从事实科学与本质科学的分野看，胡塞尔式的现象学心理学不属于现象学心理学。但是，胡塞尔式的现象学心理学能够为心理学提供直接的理论基础。从实际情形来看，这种基础工作并未完成。早在 1939 年，萨特就曾经指出过，这一领域中的诸多概念远未得到彻底的澄清，今天，这种情形依然未发生根本的改观。我们赞同萨特的主张：“心理学应坐等现象学成熟吗，我们不这样认为。”[④]正是在这种意义上，我们认为，现象学心理学是一种经验心理学，但也不将胡塞尔式的现象学心理学排斥在外。

从现象学提供的理论基础看，现象学心理学反对二元论和自然主义，它以生活世界为出发点。它所面对的是原初世界，而非经过理论建构的世界，

---

① 郭本禹主编：《西方心理学史》，人民卫生出版社 2007 年版，第 283 页。

② Brennan, J. F. (2003). *History and systems of psychology*. New Jersey: Pearson Education, p. 279.

③ Misiak, H., Sexton, V. S. (1973). *Phenomenological, existential and humanistic psychology*. New York: Grune & Stratton, p. 133.

④ 萨特著，潘培庆译：《情绪理论纲要》，见萨特著，潘培庆、汤永宽、魏金声等译：《萨特哲学论文集》，安徽文艺出版社 1998 年版，第 70 页。萨特这里的现象学指胡塞尔式的现象学心理学。

更非自然主义视野中的世界。这个世界是人身处其中的世界，而非与人隔离开来的世界。它的主要内容是意义，而非作为自然物的事实。在研究对象上，现象学心理学与现象学一样，坚持心理现象具有意向性本质。心理现象与对象之间不可分割，存在着直接的意义关联。从研究方法上看，它以现象学方法为基础，坚持心理能够直观到对象的本质。它还采取反思的途径，也使用还原和描述等方法。但由于它在很大程度上是一门经验科学，它将发展出自己的经验方法，并不照搬现象学的方法。它与现象学一样，致力于获得普遍的知识，彰显世界的原本意义。

从实际发展来看，现象学心理学是一种人文科学心理学。它反对行为主义和精神分析学的自然主义主张，并与人本主义心理学和存在心理学一起构成"第三势力"心理学的组成部分。这里需要注意的是，现象学心理学并不像行为主义或精神分析学一样，是一种心理学的流派，它只是心理学的一种研究取向。它有着统一的理论前提、基本主张和方法论基础，但在具体主张上存在一定分歧。各成员之间也存在一定的交往和思想继承关系，但并不组成联系紧密的学术团体。

总之，我们认为，现象学心理学主要是一种经验的心理学取向，它是人文科学路线中"第三势力"心理学的组成部分。它以现象学为理论基础，反对自然主义和二元论，坚持以生活世界为出发点，坚持心理现象的意向性本质，主要通过使用经验层面的现象学方法，研究世间的心理现象，来获得知识，彰显世界的原本意义。

三、现象学心理学的澄清

在现象学心理学的形成和发展中，一直面对着大量的混淆和误解。1971年，科克利曼斯(Kockelmans, J. J.)指出："我们在此必须表明，在美国依然存在着大量的有关此类基本问题的混淆，如'什么是现象学心理学？'……""一些人在如此广泛的意义上使用这个术语，以致它成为一个普遍的标签，指代30多年来所有反对主导心理学的行为主义的心理学概念。"[①]30年后，N·W·史密斯做出了类似的表述。他说："也许只有行为分析比现象学心理学更多地被人误解。"[②]以下将一些主要的误解进行澄清。从现象学

① Kockelmans, J. J. (1971). Phenomenological psychology in the United States: a critical analysis of the actual situation. *Journal of Phenomenological Psychology*, No. 2, pp. 139～173.

② 史密斯著，郭本禹等译：《当代心理学体系》，陕西师范大学出版社2005年版，第320页。

的观点来看，就是对这些误解进行悬搁，在充分认识到它们的含义后，将其置入括号之中，以直接面对现象学心理学。

第一，从学科层面上看，现象学心理学不是心理学的预备学科，也不是现象学在心理学中的应用。

首先，现象学心理学不是心理学的预备学科。在胡塞尔看来，现象学心理学是一门本质科学，为经验心理学提供理论基础。他的观点影响了许多学者，萨特就持这样的观点。科克利曼斯在指出上述误解后，也接受了胡塞尔的观点。麦考尔(R. J. McCall)明确指出："现象学心理学在这一点上看来是经验心理学的预备学科或序幕，一种前科学或基础科学(Vorwissenschaft)……。"[①]这种观点看到了现象学对于心理学的意义，但并未看到这意义之后的广阔空间。现象学心理学作为心理学的取向，有着自身独立的地位。它探讨经验层面的心理现象，这是一个独立的研究领域。

其次，现象学心理学不是现象学在心理学中的应用。米西亚克和塞克斯顿曾区分出现象学心理学与心理学的现象学，心理学的现象学指将现象学作为一种方法，用于研究心理学问题。[②] 心理学的现象学的领域远大于现象学心理学，它将格式塔心理学、存在心理学甚至人本主义心理学囊括在内。现象学心理学不是心理学的现象学，它是"第三势力"心理学中的一种研究取向，以现象学为理论基础，使用经验的现象学方法来研究心理现象。如下面所探讨的，它不同于格式塔心理学、存在心理学和人本主义心理学。

第二，从研究领域上看，现象学心理学不是现象学，也不是超越论的现象学心理学。

首先，现象学心理学不是现象学。现象学是一门哲学，一门"关于真正开端、关于起源、关于万物之本的科学"[③]，它探讨认识何以可能乃至亚里士多德所谓"作为是者的是"的问题。现象学心理学主要是一门经验科学，它以经验活动为基础，探讨世界中的心理现象。尽管它也进行一定的本质研究，但依然研究心理现象，并将研究对象限定在世界之中。

其次，现象学心理学不是超越论的现象学心理学。在胡塞尔看来，在进行了本质还原之后，可以得到作为本质科学的现象学心理学，但这依然局限在世界之中，不够彻底。需要在此基础上进行先验还原，将世界悬搁起来，

---

① McCall, R. J. (1983). *Phenomenological psychology: an introduction with a glossary of some key Heideggerian terms*. Wisconsin: The University of Wisconsin Press, p. 97.

② Misiak, H., Sexton, V. S. (1973). *Phenomenological, existential and humanistic psychology*. New York: Grune & Stratton, p. 19～20.

③ 胡塞尔著，倪梁康译：《哲学作为严格的科学》，商务印书馆1999年版，第69页。

从而超越世间层次，摆脱个体的束缚，得到纯粹的自我。由此出现的心理学是超越论的现象学心理学。按照詹姆斯(J. L. James)的观点[①]，超越论的现象学心理学主要关注三个领域：纯粹自我的活动、意识的构成活动、构成活动中的意向对象。现象学心理学主要是一门经验科学，它将心理现象限定在世界之中，并不将世界悬搁起来进行研究。在这种意义上，它不同于超越论的现象学心理学。

第三，从基本观点上看，现象学心理学不是内省的心理学，不是主观的心理学，也不是现象主义的心理学。

首先，现象学心理学不是内省的心理学。内省是冯特和铁钦纳等心理学家所使用的一种方法。它要求被试在进行心理活动的同时，将目光转向心理活动本身，进行自我观察。这种做法并不能够保证心理现象的原本性。与冯特同时代的布伦塔诺曾经对此进行反驳。他举例说，当我们将目光转向内心的怒火时，愤怒便消失了。事实上，在内省法的背后，潜含着将心理现象视作自然物，可以像观察外界事物一样进行研究的主张。这种主张是自然主义立场的体现。现象学心理学反对自然主义，提出将前见尤其是将心理视作自然物的前见悬搁起来。它不采用心理为元素组成的观点，它提倡通过反思来直接把握心理现象本身，在这种意义上，它不同于内省的心理学。

其次，现象学心理学不是主观的心理学。主张主观心理学观点的心理学家采用了二元论立场，认为世界上存在着相对立的主观之物和客观之物，并进一步将主观之物视作人内心的经验，将客观之物视作人之外的客观事物。现象学心理学拒绝采用二元论立场，它主张将主观和客观对立的观点悬搁起来。它从所给予的一切出发，进行研究。

再次，现象学心理学不是现象主义的心理学。现象主义(phenomenalism)将认识限定在现象的范围内，将现象视作认识的唯一来源，现象由感觉材料或体验组成，在它背后之后无他物存在，如果有，则是不可知之物。从现象学心理学来看，现象主义假定了特定现象的存在，未能看到对象是与我们直接关联的。现象主义未能区分开呈现给我们的内容和呈现着的对象，未能揭示原初的生活世界。

第四，从心理学组成上看，现象学心理学不是格式塔心理学，不是存在心理学，也不是人本主义心理学。

---

① James, J. L. (2002). *Introduction to Husser's transcendental phenomenological psychology*. Doctoral Dissertation of Saybrook Graduate School and Research Center, p. 370.

现象学心理学是人文科学路线中一种独立的心理学取向，它有别于人文科学路线的其他组成部分，如格式塔心理学、存在心理学和人本主义心理学。我们将在第七章对之进行探讨，这里仅做简要的澄清。

首先，现象学心理学不是格式塔心理学。格式塔心理学以魏特海墨(M. Wertheimer)于1912年发表《视见运动的实验研究》为产生标志，以魏特海墨、考夫卡(K. Koffka)和苛勒(W. Köhler)为主要代表，坚持心理的整体论观点，反对元素论观点。格式塔心理学在身心观点上持同型论观点，认为生理历程与心理历程在结构上相同，这事实上是一种二元论。现象学心理学是"第三势力"心理学的组成部分，它从生活世界出发，尤其反对格式塔心理学的同型论观点，认为格式塔心理学存在二元论的立场。

其次，现象学心理学不是存在心理学。存在心理学以宾斯万格(L. Binswanger)、鲍斯(M. Boss)和罗洛·梅(Rollo May)等为代表，它受到存在主义的影响最大，主张人通过选择来获得自由，由此本真地存在于世界之中。它尤其受到海德格尔的影响，强调人通过面向死亡来领悟存在的意义。现象学心理学与存在心理学存在较大的交叉，但它受到胡塞尔现象学的影响最大，主张通过对世间经验的研究，来彰显世界的原本意义。现象学心理学虽然也受到存在主义的影响，但它更倾向于接受梅洛—庞蒂的观点，关注意义等主题，它不关注选择和自由等主题，较少对海德格尔关于死亡等的观点感兴趣。

最后，现象学心理学不是人本主义心理学。人本主义心理学以马斯洛(A. Maslow)和罗杰斯(C. Rogers)为代表，它主张通过对健康人的研究来发掘人的潜能和价值。现象学心理学主张通过对世间经验的研究，来彰显世界的原本意义。它较少接受人本主义的潜能假设，它甚至认为人本主义隐含有二元论观点，如罗杰斯将积极因素归于机能完善者的内部，将消极因素归于外部的影响，[1]由此将内部与外部、主体与对象对立起来，从而遗忘了人与世界的直接关联。

① Blasio, L. D. (1992). *Rogers' concept of the fully functioning person: an adequate portrayal of human freedom?* Master Thesis of University of Ottawa, pp. 47～57.

第二章

现象学心理学的思想来源

在对现象学心理学界定之后，我们再来考察其来龙去脉。首先是它的思想来源，包括哲学和心理学两个方面。哲学思想来源主要是现象学运动，包括由胡塞尔创立的现象学以及存在主义和解释学。它们共同为现象学心理学提供了哲学基础，拓展了研究视野，指明了新的研究取向。心理学思想来源主要是早期的人文科学心理学，包括意动心理学、狄尔泰的心理学思想和詹姆斯的心理学思想。此外，科学心理学之前的朴素现象学研究也是现象学心理学的思想来源之一。它们为现象学心理学提供了人文科学观、研究范例和具体观点。

第一节 哲学思想来源

现象学心理学在哲学上的思想来源主要是现象学运动。现象学自胡塞尔起，逐渐发展成一场声势浩大的哲学运动，并与分析哲学一起成为现代西方哲学的两大势力。现象学运动在这里专指胡塞尔的现象学及其在哲学上的效应，包括现象学、存在主义和解释学。[1] 现象学运动为现象学心理学提供了哲学基础。

① 赵敦华著:《现代西方哲学新编》,北京大学出版社 2001 年版,第 94～95 页。

一、现象学

这里的现象学是指由胡塞尔创立的现象学。现象学作为一种哲学学派以胡塞尔任教过的三所大学为中心，包括哥廷根小组、慕尼黑小组和弗莱堡小组，主要代表人物有胡塞尔、舍勒、普凡德尔（A. Pfander）、雷纳赫（A. Reinach）、盖格（M. Geiger）和道伯特（J. Daubert）等。在这个学派中，胡塞尔对现象学心理学的影响最大。他通过批判二元论与自然主义，并提出现象学方法，赋予了现象学心理学“以同一性、名称以及哲学上的辩护和框架”①。胡塞尔在哥廷根 15 年，对实验现象学产生了直接影响，我们将在第三章探讨。胡塞尔的现象学心理学思想直接构成了现象学心理学的一部分，我们也将在第三章和第四章中加以探讨。除胡塞尔外，其他成员对现象学心理学也作出了贡献。其中，舍勒对现象学心理学产生了较重要的影响，普凡德尔的意志研究是现象学心理学的一部分，我们将在第三章和第六章分别进行探讨。

我们先来看胡塞尔。他的思想的另一部分是超越论的现象学，主要考察超越论的主观性问题。胡塞尔本人非常重视这一部分对心理学的意义。在 1927 年 6 月 28 日致心理学家彪勒（K. Bühler）的信中，胡塞尔着重指出，他的超越论的现象学可以为经验心理学提供基础。他同时也感叹，当时的心理学家们忽视了这一点。② 我们认为，假使胡塞尔在今天，他依然会发出同样的感叹。原因在于，现象学心理学家们关注世间经验，对于这项超越的工作并不感兴趣。从现象学心理学方面来看，胡塞尔的贡献主要体现在两个方面：一是对意识的意向性本质的分析，二是“生活世界”观点。

首先来看第一个方面。胡塞尔通过对意识的意向性本质进行分析，以解决认识何以可能的问题。胡塞尔的这项工作具有重要意义。海德格尔曾说过，意向性“是一个代表某种争论的中心问题的概念”③。这里需要指出的是，胡塞尔的分析是其超越论的现象学的主要部分。胡塞尔认为，意向性具有“noesis-noema”（意向活动—意向相关项）的结构。以看到眼前这台电脑的显示器为例。“noesis”（意向活动）指意识一侧，主要是对显示器的“看”，

① Misiak, H., Sexton, V. S. (1973). *Phenomenological, existential and humanistic psychology*. New York: Grune & Stratton, p. 23.

② Spiegelberg, H. (1972). *Phenomenology in psychology and psychiatry: A historical introduction*. Evanston: Northwestern University Press, p. 9.

③ 胡塞尔著，杨富斌译：《内在时间意识现象学》，华夏出版社 2000 年版，第 2 页。

它包括两个方面:首先是杂多的感觉材料,如显示器的颜色引起的黑色的色觉等;其次是构造成分,它能够激活色觉等感觉材料,同时赋予意义。"noema"(意向相关项)指对象一侧,主要是所看到的显示器,它呈现为带有背景的核心。我看到的显示器肯定是放在桌子上或其他地方的显示器。我如何能够认识对象?或者说,我们如何能够直接切中对象?胡塞尔认为,意识首先对杂多的感觉材料进行构造,这个过程是先在的。这样,当我看它时,显示器的各个侧面已经过加工,经过构造而给予我,显现为特定背景下的一台显示器,并且对我有着特定的意义。认识由此得以完成。这里,"noesis"与"noema"是完整的认识过程的有机组成部分,它们是直接关联的。这就表明,意识与世界具有直接的关联。胡塞尔由此出发,进一步考察先验自我在认识中的作用,并考察"我"与他人之间的关联,这些也是超越论的现象学的重要组成部分,但对现象学心理学影响较小。

胡塞尔贡献的第二个方面是他晚年提出的生活世界观点。它仅是超越论的现象学的一部分,但对现象学心理学具有极为重要的意义。仍以我看显示器为例:当我看这台显示器时,它已经过构造呈现给予我。这表明,对象以及对象所处的世界始终是先在地给予我的。这个直接给予的世界便是胡塞尔所称的生活世界。胡塞尔描述说,它是"唯一现实的世界,现实地由感性给予的世界,总是被体验到的和可以体验到的世界——我们的日常生活世界"①。在这个世界中,对象直接将自身给予我们。由于对象始终处于开放的背景中,我们所经验到的世界始终是开放的,具有无限的可能性和变化性。换句话说,我们处于不断流转变化的世界之中。这为现象学心理学认识人的世界拓展了视野,而不再局限于自然科学路线的观点。胡塞尔进一步强调,生活世界是科学世界的基础。既然生活世界是先在地给予我们的,那么无论任何理论假设,都要以此为前提。胡塞尔说:"世界存在着,并且总是存在着,一种观点(不论是经验的观点还是其他的观点)的任何修正,是以已经存在着的世界为前提的,……这个事实的不言而喻性先于一切科学思想和一切哲学的提问。"②胡塞尔将生活世界与科学世界相对比,他明确指出科学世界建立在生活世界的基础上,是对生活世界的一种抽象。因此,任何研究都要从这个呈现给我们的世界出发,而非从已有的关于世界的假设出发。现象学心理学接过这个观点,将生活世界作为出发点,反对自然科学路线从对世界的先在假设出发进行研究。需要注意的是,在胡塞尔那里,

① 胡塞尔著,王炳文译:《欧洲科学的危机与超越论的现象学》,商务印书馆2005年版,第64页。
② 胡塞尔著,王炳文译:《欧洲科学的危机与超越论的现象学》,商务印书馆2005年版,第134页。

生活世界是一个先验的领域，无法进行经验的研究。存在主义改造了这个观点，使其适于经验的研究，从而为现象学心理学尤其是存在现象学心理学所接受。

除胡塞尔外，我们还要提到马克斯·舍勒(Max Scheler，1874—1928)，他是现象学学派中的重要成员，被称作"新伊甸乐园的亚当"[①]。他对现象学心理学也产生了重要贡献，在某种程度上其地位仅次于胡塞尔。与胡塞尔关注认识论问题不同，舍勒关注现代性背景下的人的问题。他的核心思路在于通过现象学来考察人的心理世界，揭示人的原本面目，由此来考察社会在现代性中的嬗变。这就决定了价值乃至伦理学在其思想中占有重要的地位。舍勒认为，价值是内在于人之中的，它不是主观的，但可以通过感受直观获得。与此一致，当人把握到价值时，他就与动物区别开来，成为一种具有伦理意义的位格(Person)的存在。但这并非抽象的，人始终处于具体的活动中，处于实际的情境中。舍勒的思想对乌特列支学派和斯特劳斯等影响很大。他们坚持研究具体情境中的人，对胡塞尔的纯粹认识过程不感兴趣。他们坚持研究的价值负载，这在乌特列支学派的思想中尤为明显，我们将在第三章进行探讨。

二、存在主义

存在主义(existentialism)是现象学运动的发展。它盛行于20世纪五六十年代的欧洲，以海德格尔、萨特和梅洛—庞蒂等为代表。它接受了现象学的"面向实事本身"的精神，同时又接受了克尔凯郭尔(S. Kierkegaard)等人对存在的研究，将人的存在作为研究核心。在这种意义上，可以将存在主义称作"存在现象学"。存在主义将现象学运动的关注点从意识拓展到存在，为现象学心理学拓展了视野，使它可以研究人以及行为等，不再局限于意识的范围内。它直接促成了存在现象学心理学的形成。海德格尔在胡塞尔的基础上，将研究重心从意识转向存在，开启了存在主义哲学，由此使得现象学心理学关注存在成为可能。梅洛—庞蒂的本体论为现象学心理学提供了整体的框架。另外，萨特和梅洛—庞蒂在早期都进行了现象学心理学研究，推动了思辨现象学心理学的发展，我们将在第三章对之进行探讨。

马丁·海德格尔(Martin Heidegger，1889—1976)针对传统西方哲学，提出了存在(sein，being)问题。存在问题是本体论的核心问题，也是所有学

① 施皮格伯格著，王炳文、张金言译：《现象学运动》，商务印书馆1995年版，第385页。

科不可避免的问题。从词源上看，“ontology”（本体论）是研究“on”的学问，希腊词“on”英译为“being”。亚里士多德将“being”作为“本体论”（形而上学）的研究对象，将诸种存在者作为各门科学的研究对象，本体论由此为各门科学奠定基础。正是在这种意义上，存在主义为现象学心理学提供了哲学基础。海德格尔从区分存在与存在者入手，认为传统西方哲学混淆了存在与存在者，由此将存在视作实体等存在物。存在不同于存在者，但存在只能通过存在者而存在，并且在诸种存在者中，只有人的存在即“此在”（Dasein）可以使存在显现出来。海德格尔从形而上学的高度描述了此在的特征：此在始终处于世界之中，它最根本的特征是“在世界中存在”（being-in-the-world）；此在是被抛进世界的，它在世界中敞开自身，不断生成变化；此在最终走向死亡，人可以在面向死亡中保持自身的敞开，也可以逃避死亡，消散在他人中，成为中性的人（dasman）。海德格尔的研究使现象学心理学得以关注存在尤其是人的存在。但他对现象学心理学的影响主要是通过萨特和梅洛—庞蒂来实现的。

让—保罗·萨特（Jean-Paul Satre，1905—1980）进一步阐发了存在主义的观点。他使得存在主义关注存在（being）的实存（existent）特性。从词源上看，“existence”源于拉丁文“exsisto”，意指“突出”（stand out）、“形成”（become）或“出现”（emerge）。[①] 萨特从自在与自为的关联出发，认为自在是存在自身的存在，自为是意识的存在。萨特认为，意识的存在始终超越自身，将混沌一片的存在本身虚无化。他举例说，看到一棵树，意识就如一场朝向树的风，在它后面什么也没有。由此推及人的存在，首先，“存在先于本质”，人始终在不断地生成变化，没有既定的本质。现象学心理学受到影响，反对对人作预先的假设，倡导关注人的具体的存在。其次，人始终在世界中生成和变化，现象学心理学受到这一观点的影响，将人置于世界之中进行考察，反对将人从世界中隔离开来。最后，人的存在是绝对自由的，但与自由相并列的是承担选择后果的责任，人在自由中有着相伴随的体验，即烦恼，人也可能逃避自由，进而自欺。这一点较少为现象学心理学所接受。

莫里斯·梅洛—庞蒂（Maurice Merleau-Ponty，1908—1961）由于对现象学本体论出色的阐发，对现象学心理学产生了重要的影响。例如，N·W·史密斯在《当代心理学体系》中介绍现象学心理学时，主要从梅洛—庞蒂的

---

① Misiak, H., Sexton, V. S. (1973). *Phenomenological, existential and humanistic psychology*. New York: Grune & Stratton, p. 72. 在这种意义上，将“existence”译作“实存”，“existentialism”译作“实存主义”，更为恰当。参见孙周兴：《本质与实存——西方形而上学的实存哲学路线》，《中国社会科学》，2004 年第 6 期，第 71～81 页。本书按通常译法，将“existence”译作“存在”。

观点出发。[①] 不仅如此，由于他的观点可以提供富于包容性的架构，他的影响在当前与认知科学和神经科学的对话中显得愈发重要。梅洛—庞蒂坚持人的存在是处于世界中的。他进一步指出，人与世界处于一种辩证的关系，并非只有世界向我们显现，我们也向世界显现。显现的承担者也即人与世界的中介，是身体。当我面对一位长者，身体前倾时，并非生理的身体受到物理刺激，作出机械的反映，相反，这意味着，我通过身体整体地面对当前情境下的这位长者：我尊重他（她）。我们正是通过身体与有意义的世界打交道。换句话说，我们的存在是一种具身化（embodiment）的存在。知觉和行为都是这种具身化存在的延伸。由此，梅洛—庞蒂为现象学心理学理解心理提供了新的视角。另外，由于具身化存在含摄了体验和生理层面，梅洛—庞蒂的观点有助于人文科学路线与自然科学路线的对话。

需要指出的是，存在主义对心理学的影响主要体现在作为“第三势力”心理学有机组成部分的存在心理学上。相形之下，它对现象学心理学的影响仍局限在一定限度之内。原因在于，存在主义与现象学心理学有着不同的侧重。存在主义关注存在，进而倾向于探讨自由等主题；现象学心理学关注经验，进而倾向于探讨意义等主题。正是在这种意义上，现象学心理学不同于受存在主义影响的存在心理学。因此，我们不同意将瓦尔、冯埃卡茨伯格和丘吉尔将宾斯万格和鲍斯等存在心理学家划入现象学心理学的观点。[②] 虽然他们看到存在主义对现象学心理学尤其是存在现象学的影响，但并未注意到现象学心理学与存在心理学的差别，从而混淆了二者。

三、解释学

解释学是现象学运动的进一步发展，它形成于 20 世纪的 60 年代，代表人物有伽达默尔和利科等人。与存在主义一样，解释学也接受了现象学的“面向实事本身”的精神，同时又受到施莱尔马赫（F. D. E. Schleiermacher）

---

① 史密斯著，郭本禹等译：《当代心理学体系》，陕西师范大学出版社 2005 年版，第 307～309 页。尤其在现象学心理学的原假设和假设（第 312 页）上，史密斯与梅洛—庞蒂保持高度的一致。

② Valle, R. et al. (1989). An introduction to existential-phenomenological psychological thought in psychology. In: R. Valle., S. Halling (Ed.). *Existential-phenomenological perspectives in psychology: exploring the breadth of human experience*. New York and London: Plenum Press. pp. 3～16. von Eckartsberg, R. (1998). Introducing existential-phenomenological psychology. In: R. Valle (Ed.). *Phenomenological inquiry in psychology: existential and transpersonal dimensions*. New York and London: Plenum Press. pp. 3～20. Churchill, S. D. (2000). Phenomenological Psychology, In: A. E. Kazdin (Ed.). *Encyclopedia of Psychology*. New York: Oxford University Press, pp. 162～168.

和狄尔泰(W. Dilthey)等人的影响，将对文本的理解视作核心。在这种意义上，可以将解释学称作“解释现象学”。解释学为现象学心理学拓展了视野，使它深入到人的一切实践领域。另外，解释学为现象学心理学提供了新的研究取向，并直接促成了解释现象学心理学的形成。

需要提出的是，海德格尔是解释学形成中的关键人物。前面提到，他区分开存在与存在者。只有通过此在这种独特的存在者，存在的原本意义才能得以显现，此在的独特性因此在于它能够理解存在。这样，研究的涵义发生了转变，它不再是胡塞尔所认为的通过对意识的描述抵达本质，而是通过对此在的理解来彰显存在的意义。海德格尔为现象学心理学展现了解释研究取向的可能，并预示了解释现象学心理学的形成。

海德格尔的学生汉斯-格奥尔格·迦达默尔(Hans-Georg Gadamer, 1900—2002)对解释学进行了系统的阐发，为现象学心理学尤其是解释现象学心理学奠定基础。他从海德格尔关于此在理解的观点出发，认为此在的理解存在于时间性中，它带着历史的“偏见”展开对存在的理解。“偏见”是理解必不可缺的前提，这使得现象学心理学尤其是解释现象学心理学由此承认偏见的合法性，不再悬置一切先在观点。理解的对象是文本，文本是人的实践产品，它可以指代所有的人类活动及其活动产物。现象学心理学由此将视野扩大到一切实践领域。迦达默尔进一步指出，理解是与对象平等对话的过程，亦即双方的视域相融合、达到统一的过程。此在的理解经历了一个解释的循环过程，它由最初的整体理解达到对对象的部分理解，最后产生新的整体理解。现象学心理学由此形成了解释的研究取向。最后，理解是人的存在的生成变化，理解的过程本质上是人的实践过程。研究者的研究本身因此成为实践过程的一部分。现象学心理学由此参与到生活实践中去。

法国著名哲学家保罗·利科(Paul Ricoeur, 1913—2005)由于与英美哲学界的交往，更为美国现象学心理学所知，他曾到迪尤肯大学讲过学，对解释现象学心理学的形成起到直接的作用。如果说海德格尔和迦达默尔侧重本体论层面的话，利科则侧重方法论层面，为现象学心理学提供哲学基础。利科关注文本的解释问题，他提出两种解释的取向：一是共情取向，指通过与文本的视域的融合，产生新的意义；二是怀疑取向，认为文本的意义并非是直接的，它与深层的潜意识欲望和意识形态等有关。利科对现象学心理学的影响主要通过共情取向产生的。他将文本视作由书写固定下来的任何话语。文本具有独立性和客观性，它与作者和读者之间存在间距：它并非作者原本意图的再现，它对读者有着无限的可能性。但文本并不具有绝对的客观性，它在理解中与读者的视野相融合。利科将这个过程称作“占有”(appropriation)：读者在自己“视域”(horizon)的背景下，通过理解文本，忘乎自身地进入到新的意义世界中。现象学心理学借此形成了自己的具体研究过程。利科通过澄清理解与说明，来深化解释中主客观的统一：自然科学使用的说明针对个别命题的意义，传统人文科学的理解针对整体的意义，二者在局部与整体的辩证关联中统一于解释活动。另外，由于利科后期对叙事的研究，促进了现象学心理学与叙事心理学的联系。

需要指出的是，解释学并非孤立地对现象学心理学产生影响，它的影响是在胡塞尔现象学的基础上进行的。从现象学心理学的理论形态上看，受解释学影响的解释现象学心理学是在受胡塞尔现象学影响的经验现象学心理学基础上发展起来的。

第二节　心理学思想来源

现象学心理学产生于19世纪末20世纪初人文科学心理学的背景下。在这一时期，人文科学心理学已经取得初步的发展，并对自然科学路线进行了一定的反思和批判。例如，形质学派提出形质观点，对冯特的内容心理学提出批评，由此导致心理学的两大路线产生“明确的接触”①。当时人文科学心理学的组成是较为丰富的，但这一点未得到当代心理学史学界的足够重视。② 在布伦塔诺开创的广义意动心理学运动中，可以看到布伦塔诺的狭义意动心理学、斯顿夫的机能心理学、麦农和厄棱费尔的形质心理学、胡塞尔的早期心理学思想③和符茨堡学派等。除意动心理学外，还有狄尔泰的心理

① 波林著，高觉敷译：《实验心理学史》，商务印书馆1981年版，第498页。

② 导致早期人文科学心理学受到忽视的一个重要原因，在于波林的《实验心理学史》受到铁钦纳(尤其是其《系统心理学：绪论》观点)的影响，重视实验研究，轻视的人文科学路线的理论成就。这同时也妨碍了心理学界对现象学的接受。

③ 从意动心理学的角度看，《逻辑研究》及此前研究时期的胡塞尔，属于意动心理学倾向。他对意动心理学的发展主要体现在意向性和方法论上。对此可参见崔光辉、郭本禹：《从内知觉到相即知觉——胡塞尔对意动心理学方法论的推进》，《自然辩证法通讯》，2007年第6期，第37～41页。但从现象学心理学的角度看，胡塞尔在这一时期的诸多工作也可归入现象学心理学。在本文中，我们选择后者。

学思想、詹姆斯的人文科学心理学思想以及伯格森(H. Bergson)的心理学思想等都属于早期人文科学心理学。从研究取向上看,早期人文科学路线的实验现象学是当时心理学的重要组成部分。[①] 如斯顿夫与格式塔心理学的柏林学派、麦农与格拉茨学派、屈尔佩与符茨堡学派。甚至在莱比锡,克鲁格(F. Krueger)接任冯特教席后,与桑德(F. Sander)和福克尔特(H. Volkelt)等组成了第二代莱比锡学派,也进行了实验现象学研究。这为现象学心理学的产生提供了丰富的土壤。

具体来说,现象学心理学的心理学思想来源主要是科学心理学之前的朴素现象学研究、意动心理学、狄尔泰的心理学思想和詹姆斯的心理学思想。

一、心理学的朴素现象学研究

在科学心理学诞生前,就已经有了朴素的现象学研究,主要代表为歌德、普金耶和海林。之所以称作"朴素",是因为这些研究没有系统的理论基础,也没有像胡塞尔那样提出系统的现象学理论与方法。波林曾敏锐地看到了这类研究:"现在要理解的是,现象学无论用的是什么名称,在科学史上是起源颇早的。"[②]但他过于重视现象学观察事实和归纳分类的特征,而将直接经验的描述置之次要地位,以致作出现象学"提供了一种情境,使新的实验心理学在公认的科学内掌握了它",乃至"实验心理学开始时是现象学,是意识的分类学,那是不足为怪的"的结论。[③] 科学心理学诞生之前的朴素心理学研究显然具有了现象学立场:反对事先的理论假设,尤其反对将心理加以自然化的倾向;强调从直接经验出发;对经验加以描述。另外,在研究中倾向于使用实验技术。这些研究对现象学心理学尤其是实验现象学心理学产生了重要影响。它为现象学心理学提供了范例,它所得出的结论为现象学心理学所阐发。

约翰·沃尔夫冈·冯·歌德(Johann Wolfgang von Goethe, 1749—1832)的研究主要反映在他的著作《颜色说》(1810)中。在这部著作中,他反对以牛顿的"折射"和"光波"等术语来描述心理。他认为,这将意味着心理不过是自然物的一种体现。心理的本质其实就在于我们的直接经验,也就

① 郭本禹、崔光辉:《实验现象学源流考》,《教育研究与实验》,2007年第4期,第43～48页。
② 波林著,高觉敷译:《实验心理学史》,商务印书馆1981年版,第21页。
③ 波林著,高觉敷译:《实验心理学史》,商务印书馆1981年版,第21、23页。

是对象所呈现给予我们的现象那里。他说："我们不要寻求现象之后的东西——现象自身就是理论。"①他强调从直接经验开始，对所经验到的东西进行如实的描述。在具体研究中，他认为对经验的描述可以结合实验进行。他说："在特定的主要现象下，无数将自身呈现给观察者的情况得到收集……这里可以作出评论说……我们始终坚持实验，始终将实验作为我们的基础。"②例如，对于有色阴影实验，他这样描述："我们可以通过以下试验来使自己信服[关于有色阴影的解释]。在白色表面上……放两根蜡烛；在它们中间放一根细棒……使得两个阴影投下来……拿一有色玻璃，将它放在其中一根蜡烛前，使得白色的纸显得有了颜色；与此同时，有颜色的光所投下的阴影……将会显示出互补色。"③歌德在坚持现象学立场的同时，强调通过演示，实现了可操作性，从而将现象学与实验有机结合起来。在这种意义上，他开创了心理学中的实验现象学研究的先河，预示了实验现象学心理学的诞生。

约翰尼斯·伊万杰里斯塔·普金耶(Johannes Evangelista Purkinje，1781—1869)推进了素朴的现象学研究。他曾著有两卷关于视觉的现象学研究，并将该书献给歌德。他最为心理学界所熟知的是关于夜间视觉中颜色的相对光度变化的研究。该研究以他的名字命名，即"普金耶现象"。具体说来，在明视觉条件下，如果各种颜色的光强度相同，人会觉得黄绿色的光(波长 550 nm)最亮；而在暗视觉条件下，人会觉得蓝绿色的光(波长约 505 nm)最亮。因此，在明暗视觉条件下，人对颜色的光度感受性会发生变化。这种研究依然是以直接经验为主，且通过实验对直接经验加以描述，因此它属于实验现象学研究。

埃瓦尔德·海林(Ewald Herring，1834—1918)是另一位重要的实验现象学研究者，他延续了歌德的传统。波林明确指出："他隶属于歌德和普金耶的传统"，而且"只有注意到海林如何在现象学传统的背景下发生作用时，关于他的说明才算完美无缺"。④ 海林也坚持对意识经验的直接描述，并以实验的方式进行研究。他特别设计了许多仪器，以便于实验研究，如海林的

---

① Cf Calabro, R. J. (2002). *Goethe's phenomenology of nature and Husserl's transcendental phenomenology*. Doctoral Dissertation of Columbia University, p. 83.

② Cf Mintz, N. (1959). Concerning Goethe's approach to the theory of color. *Journal of Individual Psychology*, No. 1, pp. 33～49.

③ Cf Mintz, N. (1959). Concerning Goethe's approach to the theory of color. *Journal of Individual Psychology*, No. 1, pp. 33～49.

④ 波林著，高觉敷译：《实验心理学史》，商务印书馆 1981 年版，第 400 页。

颜色纸、显示颜色对比的海林窗、间接视觉的混色器、色盲的测验器、海林的实体镜、海林的两眼混色器，等等。海林为心理学界所熟知的是他关于色觉的拮抗说。该观点与赫尔姆霍茨(H. L. F. V. Helmholtz)的三色说相对立。三色说认为，颜色产生于眼睛中三种感受器的共同作用。海林反对这种生理学的解释，他从日常经验开始：盯着红色一段时间，会产生绿色的后效。他由此提出，颜色产生于三个基本系统，每个系统包含两种拮抗的成分：红对绿、黄对蓝、黑对白。当其中一种系统的成分疲劳时，另一种成分就突出出来，由此产生颜色后效。需要注意的是，在拮抗说看来，色觉中最终出现的是质的差异，而在三色说看来，最终出现的更多的是量的差异。这两种观点已经蕴涵着后来现象学心理学与自然科学路线关于质化与量化研究取向的分歧。海林推动了现象学心理学的产生，他对哥廷根的实验现象学尤其是对卡茨有着直接的影响。

二、意动心理学

这里的意动心理学指以布伦塔诺为核心的广义意动心理学，它包括布伦塔诺的狭义意动心理学、斯顿夫的机能心理学、麦农和厄棱费尔的形质心理学、胡塞尔的早期心理学思想、符茨堡学派心理学等。布伦塔诺的意动心理学与冯特的内容心理学相对，开创了人文科学心理学的先河。[①] 在布伦塔诺之后，斯顿夫、麦农和厄棱费尔、胡塞尔和屈尔佩等人作出了发展，由此使得意动心理学成为人文科学路线的最初形态。意动心理学是现象学心理学最直接的思想来源。科克利曼斯说："然而，我们也不得不认识到，'现象学心理学'一词是在布伦塔诺学派中创造的，标以这个术语的心理学的新概念在胡塞尔的著作中得到了最全面的解释和辩护。"[②]

意动心理学与自然科学路线相对，形成了人文科学的学科观。布伦塔诺(F. Brentano, 1838—1917)将心理学界定为一门经验科学，但与冯特不同的是，这门经验科学所关注的是通过内部知觉所得到的心理现象，而非冯特通过内部观察(内省)得到的心理现象。与后者相比，前者更忠于心理现象本身。布伦塔诺曾举例说，使用内部观察来考察心中的怒火时，愤怒便消失了。这种忠于心理现象本身的人文科学观为现象学心理学的科学观奠定

---

① 郭本禹：《布伦塔诺的意动心理学述评》，《心理学报》，1998 年第 1 期，第 106～112 页；郭本禹：《重评斯顿夫的机能心理学》，《南京师范大学学报》(社会科学版)，2002 年第 4 期，第 110～116 页。

② Kockelmans, J. J. (1971). Phenomenological psychology in the United States: a critical analysis of the actual situation. *Journal of Phenomenological Psychology*, No. 2, pp. 139～173.

了基础。

意动心理学在研究对象上持意向性观点。布伦塔诺提出，心理具有意向性的本质，始终与对象相关联。意向性观点在意动心理学中经历了较大的发展。在布伦塔诺那里，意向性是心理对于对象的指向性和对象的内存性(inexistence)；到麦农那里，意向性具有意动—内容—对象的结构。[①] 意动心理学的意向性观点最终经过胡塞尔超越论的现象学的发展，为现象学心理学所接受，并成为现象学心理学在研究对象上的基本观点。

意动心理学对现象学心理学的最大贡献表现在研究方法上。意动心理学延续了朴素现象学研究的实验现象学取向。布伦塔诺采用决验法(the experimentum crucis)，他最早提出对厄棱费尔的转化律(the principle of trasposition)的实验证明[②]：将黄纸放在曙光中的烛光所产生的蓝紫色阴影中；或以灰色薄纸置换黄色薄纸，随后覆于橙色表面物。这两种同时对比的方法均可产生清楚的绿色。布伦塔诺将实验现象学纳入到心理学体系中，由此为现象学心理学尤其是实验现象学心理学奠定了基础。施皮格伯格评价说："对于强调描述而非解释(explanation)，现象学心理学从布伦塔诺那里接受了决定性的推动力。"[③]斯顿夫(C. Stumpf, 1848—1936)在布伦塔诺之后做了进一步推进。他将研究落实到实验层面，被波林称为"创立一个赞助实验主义的意动心理学系统的心理学理论家和音乐心理学家"[④]。斯顿夫贯彻了布伦塔诺的研究思路，进行具体的实验操作，并得出精确的结果，实现了实验现象学的操作性与精确性。他曾让未训练的被试听正弦曲线音调(sinusoidal tones)，通过操纵仪器，呈现单音或不同音程的全音阶二分音(diatonic tyad)。结果发现，在呈现二音度至八音度音程的二分音时，被试听到单音的比率从10%上升到75%，由此证明了乐音融合。[⑤] 斯顿夫对哥廷根的实验现象学和米肖特等都产生了影响。除斯顿夫外，布伦塔诺的另一学生麦农(A. Meinong, 1853—1920)及其弟子威塔塞克(S. Witasek)、贝

① 郭本禹、崔光辉：《意向性：从布伦塔诺到麦农》，《华东师范大学学报》(教科版)，2006年第4期，第50～56页。

② Zimmer, A. (1998). On agents and objects: some remarks on Brentanian perception. In: R. Poli (Ed.). *The Brentano puzzle*. Aldershot: Ashgate Publishing Ltd. pp. 93～112.

③ Spiegelberg, H. (1972). *Phenomenology in psychology and psychiatry: A historical introduction*. Evanston: Northwestern University Press, p. 5.

④ 波林著，高觉敷译：《实验心理学史》，商务印书馆1981年版，第400页。

⑤ Yeary, M. J. (2003). Einheitlichkeit: the legacy of Carl Stumpf's theory of tonal fusion. *Music* 251B, Vol, 19. http://home.uchicago.edu/～yeary/papers/einheitlichkeit.pdf#search=%22einheitlichkeit%20%20stumpf%20pdf%22.

努西(V. Benussi)和阿梅塞德尔(R. Ameseder)等在格拉茨进行了大量实验研究。例如,阿梅塞德尔设计扇形对立色相并列的圆盘,将其置于灰色背景中,通过变换扇形的大小,进行了5412次实验,发现了颜色的突现现象。① 他们同样坚持直接经验的立场,并通过演示让被试如实报告经验,保证了实验的操作性与精确性。更突出的是贝努西,他对视错觉、立体知觉、视觉运动、触觉运动、时间知觉和重量知觉等进行了卓越的研究。在布伦塔诺的影响下,符茨堡学派也延续了实验现象学倾向。屈尔佩(O. Külpe, 1862—1915)与弟子马尔比(K. Marbe)、彪勒、塞尔茨(O. Selz)、阿赫(A. Ach)、瓦特(H. J. Watt)等进行了大量的思维领域研究。在具体研究中,通常以包括屈尔佩在内的同事作被试,如实描述自己的思维过程。符茨堡学派的研究预示了经验取向的思维研究,如美国现象学心理学家安斯图斯的思维研究。但他们的研究在实验室进行,更具操作性与精确性。例如,阿赫提出系统的实验的内省方法:在系统上,将实验分期如预备期、呈现期、探索期和发出期等;在实验上,采用计时器以及实验控制;在内省上,进行现象学的报告。对于得到的材料,侧重的是质性的分析,以发现新的结构,而非数量上的差异。符茨堡学派尤其是屈尔佩对米肖特的实验现象学产生了直接影响。

意动心理学作为人文科学路线的最初形态,为现象学心理学奠定了心理学基础。但是,与后面讨论的狄尔泰等相比,意动心理学并未明确提出人文科学的口号,这使得它在一定程度上被后人遗忘了。许多现象学心理学家并未意识到意动心理学的影响。当他们提到布伦塔诺时,主要目的在于指出布伦塔诺的意向性观点对胡塞尔现象学的影响。美国现象学心理学主要代表乔治却注意到布伦塔诺的作用。他在考察人文科学心理学时,将布伦塔诺视作人文科学心理学的重要先驱,但却置于狄尔泰之后。② 可以说,意动心理学对现象学心理学产生了实质性的影响,尽管这种影响是在潜隐中进行的。

---

① Ameseder, R. (1904). Über absolute Auffälligkeit der Farben, In: A. Meinong(Ed.). *Untersuchungen zur Gegestandstheorie und Psycologie*. Johann Ambrosius Barth. pp. 481～508. Cf. Sinatra, M. (2001). Rudolf Ameseder. In: A. Albertazzi et al. (Ed.). *The School of Alexius Meinong*. Aldershot: Ashgate. p. 93.

② Giorgi, A. (1970). *Psychology as a human science: a phenomenological approach*. New York: Harper & Row, pp. 26～29.

三、狄尔泰的心理学

威廉·狄尔泰(Wilhelm Dilthey, 1833—1911)的心理学是现象学心理学最显著的心理学思想来源。荷兰现象学心理学家范登伯格甚至认为,现象学心理学的产生始于1894年。在这一年,狄尔泰通过与艾宾浩斯的论战,提出了人文科学心理学的观点。范登伯格说:"像物理学家一样,心理学家竭力去分解他的研究对象。……即使在那时,情况已经明了了:这种指定的目的,这种众人拥护的心理学,是无法以此种方式达到的。狄尔泰是第一个指出这一点的人……"[①]乔治也给予狄尔泰很高的地位,他将狄尔泰作为早期人文科学心理学的第一位代表加以阐述。他明确指出:"我们将会看到,狄尔泰对于心理学作了广泛的著述,一直在推进一种观点,即心理学属于人文科学而非自然科学。"[②]他甚至感叹,在波林的经典著作《实验心理学史》的索引中,没有出现狄尔泰的名字,导致狄尔泰不为美国心理学家所知。

从范登伯格和乔治的观点中也可以看出,狄尔泰对现象学心理学的主要贡献在于针对当时的自然科学心理学加以批判,进而明确提出一门人文科学心理学。我们先来看狄尔泰对自然科学路线的批判。狄尔泰并不反对自然科学,他认为,应该对自然科学与人文科学进行谨慎的区分,以澄清心理学的实质。从研究对象上看,自然科学关注的是实在,而人文科学关注的是精神。当然这种区分是相对的,因为精神隶属于心理物理的整体。从研究方式上看,自然科学将实在视作一种实体,且坚持实体之间具有一种因果关系,而人文科学则采取了理解的方式。

关键的问题是,心理学是一门人文科学,且是一门为各种人文科学奠定基础的人文科学。因此,狄尔泰不赞同心理学采取自然科学的观点。他于1894年发表的论文《关于描述与分析心理学的观念》中,将心理学中的自然科学路线称作说明心理学(explanatory psychology),这包括费希纳(G. T. Fechner)的心理物理学、赫尔巴特(J. F. Herbert)的原子论心理学、休谟、哈特莱(D. Hartley)、J·S·穆勒(J. S. Mill)和J·穆勒(J. Mill)的联想心

---

① Cf DeRobertis, E. M. (1996). *Phenomenological psychology*. Lanham: University Press of America, Inc., p. 1.

② Giorgi, A. (1970). *Psychology as a human science: a phenomenological approach*. New York: Harper & Row, p. 21.

理学等。[①] 在他看来，说明心理学采取了自然科学的观点。说明心理学将心理现象视作原子式成分的组合物。例如在联想主义心理学那里，心理是由许多观念组合而成的。这些原子式成分在组合成心理现象时，存在着因果关系。联想主义者休谟就以联想来解释观念间的因果作用。由于采取自然科学的观点，说明心理学必然面临着困境。例如，说明心理学所考察的多是感觉等心理现象，它难以就价值观等高级心理功能加以阐释。它难以解释诗人创作过程中的创造性想象。我们由此也可以理解，为什么冯特将实验心理学限定在低级的心理现象上。事实上，隐在这个缺陷后面的，是说明心理学没有真正地对待心理现象本身。因此，狄尔泰对说明心理学的批判为现象学心理学批判自然科学路线奠定了基础，他的观点甚至影响了胡塞尔的现象学心理学。

接下来，我们来看狄尔泰的人文科学心理学观点。需要指出的是，描述心理学基于狄尔泰的生命观点之上。狄尔泰认为，生命是世界的本原，它有着自身内在的目的，是一个整体或系统。一切社会生活现象都是生命的体现。描述心理学所研究的心理现象也不例外。这表明，首先，心理现象是一个整体，而非原子式成分的组合。其次，心理现象有着内在的目的，它并不遵循机械的因果规律。最后，生命的整体性为我们提供了结构维度，生命的目的性为我们提供了发展的维度。因此，可以从结构和发展两个维度来研究心理现象。

狄尔泰针对说明心理学，提出了描述心理学与分析心理学（descriptive and analytical psychology）。在他看来，描述心理学能够忠于心理现象本身。他说，这种心理学"产生于我们心理体验的本性，产生于对心理生命没有成见、原原本本的把握，产生于人文科学的关联和心理学在人文科学中的作用"[②]。具体来说，描述心理学所研究的是对结构关系的体验，它产生于人与世界的相互作用。在这个过程中，出现了认知、情感和意志等内部状态，与外界实在性相结合，由此形成了结构关系的体系。例如，亲人去世，我们对这件事情感到痛苦，体验到知觉、表象和痛苦的这种结构的结合。[③] 描述心理学的任务便在于描述这种结构关系。在此基础上，需要考察接结构关系

① 狄尔泰也批评了冯特的心理学思想，不过他赞同冯特的创造性综合观点。参见张旺山著：《狄尔泰》，东大图书公司1986年版，第201页。

② 转引自谢地坤著：《走向精神科学之路——狄尔泰哲学思想研究》，江苏人民出版社2003年版，第34页。有改动。

③ 刘恩久：《狄尔泰的社会科学心理学思想》，见：《哲学史与科学史研究文集》（第一辑），1985年，第118～130页。

中各种不同的成分以及这些成分结合在一起的规律，这便是分析心理学的任务。由于心理生活与外界乃至文化历史世界直接关联，狄尔泰将描述与分析心理学扩展到多个方面，如文学和神话等领域对心理生活的描述等。除对结构关系的描述与分析外，心理学还需要考察心理生活的发展，狄尔泰由此提出发展心理学的观点，但对现象学心理学影响较小，在此不做阐述。

总的来看，狄尔泰旗帜鲜明地提出一门忠于心理现象本身的人文科学心理学，以区别于自然科学心理学，这为现象学心理学指明了方向。与之相比，意动心理学虽然提出一门人文科学心理学，但却没有加以明确，因此没有得到现象学心理学家们足够的重视。并且，狄尔泰将这种心理学扩展到与经验有关的社会文化和历史领域，使得研究领域得到极大拓展，推动了现象学心理学面向丰富的生活世界，参与到生活之中。

四、詹姆斯的心理学

美国心理学之父威廉·詹姆斯（William James，1842—1910）的心理学也是现象学心理学的思想来源之一。荷兰现象学心理学家林斯霍滕对此进行了专门研究。他明确指出了詹姆斯对现象学心理学的影响："詹姆斯反复为现象学心理学铺设道路，尽管以下是必须指出的：他有时又将这条路堵塞。"[①]甚至有一些学者提出，如果詹姆斯的意识流观点及其他关于意识的观点得到后人认真的对待和遵循，美国可能已经拥有了自己的现象学心理学的商标（brand）。[②]

詹姆斯的心理学思想是一种开放的体系。他坚持实用主义的真理观：一个观点是真的，并不在于它与实在相契合，或者有着逻辑上的一致性，而是在于它在参与实践中能够产生效用。在这样的真理观下，詹姆斯持多元论的态度，欢迎各种心理学观点，反对将心理学囊括在一种封闭的体系中。他在《心理学原理》中践行了这种观点。他吸取了欧洲自然科学心理学的研究成果，也吸取了布伦塔诺等人文科学心理学的观点，他自己还对心理现象进行了大量的考察。这种开放性使得现象学心理学在美国心理学中得以产生和发展。施皮格伯格在评价詹姆斯的作用时说："我在这里的全部主张，在于这一点：詹姆斯的大胆的、开放思想的心理学的精神有助于创设一种氛

① Linschoten, H. (1968). *On the way toward a Phenomenological psychology*. Pittsburgh: Duquesne University Press, p. 307.

② Misiak, H., Sexton, V. S. (1973). *Phenomenological, existential and humanistic psychology*. New York: Grune & Stratton, p. 45.

围，在这种氛围中，现象学能够在美国心理学家中扎下根基。”[1]与这种开放性一致，詹姆斯的心理学思想既包含人文科学心理学观点，也包含自然科学心理学观点。他对现象学心理学的影响主要体现在他的人文心理学思想方面。

首先，与狄尔泰一样，詹姆斯也对当时心理学中的元素论进行批判。他与形质学派一样，揭示了元素论在整体与部分上的困境。他指出：“简短地说，心灵要素理论是难以理解的。感觉原子不能组成更高级的感觉，就像物质原子不能组成物理的事物一样！”[2]对于元素论的另一个明显的批判，在于詹姆斯提出了意识流观点，意识犹如一条河流一样，绵延不断，无法分成原子式的成分。尽管詹姆斯没有像现象学家一样，针对元素论将心理自然化的做法提出批评，但他在整体与部分的关系这一点上的批评可以引起现象学心理学家一定程度的共鸣。

其次，他研究了大量为当时心理学所忽略的主题，如意识流、自我、情绪、宗教经验等，而这些恰恰是现象学心理学的关注所在。乔治在阐述詹姆斯的先驱作用时，着重指出了这一点。他说：“今天，[学界]对这些主题重新产生了兴趣，这一情况并不能改变以下事实：当其他人在科学的名义下明确不考虑这些主题时，詹姆斯觉察到这些主题在心理学科学情境下与心理学有关。”[3]詹姆斯的这些研究对现象学心理学起到了一定的启发作用。美国现象学心理学的代表麦克劳德甚至作出了这样的断言：“我自己的感受（或想法）是，海德格尔和萨特在对人的经验的理解上与詹姆斯作出了同等程度的有意义的贡献。”[4]

最后，詹姆斯在研究这些主题时所采用的方法是一种直接经验的描述方法，这与现象学心理学的研究方法具有相当的一致性。詹姆斯研究心理现象时，从人所经验到的内容出发，而非从先在的观点出发。他将直接经验作为知识的来源，并且他对这些所经验到的内容采取了描述的方法。可以说，这是一种朴素的现象学方法。伊迪（J. M. Edie）给出了这样的评价：“尽管他在进行这些研究中，完全独立于胡塞尔且没有参考胡塞尔，但他所采取

---

① Spiegelberg, H. (1972). *Phenomenology in psychology and psychiatry: A historical introduction*. Evanston: Northwestern University Press, p. 145.

② 詹姆斯著，田平译：《心理学原理》，中国城市出版社 2003 年版，第 222 页。

③ Giorgi, A. (1970). *Psychology as a human science: a phenomenological approach*. New York: Harper & Row, p. 30.

④ MacLeod, R. M. (1969). Preface. In: R. M. Macleod(Ed.). *William James: unfinished business*. Washington, D. C.: American Psychological Association Inc. p. vii.

的取向与正式主张'胡塞尔式'的'学派'的取向相比,看起来却是一种更直接的'胡塞尔式'的取向。"①

需要指出的是,詹姆斯对现象学心理学的影响主要表现在他是思想史上的一位先驱。不过我们不应过高估计这种影响。施皮格伯格指出,在美国现象学心理学家的著作中,几乎没有出现詹姆斯的名字。② 我们看到,迄今关于詹姆斯与现象学心理学关系的研究多集中于詹姆斯与现象学尤其是与胡塞尔的关系上,而非詹姆斯与现象学心理学的关系上。在林斯霍滕的研究中,许多内容是对詹姆斯与胡塞尔观点的对比。另一个突出的例子是赫佐格(M. Herzog)的研究。③ 他在考察詹姆斯与欧洲现象学心理学发展的关系时,阐述了詹姆斯与胡塞尔在交往、实在论、意向性、概念形成、视域等主题上的关联,最后考察了二者与现象学心理学的关联。尽管他也指出,胡塞尔的现象学心理学得到了伯伊滕蒂克、梅洛—庞蒂和斯特劳斯等人的发展。但在具体考察中,并未提到这些学者的观点,因此根本就没有涉及欧洲现象学心理学的"发展",胡塞尔与欧洲现象学心理学发展的"关系"则更是被置之一边。

---

① Edie, J. M. (1987). *William James and phenomenology*. Bloomington and Indianapolis: Indiana University Press, pp. 51～52.

② Spiegelberg, H. (1972). *Phenomenology in psychology and psychiatry: A historical introduction*. Evanston: Northwestern University Press, p. 145.

③ Herzog, M. (1995). William James and the development of phenomenological psychology in Europe. *History of the Human Sciences*, No. 8, pp. 29～46.

第三章

现象学心理学的历史演变

在梳理了现象学心理学的思想来源后，我们再来看其具体的历史演变。应该说，现象学心理学是一种复杂的心理学研究取向，似乎没有明确的发展脉络。它的最初思想雏形表现为胡塞尔的思辨现象学心理学和哥廷根的实验现象学，后来在地域上表现为欧洲现象学心理学和美国现象学心理学。在欧洲现象学心理学中，可以看到以法兰西学派、乌特列支学派、米肖特和斯特劳斯为代表；在美国现象学心理学中，可以看到以斯尼格、迈克劳德和迪尤肯阵营为代表，其中迪尤肯阵营是美国现象学心理学的核心。

第一节　现象学心理学的思想雏形

现象学心理学是一种心理学取向。在这种意义上，它不同于格式塔心理学这样的学派，魏特海墨于 1912 年发表论文《视见运动的试验研究》，标志着格式塔心理学的诞生。对现象学心理学来说，则不存在类似的既定事件，也似乎没有一位公认的领袖人物。最初出现的现象学心理学是胡塞尔的现象学心理学和哥廷根的实验现象学，它们构成了现象学心理学的思想雏形。

一、胡塞尔的现象学心理学

现象学心理学是一个"纠缠了胡塞尔一生的问题"[①]。1925 年,胡塞尔在德国弗莱堡大学做了题为"现象学心理学"的讲座,三年后,他在荷兰阿姆斯特丹大学做了同名讲座。1927 年,他在为《不列颠大百科全书》写的"现象学"条目中,考察了现象学心理学与超越论的现象学的关系。1935 年至 1936 年,他在《欧洲科学的危机与超越论的现象学》中,将心理学视作通向超越论的现象学的一条道路。但胡塞尔的现象学心理学足迹远不止于此。事实上,他所做的有关心理学以及世间心理的研究,都可划入其中。例如,他在《逻辑研究》(1900/01)尤其是"第五研究"中对意识所做的出色分析,应归为现象学心理学的工作。胡塞尔在弗莱堡现象学心理学讲座中,首先考察了《逻辑研究》的任务和意义,就证明了这一点。

胡塞尔的现象学心理学思想建立在其现象学哲学基础上。其现象学心理学带有一个明显的特征:即从现象学开始,是"源于上面"[②]的。在这种意义上,他的现象学心理学类似后面考察的萨特的现象学心理学。不过,胡塞尔的现象学心理学地位颇为复杂,它与心理学和超越论的现象学都有关联,它既为经验心理学提供基础,也充当着通向超越论的现象学的导引。[③] 但这并不否认现象学心理学的独立性。即使在胡塞尔那里,现象学心理学也具有独立的意义和价值,它可以面向整个人文科学,而不像现象学家耿宁(I. Kern)和黑尔德等所做的,仅将其置于与超越论的现象学相关联的视野下。[④] 正是在这种意义上,我们赞同科克利曼斯的观点。他在研究胡塞尔现象学心理学的专著中,得出谨慎的结论说,现象学心理学与经验心理学可以"形成一个稳固的统一性",可以将现象学心理学视作"经验心理学的一个普遍理论部分,就类似理论物理学一样"。[⑤] 因此,我们将胡塞尔的现象学心理学归入现象学心理学之列,将其视作思辨现象学心理学的重要组成部分。

---

① 胡塞尔著,倪梁康选编:《胡塞尔选集》,上海三联书店 1997 年版,第 299 页。

② Spiegelberg, H. (1972). *Phenomenology in psychology and psychiatry: A historical introduction*. Evanston: Northwestern University Press, p. 12.

③ 伍麟:《胡塞尔的心理学情怀——现象学心理学思想对西方主流心理学的价值》,《吉林大学社会科学学报》,2005 年第 5 期,第 156~160 页。

④ 游淙祺:《现象学心理学与超验现象学:从胡塞尔的脉络来看》,《应用心理研究》,2006 年第 29 期,第 35~52 页。

⑤ 科克利曼斯著,郭蔚萱译:《胡塞尔现象学的心理学——历史批判的研究》,幼狮文化事业公司 1983 版,第 368、369 页。

胡塞尔在他的现象学心理学名目下并未进行具体的研究，他仅对现象学心理学进行了大致的勾勒。正如施皮格伯格所指出的，胡塞尔的弗莱堡讲座可以冠以“朝向……的引导性观念”①。胡塞尔与布伦塔诺和狄尔泰一样，坚持人文科学心理学的立场。他赞同狄尔泰对心理学的自然主义的批判。他声称，对自然主义心理学的怀疑始于狄尔泰的观点和自己提出的现象学。他甚至将狄尔泰 1894 年的论文《关于描述与分析心理学的观念》称作“反对自然主义心理学的第一次冲击”②。胡塞尔将其老师布伦塔诺称作“研究内在经验的先驱”③。他认为，布伦塔诺的伟大之处在于发现了心理的意向性本质，并确立了描述原则。但胡塞尔同时也指出，狄尔泰和布伦塔诺的观点并未彻底摆脱自然主义。狄尔泰研究的精神与自然科学路线研究的自然一样，都未能反映出心理的真实面目。布伦塔诺的发现也存在自然主义问题。另外，胡塞尔也批判格式塔心理学，认为它是另一种形式的自然主义心理学。胡塞尔彻底的反自然主义观点在海德格尔 1927 年 10 月 22 日写给胡塞尔的信中得到明显的体现：“在过去的一些天里，您反复说起：事实上还不存在任何纯粹的心理学。”④正是在这种意义上，胡塞尔的现象学心理学是一种严格的人文科学心理学。具体来说，它表现为以下几个方面。

(1) 现象学心理学是一门本质科学。科学存在着事实科学与本质科学之分。胡塞尔认为，事实科学以经验为基础，如自然科学家进行观察和实验，依照经验确定着事实的存在。与之相对，本质科学可以摆脱经验的基础作用，如在黑板上绘制图形的几何学家，他的绘制活动并不为几何学的本质思维奠定基础。⑤ 对于每一种事实科学的研究对象来说，都存在相应的本质，由这些本质组成的区域性的本体论，就是与各门事实科学相对应的本质科学。例如，与所有自然科学学科相对应的是一般物质自然的本质科学，即自然本体论。与此一致，现象学心理学是一门本质科学，它对应着所有关于心理的经验科学。在这种意义上，胡塞尔的现象学心理学是一门基础性的心理学的组成部分。

(2) 现象学心理学为经验心理学奠定了基础。毫无疑问，“现象学心理

① Spiegelberg, H. (1972). *Phenomenology in psychology and psychiatry: A historical introduction*. Evanston: Northwestern University Press, p. 11.

② Husserl, E. (1977). *Phenomenological psychology*, The Hague: Martinus Nijhoff, p. 3.

③ Husserl, E. (1977). *Phenomenological psychology*, The Hague: Martinus Nijhoff, p. 22.

④ Spiegelberg, H. (1972). *Phenomenology in psychology and psychiatry: A historical introduction*. Evanston: Northwestern University Press, p. 10.

⑤ 胡塞尔著，李幼蒸译：《纯粹现象学通论》，商务印书馆 1996 年版，第 58 页。

学对于严格的科学心理学的建立来说，是无条件的必要基础……"①。就心理学的两条路线而言，胡塞尔说："因此，我们清楚地认识到，现象学心理学对心理的自然探索和社会文化科学中对个人的探索而言，都是一致的解释基础。"②自然科学路线在探索世界时，考察物理的自然主题，问题在于，它由此过渡到心理，将心理纳入物理空间，并赋予其因果意义，使其失去原本面目。如果自然科学路线要获得心理的本质，它就必须采取现象学的还原，由此产生更广泛的心理科学。不过，胡塞尔提醒说，自然科学路线的研究有着自身的价值，不应被取消。胡塞尔非常重视布伦塔诺和狄尔泰等人的人文科学路线。他认为，从现象学心理学出发，将主题指向人及其所处的周围世界(surrounding world)，在对人格及其产品进行本质分析的基础上，可以建立一种广义的心理学。这种心理学是一门人文科学，可与整体的自然科学相并列。我们由此可以看出胡塞尔的严格的人文科学立场。

(3) 现象学心理学以"生活世界"为出发点。在弗莱堡讲座中，胡塞尔称作"前科学的经验世界"。正是在这个世界中，原初的经验被给予了我们。胡塞尔说："一般地说，所有的事实科学都是关于世界的科学。如果世界没有由经验原始地给予，任何一种关于事实的科学都无法开始；它们将不会拥有思想活动的基础。"③只有从生活世界开始，才能够获得原初给予的经验，并以此为出发点进行研究。自然科学路线在考察心理时，已经将其视作具体时空中的自然物；狄尔泰等的人文科学路线在考察心理时，也容易带上历史的观点，它们都存在局限，未能从原初经验出发。胡塞尔认为，在前经验的世界中存在着普遍的结构，它是各门科学的基础。

(4) 现象学心理学具有一系列的基本特征。在弗莱堡讲座中，胡塞尔提出，现象学心理学具有四个基本特征：先验性、直观或纯粹描述、意向性、超越态度。④ 这四个特征事实上指代了现象学心理学的不同方面。先验性特征指它的目的。现象学心理学的目的在于本质的普遍性和必然性，只有解决了心理的本质问题，才能够进一步考察心理的规律及其他。正是在这种意义上，现象学心理学为经验心理学奠定了基础。直观或纯粹描述特征指它的方法。现象学通过直观地看或纯粹地描述来达到它的目的。胡塞尔在弗莱堡讲座中尤其强调自由变更的方法。在想象中对对象进行自由的变

① Husserl, E. (1994). *Phenomenological psychology: The Amsterdam lecutures*, p. 13. http://www.stanford.edu/dept/relstud/faculty/sheehan.bak/EHtrans/z-amster.pdf.

② Husserl, E. (1977). *Phenomenological psychology*, The Hague: Martinus Nijhoff, p. 170.

③ Husserl, E. (1977). *Phenomenological psychology*, The Hague: Martinus Nijhoff, p. 41.

④ Husserl, E. (1977). *Phenomenological psychology*, The Hague: Martinus Nijhoff, pp. 33～37.

化，摆脱对现实世界的依赖，发现对象中的相同之处，从而得到本质。（我们将在第五章进行探讨。）需要指出的是，这里的研究依然针对世间经验进行。正是在这种意义上，现象学心理学可以与经验心理学相统一。意向性特征指它在对象上的观点。现象学心理学坚持心理的本质特征在于意向性，心理始终是关于某物的心理。现象学心理学的超越态度特征指它与哲学的关联，现象学心理学的研究将导致一种无所不包的哲学，胡塞尔认为，现象学心理学为超越论的现象学提供了出发点。

（5）胡塞尔对心理现象进行了许多研究。他对心理现象进行了系统分类，并对知觉、想象、记忆等心理过程进行了研究，我们将在第四章和第六章进行探讨。

总的来看，胡塞尔在现象学哲学的基础上，通过对自然主义的批判，揭示了自然科学路线的问题所在，进而提出作为严格人文科学心理学的现象学心理学。它是一门本质科学，为经验心理学奠定了基础，它以生活世界为出发点，使用现象学的方法，坚持心理的意向性本质。通过这些方面的努力，胡塞尔的现象学心理学成为现象学心理学思想雏形时期的重要部分。进一步看，胡塞尔的现象学心理学为现象学心理学的发展进行了最初的规划。它指明了严格人文科学心理学的方向，提出了以生活世界作为出发点，把现象学方法作为研究方法，将意向性作为基本观点，并对心理现象做了系统分类。可以说，胡塞尔的现象学心理学提供了巨大的意向，此后的现象学心理学家都是在不同程度上对这种意向进行充实。① 胡塞尔本人也无可置疑地成为“心理学中这一当代运动之父”②。不过，胡塞尔的现象学心理学作为一门本质科学，局限于本质层面，不适合于经验心理学的研究。我们现在将目光转向哥廷根，在那里自发地进行着经验层面的现象学心理学探索，它为胡塞尔的现象学心理学规划提供了最初的充实。

二、哥廷根的实验现象学

哥廷根的实验现象学延续了心理学的朴素现象学研究和意动心理学，它从具体问题开始，始终根植于实验心理学，自发地进行经验层面的心理学研究，而不像胡塞尔那样处于奠基性的本质层面。在这种意义上，它是第一

---

① 这里以比喻的方式借用了胡塞尔的观点。胡塞尔认为，我们的认识过程总是意向与充实相统一的过程。

② Kockelmans, J. J. (1971). Phenomenological psychology in the United States: a critical analysis of the actual situation. *Journal of Phenomenological Psychology*, No. 2, pp. 139～173.

个真正经验心理学意义上的现象学心理学的组成部分。现象学史学家施皮格伯格与心理学史学家米西亚克和塞克斯顿都对此给予了明确的评价。施皮格伯格指出，胡塞尔在哥廷根的一些学生，在听心理学课程时向哥廷根的实验现象学家们传播了现象学。施皮格伯格将胡塞尔的这些学生称作“新的现象学心理学的可能邮递员(carrier)”①，这里的“新的现象学心理学”正是指哥廷根的实验现象学。米西亚克和塞克斯顿在评价卡茨和魏特海墨的实验现象学研究时甚至指出：“最终，卡茨和魏特海墨在各自对颜色知觉和似动进行系统研究时，开创了现象学心理学的新纪元。”②

哥廷根实验现象学的形成并非历史的偶然，它有着得天独厚的条件。首先，哥廷根大学是实验心理学家最好的培训基地之一。波林曾指出，缪勒(G. E. Müller)的心理学实验室“有许多方面是全德国最适于研究的处所”，“也许它仅次于莱比锡”。③ 这为实验现象学家们提供了坚实的心理学背景。其次，哥廷根的实验现象学受到心理学的朴素现象学研究的影响。海林对卡茨等有着直接的影响。再次，哥廷根的实验现象学受到意动心理学的影响。缪勒本人就具有意动心理学倾向，波林指出：“他的处境和斯顿夫相似，所以他在信仰上理应为意动心理学家，虽在实验上则否。”④另外，哥廷根的实验现象学与意动心理学尤其是斯顿夫的观点较为一致。斯顿夫青睐哥廷根大学培养出的人才，他的助手多来自缪勒的实验室。最后，哥廷根的实验现象学受到胡塞尔思想的直接影响。胡塞尔在哥廷根大学 15 年，对实验现象学家们产生了影响。卡茨等曾听过胡塞尔开设的课程，胡塞尔的学生在听心理学课程时也带去了现象学。不过，不应过高估计胡塞尔的影响。哥廷根的实验现象学主要延续了心理学的朴素现象学研究和意动心理学，施皮格伯格甚至认为，相比之下，胡塞尔仅起到“催化剂”⑤的作用。

哥廷根的实验现象学阵营包括卡茨、鲁宾、扬施和雷夫斯等人。卡茨的地位最为重要。鲁宾创建了哥本哈根学派，也占有重要的地位。另外，我们将与其观点相近的杰梅利也附在后面一起介绍。

---

① Spiegelberg, H. (1972). *Phenomenology in psychology and psychiatry: A historical introduction*. Evanston: Northwestern University Press, p. 40.

② Misiak, H., Sexton, V. S. (1973). *Phenomenological, existential and humanistic psychology*. New York: Grune & Stratton, p. 23.

③ 波林著，高觉敷译：《实验心理学史》，商务印书馆 1981 年版，第 419 页。

④ 波林著，高觉敷译：《实验心理学史》，商务印书馆 1981 年版，第 419 页。

⑤ Spiegelberg, H. (1972). *Phenomenology in psychology and psychiatry: A historical introduction*. Evanston: Northwestern University Press, p. 41.

1. 卡茨

大卫·卡茨(David Katz，1884—1953)是20世纪第一位杰出的实验现象学倡导者。他于1884年出生于德国的卡塞尔(Kassel)，1902年进入哥廷根大学，学习数学与自然科学。在偶然做了一次心理学实验的被试后，他开始转向心理学，成为缪勒最出色的学生之一。他于1906年获博士学位，留任哥廷根大学至1919年。他在缪勒那里接受了系统的实验心理学训练，他还受到海林的朴素现象学研究的直接影响。他对海林的研究感兴趣，曾拜访过海林的实验室，并将自己研究颜色知觉的著作送给海林。他受胡塞尔的现象学影响也很大。他与胡塞尔同在哥廷根14年，他曾听过胡塞尔开设的课程，并与胡塞尔的学生舍勒、普凡德尔、盖格(M. Geiger)、费希尔(A. Fischer)以及利普斯交往甚深。他曾在自传中写道："在我的学院老师中，除了G·E·缪勒外，没有哪一位能够比胡塞尔通过其现象学方法，对我在心理学主题上的工作方法和态度影响更为深刻的了。"①另外，卡茨还对格式塔心理学感兴趣，他曾出版《格式塔心理学》(1944)一书。他赞同格式塔心理学的整体论观点和实验现象学方法，但认为自己有别于格式塔阵营。

需要指出的是，卡茨过高估计了胡塞尔的影响。他指出，海林已经使用了胡塞尔的现象学方法进行研究。他对现象学方法进行了如下界定："这种方法在一定程度上与描述方法相一致，力图没有前提和偏见地理解所直接给予的事实……"②从这个界定中，可以将卡茨的现象学方法概括为如下三点：反对任何先在的理论和观点；从直接给予的现象出发；对现象加以描述。这与心理学的朴素现象学研究是一致的。与胡塞尔的现象学方法相比，卡茨并未指出还原等过程。因此，卡茨更接近于海林等人的朴素现象学研究，而非胡塞尔的现象学心理学。

卡茨于1906年研究了儿童的绘画，由此接触到颜色恒常性问题。他于1911年进行了颜色心理学研究，发表了《颜色呈现的模式及其经由个体经验的变化》(1911)。这项研究因早于魏特海墨的似动研究(1912)，被视为实验现象学的开端。③ 他在这项研究的基础上继续深入，最终出版了为英语学界所熟知的《颜色的世界》(1930，英译本1935年)。他不满于当时颜色知觉领

---

① Katz, D. (1952). David Katz. In: E. G. Boring, et al. (Ed.). *A History of Psychology in Autobiography*: Volume Ⅳ. New York: Russell & Russell. p. 194.

② Katz, D. (1952). David Katz. In: E. G. Boring, et al. (Ed.). *A History of Psychology in Autobiography*: Volume Ⅳ. New York: Russell & Russell. p. 194.

③ Misiak, H., Sexton, V. S. (1973). *Phenomenological, existential and humanistic psychology*. New York: Grune & Stratton, p. 25.

域的感觉生理学研究，提倡研究知觉经验本身。他从颜色的空间呈现模式出发，区分出表面色（surface color）、膜状色（film color）和容量色（volume color）等。表面色是在周围环境下看到的颜色；膜状色是通过仪器隔离周围环境后看到的颜色；容量色是在空间分布的情况下，通过背景影响看到的颜色。他还发现，颜色或明度的恒常性与知觉的整体性有关，当没有周围环境作为背景时，这种恒常性就遭到破坏。卡茨的另一项现象学心理学研究是关于触觉的，主要反映在《触觉的世界》（1925，英译本 1989 年）中。他反对当时的原子论观点，提倡整体论观点，以真实反映触觉经验本身。这部著作用了很大篇幅研究振动觉。例如，卡茨发现，当人两手各持一同步变化的振动器，且一手上振动强度上升，另一手上振动下降时，会产生某物从一手移动到另一手的感觉。

2. 鲁宾及哥本哈根学派

埃德加·鲁宾（Edgar Rubin, 1886—1951）是哥廷根实验现象学的另一位重要成员，后来又成为现象学心理学的哥本哈根学派的领袖。他在思想来源上受到现象学的影响。卡茨明确指出，鲁宾“像其他实验心理学家一样，深受现象学的影响”①。除在哥廷根受到的影外，他还受到丹麦心理学的影响。丹麦心理学家勒曼（A. Lehmann）是冯特的学生，但逐渐从原子论观点走向整体论观点，并对鲁宾产生了影响。丹麦哲学家霍夫丁（H. Høffding）倡导对心理现象的描述研究，也对鲁宾产生了影响。另外，鲁宾赞成格式塔学派的整体论观点，不过，他对格式塔心理学的一些观点持保留态度。他甚至在 1927 年第 8 届国际心理学家大会上宣读《论格式塔知觉》论文，对格式塔心理学提出了批评。

鲁宾的现象学心理学思想表现为以下几个方面。首先，他反对原子论观点，提倡整体论观点。他在研究爱国心（patriotism）时指出：“为了做到这一点，我们必须逐次察看爱国心的各个方面，我说的是方面（aspects）而非要素（elements），这样你不致认为爱国心产生于这些方面（或要素）的结合。”②其次，鲁宾提倡如实地研究经验。穆斯塔卡德（Ⅰ. K. Moustgaard）总结说：“给被试的经验以自由的范围，让这些经验尽可能保持未改变的状态，这是

① Spiegelberg, H. (1972). *Phenomenology in psychology and psychiatry: A historical introduction*. Evanston: Northwestern University Press, p. 40.

② Cf Moustgaard, Ⅰ. K. (1975). Phenomenological descriptions after the manner of Edgar Rubin. *Journal of Phenomenological Psychology*, No. 2, pp. 31～61.

鲁宾现象学研究的最重要原则。"①最后，鲁宾强调描述在研究中的重要性。他认为，在研究中必须进行详尽的描述分析。鲁宾在著名的图形—背景研究中，对该现象进行了大量的描述，如在视野中存在着明显标志的部分即图形，与之相区别的其余部分则是背景，如图 3-1 所示，这已为当代心理学界所熟知。

图 3-1　鲁宾的两歧图形，例证了图形—背景原则：当将两张人脸视作图形时，中间的花瓶则成为背景，将花瓶视作图形时，两边的人脸则成为背景。

鲁宾的重要性不仅体现在他本人的观点上，还体现在他对后人的影响上。他在回到丹麦哥本哈根大学后，与其弟子弗洛姆(F. From)和拉斯马森(E. T. Rasmussen)等形成了现象学心理学的哥本哈根学派。20 世纪 20 年代至 60 年代，这个学派在丹麦的登马克心理学界处于主导地位。哥本哈根学派的核心主张在于现象学描述。拉斯马森说："研究最重要的方法之一，是关于现象学描述的方法，换句话说，是对我们所经验到的内容的描述……为获得关于经验到的情境的知识，我们必须面向意识所呈现的内容，必须描述如我们所说的'现象学的'情境。"②

哥本哈根学派在具体研究中，不再局限于知觉，它将研究拓展到动机心理学和社会心理学等领域。在动机研究上，鲁宾和科斯利夫(P. Koseleff)研究了大小重量效应(size-weight-effect)。这种效应指我们在判断重量相

① Cf Moustgaard, I. K. (1975). Phenomenological descriptions after the manner of Edgar Rubin. *Journal of Phenomenological Psychology*, No. 2, pp. 31～61.

② Sørensen, J. B. (2005). The Alien-Hand Experiment. *Phenomenology and Cognitive Science*, No. 4, pp. 73～90.

等但大小不同的两个物体时，倾向于感知到小的物体重于大的物体。鲁宾和科斯利夫发现，被试在拿起第二个物体时，产生了一种受挫的预期（disappointed expectation）：看起来大的物体应该重一些，但却感知到小的物体是重的。所有被试都报告说，这种预期产生于感知过程中，而非感知过程之前。这表明，预期是整个感知过程所处的现象世界的一部分，而非我们对物理事实判断的结果。这鲜明地体现了现象学的立场。

哥本哈根学派在社会心理学领域的研究主要是弗洛姆进行的。他曾出版著作《对他人的知觉》（1971）。他提出一门行为的现象学，以区别于行为主义。他说："心理学的研究好像忽略了这个[行为]链中的联系，倾向于对一种'客观行为'进行操作。另一方面，几乎没有进行以下方面的研究：有关我们对他人的经验的结构，以及这一领域中有待识别的规律。"①他在实验研究中，请被试看组合起来的日常生活事件的影片。在被试的描述中，存在两个序列：事实的序列和经验到的序列。弗洛姆发现，这两个序列是密切相关的。行为主义的错误在于忽略了经验到的序列，这导致孤立地研究事实序列，从而作出人受环境决定的结论。这里需要注意的是，从弗洛姆的观点可以产生这样的推论：研究者对被试进行研究，也是对他人的一种知觉，研究者并不将被试视作事实的序列，他尊重被试的经验，并与被试保持沟通的关系。换句话说，实验本身应视作一种沟通的情境。这是哥本哈根学派的典型特征。

3. 扬施

埃里希·扬施（Erich Jaensch，1883—1940）②在早期进行了现象学心理学研究，他的著名的遗觉像研究是在后期进行的。扬施与胡塞尔有着长期的联系。据施皮格伯格考察，比利时卢汶胡塞尔档案馆现存有扬施于1902年至1922年间写给胡塞尔的十封信。在这些信中，扬施表达了他对当时主流心理学的不满和对现象学的赞赏。他在1909年12月31日致胡塞尔的信中说："这个领域[空间知觉]主要是生理学家在进行研究，到目前为止，这个领域的大多数错误，可以由下面的事实解释：对现象中所直接给予的内容所

---

① Cf Moustgaard, I. K.（1975）. Phenomenological descriptions after the manner of Edgar Rubin. *Journal of Phenomenological Psychology*, No. 2, pp. 31～61.

② 1913年，正是这位扬施接任新康德主义学派中柯亨（H. Cohen）的教席，引起哲学家们的不满。包括胡塞尔在内的107人签署一项宣言，要求分开哲学家与心理学家的教职，将心理学从哲学系中划分出去。

进行的纯粹的现象学描述，从未得到充分的关注。"[1]他曾在教职论文中提到一门深度印象的现象学，作为深度印象研究的前提，并在论文第六部分阐述了空虚空间(empty space)的现象学。

4. 雷夫斯

塞扎·雷夫斯(Géza Révész，1878—1955)于1901年至1905年间就读于哥廷根，他听过胡塞尔的课程，并曾短期求学于斯顿夫。雷夫斯提倡现象学的方法。他说："在近来的心理学史上，几乎没有哪一种我所认识的方法论思想，能够在重要性和结果上与现象学取向相匹敌……我们通过这个洞见所获得的明显的进步，已经充分证明了布伦塔诺、后来的海林、胡塞尔、屈尔佩和利普斯所走道路的正确性。"[2]雷夫斯研究了触觉等感觉，他曾发表论文《感觉系列的现象学》，并出版两卷本著作《触觉形式的世界》(1937)。他还在音乐心理学领域进行了大量研究，出版了《音乐心理学导论》(1946)。他提出音乐性(musikalität，musicality)概念。他认为，音乐性并不限于对节奏的判断和旋律的听觉上，它更应指感受音乐的美，以及深入音乐作品的能力。他由此出发，来考察音乐欣赏者的世界和音乐天赋等。

5. 杰梅利

阿戈斯托诺·杰梅利(Agostino Gemelli，1878—1959)对实验现象学也作出了贡献。米西亚克和塞克斯顿指出："在意大利，如果哪一位心理学家能标以现象学的，他一定是阿戈斯托诺·杰梅利……"[3]但杰梅利是一位复杂的人物，他是天主教牧师、精神病学家、心理学家和教育家等。他的研究涉及知觉、情绪、工作心理学、教育心理学、临床心理学和犯罪学等。他不属于任何一个学派，他甚至在意大利早期精神分析的传播中起到重要作用。[4]他在方法论上是一位折中论者。将他放在这里介绍，只是为了方便之利。

杰梅利的现象学心理学思想表现为以下几方面。首先，他受新经院论哲学的影响，强调心理的整体性，反对元素论观点。其次，在研究方法上，他受到屈尔佩的影响，他熟悉卡茨、米肖特和伯伊滕蒂克的研究，并结合了现

---

① Spiegelberg, H. (1972). *Phenomenology in psychology and psychiatry: A historical introduction*. Evanston: Northwestern University Press, p. 40.

② Spiegelberg, H. (1972). *Phenomenology in psychology and psychiatry: A historical introduction*. Evanston: Northwestern University Press, p. 54.

③ Misiak, H., Sexton, V. S. (1973). *Phenomenological, existential and humanistic psychology*. New York: Grune & Stratton, p. 38.

④ Colombo, D. (2003). Psychoanalysis and the catholic church in Italy: The role of Father Agostino Gemelli, 1925—1953. *Journal of the History of the Behavioral Sciences*, 4, pp. 333～348.

象学的观察和客观的观察。最后，在具体研究上，他研究了知觉、言语、动作、情绪等。他的知觉观点最为突出，可以与接下来讨论的梅洛—庞蒂的观点产生共鸣。他认为，知觉是人与世界的相互作用的结果。他重视人和经验在知觉中的地位，甚至认为知觉是人格的体现。切萨-比安基(Cesa-Bianchi)等人指出："(对杰梅利来说)知觉与其说是关于世界的镜子，不如说是关于个体所感知到的东西的镜子。"[①]杰梅利关于知觉阶段的观点也体现了现象学的立场。他认为知觉由两个阶段组成：前知觉阶段，组织感觉材料；知觉阶段，感觉材料接受意义。他尤其强调，意义并非外在的，而是内在于知觉之中。

第二节　欧洲现象学心理学

作为一种心理学取向，现象学心理学的演变是复杂的。它与行为主义的演变形成了鲜明的对照。行为主义阵营依次有早期行为主义、新行为主义和新的新行为主义三代，每一代都是在解决前一代困境的基础上产生的。现象学心理学阵营虽然前期表现为欧洲现象学心理学，后期表现为美国现象学心理学，但不存在类似的代际传承关系。在现象学心理学的思想雏形中，已经有胡塞尔的现象学心理学与哥廷根实验现象学在本质和事实两个层面上并驾齐驱。此后，许多现象学心理学家都受到胡塞尔哲学的影响，如法兰西学派和迪尤肯阵营等；有一些现象学心理学家受到现象学运动中的其他人的影响，如乌特列支学派受到舍勒的影响；还一些现象学心理学家受到哥廷根的实验现象学的影响，如迈克劳德等人；也有一些心理学家受意动心理学的影响，如米肖特等人。此外，还有许多现象学心理学家，如米肖特和斯特劳斯等人，自发地形成了现象学心理学观点。因此，力图梳理出现象学心理学的发展线索是异常困难的，因为不同的学派和代表之间缺少紧密的师承关系。

现象学心理学的早期发展是在欧洲进行的，但呈现出欧洲现象学心理

① Pietrzak, D. M. (1981). *The role of Agostino Gemelli in the evolution of psychology in Italy*. Doctoral Dissertation of Fordham University, p. 47.

学的全景是困难重重的。米西亚克和塞克斯顿在进行了迄今最详尽的考察之后，也感叹仅能给出“一幅不完整的写照”①。

从国别上看，在法国兴起了法兰西学派，它以萨特和梅洛—庞蒂为代表，从20世纪30年代起，对心理过程进行了现象学心理学研究。另外，明克夫斯基(E. Minkowski)自20年代末进行了心理病理学与精神病学的现象学心理学研究。在荷兰，现象学心理学得到了极大的发展。施皮格伯格在他1972年的著作中指出：“直到最近为止，现象学心理学在荷兰一直非常兴盛。”②乌特列支学派从20世纪40年代起，考察种种日常生活经验，并拓展到心理测量等应用领域。在德国，斯特劳斯从20世纪30年代起，自发地发展出现象学心理学，并拓展到心理病理学与精神病学领域。韦勒克(A. Wellek)研究了人格等问题，他认为自己“在德国代表了且的确代表了美国的第三势力，这种势力在这里(德国)始终是第一势力”③。在比利时，米肖特从20世纪30年代末转向现象学心理学，进行实验现象学研究。在瑞士，汉斯·昆茨(Hans Kunz)和威廉·凯勒(Wilhelm Keller)在二战后也进行了现象学心理学研究。在意大利，杰梅利进行了知觉等现象学研究。20世纪六七十年代，欧洲的现象学心理学逐渐衰落，现象学心理学的重心由欧洲转移到美国。在后来的欧洲现象学心理学家中，较突出的有德国的格劳曼(C. G. Graumann)和米肖特的学生蒂内斯(G. Thinès)等人，他们都曾是美国《现象学心理学杂志》的合作主编，现为该杂志的顾问编辑。格劳曼对现象学心理学进行了理论的反思，蒂内斯从生物学与心理学关联的角度，对欧洲现象学心理学的实践进行了历史梳理。

一、法兰西学派

在现象学运动中，有许多哲学家在哲学心理学领域进行了大量的探索。他们的研究成为现象学心理学的重要组成部分。我们将在第四章考察思辨取向时对此进行更深入的探讨。在这些哲学家当中，法兰西学派(the French connection)的代表人物是重要的势力，其主要代表人物是萨特和梅

---

① Misiak, H., Sexton, V. S. (1973). *Phenomenological, existential and humanistic psychology*. New York: Grune & Stratton, . p. 34.

② Spiegelberg, H. (1972). *Phenomenology in psychology and psychiatry: A historical introduction*. Evanston: Northwestern University Press, p. 25.

③ Misiak, H., Sexton, V. S. (1973). *Phenomenological, existential and humanistic psychology*. New York: Grune & Stratton, . p. 35.

洛—庞蒂，他们在思想发展的早期都进行过现象学心理学的研究。这个学派的最突出之处在于，它对自然科学路线进行了批判，形成了关于现象学心理学的构想，并进行了具体研究。研究者主要采用思辨的方式，对心理现象进行研究。萨特研究了心象和情绪等，梅洛—庞蒂研究了知觉和行为等，均对现象学心理学做出了突出贡献。在这些研究的基础上，研究者都发展出了自己的哲学思想，共同构成了法国的现象学发展阶段。

1. **萨特**

让-保罗·萨特(Jean-Paul Satre，1905—1980)在现象学心理学领域具有重要的地位。施皮格伯格指出："萨特在现象学心理学中的标桩(stake)非常高……"[①]萨特的早期研究阶段甚至可称作"现象学心理学"阶段。这个阶段从萨特 1932 年从阿隆(R. Aron)那里听到现象学[②]起，到他 1943 年出版《存在与虚无》前为止。在这个阶段，萨特主要受前期胡塞尔思想的影响，用现象学方法对心理现象进行专题研究，并对现象学心理学进行了思考。他的具体研究主要包括对情绪和想象的研究。这体现在《影象论》(1936)、《情绪理论纲要》(1939)、《想象心理学》(1940)等著作中。在这些研究中，他思想中的"自由"等主题已经浮现出来。他从这些心理学研究自然地过渡到哲学研究中去。

萨特在研究中对自然科学心理学进行了批判性的考察，并在此基础上提出了现象学心理学思想。这在《情绪理论纲要》中体现得最为明显。施皮格伯格指出："……在《情绪理论纲要》的导论中，他对心理学、现象学和现象学心理学进行了最明确的反思……"[③]需要指出的是，如同许多其他现象学心理学家一样，萨特所称的心理学是自然科学心理学，他没有看到布伦塔诺等的人文科学心理学。另外，萨特对自然科学心理学的批判受到胡塞尔对心理主义批判的影响。心理主义(psychologism)是指哲学中流行的一种观点，它更确切地应被译作"心理学主义"，它坚持将哲学建立在心理学的基础上。在核心主张上，它将普遍的理念建立在心理过程的基础上。胡塞尔在 1900 年出版的《逻辑研究》(第一卷)中，对此进行了批判。他指出，心理主义

---

① Spiegelberg, H. (1972). *Phenomenology in psychology and psychiatry: A historical introduction*. Evanston: Northwestern University Press, p. 23.

② 据波伏瓦(S. de Beauvoir)记载：1932 年，萨特从阿隆处第一次听到现象学。当听说如果是现象学家就能研究面前的鸡尾酒时，萨特兴奋得脸都白了。参见施皮格伯格著，王炳文、张金言译：《现象学运动》，商务印书馆 1995 年版，第 670 页。

③ Spiegelberg, H. (1972). *Phenomenology in psychology and psychiatry: A historical introduction*. Evanston: Northwestern University Press, p. 23.

没有认清事实与本质之间的关联,心理主义没有认识到从事实出发无法抵达本质。

萨特认为,自然科学心理学是一门实证的科学,这种心理学的最突出特征是将心理现象视作"事实"①。这种事实必须为我们感官所知觉到,且是个别的。事实上,萨特所称的事实正是胡塞尔所称的自然主义视野中的自然物。这种心理学选择从事实出发,因此与心理主义一样面临着困境。萨特借鉴胡塞尔的观点,对之进行了批判。认为这种心理学不断地积累事实,以逼近本质,却无法得到本质。"心理学家事实上并没有认识到靠堆积次要的东西来达到本质,与在 0.99 的右边加上无限的数字来达到 1 一样,同样都是不可能的。"②同样,这种心理学也无法得出人的本质。以情绪为例,心理学家将情绪视作事实,因此将情绪与记忆等心理过程并列,看不到其间的联系。在具体研究中,心理学家区分了身体反应、行为和意识等事实,来发现三种因素之间的关联。心理学家将情绪封闭起来,不但得不到情绪的本质,也无法得出人的本质。萨特说:"有鉴于此,心理学只能放弃人的实在,如果人的实在至少存在的话。"③

在指出自然科学心理学的局限后,萨特进一步考察了现象学对心理学的意义。现象学已经为心理学提供了关于人的本质的结论。萨特在这里指的是胡塞尔和海德格尔的思想。他借鉴海德格尔的观点,提出人的本质在于理解自身的存在,由此建立一门人类学,为心理学奠基。进一步看,现象学应从一系列方面为心理学提供本质的结论,但现象学并未发展到这个程度。萨特由此提出了一门现象学心理学,目的在于为解决现象学未竟的奠基工作,为心理学提供本质的结论。因此,他与胡塞尔一样,将现象学心理学视作一门本质科学,为经验心理学提供基础。从学科领域看,现象学心理学介于现象学与其奠基的心理学之间。但它不同于现象学,后者在悬搁自然世界后,对超越的心理现象进行研究。它所考察的是通过种种境域而表现出的人,因而属于心理学领域。从研究对象上看,这门心理学应研究现象。萨特借鉴海德格尔的观点,认为现象对于人的存在有着特定的意义。因此,心理学考察有所指的心理现象,确切地说是有所指的具体心理事件,以发现其意义。从研究方法上看,它不使用内省或观察法,因为这两种方法延续自然主义传统,将研究限定在事实领域中,它采用现象学的方法。萨特

① 萨特著,潘培庆、汤永宽、魏金声等译:《萨特哲学论文集》,安徽文艺出版社 1998 年版,第 63 页。
② 萨特著,潘培庆、汤永宽、魏金声等译:《萨特哲学论文集》,安徽文艺出版社 1998 年版,第 64 页。
③ 萨特著,潘培庆、汤永宽、魏金声等译:《萨特哲学论文集》,安徽文艺出版社 1998 年版,第 65 页。

从胡塞尔和海德格尔那里发现了现象学方法两种取向，即经验的和解释的方法取向。他更赞同海德格尔的观点，提倡解释的方法取向。

我们现在来看萨特的具体研究，以深化对他的现象学心理学的理解。首先是他的情绪研究。萨特从胡塞尔的意向性观点出发，认为情绪的意识首先是对世界的意识，由此将情绪落实到人存在于世界的层面上。萨特提出，我们总是生活在逼迫而艰难的世界上，世界总是对我们有消极的潜在要求。他从这种存在形态出发，探求情绪的意义。他指出，当道路堵塞，我们仍然需要行动时，世界就会发生变化，情绪就是我们所相信的神奇世界的变化。就酸葡萄心理而言，我伸手去够葡萄，却够不着，于是我放下手，告诉自己葡萄是酸的。在这个半真半假的喜剧中，最初得到葡萄的潜在性无法实现，于是转换为另一种潜在性，即葡萄是酸的。所以，情绪事实上是意识的一种存在方式，是意识用于领悟其在世的一种途径。①

萨特的想象研究与情绪研究一样，是一项杰出的现象学心理学工作。在想象研究中，萨特反对自然科学路线的观点，认为自然科学心理学将想象的内容心象视作心理对外界事物的复本，由此肯定心象"就像实物一样地存在"②。这种素朴的形而上学还表现出"内在的幻象"③，即将心象视作内在于心理的存在，对应于外界的实物。与此相反，萨特依然从意向性出发，将想象作为一种心理现象，具有指向对象的本质特征。萨特对想象的特征进行了详尽的描述，我们将在第七章对此进行更深入的探讨。需要指出的是，萨特在情绪和想象研究中，都引向他关注的主题：自由。他在这些研究基础上，发展出了存在主义哲学观点。

2. 梅洛—庞蒂

莫里斯·梅洛—庞蒂(Maurice Merleau-Ponty, 1908—1961)在现象学心理学领域具有非常重要的地位。在法兰西学派中，他的地位甚至要超过萨特。施皮格伯格说："在心理学中明显具有最高标桩和纪录的法国现象学家，是莫里斯·梅洛—庞蒂。"④E·L·默里甚至提出，尽管给出如此高的评价，但为了与梅洛—庞蒂的地位相一致，施皮格伯格还应在考察重要学者的

① 萨特著，潘培庆、汤永宽、魏金声等译：《萨特哲学论文集》，安徽文艺出版社1998年版，第105页。

② 萨特著，魏金声译：《影象论》，见：萨特著，潘培庆、汤永宽、魏金声等译：《萨特哲学论文集》，安徽文艺出版社1998年版，第227页。

③ Sartre, J-P. (1972). *The psychology of imagination*. London: Methuen & CO LTD, p. 2.

④ Spiegelberg, H. (1972). *Phenomenology in psychology and psychiatry: A historical introduction*. Evanston: Northwestern University Press, p. 25.

第二部分中专辟一章，来阐述梅洛—庞蒂的心理学观点。① 早在1933年，梅洛—庞蒂就申请了一项课题，用格式塔心理学和神经学知识研究知觉的本质。二战后，他曾在里昂大学开设儿童心理学等课程。1949年，他被任命为巴黎大学心理学与教育学教授，讲授与儿童发展有关的心理学问题，涉及皮亚杰（P. Piaget）、瓦龙（H. Wallon）、苛勒和克莱因（M. Klein）等心理学家的研究。与萨特不同，梅洛—庞蒂选择了心理学家更熟悉的主题——行为和知觉进行研究，这反映在《行为的结构》（1938年完成，1942年出版）和《知觉现象学》（1945）中。梅洛—庞蒂受到晚期胡塞尔思想的影响，使用现象学方法研究心理现象，并在此基础上发展出自己的哲学观点。与萨特关注自由等不同，他主要关注意义。

梅洛—庞蒂显得比萨特更为熟悉心理学。他的著作例举了大量的心理学研究，涉及内容心理学、行为主义、格式塔心理学和精神分析等学派。他延续了人文科学心理学的路线，这体现在他对格式塔心理学的借鉴上，他用格式塔心理学来批判自然科学心理学的路线。但他又不满于当时的人文科学路线，他在批判性借鉴格式塔心理学的基础上，提出了自己人文科学的心理学观点。乔治认为，梅洛—庞蒂的这些工作为心理学的整合提供了基础。② 具体来说，梅洛—庞蒂对自然科学路线的批判集中于自然主义上。他认为，自然主义主要体现在两个方面：其一，将心理视作实际存在的东西，由此易将心理现象分解成原子式的东西；其二，假定心理现象之间存在因果关系。他指出："在它希望作为一门自然科学的范围内，心理学继续忠于实在论和因果论思维。"③他对自然科学路线的代表——行为主义的批判正是集中在这一点上。他说："作为对心理深处的各种晦暗不明的反应，行为主义在大部分时间寻求借助的不过是生理的甚至物理的说明，没有看到这与其最初的定义是矛盾的——它自称是唯物主义的，没有看到这相当于把行为重新置于神经系统之中。"④但他并不无条件地反对行为主义，他说："……当华生谈行为的时候，他已经注意到了别人称之为生存的东西……"⑤

梅洛—庞蒂对于人文科学路线的推进也表现在对自然主义上的批判

① Murray, E. L. (1973). Phenomenology in Psychology and Psychiatry (book review), *Journal of Phenomenological Psychology*, No. 2, pp. 375～379.

② Giorgi, A. (1974). The meta-psychology of Merleau-Ponty as a possible basis for unity in psychology. *Journal of Phenomenological Psychology*, No. 2, pp. 53～74.

③ 梅洛—庞蒂著，杨大春、张尧均译：《行为的结构》，商务印书馆2005年版，第16页。

④ 梅洛—庞蒂著，杨大春、张尧均译：《行为的结构》，商务印书馆2005年版，第18页。

⑤ 梅洛—庞蒂著，杨大春、张尧均译：《行为的结构》，商务印书馆2005年版，第18页。

上。对于精神分析，他认为现象学与精神分析可以达到一种会合(convergence)，他赞同弗洛伊德的诸多发现。他曾说："弗洛伊德的才华明显地不在于哲学的或详尽无遗的表述上，而是在他与事物的接触上……在倾听生活中的混乱噪声上，弗洛伊德是无上的(sovereign)。"[①]但梅洛—庞蒂反对弗洛伊德精神分析中潜含的实在论观点。对于格式塔心理学，他是在很大程度上接受的，他尤其赞赏格式塔心理学针对行为主义提出的不同理解，如区分地理环境与行为环境等，但他认为格式塔心理学仍然持有实在论的观点。

梅洛—庞蒂深化了"格式塔"概念，并提出"结构"的观点。他认为，在人与世界之间存在有意义的关联，这种关联是一种辩证的结构。后来他进一步拓展了这种观点，认为在人与世界之间存在着中介，这就是身体，人通过身体与世界关联。相比之下，行为主义发现了这种关联。格式塔心理学前进了一步，作出诸多发现。精神分析则主要集中于自身内部的关联。但他们都未能接受现象学观点，彻底摆脱自然主义，而梅洛—庞蒂通过阐发生活世界的观点来克服自然主义。他提出"重返事物本身……重返认识始终在谈论的在认识之前的这个世界"[②]，将生活世界视作研究的出发点。由此将结构落实到世界的给予之上。他赞同胡塞尔的观点，对所给予的进行"纯描述"。这样，在梅洛—庞蒂那里，就出现了一门现象学心理学，一门最彻底地摆脱了自然主义的人文科学心理学。这种心理学从生活世界出发，通过人与世界尤其是身体的关联，来描述所直接给予的心理现象的结构，进而发掘意义所在。

我们现在来看梅洛—庞蒂的具体研究，以深化对他的现象学心理学的理解。首先是他的行为研究。事实上，这里的行为相当于存在哲学家们的存在(existence)。[③] 梅洛—庞蒂对自然科学路线的经验主义立场提出了批判。经验主义立场将行为视作自然物。梅洛—庞蒂将行为分为反射行为和高级行为两个层面，依次进行考察。反射行为被视作物理和生理的事件，它包括刺激和反应等原子式的成分。刺激是原因，机体在它的作用下被动地作出反应。这里的问题在于，经验主义立场难以解释行为的整体性。例如，盖尔布(A. Gelb)和戈尔德斯坦(K. Goldstein)指出，对脑损伤的病人的理

① Giorgi, A. (1974). The meta-psychology of Merleau-Ponty as a possible basis for unity in psychology. *Journal of Phenomenological Psychology*, No. 2, pp. 53～74.

② 梅洛—庞蒂著，姜志辉译：《知觉现象学》，商务印书馆 2005 年，第 3 页。

③ Giorgi, A. (1974). The meta-psychology of Merleau-Ponty as a possible basis for unity in psychology. *Journal of Phenomenological Psychology*, No. 2, pp. 53～74. 在这种意义上，梅洛—庞蒂的"行为的结构"更确切地说是"存在的结构"或"存在的形式"。

解必须从整体出发才能加以解释。高级行为也存在同样的问题。梅洛—庞蒂借助格式塔心理学指出,行为是一种形式、结构或格式塔。他考察了不同的结构,并在本体论上提出存在的不同秩序。我们将在第六章进行更详尽的探讨。

梅洛—庞蒂对知觉的研究是从批判经验论和唯理论开始的。经验论从感觉开始,将感觉视作印象或物体的属性。但问题在于,我们找不到这种感觉。梅洛—庞蒂说:“这种纯粹感知也许等于感知不到任何东西,因而等于不感知。”①经验论借助联想和回忆来阐述心理现象,依然面临困境。唯理论主要通过注意和判断来说明知觉,我之所以看到这盏台灯,是因为我将注意力赋予它,或将判断作用于它。但唯理论并不能够解释我看到了错觉这种情况。对于自然科学心理学来说,知觉是从属于刺激反应模式的。知觉被还原为由刺激引起的因果过程。但这种观点也难以解释错觉问题。梅洛—庞蒂认为,这些观点都犯了同一个错误:假定存在着客观自在的世界。因此他提倡从直接给予我们的知觉经验开始。他说:“正如我们所做的,如果我们现在回到知觉体验,我们将发现科学只能构造主体性的外表:……科学使现象世界服从于只能被科学世界理解的范畴。”②他通过借鉴现格式塔心理学的观点,进一步提出身体—对象—背景—历史的整体框架③,对知觉进行了详尽分析。由此出发,梅洛—庞蒂进一步提出他著名的现象学本体论。

二、乌特列支学派

二战后,现象学心理学在荷兰得到了较大的发展。德霍尔(T. Dehue)在研究荷兰心理学史的专著中说:“事实上,有过一段时间,大约从 1946 年至 1960 年,现象学心理学在荷兰发展起来,在国内和国际上获得了牢固的地位。”④荷兰的现象学心理学主要集中在乌特列支大学(the University of Utrecht)。这所大学的一些心理学家以伯伊滕蒂克为核心,形成了一个研究

① 梅洛—庞蒂著,姜志辉译:《知觉现象学》,商务印书馆 2005 年版,第 25 页。

② 梅洛—庞蒂著,姜志辉译:《知觉现象学》,商务印书馆 2005 年版,第 32 页。

③ 张尧均著:《隐喻的身体——梅洛—庞蒂的身体现象学研究》,浙江大学博士学位论文,2004 年,第 19 页。张尧均提出了身体—对象—背景框架。我们认为,知觉还涉及过去经验,因此应加上历史因素。

④ Dehue, T. (1995). *Changing the rules: psychology in the Netherlands 1900—1985*. Cambridge: Cambridge University Press, p. 62.

团体，被称作乌特列支学派。[1] 主要代表人物有伯伊滕蒂克、范伦内普、林斯霍滕、范登伯格、兰格威尔德（M. J. Langeweld），以及再远一些的科韦（J. Kouwer）和戴克赫伊（H. Dijkhuis）等人。现象学心理学以这个学派为中心，加上斯特拉瑟（S. Strasser）以及一定意义上的普列斯纳（H. Plessner）等人，在荷兰辐射开来，形成了现象学心理学的荷兰学派。

我们主要考察最具典型性的乌特列支学派，这个学派有着鲜明的主张，它反对心理学中的自然科学路线，尤其是二元论和还原论主张，提倡现象学观点。德霍尔说："正如这项任命[范伦内普任教于乌特列支大学]政策独自表明的，在战后乌特列支心理学的重建中，进行着一种有意识的尝试，做完全不同于其他地方所称的'心理学'的东西。放弃'自然科学'或'实证主义'的取向，提倡一种所谓的现象学心理学。"[2]需要指出的是，这个学派在汲取现象学资源时，受到舍勒的重要影响，这种影响甚至要超过胡塞尔。与胡塞尔关注认识论不同，舍勒关注现代性转变背景下的人的问题。由此他将现象学导向人格主义（personalism）。人格主义坚信人是世界的本原，且蕴涵着价值。乌特列支学派受此影响，关注"人"在与世界关联中的种种体现，并坚持研究中的价值负载。1965 年，为庆祝伯伊滕蒂克 65 岁寿辰，林斯霍滕和范登伯格主编了一本文集，书名体现了这个学派的主旨：《人与世界（*Persoon en Wereld*）》。

这个学派的研究较为复杂。从研究方式上看，它兼有思辨和实验的研究。如伯伊滕蒂克曾进行情绪的思辨研究，林斯霍滕曾进行运动知觉的研究等。从研究取向上看，它兼有经验和解释的研究。它尤其在解释研究方面进行了许多工作，如林斯霍滕的入睡研究和范伦内普的旅馆房间研究等。在研究领域上，它除了实验现象学的传统研究领域，如感知觉等，还包括种种日常经验，如驾车经验、患病经验、性的肉身化（sexual incarnation）等。此外，它还将研究领域拓展到心理测验和心理病理学等领域。

在乌特列支学派中，我们选择伯伊滕蒂克、范伦内普和林斯霍滕三位心理学家进行考察。原因在于，伯伊滕蒂克是这个学派的领袖，范伦内普将现象学心理学拓展到应用领域，林斯霍滕作为第二代成员，对现象学心理学进

---

① 斯塔姆（H. J. Stam）等提出，乌特列支学派并非严格意义上的学派。参见 Hezewijk, R. V., Stam, H. J. and Panhuysen, G. (2001). *Existential questions: no, one or two Utrecht schools?* Paper presented at the 20th Conference of the European Society for the History of the Human Sciences, Amsterdam. 从这些心理学家所持相近的主张看，乌特列支学派更类似一个松散的研究团体。

② Dehue, T. (1995). *Changing the rules: psychology in the Netherlands* 1900—1985. Cambridge: Cambridge University Press, p. 63.

行了深入的省察。

1. 伯伊滕蒂克

伯伊滕蒂克(Frederik J. J. Buytendijk，1887—1974)是乌特列支学派的灵魂人物。德霍尔提出乌特列支学派的起始时间为1946年，所依据的就是伯伊滕蒂克在这一年任教乌特列支大学。在他退休后，乌特列支学派很快就解散了，伯伊滕蒂克的重要性由此可见一斑。如同皮亚杰从生物学领域迅速转入心理学领域一样，伯伊滕蒂克原来从事生理学和生物学研究，仅在心理学领域涉猎动物心理学，在任职乌特列支大学后，很快转向现象学心理学研究。① 他受舍勒的影响很大。默伦(R. H. J. ter Meulen)说："舍勒的人和著作[给伯伊滕蒂克]留下了深刻的印象，他的著作被大段地逐字采用到[伯伊滕蒂克]本人的著作中。"②他也接受了胡塞尔的现象学观点，将胡塞尔称作"心理学和人文科学的解放者"③。伯伊滕蒂克还受到了存在心理学家宾斯万格的影响，曾将自己称作宾斯万格的迫切的学生。④ 故他的思想中含有存在心理学观点。伯伊滕蒂克著述很多，1957年为庆祝70寿辰时出版的文集中，记载着他出版的作品有245项。他最为英语学界所知的著作是《论疼痛》(1943)、论文《胡塞尔的现象学及其对当代心理学的意义》(1959)和《情感与情绪问题的现象学取向》(1950)等。

在伯伊滕蒂克看来，在近代哲学阶段，心理学受到笛卡尔的二元论的影响。他说："在这一阶段的起初，笛卡尔的观点被广泛地使用……"⑤二元论在心理与物理之间制造了鸿沟，使心理学处于困境之中。伯伊滕蒂克赞同宾斯万格的说法，将二元论视作心理学的"癌症"。为摆脱二元论，心理学通过吸取自然科学的观点，提出物质主义(materialistic)的一元论，将自然物视作唯一的实体，心理产生于大脑，不过是自然物的一种体现。在科学心理学产生的最初阶段，心理学家在进行实验研究时，采取了刺激—反应的框架来

① 同样类似的是两位心理学家的领域转换并不代表观点的突然转变，他们依然在以前观点的基础上前进。

② Dehue, T. (1995). *Changing the rules: psychology in the Netherlands* 1900—1985. Cambridge: Cambridge University Press, p. 73.

③ Buytendijk, F. J. J. (1987). Husserl's phenomenology and its significance for contemporary psychology. In: J. J. Kochelmans (Ed.). *Phenomenological psychology: the Dutch school*. The Hague: Martinus Nijhoff, p. 34.

④ Struijker-Boudier, H. (1988). Letters between F. J. J. Buytendijk and Erwin W. Strauss. *Journal of Phenomenological Psychology*, No. 1, pp. 77～92.

⑤ Buytendijk, F. J. J. (1987). Husserl's phenomenology and its significance for contemporary psychology. In: J. J. Kochelmans (Ed.). *Phenomenological psychology: the Dutch school*. The Hague: Martinus Nijhoff, p. 33.

处理心理现象。后来，美国的行为主义进一步发展了这种一元论。研究对象必须是经过操作性界定后的事实。在这种情境下，胡塞尔作为一位“解放者”，其重要意义在于指出了自然科学知识的相对性。胡塞尔分析了认识过程，指出认识依赖于心理对象的意向的定向(orientation)模式；自然科学所采取的只是一种特定的模式，它没有意识到其他模式；另外，胡塞尔还提出生活世界的观点，指出科学是对原初经验的构造，进一步表明了自然科学心理学的局限性。

伯伊滕蒂克在批判自然科学路线的基础上，提出了他的现象学心理学主张。他指出，与自然科学心理学关注事实不同，现象学心理学关注现象。现象属于生活世界，它是直接给予我们的，有着内在的意义。在核心主张上，伯伊滕蒂克受到舍勒的影响，强调用现象学考察在世界之中的人的种种体现。他说：“在现象学心理学中，人被视作实际存在着的(existing)。”①这里的存在处于具体情境层面上，不同于存在心理学在本体论层面上所考察的存在。在研究对象上，伯伊滕蒂克阐发了胡塞尔的意向性观点。他指出：“人的行为模式，主动的或被动的，都是真正的意向性，它一直是心理学研究的出发点。”②具体到实验研究中，伯伊滕蒂克认为，研究者需要关注被试与对象的关系模式。例如，被试是怎样觉知到情境的，是怎样理解现象的，现象对于他意味着什么，怎样评价现象，等等。这与自然科学路线的实验研究形成了明显的对照。在研究方法上，伯伊滕蒂克借鉴了胡塞尔的现象学方法。他也强调本质直观和想象变更，例如他曾说：“对于所给予的实在的或想象的变更，如胡塞尔所讲授的，是阐明意义—结构的意向规划的最好途径。”③除运用现象学方法进行思辨研究外，他还倡导实验研究。已体现在他关于研究对象的观点中。另外，他明确提出遭遇(encounter)的研究原则，强调研究者将被研究者视作平等地位的真正的人。

需要指出的是，伯伊滕蒂克并未对自己的研究方法进行系统的提炼。他的同事吕滕(F. Th. Rutten)曾说过：“他对于自己的方法有一种容忍。他

① Buytendijk, F. J. J. (1987). The Phenomenological approach to the problem of feelings and emotions. In: J. J. Kockelmans (Ed.). *Phenomenological Psychology: the Dutch School*. The Hague: Martinus Nijhoff, p. 121.

② Buytendijk, F. J. J. (1987). Husserl's phenomenology and its significance for contemporary psychology. In: J. J. Kochelmans (Ed.). *Phenomenological psychology: the Dutch school*. The Hague: Martinus Nijhoff, p. 39.

③ Buytendijk, F. J. J. (1987). Husserl's phenomenology and its significance for contemporary psychology. In: J. J. Kochelmans (Ed.). *Phenomenological psychology: the Dutch school*. The Hague: Martinus Nijhoff, p. 39.

的基本姿态是观察性的思考……他吸取所观察的东西的方式一直是伯伊滕蒂克之秘(Buytendijk secret)。"[①]这种情况甚至普遍存在于乌特列支学派中。申克(F. Schenk)在研究乌特列支学派历史的专著中指出:"乌特列支学派从未澄清现象学方法是什么,不是什么。……没有类似于现象学研究纲领的东西。"[②]

伯伊滕蒂克进行了大量的具体研究,涉及动物心理学、人的运动、女性的存在、遭遇和情绪等。[③] 伯伊滕蒂克在人的行为研究上,提出两个重要的观点。首先,人的行为是以经验场为基础的。这个经验场先于生理和心理的区分。其次,要从人在世界中的存在角度进行考察。例如,他在研究婴儿的初次微笑时发现,婴儿的微笑是自身存在境况的一种展现,它的意义在于自我满足、内在的幸福(well-being)感和自身的开放等。伯伊滕蒂克的女性存在研究是一项有趣的现象学心理学研究。虽然受到波伏瓦《第二性》的影响,涉及存在,并标以"存在心理学的副标题",但他并不关注自由等问题,他关注的是女性存在的现象方面,尤其是女性的身体表现。他发现,两性在与世界的关联(意向性)上有着不同的意动(act)表现。女性的典型意动是关注他人,并希望受到关注。这个发现与当代女性主义学者吉利根(C. Gilligan)的女性更倾向于关怀取向的观点有着相通之处。伯伊滕蒂克还进行了一些两性比较的具体研究。例如,在步态上,男性有着明显的停顿,女性更为流畅,通常采取小步伐;在姿势和声音上,男性倾向于克服对立面,女性则没有;在与身体的关系上,男性没有女性更关注身体,等等。

伯伊滕蒂克的情绪研究受到萨特的影响,但他不赞同萨特的存在观点。他坚持心理学研究应从本质而非事实出发。"例如,当我们希望着手调查'幸福和不幸福的婚姻'时,我们不得不去认识婚姻是什么。"怎样获得本质呢?他接下来反问道:"我们是应该在我们的统计中,计算每一个被问到他幸福与否的人主观意见,还是应尽力去认识幸福感的本质特征是什么?在

---

① Dehue, T. (1995). *Changing the rules: psychology in the Netherlands* 1900—1985. Cambridge: Cambridge University Press, p. 67.

② Dehue, T. (1995). *Changing the rules: psychology in the Netherlands* 1900—1985. Cambridge: Cambridge University Press, p. 67.

③ 关于他的具体研究,可参见 Spiegelberg, H. (1972). *Phenomenology in psychology and psychiatry: a historical introduction*. Evanston: Northwestern University Prcss, pp. 290~299. 在他的人类行为研究中,对婴儿首次微笑的研究最为著名,可参见 Buytendijk, F. J. J. The first smile of the child. *Phenomenology + Pedagogy*, Vol. 6, No. 1, pp. 15~24. http://www.phenomenologyonline.com/articles/buytendijk.html. 戈尔德斯坦在这个问题上受他影响很大,参见戈尔德施泰因:《婴儿的微笑与理解他人的问题》,见刘小枫主编:《人类困境中的审美精神》,东方出版中心 1994 年版,第 383~398 页。

后者中，幸福感作为一种纯粹的现象，作为在自身中将自己显现出来的事物，直接给予我们，并带着它所有的内在特征，以及它对结婚情境的指向。”①答案显然是后者。伯伊滕蒂克认为，从直接的所给予出发，可以发现心理现象的意向性本质。他从意向性出发，将情绪置于意识对世界的反应——并非因果反应，使得情绪成为意动。他进一步根据是否有指向性，区分出情绪(emotion)和情感(feeling)，并对二者进行了详尽的研究。我们将在第七章进行深入的探讨。

2. 范伦内普

范伦内普(D. J. van Lennep，1896—1982)是乌特列支学派的重要成员。他不仅进行了具体研究，还将现象学心理学拓展到心理测验领域。范伦内普于1927年和他人一起在乌特列支创立了荷兰心理技术学基金会(the Dutch Foundation for Psychotechnics)，主要从事心理测验和职业指导工作。1949年，他任教于乌特列支大学，②在伯伊滕蒂克等人的影响下，开始进行现象学心理学研究。他还受到萨特的影响，曾于1946年邀请萨特到乌特列支大学讲学。但同伯伊滕蒂克一样，他不赞同萨特的存在观点。

范伦内普尤其强调现象学心理学的研究方法的重要性。关注“在心理学家能够适应的不同的方法论立场中，他与另一个人，独特的人的关系……”③并就此提出三种研究方法论立场：称量的(weighed)、观察的和遭遇的。称量的立场是指数理统计方法，它是必需的，但要“付出这样的代价：人作为一种印象消失了，这种印象构成了全部个人的和全部前科学的评价方法的基础”④；观察的立场是指质化和量化方法的并用；范伦内普还提倡遭遇的方法，在这种方法中，研究者“目的在于理解他人所产生的关于自身和情境的图景。”⑤除遭遇外，他还通过指出世界的重要性来强调这一点，认为

① Buytendijk, F. J. J. (1987). The Phenomenological approach to the problem of feelings and emotions. In: J. J. Kockelmans (Ed.). *Phenomenological Psychology: the Dutch School*. The Hague: Martinus Nijhoff, p. 120.

② 据德霍尔考察，范伦内普的任职主要由于伯伊滕蒂克等的推动，在此之前，他并未从事学院工作。他的竞争对手是一位心理学家，因所持的观点与伯伊滕蒂克等相左，最终未能获得这项工作。参见Dehue, T. (1995). *Changing the rules: psychology in the Netherlands* 1900—1985. Cambridge: Cambridge University Press, p. 63.

③ Dehue, T. (1995). *Changing the rules: psychology in the Netherlands* 1900—1985. Cambridge: Cambridge University Press, p. 69.

④ Strasser, S. (1957). Phenomenological trends in european psychology. *Philosophy and Phenomenological Research*, Vol. 18, No. 1, pp. 18～34.

⑤ Strasser, S. (1957). Phenomenological trends in european psychology. *Philosophy and Phenomenological Research*, Vol. 18, No. 1, pp. 18～34.

"'世界'一词对现代心理学家有着特殊的重要性。他通过'世界'来理解有意义的整体……人在这个整体中以独特的方式呈现出来,并且心理学家以独特的方式与这个整体牢固地联系起来。"①范伦内普还提倡将研究视野拓展到人际领域。他说:"世界始终是与他人在一起的世界,一个社会的世界。"②

范伦内普的现象学心理学研究包括书写行为、旅馆房间研究和开车研究等。我们来看他的后两项研究,这两项研究均收入到《现象学心理学:荷兰学派》一书中。两篇论文都是思辨的研究,但形成鲜明的对照。前者是一项解释的研究,其中的观点富于原创性;后者则是一项描述的研究,其中的考察精致入微。在旅馆房间研究中,范伦内普主要追问房间的意义。他从这样的先见出发:房间是我们人格的表现。在这个先见的背后,存在着以下观点:寓居于房间中,事实上是我们与世界处于一种关联之中。他将旅馆房间与家中的房间并置,考察这种关联。他提出,旅馆房间为我们提供了一种名为冒险(adventure)的关联模式或存在模式。冒险与家相互依存,它意味着走出自我中心,打开新的世界。这样,回到先见,可以发现宾馆房间的意义:它显示了人格隐含的方面,为我们提供了去人格(impersonality)的框架,由此使人格体验到自身。③

在开车研究中,范伦内普提出了驾驶员的存在模式:驾驶员通过自己的身体,以及作为身体的延伸部分的车,存在于路上。路作为他行动的场域,是整体的、动态的,有着图形—背景的结构,其中的每一部分都对驾驶员有着特殊的意义。这个场事实上就是驾驶员所处的世界,与驾驶员直接关联。从驾驶员的角度看,他通过注意与世界关联。此外,驾驶员的存在还是社会性的存在。在这种意义上,"驾驶员的社会成熟以及与合理推理关联的责任感是安全使用路的最好保证"④。但驾驶员的社会性是特殊的,他通过竭力避免接触来与他人接触。范伦内普将此称作"不可实现"(irrealizing)。他指

① van Lennep, D. J. (1987). The psychology of driving a car. In: J. J. Kockelmans (Ed.). *Phenomenological Psychology: the Dutch School*. The Hague: Martinus Nijhoff, p. 217.

② van Lennep, D. J. (1987). The psychology of driving a car. In: J. J. Kockelmans (Ed.). *Phenomenological Psychology: the Dutch School*. The Hague: Martinus Nijhoff, p. 220.

③ van Lennep, D. J. (1987). The hotel room. In: J. J. Kockelmans (Ed.). *Phenomenological Psychology: the Dutch School*. The Hague: Martinus Nijhoff, p. 215.

④ van Lennep, D. J. (1987). The psychology of driving a car. In: J. J. Kockelmans (Ed.). *Phenomenological Psychology: the Dutch School*. The Hague: Martinus Nijhoff, pp. 224～225.

出:“人在车中去—社会化(a-socialize)了自身。”①

范伦内普最杰出的贡献是开发出了一系列的人格测验,包括四画测验(the Four Picture Test,简称 FPT)、A—图画测验(A-Picture Test)和房间测验(the Room Test)等。其中尤以四画测验最为有名,该测验由四幅图片组成,通过让受测者看图片写故事,来测受测者的人格。它的独特意义在于以现象学心理学为理论基础。范伦内普认为,人总是处于情境之中,他与情境乃至世界有着独特的意义关联,不同的图片显示了不同的存在情境。但人是怎样将自身投射到测验中呢?范伦内普认为,人有一种离中心(ex-centric)的心态,能够与自己保持距离,通过相似物将这种意义关联表达出来。他指出,投射所使用的“并非与我们的情感关联的外部世界,而是作为我们情感相似物的外部世界”②。在测验过程中,范伦内普竭力使施测者与受测者处于遭遇的关系中。施测者快速呈现图片,然后请受测者独自将故事写出来,受测者处于我向思考(autistic)的想象中,将自身投射出来。在评分和解释上,范伦内普认为应持理解的原则,对各种文本保持高度的敏感性,进行详尽的考察。我们在第七章考察人格时将对这项测验进行进一步的探讨。

3. 林斯霍滕

汉斯·林斯霍滕(Hans Linschoten, 1925—1964)是乌特列支学派的杰出成员。他于 1946 年进入乌特列支大学学习,随后留校任教。1956 年,他完成题为《双目深度知觉的结构分析》的博士学位论文,次年接替伊滕蒂克的教职,担任乌特列支大学实验与普通心理学教授,还曾任过心理学实验室主任。他受到伯伊滕蒂克的影响非常大,在自己研究詹姆斯的专著《走向现象学心理学之路》(荷兰版,1959)中,题上“献给我的老师 F·J·J·伯伊滕蒂克教授博士”。③ 他是一位卓越的心理学家,但可惜的是英年早逝。乔治惋惜说:“可能没有多少美国心理学家听说过汉斯·林斯霍滕,但如果他不在 38 岁较年轻的年龄上去世的话,肯定会有非常多的[心理学家听到这个

---

① van Lennep, D. J. (1987). The psychology of driving a car. In: J. J. Kockelmans(Ed.). *Phenomenological Psychology: the Dutch School*. The Hague: Martinus Nijhoff, p. 226.

② Bryant, M. A. (1990). *D. J. van Lennep, the Four Picture Test, and female-male differences*. Doctoral Dissertation of The University of Tennessee, p. 17.

③ Dehue, T. (1995). *Changing the rules: psychology in the Netherlands* 1900—1985. Cambridge: Cambridge University Press, p. 69. 在英文版(1968)中,删去了原来的献辞,由译者之一乔治题上“纪念汉斯·林斯霍滕”。

名字了]。”①

林斯霍滕是伯伊滕蒂克培养出来的第二代乌特列支学派成员。他在理论观点上延续了这个学派的观点，反对身心二元论和实体论观点：“……我们不应将‘心理’和‘身体’分离开来，我们一定不能将它们视作两种实体(substance)，原因很简单，它们并不原初地以这种方式将自身显现给我们。”②他提倡借鉴现象学观点，从原初所给予的一切开始，“我们现在暂时将现象学理解为一个术语，它作为科学的疑难的根基或土壤，指代对经验的世界和行为进行系统的(胡塞尔意义上的)描述和分析，如它们在所有科学活动前所给予的那样”③。与伯伊滕蒂克一致，他提倡考察人与世界的关联。在具体研究上，林斯霍滕对现象学与心理学的理论关联以及现象学心理学的方法论感兴趣。他的《走向现象学心理学之路》，研究了詹姆斯的现象学心理学思想；《心理学家的幻象》(1964)，研究了心理学方法论等问题。他的具体研究包括深度知觉、入睡和性的肉身化等。

需要指出的是，林斯霍滕的后期观点有所变化。他后来的观点超越了伯伊滕蒂克等人的主张，对乌特列支学派的现象学心理学乃至现象学进行了理性思考。但这并非德霍尔所说的“真正的决裂”④。林斯霍滕的观点变化在他逝后出版的《心理学家的幻象》中有所体现。我们主要从他后期的一篇讲稿《现象学的必然性》⑤来看他的变化。他说：“与我几年前所认为的相反，我现在持这样的观点：心理学，如同所有的科学，只能通过形式化和量化，通过条件的实验分析与模型的建构来达到其目标；在这样做时，他的形式化的技术语言必须使自身远离日常的惯用。”⑥由此可以看出，他承认自然

① Linschoten, H. (1968). *On the way toward a Phenomenological psychology*. Pittsburgh: Duquesne University Press, p. 7.

② Linschoten, H. (1987). On falling asleep. In: J. J. Kockelmans (Ed.). *Phenomenological Psychology: the Dutch School*. The Hague: Martinus Nijhoff, p. 81.

③ Linschoten, H. (1979). The inevitability of phenomenology. In A. Giorgi, R. Knowles, D. L. Smith (Ed.). *Duquesne Studies in Phenomenlogy*: Volume Ⅲ. Pittsburgh: Duquesne University Press, p. 49.

④ Dehue, T. (1995). *Changing the rules: psychology in the Netherlands* 1900—1985. Cambridge: Cambridge University Press, p. 89.

⑤ 这篇讲稿发表于1962年，即林斯霍滕去世前两年，英译本收入《迪尤肯现象学心理学研究：卷Ⅲ》(1979)中。主编乔治与林斯霍滕有过深入的交往，他收入这篇讲稿是有深意的。参见 Linschoten, H. (1979). The inevitability of phenomenology. In A. Giorgi, R. Knowles, D. L. Smith (Ed.). *Duquesne Studies in Phenomenlogy*: Volume Ⅲ. Pittsburgh: Duquesne University Press, pp. 49～59.

⑥ Linschoten, H. (1979). The inevitability of phenomenology. In A. Giorgi, R. Knowles, D. L. Smith (Ed.). *Duquesne Studies in Phenomenlogy*: Volume Ⅲ. Pittsburgh: Duquesne University Press, p. 56.

科学路线（“量化”与“形式化”）的合法性，也承认现象学从所给予的经验出发，为心理学在人文方面奠基。但他认为现象学恰恰在所给予这一点上存在局限性。他说：“只有一件事情：所给予的自身并非被动遭遇到的完成的封闭结构。”[①]所给予的东西经过了语言解释的渗透，因而并非原初的。他指出：“就心理现象（appearences）的情况而言，我甚至相信所给予的事物更常体现出覆盖物（cloak）而非基质（substrate）。”[②]因此他提出两个方面的努力：从语言角度，对生活世界进行考古学研究；从身体角度发展现象学。遗憾的是，生命没有给他留下时间进行深入的探讨。他接受自然科学心理学，突出地体现在对客观知识的倡导上。与此一致，他反对乌特列支学派的价值负载观点，令他的老师伯伊滕蒂克等人大为失望。[③]

我们现在来看林斯霍滕的现象学心理学的具体研究。在实验研究中，他曾研究归纳感应（induction）现象。投射到墙上的图形，在运动的现象模式上会相互影响。但这种影响并不像自然科学路线的观点所认为的那样，由所表征的图形关系以及形式的客观特征决定的。林斯霍滕发现，这些因素全部都作为一种动力（motive），推动单独变化的意义投射到我们的视觉感知上。

林斯霍滕入睡研究是一项卓越的解释研究。施皮格伯格认为它“提供了对于这个学派原创性的鲜活感受”[④]。海因（S. Hein）和奥斯汀（W. Austin）称这项研究为解释研究的“杰出范例”[⑤]。林斯霍滕首先反对二元论尤其是将心理自然化的做法。他在指出前人研究的不足时说：“‘分裂过程’（dissociation）这个表述看来是不对的；因为并不真正存在我们的意识‘崩溃’（falling apart）成如另一类的‘表征’或‘内容’的组成部分的问题”，接下

---

① Linschoten, H. (1979). The inevitability of phenomenology. In A. Giorgi, R. Knowles, D. L. Smith (Ed.). *Duquesne Studies in Phenomenlogy*: VolumeⅢ. Pittsburgh: Duquesne University Press, p. 57.

② Linschoten, H. (1979). The inevitability of phenomenology. In A. Giorgi, R. Knowles, D. L. Smith (Ed.). *Duquesne Studies in Phenomenlogy*: VolumeⅢ. Pittsburgh: Duquesne University Press, p. 57.

③ 乔治猜测，可能是范登伯格说过，林斯霍滕并非死于心脏病，而是死于一种名为伯伊滕蒂克的疾病。参见 Hezewijk, R. V., Stam, H. J. and Panhuysen, G. (2001). *Existential questions: no, one or two Utrecht schools?* Paper presented at the 20th Conference of the European Society for the History of the Human Sciences, Amsterdam.

④ Spiegelberg, H. (1972). *Phenomenology in psychology and psychiatry: a historical introduction*. Evanston: Northwestern University Press, p. 88.

⑤ Hein, S., Austin, W. (2001). Empirical and hermeneutic approaches to phenomenological research in psychology. *Psychological Methods*. No. 1, pp. 3～17.

来他质疑道:“进一步说,这是否也是真的,即这种研究方法使得自身那份疏远了我们在描述中所体验到真实事件?”①他转而提出,应从所给予出发,考察心理现象的原初形式,这才是研究入睡的出发点。进一步,他通过人在世界之中的观点,将入睡置于人与世界的意向关联中进行考察,指出不应将我(I),而应将入睡的处于我的原初中的我(I-in-my-origin)视作填满内容的意识场。这样,入睡中的世界变化就成为引导研究的线索,他循此线索进行了详尽研究。他最终得出结论,将入睡视作一种人的身心的离弃性放松(abandoning-relaxation)过程,一种意向性活动(act)的平息过程以及这些活动的关联逐渐平静的过程。这个结论的意义是很丰富的。例如,我们是不能主动进行入睡活动的,因为这超出了意志的范围;又如,怎样才能入睡?将我们的活动(activities)去活动化(de-activation),将所有的要求有意地淡出。

三、米肖特

艾伯特·爱德华·米肖特·范登伯克(Albert Edouard Michotte van den Berck, 1881—1965)是一位杰出的现象学心理学家。施皮格伯格称他为“德语领域外的第一位现象学心理学家”②。米西亚克和塞克斯顿指出,他“对因果性和相关问题进行了广泛的研究,构成了现象学心理学的新篇章”③。不仅如此,米肖特在卢汶大学50多年,培养了两代心理学家,其中杰出的有尼坦(J. Nuttin),他在卢汶的继任者;蒂内斯,《现象学心理学杂志》的合作主编之一;弗雷斯(P. Fraisse)和多塞尔(J. Donceel)等人。在这种意义上,米肖特建立了自己的学术团体。

从思想来源上看,米肖特延续了早期人文科学路线。他曾求学于冯特,但不满于冯特忽视高级心理过程,转到屈尔佩门下,从而接受了意动心理学的思想。他在自传中回忆说:“因为由于屈尔佩,我真正发展成一名心理学家,这不仅仅是我在他的研讨会和研究中与他的个人接触的结果,而且还因为正是他使我‘发现’了布伦塔诺、麦农、胡塞尔、斯顿夫、厄棱费尔等人的著

---

① Linschoten, H.(1987). On falling asleep. In: J. J. Kockelmans(Ed.). *Phenomenological Psychology: the Dutch School*. The Hague: Martinus Nijhoff, p.83.

② Spiegelberg, H.(1972). *Phenomenology in psychology and psychiatry: a historical introduction*. Evanston: Northwestern University Press, p.63.

③ Misiak, H., Sexton, V. S.(1973). *Phenomenological, existential and humanistic psychology*. New York: Grune & Stratton, . p.29.

作。"[①]他尤其认为自己与斯顿夫的实验现象学是一致的，他也熟悉卡茨和鲁宾的研究，并与卡茨保持着亲密的关系。卡茨曾给予米肖特的《因果性知觉》很高的评价："[它]不仅是近年来对实验心理学最重要的贡献之一，而且将在心理学的经典著作中获得它的地位。"[②]

米肖特是一位投身于实验的心理学家。在这种意义上，他类似于形质学派的贝努西(V. Benussi)，倾向于以实验结果而非理论来表达自己的观点。这给学界理解他的思想造成了困难。在自传中他将自己的研究历程分为三个阶段，在自1939年起的第三个阶段，转向实验现象学。他极少表明自己的理论取向，只在《因果性知觉》面世15年后回答种种误解时，明确表示："……我愿在后面澄清我所理解的现象学心理学(或实验现象学)的观点。"[③]与此相对，他不赞成内省的观点，认为"竭力去'描述'内在的事件，或将它们'分析'成其要素，是没有任何意义的，内省只起到报告消息的作用"[④]。他也不同意行为主义的观点，认为行为主义的机械理论歪曲了无偏见地观察到的事实。他与格式塔心理学家之间保持着相互的尊重，但在具体问题上存在分歧，他认为过去经验起到重要的作用，另外，需要和态度在知觉的结构组织上也起到重要的作用。

在核心主张上，米肖特坚持真正地面对心理现象。蒂内斯曾总结说，米肖特"在实验中的主要关注在于尽可能严格和忠实地坚守现象材料"[⑤]。他援引米肖特的学生费伦(G. B. Phelan)的话来进一步阐明这个观点："经验的事实……被作为经验来对待，这是心理学家的头等要事，也是心理学家的出发点。"[⑥]但什么是现象材料呢？更确切地说，米肖特在研究对象上持怎样的观点？米肖特在澄清误解时，对此作出了回答。他提出，实验者要处理两类信息：第一类信息包括刺激条件等，如所呈现的对象的大小、运动速度等，它属于物理科学的世界；第二类信息是米肖特所关注的，由被试的言语反应

---

① Michotte, A. (1952). Albert Michotte van den berck, In E. G. Boring, et al. (Ed.). *A History of Psychology in Autobiography*: VolumeⅣ. New York: Russell & Russell. pp. 214～215.

② Misiak, H., Sexton, V. S. (1954). *Catholics in psychology: a historical survey*. New York: McGraw-Hill Book Company, p. 105.

③ 这篇材料作于1961年，英译本作为附录收入英文版《因果性知觉》(1963)中。参见 Michotte, A. (1963). *The Perception of Causality*. New York: Basic Books, Inc., Publishers, p. 304.

④ Michotte, A. (1952). Albert Michotte van den berck, In E. G. Boring, et al. (Ed.). *A History of Psychology in Autobiography*: *Volume*Ⅳ. New York: Russell & Russell. pp. 214～215.

⑤ Thines, G. (1977). *Phenomenology and the Science of Behavior*. London: George Allen & Unwin, p. 138.

⑥ Thines, G. (1977). *Phenomenology and the Science of Behavior*. London: George Allen & Unwin, p. 138.

组成,这类信息也会与物理的"世界"有关。"但是,这里所讨论的物理'世界'不再是由测量工具揭示的物理科学的世界;它是事物的世界,如它在简单的审查中向被试显现的一样,它是他的'现象世界'……"①可以看出,米肖特的主张与现象学所主张的所给予是一致的。米肖特甚至指出:"自然,从现象材料来看,物理学家的'世界'是被建构的。"这与现象学的生活世界观点有着高度的一致。但需要指出的是,米肖特对现象学持有距离的尊重,②他尤其不赞同胡塞尔的超越论的现象学。

在研究方法上,米肖特提出两条途径:一条途径是间接地观察行为,但这存在较大的局限;另一条途径是通过被试的言语反应。米肖特强调要尊重被试的言语反应,因为它传达了被试所获得的现象材料。他特别说明,"被试所看到的"等类似表述"事实上是指被试的言语反应,因此它们意指'被试说或坚持他所看到的'或'被试说或坚持他有这样的印象',等等"。③但研究者不能无条件地依赖于被试的言语反应。在这一点上,米肖特强调实验的控制性,这体现在两个方面:首先,研究者可以通过被试的言语反应,了解到什么条件下被试的心理过程会发生变化。其次,研究者可以通过被试的言语反应来建立假设。这样,研究者就可以设计实验来验证自己的理论假设。可以看出,米肖特的实验现象学通过尊重被试的言语反应,实现了真正地面向心理现象。而且,它通过设置条件和理论假设,实现了实验的操作性和严谨性。米肖特说:"我过去的 20 年中进行的所有工作都源于这个普遍的立场。"④在此基础上,米肖特设计了精致的实验过程,我们将在第六章考察现象学心理学的实验方法取向时进行探讨。

与哥廷根的实验现象学一样,米肖特在现象学心理学领域的研究集中在知觉领域。他主要研究了因果性问题、现象的永久性(permanence)问题和现象的真实性(phenomenoal reality)问题,我们将在第七章考察知觉研究时进行探讨。需要指出的是,米肖特的实验现象学研究是实验现象学心理

---

① Michotte, A. (1963). *The Perception of Causality*. New York: Basic Books, Inc., Publishers, p. 306.

② 巧合的是,米肖特在卢汶的实验室恰恰处于卢汶胡塞尔档案楼下。1953 年,施皮格伯格访问米肖特的实验室,在交谈中,米肖特大为困惑:他的现象学心理学居然与同一楼顶的档案馆中的现象学有关联!参见 Spiegelberg, H. (1972). *Phenomenology in psychology and psychiatry: a historical introduction*. Evanston: Northwestern University Press, p. 64.

③ Michotte, A. (1963). *The Perception of Causality*. New York: Basic Books, Inc., Publishers, p. 307.

④ Michotte, A. (1963). *The Perception of Causality*. New York: Basic Books, Inc., Publishers, p. 308.

学最典型的代表，他的研究具有重要的意义。2006 年，荷兰《心理学报(Acta Psychologica》发表了纪念米肖特在知觉和认知领域研究的专辑。韦格曼斯(J. Wagemans)等指出："艾伯特・米肖特是 20 世纪心理学中那些最卓越的人物之一，他的著作以一种独特的方式经受住了时间的考验。尽管他的研究有数十年之久，但仍然继续激发并影响当前在以下领域的研究：知觉、认知及其超越——尤其是与变形竞争(amodal completion)、因果性知觉、animacy 和意向性有关的工作。"①根据 2005 年 9 月对科学网(Web of Science)论文索引进行的检索，米肖特的《因果性知觉》被引用 419 次，而这是从 1972 年即米肖特退休 20 年后算起的！因此，米肖特的现象学心理学依然具有鲜活的生命力。正如科斯塔尔(A. Costall)所指出的："米肖特的工作与心理学的当前争论和发展直接相关。"②

四、斯特劳斯

在欧洲心理病理学与精神病学领域，许多学者都具有现象学倾向，其中尤以瑞士的宾斯万格和鲍斯、德国的冯盖布萨特尔(V. E. von Gebsattel)和斯特劳斯以及法国的明克夫斯基最为突出。从思想倾向上看，宾斯万格、鲍斯和冯盖布萨特尔侧重存在分析，应划入存在心理学。斯特劳斯和明克夫斯基侧重人的经验世界的描述，应划入现象学心理学。明克夫斯基主要受到伯格森和舍勒的影响，以现象学方法考察人的经验结构，研究了时间等问题，成为现象学心理学在心理病理学领域的重要代表。与明克夫斯基相比，斯特劳斯更接近现象学心理学的核心领域，这是因为他对人的日常经验和行为进行了详细的考察，并在此基础上理解心理病理现象。另外，尽管斯特劳斯 1947 年去了美国，但他依然是一个欧洲意义上的现象学心理学家。因此，我们在欧洲现象学心理学的心理病理学领域选取斯特劳斯为代表进行阐述。

欧文・沃尔特・马克西米利安・斯特劳斯(Erwin Walther Maximilian Straus, 1891—1975)是一位独立性很强的现象学心理学家。他出身于医学背景，早期自发地进行现象学心理学的具体研究，只是在后来才较多地接触

① Wagemans, J., van Lier, R., Scholl, B. J. (2006). Introduction to Michotte's heritage in perception and cognition research. *Acta Psychologica*, Vol. 123, pp. 1～19.

② Costall, A. (1991). General introduction. In: G. Thinès, A. Costall, G. Butterworth (Ed.). *Michotte's experimental phenomenology of perception*. New Jersy: Lawrence Erlabaum Associates, Inc., 1991, p. 2.

现象学,并明确地提出现象学心理学的观点。从思想来源上看,他受到舍勒的较大影响,提倡研究具体情境中的人。他早期对胡塞尔的思想持保留态度,尤其对超越论的现象学不感兴趣,只是在批判自然科学路线的观点时,借鉴胡塞尔的观点。后来他吸收了胡塞尔的生活世界观点。他对海德格尔的此在分析不感兴趣,与此一致,对于宾斯万格的存在心理学也持保留态度。斯特劳斯从经验而非任何理论出发。在这种意义上,布伦塔诺的话是适用他的:“我的心理学观点是经验的,唯有经验是我的老师。”①

斯特劳斯的研究领域是心理病理学与精神病学,但并不局限于异常心理现象的研究,他采取了迂回的策略。他认为异常心理现象是对常态(norm)的偏离,常态因此占据重要地位。例如,在研究抑郁状态中的个人时间问题时,明确指出:“我们对时间的心理病理学的理解依赖于我们对常态的理解。”②他从异常心理现象出发,力图得出关于心理现象的常态,然后再来考察异常心理现象的本质结构。在这种意义上,可以将斯特劳斯视作基础研究领域的现象学心理学家,明克夫斯基甚至将斯特劳斯称作“理论心理学家”③

在核心主张上,斯特劳斯力图重建人的经验世界。之所以是重建,是因为在斯特劳斯看来,关于人的种种理解已经为二元论及其遗产所充斥,“心理学思想已经遍体渗透了笛卡尔的身心二分法。我们可以放弃对它的所有效忠,但依然受制于它……”④斯特劳斯将这种二元论追溯到伽利略,认为在伽利略阐述感觉特质的主观性时,出现了躯体与心理事件的区分,同时也完成了附属工作,即将经验客观化。笛卡尔系统化了二元论,并将心理现象客观化,从而为现代心理学奠定基础。巴甫洛夫的条件反射理论是二元论的“后代”。斯特劳斯将这种理论称作“关于心理生活的极端机械论和原子论的生理学理论”⑤。斯特劳斯也认为二元论给心理学带来了巨大的问题:“在它的影响下,心理科学已逐渐远离日常生活经验。在分析还原过程,现象自

---

① Brentano, B. (1973). *Psychology from an Empirical Standpoint*. New York: Routledge & Kegan Paul, p. xv.

② Straus, E. W. (1980). *Phenomenological psycholgy*. New York: Garland Publishing Inc., p. 291.

③ Zaner, R. M. (2004). The discipline of the “Norm”: a critical appreciation of Erwin Straus. *Human Studies*, Vol. 27, pp. 37～50.

④ Straus, E. W. (1980). *Phenomenological psycholgy*. New York: Garland Publishing Inc., p. 229.

⑤ Staus, E. W. (1963). *The Primary World of Senses: a vindication of sensory experience*. London: The Free Press of Glencoe, p. 24.

身已被遮蔽和歪曲。"①因此，斯特劳斯要理清这些理论，从而还人的经验世界以本来面目。他在回顾自己的研究时说："在我的一些著作中，我已尽力去重新打开感觉经验的情境，开拓一块已经长时间丢失了的领域。"②正是在这种意义上，施皮格伯格将"Conditio Humana"（人之前提）视作斯特劳斯的关注所在。③ 斯特劳斯通过重建人的经验世界，最终来推动人尤其是心理异常者达到美好的生活。因此，与乌特列支学派一样，他持价值负载的立场。

斯特劳斯赞同现象学对心理学的重要意义，他指出："在其洞见有效的范围内，现象学哲学对于在正常或异常形态中的意识的本质来说，是一条宝贵的线索。"④斯特劳斯也赞同胡塞尔的生活世界观点，将之视作研究的出发点。他在研究记忆时说："好的源泉是日常生活经验——使用胡塞尔的术语，是生活世界；在那里，我们发现了事实中的记忆，[它]如此熟悉，但又如此不被理解。"⑤但在自然科学心理学那里，"这个世界，如在其宏观结构中并带有其感官特质显现给我们一样，必须被还原为原子事件"⑥。斯特劳斯从生活世界出发，在研究中关注临床经验。他说："我将临床经验作为我的出发点。"⑦但需要注意的是，斯特劳斯只对世间的经验感兴趣，对胡塞尔的超越的意识以及构成分析等并不感兴趣。他研究的始终是具体情境中的人的经验。他与存在主义的观点一致，认为人的本质在于存在于世，他以我—他者（I-Allon）的关系来表明这一点，希腊语"Allon"的意思是他者（the Other），这种关系指我始终存在于世界之中，与世界打交道。

在研究方法上，斯特劳斯强调从现象出发，进行详尽的描述，以发现其

---

① Straus, E. W. (1980). *Phenomenological psycholgy*. New York: Garland Publishing Inc., p. 229.

② Straus, E. W. (1980). *Phenomenological psycholgy*. New York: Garland Publishing Inc., p. 259.

③ Spiegelberg, H. (1972). *Phenomenology in psychology and psychiatry: a historical introduction*. Evanston: Northwestern University Press, p. 262. 施皮格伯格没有把握住斯特劳斯的核心主张。在这一方面，斯特劳斯的工作甚至可以与胡塞尔的晚期观点相对照，尽管是从不同层面进行的。参见张廷国著：《重建经验世界——胡塞尔晚期思想研究》，华中科技大学出版社 2003 年版，尤其是导论第 1～3 页。

④ Spiegelberg, H. (1972). *Phenomenology in psychology and psychiatry: a historical introduction*. Evanston: Northwestern University Press, p. 266.

⑤ Straus, E. W. (1980). *Phenomenological psycholgy*. New York: Garland Publishing Inc., p. 64.

⑥ Straus, E. W. (1980). *Phenomenological psycholgy*. New York: Garland Publishing Inc., p. 257.

⑦ Straus, E. W. (1980). *Phenomenological psycholgy*. New York: Garland Publishing Inc., p. 257.

本质结构。在研究符号时，他认为现象学的分析“尊重现象，如同它们所显现的一样，在表面价值(face value)[层面]上接受它们，并且抵制将它们当做编码符号的诱惑，对于这种编码符号，只能经过复杂的译解(deciphering)才能揭示出它们的意义”①。可以看出，斯特劳斯的现象学方法所强调的是对现象的描述，对现象学还原等并不感兴趣。他虽然也持存在之在的观点，但并不进行解释的研究。在这一点上，他类似于歌德。他甚至选用歌德的话作为自己墓志铭的标题：“生来为观看，矢志在守望(Born to see, bound to behold)。”②此外，斯特劳斯还提出了一种独特的方法，他称之为历史学(historiology)的方法。与宾斯万格等考察病人的生活史的方法不同，斯特劳斯认为，这种方法主要用于考察人的存在之在的生成变化以及对世界的参与等。这种方法仍然属于现象学方法的范围。

斯特劳斯在现象学心理学领域进行了大量的研究。在此仅以他的《现象学心理学》(1966)为例。该著作分为现象学研究、人类学研究和临床研究三个部分。现象学研究包括空间形式、鲜活的运动、记忆与幼期遗忘、记忆痕迹、觉醒和客观性等；人类学研究包括直立姿势、人的行动、作为历史学问题的羞耻、表现、符号等；临床研究包括幻觉、抑郁状态中的个人时间、强迫、紧张性僵直等。他早期最著名的研究是《感觉的原初世界：感觉经验的辩护》(1935)，这部著作在欧洲影响很大。“斯特劳斯著作之美”在当时甚至成为与“阿喀琉斯(Achilles)的脚跟”③、“无与伦比的牛顿先生”一样的固定称号。④ 在这部著作中，他对二元论和机械论观点进行了批判，并提出了自己的主张。我们将在第七章介绍感觉研究时进行探讨。

---

① Straus, E. W. (1980). *Phenomenological psycholgy*. New York: Garland Publishing Inc., p. 235. Spiegelberg, H. (1972). *Phenomenology in psychology and psychiatry: a historical introduction*. Evanston: Northwestern University Press, p. 267.

② Chessick, R. D. (1999). The phenomenology of Erwin Straus and the epistemology of psychoanalysis. *American Journal of Psychotherapy*, No. 1, pp. 82～95. 译文见：梁宗岱著：《诗与真》，中央编译出版社 2006 年版，第 152 页。

③ 阿喀琉斯是希腊神话中的人物，出生后被其母倒提着在冥河水中浸过，除未浸到水的脚跟外，浑身刀枪不入。阿喀琉斯的脚跟比喻为唯一致命的弱点。

④ Grene, M. (1967). Straus's phenomenological psychology. *Review of Metaphysics*, No. 1, pp. 94～123.

第三节 美国现象学心理学

一、美国现象学心理学的兴起

美国现象学心理学兴起于20世纪40年代，到60年代逐渐形成了自己的思想体系。它的兴起过程主要是吸收与转化现象学和欧洲现象学心理学的过程。在这种意义上，可以将这个过程视作现象学心理学在美国本土化的过程，这个过程是在“第三势力”心理学形成的背景下完成的。在这个过程中，既有美国本土学者的努力，也有欧洲移民学者的努力。当然，美国本土心理学具有现象学心理学的思想资源，这主要体现在詹姆斯的心理学思想中，我们在第二章已经进行了考察。另外需要指出的是，构造主义心理学家铁钦纳的晚年观点有所变化，他开始注意欧洲的实验现象学研究，并对现象学观点感兴趣。在铁钦纳逝世后出版的《系统心理学：绪论》(1929)中，列专节讨论了胡塞尔的观点。铁钦纳的学生也进行了现象学研究，如在他主编的《美国心理学杂志》上先后发表《双调合成物的一些性质》(1921)、《音程的现象学描述》(1923)等论文，在《普通心理学杂志》上发表《光泽的现象学研究》(1928)等论文。这些研究都要求被试进行如实的现象学描述，但并未产生较大影响。随着铁钦纳的去世，这类研究也消失了。

美国现象学心理学的兴起是在“第三势力”心理学形成的背景下进行的。20世纪上半叶，美国心理学中盛行着行为主义。行为主义坚持自然主义主张，以动物为研究对象，反对研究无法观察到的心理现象。即使在新行为主义者那里，也坚持对心理进行操作化，将其还原为可以观察的实在过程。例如，在最重视心理过程的新行为主义者托尔曼(E. C. Tolman)那里，心理过程也要“按照心理过程所导致的行为来加以识别和给予定义”[1]。作为第一势力的行为主义忽视心理过程，引起一些心理学家的不满。另外，作

① 托尔曼著，戴振飞译：《行为——一种整体现象》，见张述祖等审校：《西方心理学家文选》，人民教育出版社1983年版，第170～186页。

为第二势力的精神分析在美国的心理病理学与精神病学中产生了深刻影响。弗洛伊德的精神分析观点重视本能的重要性，将心理过程视作本能尤其是性本能的体现，也难以真实地考察心理现象。在这种背景下，"第三势力"心理学在美国产生了，它重视人的经验，倡导人的价值和尊严，以此来反对行为主义和精神分析。而现象学心理学反对将心理自然化，提倡面对心理现象本身，发掘人的意义，由此成为第三势力心理学的重要组成部分。[1]

一般将1941年视作美国现象学心理学兴起的开端。在这一年，斯尼格(D. Snygg)在《心理学评论》杂志上发表了《心理学的现象学体系之需要》的论文，明确提出了心理学的"现象学体系"[2]。施皮格伯格将此称作"美国第一次对一种新的现象学心理学的直言呼吁"。[3] 米西亚克和塞克斯顿也明确指出："这是美国心理学杂志上第一次有人呼吁一种现象学的心理学取向。"[4]但我们认为，这个判断是存在问题的。在此之前，《心理学评论》杂志上也发表过《现象学的观点》论文，这是一篇提倡现象学的心理学取向的论文，时间是1924年，早于斯尼格的论文17年。这篇论文是作者保罗·托马斯·扬(Paul Thomas Young)在1923年12月27日举行的美国心理学会上的发言稿。扬开篇就提出："这篇论文是建立一种关于心理学主题的现象学观点的尝试。"[5]扬所做的工作，如他的发言稿的题目《心理学的基础》一样，是从心理学的基础出发，讨论现象学取向的必要性。扬批判了行为主义等心理学的客观取向，认为这种取向采用客观的方式进行研究，消除了研究者的地位，忽视了大量心理现象。扬进而提出，心理学需要从现象开始。现象是被给予的，是心理物理的有机体的一种功能。扬所参考的主要是斯顿夫和格式塔心理学家的观点，他也参考了胡塞尔的《逻辑研究》的观点。与斯尼格的论文相比，这篇论文的不足在于它没有提出一个体系，不过，扬的目的在于讨论心理学的基础问题，他明确提出，这篇论文并不在于提出一个体系。故我们认为，这是美国心理学界第一次公开提倡现象学心理学。

可惜的是，这篇论文没有对后来的现象学心理学产生影响。它被美国

---

① 郭本禹主编：《西方心理学史》，人民卫生出版社2007年版，第283页。

② Snygg, D. (1941). The need for a phenomenological system of psychology. *Psychological Review*, Vol. 48, pp. 404～424.

③ Spiegelberg, H. (1972). *Phenomenology in psychology and psychiatry: a historical introduction*. Evanston: Northwestern University Press, p. 146.

④ Misiak, H., Sexton, V. S. (1973). *Phenomenological, existential and humanistic psychology*. New York: Grune & Stratton, p. 51.

⑤ Young, P. T. (1924). The Phenomenological point of view. *Psychological Review*, Vol. 31, pp. 288～296.

现象学心理学遗忘了。就我们所掌握的材料看,没有任何著作和论文提到这篇论文。在施皮格伯格、米西亚克和塞克斯顿的著作中,没有提到这篇论文,甚至在克鲁南关于美国现象学心理学历史的长篇论文中,也没有提到这篇论文。在美国心理学的发展中,也存在着相似的事件。俄国学者别赫切列夫(V. M. Bechterev)关注行为的反射,与巴甫洛夫关注生理的反射相比,本应对美国行为主义产生更大的影响,但巴甫洛夫受到行为主义的重视,别赫切列夫却被遗忘了。与此相似斯尼格与巴甫洛夫一样,为后来学者所重视,他也由此成为美国现象学心理学的重要先驱,扬却消隐在历史的长河中。

在美国现象学心理学的本土化进程中,欧洲学者起到重要作用,主要体现在欧洲移民学者身上。第二次世界大战使得大批欧洲学者流亡到美国,他们对美国现象学心理学的推进表现在如下几个方面。首先要提到的是一些哲学家,如古尔维奇(A. Gurwitsch)、舒茨(A. Schutz)、费利克斯·考夫曼(Felix Kaufman)、弗里茨·考夫曼(Fritz Kaufman)等人,他们和美国学者法伯、凯恩斯(D. Cairns)等人于1940年创办《哲学与现象学杂志》,通过传播现象学,来促进现象学心理学的发展。这本杂志也发表一些相关的心理学论文,如宾斯万格的《论胡塞尔的现象学与心理学的洞见的关系》(1941)、斯特拉瑟的《欧洲心理学的现象学趋势》(1957)等。但是,这些哲学家们的作用是有限的,并未引起美国现象学心理学界的重视。值得一提的是古尔维奇,他于1939年来到美国,任职于纽约社会研究新学院,培养了许多学生,在传播现象学与现象学心理学思想方面起到了重要作用。他本人也对现象学心理学做出了重要贡献,其著作《意识域》被称作现象学心理学的杰出著作。古尔维奇反对实证主义心理学,认为它分离了身心,从生活世界中抽象出物理的世界,进而将心理实体化。他提出一种现象学心理学,考察人以及人与人之间的交流。在他看来,这种现象学心理学具有如下三个特征[①]:理论的,致力于获得本质;反思的,致力于获得原初经验;描述的,致力于获得心理的本质结构。在研究对象上,他认为心理具有意向性结构,他特别指出,意识域具有如下的结构:核心为主题、最外围为边缘、二者之间为情境。

其次要提到的是斯特劳斯。他于1939年来到美国,在肯塔基州莱克星顿(Lexington)的退伍军人医院工作多年。他在此举办了多届"纯粹与应用

---

① Embree, L. (2003). Aron Gurwitsch's cultural-scientific phenomenological psychology. *Husserl Studies*, Vol. 19, pp. 43~70.

现象学"会议,使得莱克星顿成为美国现象学的中心之一。施皮格伯格给予他很高的评价:"他在现象学发展中的意义不仅在于他是一位美国现象学实践的先驱,而且在于他是跨越大西洋的最有效的架桥者之一。没有斯特劳斯,美国的现象学精神病学依然在很大程度上是许诺的'意向',没有得到鲜活的充实。"①

再次要提到的是格式塔心理学。魏特海墨、考夫卡、苛勒、勒温(K. Lewin)、戈尔德斯坦(K. Goldstein)、邓克尔(K. Dunker)、海德(F. Heider)、阿希(S. Ash)等人在将格式塔心理学传播到美国的同时,也向美国传播了现象学观点和实验现象学方法。但是,正如格式塔心理学在美国逐渐"被溶化于心理学本身之中,从而功成身亡了"②一样,实验现象学方法并未在美国得到较大发展。

最后要提到的是一些学者,如彪勒夫妇(Charlotte and Karl Bühler)、斯特恩(W. Stern)、沃纳(H. Werner)、阿诺德(M. Arnold)、哈恩(H. Hahn)、吉尔伯特(A. Gilbert)、谢勒(M. Scheerer)等人,他们均反对自然科学路线,坚持与现象学心理学相近的整体论观点,也起到一定的作用。

在欧洲学者的传播过程中,基础领域受到忽略,而应用领域受到欢迎,这在美国本土学者的研究中更为突出地体现出来。在知觉等基础领域,极少有学者像生态心理学的代表人物吉布森(J. J. Gibson)对实验取向持赞同的态度。他非常欣赏米肖特的研究,认为它们在完全不同的背景下"得到了同样的结果"③。另一位学者是加弗龙(M. Gaffron),主要研究绘画知觉。通过对象变化和看的行为变化,她发现对象与自我间的关系以及外部或内部经验的现象优势主要依赖于注视平面和对象的深度的相对方位。加弗龙明确提出实验现象学,并指出,研究结果可以应用于临床和心理病理学领域。④

与基础领域的情况不同,现象学心理学在心理治疗与精神病学等应用领域得到了极大的关注。1954 年,迈克劳德发表著名的《社会心理学的现象

① Spiegelberg, H. (1972). *Phenomenology in psychology and psychiatry: A historical introduction*. Evanston: Northwestern University Press, p. 261.

② 波林著,高觉敷译:《实验心理学史》,商务印书馆 1981 年版,第 685 页。

③ Gibson, J. J. (1967). Autobiography. In: E. G. Boring & G. Lindzey (Ed.). *A history of psychology in autobiography*. Vol. V. New York: Appleton-Century-Crofts, pp. 142～143. Costall, A. (1991). Preface. In G. Thinès, A. Costall, G. Butterworth (Ed.). *Michotte's experimental phenomenology of perception*. New Jersey: Lawrence Erlbaum Associates, Inc., p. x.

④ Gaffron, M. (1956). Some new dimensions in the phenomenal analysis of visual experience. *Journal of Personality*, Vol. 24, pp. 285～307.

学取向》论文，探讨了如何在社会心理学领域进行实验现象学研究。1958年，罗洛·梅(Rollo May)等主编《存在：精神病学与心理学的一种新维度》，介绍了欧洲心理病理学与精神病学中的现象学和存在主义观点。这部著作“意味着现象学与存在运动的新浪潮”①，对美国学界了解现象学尤其是存在主义起到重要推动作用。一年后，库恩兹利(E. Kuenzli)主编了《现象学问题》。这部著作的主体部分依然是应用领域，其中有五篇论文讨论自我，五篇论文讨论社会心理学。施皮格伯格认为，也许可以从这部书中“获得从哲学渗透中解放出来的美国本土现象学状态的最好画面”②。另一部重要著作是莱昂斯(J. Lyons)的《心理学与人的测量：一种现象学取向》(1963)，也属于应用领域。莱昂斯说：“在本书中，我尝试提出一种关于临床问题的现象学心理学。”③

需要注意的是，与侧重应用领域有关，美国本土学者在发展过程中并未区分现象学与存在主义。与此一致，早期关于现象学心理学的论文多出现在存在心理学杂志上，如《存在心理学与精神病学评论》(1961)等。另一个突出问题在于，由于对现象学哲学本身不感兴趣，美国本土学者容易误解现象学，将其等同于与客观取向相对的主观取向。例如，1963年，在里斯大学召开了题为“行为主义与现象学”的会议，会后出版了沃恩(Wann，T. W)主编的《行为主义与现象学：现代心理学的对立基础》(1964)一书。米西亚克和塞克斯顿评价说，此书“已取得了显著的成就，在国内外引起了大量的论文和其他反应”。④ 但在这部著作中，代表现象学观点的是罗杰斯等人本主义心理学家，而非现象学心理学家本身。他们坚持现象学处理人的内部活动，并不处理行为问题，从而与行为主义对立起来。

二、美国现象学心理学的早期代表

1. 斯尼格

唐纳德·斯尼格(Donald Snygg，1904—1967)被施皮格伯格称作“源自

① Spiegelberg，H. (1972). *Phenomenology in psychology and psychiatry：A historical introduction*. Evanston：Northwestern University Press，p. 164.

② Spiegelberg，H. (1972). *Phenomenology in psychology and psychiatry：A historical introduction*. Evanston：Northwestern University Press，p. 157.

③ Lyons，J. (1963). *Psychology and the measure of man：A phenomenological approach*. London：The Free Press of Glencoe，p. ix.

④ Misiak，H.，Sexton，V. S. (1973). *Phenomenological，existential and humanistic psychology*. New York：Grune & Stratton，p. 56.

基层的美国现象学的……第一位代表”①。他于1941年发表的论文，无论被视作美国现象学心理学的开端与否，都是美国现象学心理学的里程碑。1949年，他与库姆斯（A. W. Combs）合著《个体行为：一种心理学的新框架》，作了进一步推进。1976年，库姆斯又与A·C·里查兹（A. C. Richards）、F·里查兹（F. Richards）将此书修订为《知觉心理学》出版，但核心观点并未发生变化，我们主要以斯尼格为代表加以讨论。

斯尼格于1935年完成题为《机械相同任务的相对难度：一项人类与动物学习的研究》的博士学位论文。在论文中，他提出了客观的与现象学的两种学习理论。在此基础上，他在1941年的论文中提出了客观的和现象学的两种取向。从思想来源上看，斯尼格通过格式塔心理学了解到现象学。在与施皮格伯格的通信中，斯尼格指出，他于1929通过苛勒了解到格式塔心理学，尽管1933年他知道了布伦塔诺与胡塞尔，但并未受到影响。他从格式塔心理学那里学习到知觉场所起到的重要作用。在读博士生时的老师莱因（P. Line）告诉他，这就是现象学观点，因此，斯尼格在博士学位论文中采用了“现象学”概念。

在基本主张上，斯尼格提出心理学中存在着客观的与现象学的取向。前者如行为主义，从外部观察行为；后者如格式塔心理学，从有机体自身观察行为。斯尼格的这种外部和自身的界定方式隐含二元论的立场，不同于现象学。斯尼格认为二者如同物理学中的托勒密与哥白尼式的参考框架一样，两种参考框架都可以通过观察得到验证，并都可以预测现象。它们是相互排除的两种观点，但可以达成一个综合。斯尼格举学习论中的试误说与顿悟说为例，认为我们通常通过尝试错误进行学习，有时也通过顿悟进行学习，但斯尼格并未说明怎样进行综合。他最后为二者划定范围，认为客观取向适用于常规的心理与行为，而现象学取向适用于个体的心理学与行为。我们认为，波林对二重心理学的评价是适用于斯尼格的：“为了解决心理学是否研究内容或意动的问题而仅仅说我们可以兼容并蓄，这是极端的折中主义的懒汉办法。”②

鉴于当时心理学中客观取向占主流地位，且混淆了两种不同的取向，斯尼格对客观取向的不足进行批判，并在此基础上提出现象学取向的系统观点。他认为，客观取向的不足表现在难以充分地预测行为。其视野中的行

① Cloonan, T. F. (1995). The early history of phenomenological psychological research in America, *Journal of Phenomenological Psychology*, No. 1, pp. 46～126.

② 波林著，高觉敷译：《实验心理学史》，商务印书馆1981年版，第511～513页。

为总是偶然的、随机的，为了达到因果上的规律性，它必须假定额外的动因，如心灵或有机体等，但这些实体却难以客观化。早期行为主义排除了这些假定，将因果规律落实到单个的刺激和反应之间，导致大量单个因果作用，难以反映出整体性质。斯尼格认为"今天的客观主义者正蒙受因果因素的多血症的羞辱"[①]。由于采用额外的动因，客观取向一般对普遍的常规行为进行预测。斯尼格认为，这是这种取向的使用范围。

斯尼格进而提出了心理学的现象学取向。现象学取向与行为取向一样，目的都在于预测行为，进而进行控制。我们认为，现象学取向的目的应该在于理解行为的意义，斯尼格没有看到行为与世界的意义关联。斯尼格指出，现象学取向基于三个假设和三种原则之上。首先是假设 A，所有的行为都是有规律的，这是两种取向共有的假设；其次是假设 B，行为完全由有机体所处的现象场决定；最后是假设 C，不同个体的现象场之间存在一定关联。斯尼格认为这样才能够进行控制。现象学取向表现出三种原则。首先是原则 D，行为的精确性与现象场分化的相关联，这是第二条假设的体现；其次是原则 E，现象场各部分的特征由现象场自身的特征决定，尤其由行为的现象需要决定，因为后者是现象场的重要成分，是现象自我的体现；最后是原则 F，现象场的分化是需要时间的。斯尼格在此基础上，讨论了行为的预测和控制、现象场的本质与变化等问题，在此不再赘述。斯尼格在此基础上解释了条件作用反应。他认为，在原则 E 和 F 的前提下，信号得以从现象场中分化出来，又由于原则 D，信号的分化程度得到最终实现，这样，假设 C 得以实现：实验者的信号与无条件刺激在原则上越近，它们从场中分化出来的程度越高；假设 B 和 A 也就得到实现。

总的来看，斯尼格等人从格式塔心理学汲取资源，提出现象场概念，以区别于自然科学路线，对于美国现象学心理学的发展具有重要意义。但他并未能彻底摆脱自然科学路线，他未能从所给予的出发，对现象进行描述，进而发现其中的意义关联。从美国心理学本土化的角度看，斯尼格等人只是在初步了解欧洲现象学的情况下，针对美国心理学盛行的行为主义作出自发的反应。在这种意义上，我们将斯尼格和库姆斯的观点视作美国现象学心理学的前奏。

2. 迈克劳德

罗伯特·R·迈克劳德（Robert R. Macleod，1907—1972）在美国现象

① Snygg, D. (1941). The need for a phenomenological system of psychology. *Psychological Review*, Vol. 48, pp. 404～424.

学心理学发展中起到重要作用。他真正地吸收了欧洲现象学心理学的观点，并将之传播到美国。克雷奇(D. Krech)指出："迈克劳德[从欧洲]带回了对他后来一直为之辩护的现象学的尊重，这为他自己赢得了'美国的现象学先生'的绰号。"①迈克劳德于1928年至1929年间在欧洲学习，曾师从卡茨，他说："从卡茨那里，我学到了成为一名心理学的现象学家意味着什么。"②他与他人合作，将卡茨的《颜色的世界》译成英文，引起了很大反响，促进了欧洲现象学心理学的传播。《社会心理学的现象学取向》(1954)是他的常为学界提起的论文，他的著作有逝后出版的《一个持续的问题》(1975)，他还为《国际社会科学百科全书》(1968)撰写"现象学"词条。

与斯尼格等人相比，迈克劳德真正地接触了现象学。他认为，斯尼格等人所采用的现象学与真正的现象学仅有"宽泛意义上的相似性"，他甚至表示"有时我真想能够埋掉[现象学]这个词"③。他所指的现象学在最特定的意义上指围绕胡塞尔所形成的哲学运动。他明确指出，从根本上说，现象学是一种方法，它力图悬搁所有的形而上学和认识论的前设，区分并描述通过直观所把握到的经验的本质，并在此基础上为心理学等学科的传统问题提供一种新鲜的取向。在此基础上，他提出一种"心理学的现象学"，将之与现象学进行明确的区分："哲学现象学始于力图对心理学的材料进行无偏见的描述，并由此朝向根据最终现实的本质对其加以叙述的方向前进；心理学的现象学家则仅仅努力将他们的科学从一些理论偏见中解放出来，并集中注意于可能被忽略的问题。"④可以看出，迈克劳德并未提出一种心理学的体系，他的目的在于通过汲取现象学资源来澄清心理学的基本问题，为心理学奠基。在这种意义上，他的心理学的现象学接近胡塞尔和萨特的现象学心理学。

在澄清心理学中的"偏见"方面，他明确区分了现象学方法与内省法。他认为，使用现象学方法会放弃把内省到的感觉视作意识成分的做法，并且，使用现象学方法可以将后者所放弃的心理现象发掘出来，如组织、指向性等，但他并不反对内省法。他认为，使用现象学方法可以接受内省法所得

---

① Misiak, H., Sexton, V. S. (1973). *Phenomenological, existential and humanistic psychology*. New York: Grune & Stratton, p. 50.

② Cloonan, T. F. (1995). The early history of phenomenological psychological research in America, *Journal of Phenomenological Psychology*, No. 1, pp. 46～126.

③ Cloonan, T. F. (1995). The early history of phenomenological psychological research in America, *Journal of Phenomenological Psychology*, No. 1, pp. 46～126.

④ MacLeod, R. B. (1968). Phenomenology. In D. L. Sills(Ed.). *International Encyclopedia of the Social Sciences*. London: The Macmillan Company & The Free Press, Vol. 12, pp. 68～72.

出的心理与物理的关联，并且不应混淆物理或生理等条件与现象本身。我们由此可以看出迈克劳德的心理现象学的“解放”立场。在知觉研究领域，迈克劳德指出，心理现象学需要澄清三种偏见：[①]原子—还原偏见，它将更小的物视作更基本的物；刺激—感受器偏见，指从物理世界中分化出的变量或从有机体中分化出的感受器，这意指经验中存在着相应的分化出来的单元；发生的偏见，指发生较早的物比后来的物更根本。迈克劳德指出，心理学的现象学不同于洛克以来的原子论心理学，因为后者采用了原子—还原偏见；它也不同于行为主义和精神分析，因为后两者采用了达尔文式的发生论偏见。

迈克劳德认为，心理学的现象学要归功于欧洲心理学中的歌德、普金耶、海林等人的实验现象学。他特别指出：“卡茨的《颜色的世界》的出版和魏特海墨的视见运动研究第一次演示了一种细致的现象学如何能够在知觉的整个问题上产生彻底的革命。”[②]在心理学的现象学中，最重要的是现象学方法。迈克劳德指出：“现象学方法，当用到心理学时，指系统地观察和描述现象世界的所有本质特征，如其所呈现给我们的一样。”[③]从所给予的现象出发，研究者需要采用训练有素的质朴(disciplined naiveté)态度。这是指研究者悬搁所有的偏见，对现象进行观察和描述。这意味着，现象学研究是系统、严格的工作。研究者不考虑何时、何地、为何等问题，他只受到这样一个问题的牵引：有什么？而且迈克劳德提供了一个暂时的描述框架，研究者可以从下四个范畴进行描述：结构、结构的属性、结构间的关系、现象维度。迈克劳德并未通过具体问题展示怎样进行研究，他在更宏观的层面上探讨了心理学的现象学在社会心理学中的应用问题。但他提出，可以通过将自我、他人和社会视作现象材料，从个体的知觉描述中发现社会现象的本质与规律。

总的来看，迈克劳德真正接受了欧洲的现象学和欧洲的现象学心理学，并将这些思想不遗余力地传播到美国。他提出心理学的现象学，对自然科学路线的偏见进行澄清，并从理论层面上探讨现象学的研究问题。与斯尼格等人相比，迈克劳德在真正意义上开启了美国现象学心理学的本土化历程。当然，他将具体的实践工作留给了后人。这就需要我们将目光转向迪

① MacLeod, R. B.(1954). The Phenomenological Approach to Social Psychology. *Psychological Review*, No. 1, pp. 193～210.

② MacLeod, R. B.(1954). The Phenomenological Approach to Social Psychology. *Psychological Review*, No. 1, pp. 193～210.

③ MacLeod, R. B.(1954). The Phenomenological Approach to Social Psychology. *Psychological Review*, No. 1, pp. 193～210.

尤肯大学的现象学心理学。

三、迪尤肯阵营

1. 概述

迪尤肯阵营是指美国宾西法尼亚州匹茨堡的迪尤肯大学(Duquesne University)心理学系所形成的现象学心理学团体。自20世纪60年代起,在这所大学的心理学系逐渐发展起来现象学心理学,延续至今。与此前的美国现象学心理学的努力相比,迪尤肯阵营真正地接受了欧洲的现象学和欧洲现象学心理学,并在此基础上发展出自己独特的现象学心理学,成为美国现象学心理学的中心。它标志着美国现象学心理学完成了本土化进程,形成了自己的现象学心理学。可以说,迪尤肯阵营的现象学心理学是美国真正意义上的现象学心理学。从世界现象学心理学的角度看,迪尤肯大学阵营在欧洲现象学心理学逐渐没落的情况下,将现象学心理学的阵地转移到美国,继续推动现象学心理学的发展。

迪尤肯大学真正地接受了欧洲的现象学和欧洲的现象学心理学。在现象学哲学方面,迪尤肯大学哲学系较早地成为美国现象学哲学的研究基地,为迪尤肯阵营提供了坚实的哲学背景。1948年,科伦(Koren, H.)神父加入迪尤肯大学哲学系,在他的努力下,现象学哲学最终在迪尤肯扎下根基。他曾于1954年春季学期邀请范布雷达(H. L. van Breda)来迪尤肯讲学,范布雷达是卢汶胡塞尔档案馆的建立者。1951年起,在科伦的推动下,迪尤肯大学出版社推出《迪尤肯研究:哲学系列》丛书,其中许多是现象学哲学著作。同年,迪尤肯大学哲学系设立博士学位点,科伦有意识地吸收现象学研究者加入。1959年,荷兰的现象学家克万特(R. Kwant)加入哲学系。此后,舒韦尔(A. Schuwer)、恩布里(L. Embree)、林基斯(A. Lingis)和斯坎伦(J. Scanlon)等学者逐渐加入,他们创办了《现象学研究》杂志,最终使迪尤肯大学成为美国现象学中心之一。迪尤肯大学哲学系与心理学系的关系密切,1980年,在两系的联合下,成立了西蒙·西尔弗曼现象学中心(The Simon Silverman Phenomenology Center),保存了胡塞尔手稿的复印本,以及伯伊滕蒂克、斯特劳斯、古尔维奇等人的文献,并举办多次现象学与现象学心理学的会议。着重要提到的学者是斯坎伦,他翻译了胡塞尔的弗莱堡讲座,并与乔治等共同指导博士学位论文,如豪泽(D. W. Hauser)对胡塞尔弗莱堡讲座的研究等。[①] 另外，迪尤肯大学心理学系邀请多位现象学家讲学，如利科、赞纳（R. Zaner）、德布尔（T. de Boer）、卢依本（W. Luijpen）等人，他们为迪尤肯阵营带来了原汁原味的现象学。

在现象学心理学方面，迪尤肯阵营受到荷兰的现象学心理学的直接影响。迪尤肯大学心理学系邀请荷兰现象学心理学家林斯霍滕、范登伯格、比克曼（T. Beekman）等人讲学。1954 年，荷兰学者范卡姆加入迪尤肯大学心理学系，成为迪尤肯阵营早期的代表人物。迪尤肯阵营的主要代表乔治也受到荷兰现象学心理学的影响，他曾到荷兰访学，对荷兰的现象学心理学非常熟悉。在他的努力下，迪尤肯大学出版社推出《迪尤肯研究：心理学系列》，其中包括多部荷兰的现象学心理学家的著作，如林斯霍滕的《走向现象学心理学之路》等。顺便提及，林斯霍滕的著作为该系列第五卷，前四卷依次为斯特拉瑟的《现象学与人文科学》、古尔维奇的《意识域》、范卡姆的《心理学的存在基础》和科克利曼斯的《胡塞尔的现象学心理学：历史一批判研究》。

迪尤肯大学心理学系成立于 1947 年。1954 年，范卡姆加入心理系，逐渐开始倡导现象学心理学。1959 年，迪尤肯大学设立硕士学位点，开始培养研究生。尽管在研究生培养方案上并未有现象学心理学，但范卡姆已经在课堂上讲授现象学心理学，并开设现象学哲学与心理学等研讨会。1960—1961 年的课程描述中，已经出现了“存在一现象学”。1961 年迪尤肯心理咨询中心成立，为现象学心理学提供了实践基地。1962 年，迪尤肯大学心理学系的哲学博士培养方案获得批准，设立博士学位点。在课程中，已经出现了“现象学心理学”，被描述为“心理学的现象学取向的基础及其在经验研究中的应用导论”。同一年，乔治加入迪尤肯大学。在 1965 年的博士培养方案中，出现了“经验现象学”方向。1970 年，迪尤肯的研究生培养方案明确地提出：“迪尤肯大学心理学系目的在于以系统和严格的方式发展并描述作为人文科学的心理学。……它来自由存在一现象学确立的洞见。”[②]需要指出的是，迪尤肯阵营为保持思想的独立，并未寻求美国心理学会（APA）的认可。直到 20 世纪 90 年代，迪尤肯大学心理学系才开始这方面的努力。2001 年，APA 批准了迪尤肯大学临床心理学博士培养方案，承认该培养方案适于临

① Hauser, D. W. (1982). *Delevoping phenomenological psychology: the argument of Edmund Husserl's 1925 phenomenological psychology lectures*, Doctoral Dissertation of Duquesne University.

② Smith, D. L. (1983). The history of the graduate program via existential-phenomenological psychology at Duquesne University. In: A. Giorgi, R. Knowles, D. L. Smith(Ed.). *Duquesne Studies in Phenomenological Psychology*: Volume Ⅳ. Pittsburgh: Duquesne University Press, p. 280.

床培训的学者—实践者模式，强调对哲学假设的反思，不同于流行的科学家—实践者模式。

随着时间的推移，乔治在迪尤肯阵营中逐渐脱颖而出，成为迪尤肯阵营的领军人物。1970年，他出版了《作为人文科学的心理学：一种现象学取向》，明确倡导人文科学的心理学。同一年，又创办《现象学心理学杂志》，并任主编长达25年。这本杂志被称作现象学心理学的旗舰（flagship）杂志[①]，最终成为世界范围内的现象学心理学阵地。1971年起，在乔治等人的努力下，迪尤肯大学出版社开始出版《迪尤肯现象学心理学研究》系列，到1984年，共出版了四卷。这套著作集中反映了迪尤肯阵营的现象学心理学研究成就。在迪尤肯阵营的参与下，与此相并列的另一套现象学心理学系列，由瓦尔主编，迄今出版了三卷，分别为《心理学的存在—现象学选择》（1978）、《心理学中的存在—现象学观点：人类经验广度的探索》（1989）和《心理学中的现象学研究：存在与超个人维度》（1998）。另外，自1974年起，迪尤肯阵营开始出版《迪尤肯现象学心理学论文：学生手稿》，主要反映迪尤肯大学研究生的研究成果。

迪尤肯阵营发展迅猛。1966年，米西亚克和塞克斯顿在他们的《心理学史》中，将迪尤肯大学称为“新世界现象学心理学的重镇”[②]。此后，在迪尤肯大学心理学系的影响下，达拉斯大学（University of Dallas）、西佐治亚大学（West Georgia College）和西雅图大学（Seattle University）等的心理学院系逐渐倡导现象学心理学。另外，田纳西大学在波利欧（H. R. Pollio）的领导下，也进行相近的研究。1995年，迪尤肯大学心理学系获美国心理学会人本主义分会颁发的夏洛特与卡尔·彪勒奖，以表彰在现象学心理学方面的贡献。到20世纪90年代后期，迪尤肯阵营的毕业生和同行已经就职于美国和加拿大的近50所高等院校，波及欧洲、加拿大、澳大利亚、南非、日本和中国台湾等国家和地区。到2004年，迪尤肯大学心理学系已至少培养出250名博士、1000名硕士，其中著名的学者有福德海姆大学的沃兹（F. Wertz）、达拉斯大学的丘吉尔（S. Churchill）、西佐治亚大学的安斯图斯（C. M. Aanstoos）、西雅图大学的哈林（S. Halling）、耶鲁大学的戴维森（L. Davidson），以及加拿大魁北克大学的贾格尔（B. Jager）、英国谢菲尔德哈拉姆大学

① Chung, M. C., Ashworth, P. D. (2006). The meating between phenomenology and psychology. In P. D. Ashworth, M. C. Chung(Ed.). *Phenomenology and psychological science*. New York: Springer, p. 3.

② Halling, S. (2004). Book review. *Journal of Phenomenological Psychology*; 2004, No. 1, pp. 115～120.

(Scheffield Hallam University)的安斯沃斯(P. D. Ashworth)、丹麦奥尔胡斯大学(Arhus University)的苛费尔(S. Kvale)、日本东京大学的吉田明广(Akihiro Yoshida)等人。可以说,迪尤肯大学已经成为世界现象学心理学的中心。

迪尤肯阵营的代表人物除乔治、范卡姆外,还有冯埃卡茨伯格(R. von Eckartsberg, 1932—1993),在G·奥尔伯特指导下获得博士学位,倡导解释取向的现象学心理学;W·F·费希尔(W. F. Fischer, 1934—),师从斯特劳斯,进行焦虑研究;C·T·费希尔(C. T. Fischer, 1938—),受到莱昂斯等人的影响,开创了现象学心理学的人格评价领域。默里(E. L. Murry, 1920—1997),在想象领域进行杰出的研究;史密斯(D. L. Smith, 1938—),师从范卡姆,研究心理治疗等问题;里彻(Richer, P, 1946—),受到阿伦特(H. Arendt)和古尔维奇的影响,研究了知觉等问题;麦尔斯(C. D. Maes, 1925—1991),在心理治疗的理论与实践领域中进行了研究;诺尔斯(R. J. Knowles, 1934—2003),研究了心理发展问题;巴顿(A. Barton, 1934—),在心理治疗的理论与实践领域进行研究。在此,我们选取范卡姆、乔治和冯埃卡茨伯格为代表进行考察,原因在于,范卡姆是迪尤肯阵营早期的重要代表,乔治是迪尤肯阵营的领军人物,冯埃卡茨伯格提出解释研究方法,与迪尤肯阵营盛行的经验研究方法相并重。

2. 范卡姆

阿德里亚安·范卡姆(Adrian, van Kaam, 1920—2007)在荷兰接受了宗教教育,曾任灵性形成咨询师(spiritual formation counsellor),到美国后,在罗杰斯指导下学习心理治疗,在马斯洛和戈尔德斯坦等指导下学习人格理论。他由此将自己的研究领域定位于人格理论与心理治疗。他于1958年获得博士学位,学位论文是《感到真正被人理解的经验》,正是在这篇论文中,他开创性地使用了现象学心理学的研究方法。他在此基础上完成了著作《心理学的存在基础》(1969)。他于1954年任职于迪尤肯大学心理学系,1965年离开,专职于自己创建的人的研究所(Institute of Man),这个研究所后改为灵性形成研究所(Institute of Formative Spirituality)。范卡姆由此逐渐转向宗教领域。范卡姆为迪尤肯大学的现象学心理学的产生与发展起到重要作用。他主编《存在心理学与精神病学杂志》,出版《心理学的存在基础》(1966)、《存在咨询的艺术》(1966)、《寻求精神同一性》(1975)等著作,推动了美国现象学心理学与存在心理学的发展。

范卡姆将自己的观点称作人类学心理学(anthropological psychology)。他的人类学心理学事实上相当于存在－现象学心理学,这种心理学力图为心理学提供整合的基础。范卡姆说："新近出现的人类学心理学打算在众多大规模发展的关于人的知识领域中，满足一种综合、整合和理论深化的需要。……人类学心理学的这种任务可以与生物学领域的元生物学的任务相比，也可以与物理科学中兴起的理论科学相比。"①人类学心理学的综合自然也包括自然科学心理学在内，但范卡姆并没有进一步阐述怎样进行综合。他采取了折中的立场。在研究领域上，他主张人格心理学和心理治疗等领域所采取的取向，不同于行为研究等领域。但他承认后者的合法性。

范卡姆从假设出发，指出自然科学路线存在的局限。他认为所有的科学都具有假设。他将客观性与主观性对立起来，认为自然科学路线的局限在于过于强调客观性假设，没有认识到主观性假设。他认为这是由以下三个因素造成。首先，在心理学诞生之初，心理学家为急于摆脱哲学，模仿了早期的物理学家的做法，过于强调客观性。甚至在一定程度上，心理学家的这种科学观成为自己的生活哲学。其次，范卡姆认为，那些献身于精确研究的科学家可能有或多或少的强迫性人格结构。科学在他们的生活中具有组织现实的功能，客观性的要求其实是科学家的防御的体现。最后，实验工作本身不利于意识到主观性。我们看到，范卡姆强调了心理学家在形成假设中的作用，这是无可厚非的，但他认为强迫性人格结构对于客观性起到作用，这是值得商榷的。

在具体的假设上，范卡姆提出，实证主义心理学家主要采取了两种假设。其一是机械论假设。这种假设是一种关于原子数量理论，它假定原子没有质性方面。在心理学中，心理学家将对象还原为元素，这些元素没有质性的差异，只有相同的数量的特征，因此心理学家可以从统计上进行事实的判定。其二是决定论假设。这种假设认为，某一时刻的原始粒子的情境是由内在的规律决定的，并且这种情境受另一时刻的情境决定。我们看到，在心理学领域，心理学家考察心理现象时，总是寻求其中内在的规律。他们认为，决定着这种心理现象的是另外的心理或生理现象。

范卡姆提出，无论在何种假设中，主观性都是不可避免的。他例举波尔(N. Bohr)、普朗克(M. Planck)和海森堡(W. Heisenberg)等物理学家，认为他们已经提出科学具有相对主观性的观点。因此，对于自然科学路线来说，主观性是不可避免的。但自然科学路线模仿早期的物理学观点，过于强

---

① Smith, D. L. (1983). The history of the graduate program via existential-phenomenological psychology at Duquesne University. In: A. Giorgi, R. Knowles, D. L. Smith(Ed.). *Duquesne Studies in Phenomenological Psychology*: Volume Ⅳ. Pittsburgh: Duquesne University Press, pp. 260～261.

调客观性，使得这种心理学的主观性是一种“压制的、不可接受的、僵化的、封闭的主观性”[①]，这导致心理学家在方法上倾向于唯一性，例如将量化的方法视作唯一的方法。

与物理学家们意识到主观性一样，现象学哲学也提出了主观性的观点。现象学家研究人的原初经验，这种经验是先于概念界定的。当人采用科学的观点时，事实上采用了一定的态度，限制了原初经验。在这种意义上，“所谓的精确材料不过是对人的原初经验的解释”[②]，这也就是为什么假设存在的原因。现象学也采取了假设，但现象学意识到了主观性。因此，在心理学领域，与实证主义取向的假设相比，现象学取向的假设具有优越性。在现象学取向中，主观性则是可接受的、灵活的和开放的，这使得心理学家可以反思自己的方法，并时刻改进自己的方法。

那么，现象学取向的心理学采用怎样的假设呢？范卡姆并未对此进行详细阐述。他认为，现象学取向所采取的假设则包括生成、创造性、成长、自我实现等。我们知道，这些假设是人本主义心理学家马斯洛和罗杰斯的核心主张，并非现象学心理学观点。范卡姆未能提出系统的理论，而是借鉴了人本主义心理学的观点。在这一点上，范卡姆暴露出他在理论建设上的不力。

范卡姆更大的贡献在于他首次提出了美国现象学心理学的系统研究方法，他将这种方法称作现象分析法。现象分析在于“分析情境对于人意味着什么”[③]，现象分析以现象学为理论基础。范卡姆认为，它的基本假设在于人的经验中存在阐明(explication)过程。当我们想或说自己的经验时，我们是在表述自己的觉知。阐明是指我们将对原初经验的觉知被转换为外显的概念性知识。这种过程是从所给予的经验开始的，不同于内省，后者假定了存在于心理内部的“对象”，并将对象从情境中隔离开来；这种过程也不同于行为主义的方法，后者从行为的外部方面出发，将行为与经验内容隔离开来。阐明过程具体分为六步：列出受访者的描述材料；将材料进行大致的分类；根据材料是否含有所研究的本质成分，以及是否可以进一步抽象出该成分为标准进行还原。需要注意的是，这里并未进行现象学还原，因而是不彻底

① van Kaam, A. L. (1958). Assumptions in Psychology. *Journal of Individual Psychology*, No. 1, pp. 22～30.

② van Kaam, A. L. (1958). Assumptions in Psychology. *Journal of Individual Psychology*, No. 1, pp. 22～30.

③ van Kaam, A. (1959). Phenomenal analysis: exemplified by a study of the experience of "really feeling understood". *Journal of Individual Psychology*, No. 1, pp. 66～72.

的;剔除不合标准的材料;初步区分出材料的构成;将构成用于其他描述中进行检验,得到最终结果。现象的最终构成可结合在材料中出现的次数进行量化的规定。

范卡姆在后期转向宗教研究,踏入超个人现象学心理学领域。例如,他认为,可以将心理分为如下五个层面:神性启示的超越意识(superconscious, devine illumination)、自然启示的超越意识(superconscious, natural illumination)、前意识(preconscious)、意识、下意识(infraconscious)。如图 3-2 所示。

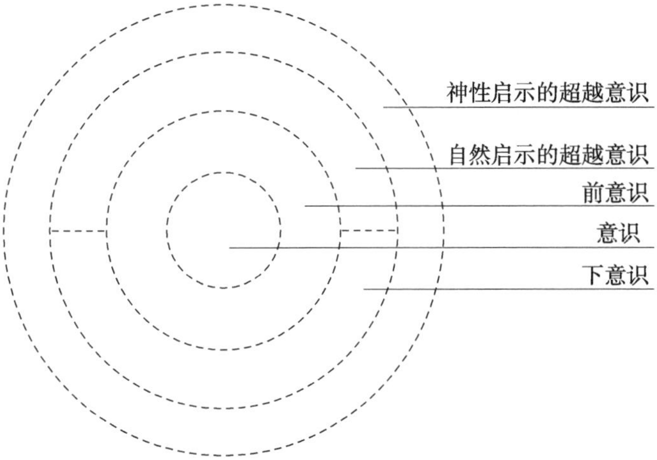

图 3-2　范卡姆的意识层次图①

神性启示的超越意识和自然启示的超越意识统称为超越意识,它们处于人的精神维度。在前者中,人通过神性如上帝来得到启示的意识;在后者中,人通过自然来得到启示。超越意识是人生来就有的一面,但人也可能对之产生焦虑和恐惧,最终加以拒斥;下意识处于人的身体维度,类似于精神分析理论中的潜意识,它包括受压抑的驱力、情感等,超越意识和下意识会通过前意识来影响到意识;前意识是处于意识与超越意识、下意识的中间领域,它本身并没有逻辑思维的潜能,但它能够创造性地将大量超越意识、下意识和意识中的顿悟和经验结合起来,产生新的顿悟;意识是人的理性控制的核心,它通过前意识与下意识和超越意识达到整合,由此推动人向前发展。

总的来看,范卡姆对自然科学路线进行了批判,并借鉴现象学提出了自

① Cole, J. A. (1985). *A conceptual analysis of Adrian van Kaam's foundational theory of personality*. Doctoral Dissertation of Biola University, appendix, p. 7.

己的观点。更重要的是，他首次提出了美国现象学心理学的系统研究方法。但他的观点仍存在主客观对立的方面，在理论取向上也存在折中的趋向。对现象学心理学的深入落实与系统化则需要乔治来完成。

3. 乔治

阿米多·乔治（Amedeo Giorgi，1931— ）是意大利移民的后代。他后来回忆说，这使他一开始就处于美国文化的边缘，正如弗洛伊德在维也纳处于文化的边缘，反而使精神分析得以建立和发展一样，他身处美国文化的边缘，也使自己在心理学中发现并坚持现象学态度。[①] 他在读了詹姆斯的《心理学原理》后，从英语专业转到心理学专业，并于1958年获得博士学位。他接受了实验心理学的训练，吸收了严格的研究精神，但同时感到失望，因为没有学习到詹姆斯所说的那些内容。1962年，他任职于迪尤肯大学，开始接触现象学，并到社会研究新学院听课，受到古尔维奇的影响。他多次到欧洲参加学术活动，受到欧洲尤其是荷兰现象学心理学的影响。在学习现象学中，他又产生了困惑：受现象学影响的心理学家多数集中在心理治疗领域，对人格和社会问题感兴趣，而自己对基本的心理过程感兴趣。因此他遇到了持续至今的问题："怎样以真正现象学的、真正心理学的且同时严格的科学方式，对心理学中的人进行研究？"[②]

在这个问题的激励下，他对现象学心理学进行了系统的建设工作。他明确提出了人文科学心理学的观点，发展出了经验现象学心理学的系统研究方法，并进行了学习和记忆等现象学心理学研究。他在迪尤肯27年，对推动迪尤肯大学成为世界现象学心理学的中心作出了不朽的贡献，他自己也成为"现象学心理学名副其实的国际大使"[③]。1989年，他移教人本主义心理学的中心塞布鲁克学院，迄今依然为发展和传播现象学心理学努力。他曾任1987—1988年度美国心理学会人本主义分会主席，曾获1996年美国心理学会人本主义心理学分会颁发的夏洛特与卡尔·彪勒奖，2006年美国心理学会理论与哲学心理学分会颁发的心理学杰出理论与哲学贡献奖。

乔治首先对自然科学路线进行了考察。他认为，从1879年起，心理学

---

① Giorgi, A. (2002). Lessons for the future from the margins of psychology. *Journal of Phenomenological Psychology*, No. 2, pp. 179～201.

② Giorgi, A. (1989). Self-presentation. In: E. F. Kaelin and C. O. Schrag (Ed.). *American phenomenology: origins and development* (Analecta Husserliana, Vol 26). Dordrecht: Kluwer Academic Publishers, p. 412.

③ Halling, S. (2004). Book review. *Journal of Phenomenological Psychology*; 2004, No. 1, pp. 115～120.

通过模仿科学确立了自身的地位，从而宣告独立。但心理学所模仿的科学是自然科学，而且，在借鉴自然科学的方法时，也接受了构成这些方法基础的假设或取向。自然科学取向具有以下特征：经验的、实证的、还原的、量化的、决定的和预测的。心理学采取了自然科学取向，将这些视作研究的标准。心理学将这些标准置于优先地位，使得自身受到了诸多限制：它不仅限定了所研究的现象，而且制约了探询现象时所问的问题。这种做法的消极效应在心理学所受到的批评中体现出来：缺乏真正的统一性；缺乏方向；应停止对自然科学的严格模仿；从未以有意义的方法研究有意义的现象；缺乏整体的方法；没有公正地对待人；缺乏与生活世界的关联。这些问题的根基在于心理学对自然科学的认同，或者说采取了自然科学的取向。他后来进一步指出，问题的根基在于心理学家忘了自然科学是用于研究自然的，而心理学的研究对象并不完全是自然主义的，无法完全还原为自然主义的成分。

乔治从问题的根基即取向入手。什么是取向呢？乔治引入研究者角度，认为取向就是科学家在工作上所持的对人和世界的基本观点。当然，仅有取向并不够，还需要结合方法和内容才能够真正地理解心理学。自然科学取向将方法置于优先地位，与此一致，它采取了中立的态度，并在研究内容上进行限定。这里的问题是，中立的态度依然是一种态度，因此，除了自然科学取向外，还存在着其他可能的取向。乔治由此出发，从五个关注的方面进行考察。首先，在心理学中的优先地位上，心理学采取了自然科学的取向和方法，但这种取向的根基却在于生活世界。其次，心理学认为心理现象具有类似物体或者客体的属性，但心理学家也可以从所给予出发，以另外一种态度进行研究。第三，心理学无法充分地理解意识的本质，心理学需要采取现象学态度来进行研究。第四，心理学采取了普遍性的前提，事实上，视角性（perspectivity）是不可避免的。最后，科学家是存在于科学知识的产生过程中的。心理学不应采取独立的观察者，而应尽可能地收集各种观点，以更充分地理解世界。

在以上考察的基础上，乔治提出了一种新的取向，他也借用库恩的观点，称作一种新的范式，即一种人文科学的心理学范式。他于 1970 年出版了代表作《作为人文科学的心理学：一种现象学取向》[①]。这部著作具有重要

① 在此之前，他曾发表论文《心理学：一种人文科学》(1969)，可视作此书的导读。参见 Giorgi, A. (1969). Psychology: a human science. *Social Research*, No. Autumn, pp. 412～432.

地位，邱吉尔将此书称作“作为现象学心理学范例的文本”①，安斯图斯评价说：“乔治的著作引入了［人文科学］取向，能够标志着人文科学运动的出现。”②乔治认为，这种心理学已经在一些心理学家那里出现，如早期的布伦塔诺、狄尔泰和詹姆斯，后来的斯普兰格（E. Spranger）、斯特恩（W. Stern）、麦独孤（W. McDougall）和G·奥尔伯特，以及当时的马斯洛、罗洛·梅和范卡姆等人，他甚至认为，冯特的民族心理学也是这种心理学的体现。

乔治对人文科学的心理学进行了系统的阐述。他说：“通过‘人文科学’这个术语，我要传达的是，心理学有责任研究人之为人（man as a person）的全部范围的行为和经验，它以这样一种方式进行：达到科学的目的，但不应主要以自然科学的标准完成这些目的。”③具体来说，在优先地位上，这种心理学不再选择方法，而是将生活世界视作更根本的参考框架。在研究对象上，他借鉴梅洛—庞蒂的观点，通过结构概念指出心理现象与世界存在着直接的、动态的意义关联。在前提上，这种心理学坚持三个前提：忠于人之为人的现象；尤其关注独特的人类现象；关系的首要性，即坚持人与世界之间存在关联。在态度上，表现出以下两个特征：开放，即将现象视作构成的、不断变化的，不同于自然科学取向的闭合态度，将现象视作过去的；参与，就被试而言，他处于特定情境中，而非与情景割裂开来，就研究者而言，他尽力收集各种个人观点，尽力达到一种精确的描述，而非假定理想的普遍情况。在主题上，这种心理学具有如下主张：首先，它主要关注通过描述发现具体情况，以认识到作为整体的情境的结构；其次，关于经验与行为，它不再坚持二者是相互独立的，而是认为二者间具有内在的关联，它们隶属于身心的整体，均具有意向关联，且相互交错；最后，它对自然有着新的理解，它坚持人处于世界之中，不再将人从世界中剥离开来，但与自然科学取向一样，对人进行严格的科学研究。

乔治非常关注心理学研究方法尤其是现象学方法的落实，自20世纪60年代起，他收集各种现象学心理学研究，但并未发现有效的方法，非常失望，于是于1970年开设“质化研究：现象学方法”，并发展出自己的研究程序。

---

① Churchill, S. D. (2000). Phenomenological Psychology, In: A. E. Kazdin(Ed.). *Encyclopedia of Psychology*. New York: Oxford University Press, pp. 162～168.

② Aanstoos, C. M. (1985). Psychology as a human science. *American Psychologist*, No. Dec, pp. 1417～1418.

③ Giorgi, A. (1970). *Psychology as a human science: A phenomenological approach*. NewYork: Harper & Row, p. xii.

他自20世纪70年代起，逐渐发展出了经验现象学心理学的系统研究方法，提倡质化研究，并进行了学习和记忆等具体研究实践，他的研究方法产生了广泛而深远的影响。我们将在第六章和第七章分别加以评论。

总的来看，乔治提出了真正意义上的现象学心理学，他明确提出了人文科学的心理学观点，并形成了系统的研究方法，将现象学方法落实到心理学的具体研究，并进行了扎实的研究。在这种意义上，乔治完成了美国现象学心理学的本土化，使美国有了自己的现象学心理学。正如克鲁南所评价的："由于乔治所做的工作，美国现象学心理学研究的预备阶段看来结束了，他将我们带进了具体实践的阶段"。①

4. 冯埃卡茨伯格

罗尔夫·冯埃卡茨伯格(Rolf von Eckartsberg, 1932—1993)是迪尤肯阵营富于才华的一位成员。他在"人格心理学之父"奥尔波特(G. Allport)的指导下，完成《成人人格的稳定与变化》的博士学位论文，获得哈佛大学博士学位。他受到奥尔波特的影响，关注人的经验。他曾说过："我的老师，戈登·奥尔波特，无法理解为什么心理学家们忽视甚至怀疑自我报告。他会问：'为什么我们不去向人询问正在发生着什么?'。"②他在弗兰克尔和鲍斯到哈佛大学作访问学者时，曾任他们的助理，由此接触到存在现象学。他于1964年加入迪尤肯阵营，在社会心理学等领域开展现象学心理学研究，并逐渐发展出解释研究方法，推进了解释现象学心理学的发展。他著有《生活-世界经验：心理学中的存在－现象学研究取向》(1986)，并与他人主编《意识的隐喻》(1981)等著作。

冯埃卡茨伯格在大学时，曾作为被试参与了一次实验。他在黑暗而狭小的地下室中操作一架机器，几次之后，会有糖果滚落出来。冯埃卡茨伯格开始对这个游戏感兴趣，他变化自己的操作，要找出实验者的游戏规则到底是什么。但他最终发现，实验者只关注他的行为反应以及与作为强化物的糖果的联系，对他内心的想法和体验并不感兴趣。他因此对自然科学的实验产生反感，开始批评自然科学取向忽略人的经验的做法。他说："我越来越对当前美国心理学的研究文献感到不满，因为它几乎没有向我展现多少

① Cloonan, T. F. (1995). The early history of phenomenological psychological research in America, *Journal of Phenomenological Psychology*, No. 1, pp. 46～126.

② von Eckartsberg, R. (1989). The social psychology of person perception and the experience of valued relationships. In: R. Valle, S. Halling(Ed.). *Existential-phenomenological perspectives in psychology: exploring the breadth of human experience*. New York: Plenum Press, p. 139.

与理解我自己或他人的生活有关的内容，尤其是我几乎没有发现对个体经验的参考。"[①]他进一步指出，研究者在进行实验时采取了三个前提。首先，研究者完全控制情境，包括被试在内，然而事实上这是无法实现的，研究者只能假定被试进行正常而自然的反应。其次，研究者必须使被试感兴趣，换句话说，他必须推动被试做出反应，使自己有机会来进一步塑造被试的行为，然而这已经脱离了真实的生活情境。最后，研究者为了获得"纯粹的反应"，必须采取严格的控制，排除各种无关因素，然而这使被试远离了真实的生活情境。因此，自然科学的研究存在着内在的不足。

正是在这种情况下，冯埃卡茨伯格接受了现象学的思想，包括胡塞尔等人的现象学、海德格尔等人的存在主义和利科等人的解释学，他称之为存在一现象学。在他看来，现象学能够提供研究人的意识的方法，存在主义能够揭示人的存在，因此，存在一现象学是一种研究人的存在问题的方法。但由于现象学得出的是人的典型性，存在主义展现的是人的独特性，存在一现象学本身处于一种张力之中。这种张力就是我们在第一章所指出的现象学处于经验与观念之间的张力。冯埃卡茨伯格以中国古代思想中的阴阳关系来表示这种张力，认为现象学与存在主义如同阴和阳一样，相互依赖。而且，二者处于同一维度上(见图 3-3)，如图 3-3 左侧所示，存在主义与现象学分属同一维度的两端，分别朝向特殊性和普遍性。

冯埃卡茨伯格认为，在心理学中存在着基于存在一现象学哲学的取向，这就是存在一现象学心理学。他说："存在一现象学心理学力图通过在原有的人的基础上重新构想心理学，来说明人类生活的丰富性。"[②]他援引库恩的观点，将这种心理学称作一种新范式，与心理学中的自然科学范式相并列。这里需要指出的是，冯埃卡茨伯格以这种心理学指代 20 世纪 60 年代发展起来的美国现象学心理学。我们将在第四章看到，这种界定是模糊的，它没有看到欧洲现象学心理学，同时也没有觉察出现象学心理学的不同维度之间的差异。事实上，从研究领域上看，冯埃卡茨伯格所称的存在一现象学心理学可以归入存在现象学心理学。

---

① von Eckartsberg, R. (2005). How will I proceed? ——What is my method? *The Humanisitc Psychologist*, 4, pp. 259～270. 需要说明的是，这篇论文写于 20 世纪 60 年代，是冯埃卡茨伯格未出版的著作的一章。达拉斯大学的丘吉尔在整理冯埃卡茨伯格的文稿中，发现了这篇论文并整理发表。

② von Eckartsberg, R. (1998). Introducing existential-phenomenological psychology. In: R. Valle (ed.). *Phenomenological inquiry in pyshcology: exitential and transpersonal dimensions*. New York: Plenum Press, p. 4.

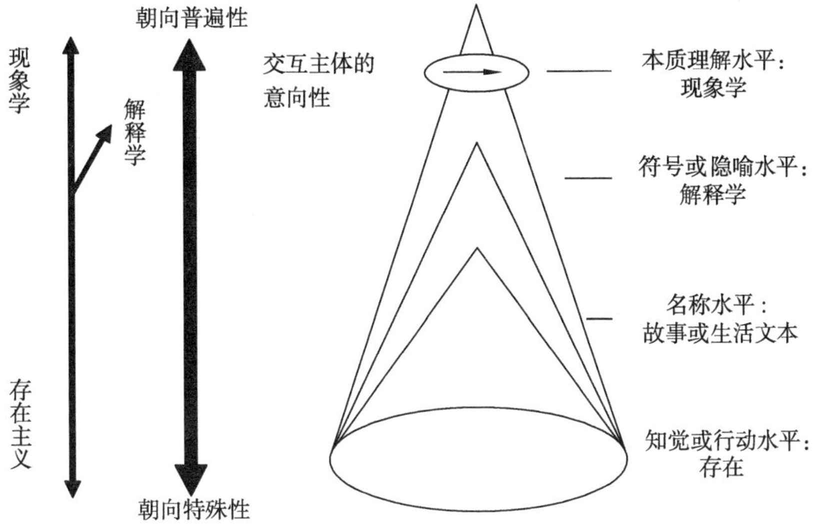

图 3-3 存在—现象学理解的多水平认知锥体①

存在—现象学心理学以生活世界为出发点。冯埃卡茨伯格说："我们从更仔细地关注我们经验的具体活动出发，而非草率地以自然科学的方式竭力去量化或抽象日常经验。这就是存在—现象学心理学的出发点——日常生活经验和行动领域（经验活动）——胡塞尔对此提出了生活世界的隐喻。"②由此出发，心理学应关注人的日常生活经验和行动。冯埃卡茨伯格为此杜撰出"经验活动"（experiaction）的概念，用它来指代具体情境中所经历的经验和行动的整体。在这个整体中，我们在经验着所给予的一切，同时，我们又在行动着。与经验活动的概念一致，冯埃卡茨伯格提出，意识具有如下特征：③意向的，指它始终指向某物；关联的，指它始终有着朝向对象的指向；在场的（present），指它始终在世界之中，并与世界相关联；最后，意识是栖居的（dwelling），它处于世界之中，并通过身体在世界中行动。可以看出，与乔治始终关注现象学一端相比，冯埃卡茨伯格开始关注存在主义一端，关

① von Eckartsberg, R. (1979). The Eco-Psychology of Personal Culture Building: an existential-hermeneutic approach. In: A. Giorgi, C. Fischer, and E. Murray (ed.). *Duquesne Studies in Phenomenological Psychology* VolⅢ. Pittsburgh: Duquesne University Press, p. 240.

② von Eckartsberg, R. (1998). Introducing existential-phenomenological psychology. In: R. Valle (ed.). *Phenomenological inquiry in pyshcology: exitential and transpersonal dimensions*. New York: Plenum Press, p. 4.

③ von Eckartsberg, R. (2005). How will I proceed? ——What is my method? *The Humanisitc Psychologist*, 4, pp. 259～270.

注人的存在，尤其是人的行动。

这种倾向在冯埃卡茨伯格的社会心理学思想中表现得更加明显。他认为，人不但处于世界之中，还与他人共同存在。他提出存在整体(Exitential Ensemble)的概念。他说："我选择了存在整体这个称呼，来指人的人际交流现实，与这人在一起的个体，感受到自己在精神上是相关联的，并通过以下在他们之间创造出的方式联系在一起：具有相同的见解；在彼此履行的关系中现身行动；具有和谐的生活方式。"①存在整体揭示了处于前制度层面的人的社会现实。人和他人在一起，相互尊重，相互交流，共同赋予意义，建构生活方式，等等。而且人通过与他人的互动建构着文化。冯埃卡茨伯格由此提出文化建构的生态一心理学(the Eco-Psychology of Personal Culture Building)，来研究人的这种主动的社会心理现实。具体来说，社会心理现实表现为八面的晶体②：谁，指行动者；涉及到什么，指经验活动；何时，指情境；何地，指时刻；与谁有关，指伙伴；为什么，指人格的动力；在什么水平上，指人格结构；怎样，指人格的风格。

人不但与他人共同存在，具有社会性，人还具有超个人的性质。冯埃卡茨伯格由此踏入超个人现象学心理学领域。他认为，在存在整体中，有着对个人至关重要的关系，如家庭、爱人、朋友等，这种关系超越了个人的愿望，它要求个人投入其中，并顺从其间的规则等。进一步看，这种有价值的关系(valued relationships)超越了个体，构成了更高级的精神现实，如献身、分享等等。在这种意义上，它具有超个人的性质。与此相应，经验活动是一个连续体，沿着如从世俗到神圣等的维度变化。在神圣的一端，意识处于开放状态，出现高涨和充溢等现象。人充分觉知到当前的神圣时刻，此时的事件变得令人惊异、不可思议。此时的经验活动是非意向性的，它存在于当下，并不朝向任何对象。冯埃卡茨伯格由此提出，心理学具有神性维度(theo-dimension)。并且，与前人侧重认识相比，心理学更应该侧重如何去经历这一领域。他说："心理学成为神性维度的心理学，它的研究目标将是上帝在并通过人(God-in-and-through-man)和人在并通过上帝(man-in-and-through-

① von Eckartsberg, R. (1979). The Eco-Psychology of Personal Culture Building: an existential-hermeneutic approach. A. Giorgi, C. Fischer, and E. Murray (ed.). *Duquesne Studies in Phenomenological Psychology* VolⅢ. Pittsburgh: Duquesne University Press, p. 227.

② von Eckartsberg, R. (1979). The Eco-Psychology of Personal Culture Building: an existential-hermeneutic approach. A. Giorgi, C. Fischer, and E. Murray (ed.). *Duquesne Studies in Phenomenological Psychology* VolⅢ. Pittsburgh: Duquesne University Press, pp. 234～235.

God)的肉身化之谜。”①

在研究取向上，冯埃卡茨伯格指出，自然科学范式采取了量化研究取向，采用假设验证的设计模式，对材料进行统计分析。与之相比，存在一现象学心理学则采取了质化研究取向，对生活世界经验的描述进行意义的分析和阐明。具体来说，存在一现象学心理学的研究表现为两种取向：经验现象学心理学和解释现象学心理学，前者侧重对经验描述材料进行本质的分析，后者则侧重对文本进行理解。我们将在第五章中对此进行进一步的阐述。这里需要指出的是，冯埃卡茨伯格本人倡导解现象学心理学的研究取向。在他看来，经验活动可以通过叙事，即生活文本表现出来。如图 3-3 右侧所示，人的存在表现为四个水平，其中知觉或行动水平侧重存在一端，是特殊的，本质理解水平则侧重普遍的一端；对于研究者来说，最为便利的是其间的名称水平和符号或隐喻水平。在这两个水平上，人的存在也就是经验活动通过生活故事和隐喻等表现出来，它们构成了生活文本，适于进行理解的研究，因此适合解释现象学心理学研究取向。冯埃卡茨伯格就此提出“存在解释学”②，倡导进行对话的理解。我们将在第四章阐述解释现象学心理学研究方法时对此进行更详尽的阐述。

总的来看，冯埃卡茨伯格在乔治等人的基础上，拓展并深化了现象学心理学。他通过倡导经验活动和存在整体观点，使得现象学心理学开始关注更广阔的存在领域，关注社会心理学等学科分支。他尤其通过提出存在的神性维度，推动了现象学心理学向超个人领域的迈进。他在迪尤肯阵营主流的经验现象学心理学研究方法的基础上，提倡解释现象学心理学研究方法，推进了解释现象学心理学的发展，由此深化了现象学心理学。

---

① von Eckartsberg, R. (1983). Existential-phenomenology, validity and the trans-personal ground of psychological theorizing. A. Giorgi, R. Knowles. D. L. Smith(ed.). *Duquesne Studies in Phenomenological Psychology* vol Ⅳ. Pittsburgh: Duquesne University Press, p. 204.

② von Eckartsberg, R. (1983). Existential-phenomenology, validity and the trans-personal ground of psychological theorizing. A. Giorgi, R. Knowles. D. L. Smith(ed.). *Duquesne Studies in Phenomenological Psychology* vol Ⅳ. Pittsburgh: Duquesne University Press, p. 233.

第四章

现象学心理学的理论形态

在梳理了现象学心理学的来龙去脉以后，我们对现象学心理学进行整体的考察。可以沿三个维度，将现象学心理学划分为六种理论形态：在研究方式上，将其分为思辨现象学心理学与实验现象学心理学；在研究取向上，将其分为经验现象学心理学与解释现象学心理学；在研究领域上，将其分为存在现象学心理学与超个人现象学心理学。三个维度并非截然分开的，不同维度的理论形态之间存在着某些交叉。而且，某些现象学心理学家的思想也可能涉及两个甚至更多的理论形态。例如，冯埃卡茨伯格主要是解释现象学心理学的倡导者，但他晚年也推动了现象学心理学向超个人心理学领域迈进。

第一节　现象学心理学理论形态的划分

现象学心理学在发展中形成了复杂的理论形态。1990 年，加拿大约克大学（York University）的克莱因（P. Klein）在硕士学位论文中，对美国现象学心理学进行了调查。[①] 四年后，克莱因在此基础上，和其导师韦斯科特（M. R. Westcott）一起，在《加拿大心理学》杂志上发表论文《现象学心理学

① Klein, P. (1990). *The methodology of Husserlian vs. contemporary phenomenological psychology: a historico-critical study*. Master Thesis of York University.

变化的特征》。[1] 克莱因从1970年至1986年间的《现象学心理学杂志》上，选出24篇心理学论文，就方法论方面进行内容分析。[2] 结果发现，美国现象学心理学表现为传统现象学心理学、经验现象学心理学、实验现象学心理学和解释现象学心理学。

克莱因的研究能够概括出美国现象学心理学的理论形态，但存在以下不足。首先，克莱因未能澄清现象学心理学的历史图景。克莱因指出现象学心理学已有近80年的历史，但并未指出始于何时，也未指明现象学心理学的主要代表人物等，克莱因在论文中仅列出胡塞尔、梅洛—庞蒂、斯特劳斯和斯特拉瑟，甚至将宾斯万格也列入其中。显然，克莱因在很大程度上忽视了欧洲现象学心理学。其次，克莱因未能澄清传统现象学心理学。该论文在当代现象学心理学的名义下区分出传统现象学心理学。这里，当代现象学心理学指以迪尤肯阵营为中心的美国现象学心理学。从该论文对当代现象学心理学与胡塞尔现象学心理学的比较中看出，作者是在与胡塞尔的现象学心理学相对照的意义上使用"当代"的。与"当代"相对的"传统"就是指胡塞尔式的现象学心理学。因此，在克莱因的意义上，所有欧洲现象学心理学都可以划入胡塞尔式的现象学心理学范围。事实上，克莱因的传统现象学心理学与胡塞尔的现象学心理学并无根本的差别，它们都是指使用思辨的方式进行研究的现象学心理学。因此，我们使用思辨现象学心理学，将传统现象学心理学与胡塞尔现象学心理学包括在其内。最后，克莱因从方法论角度区分出的四种形态并不能相并列，经验现象学心理学可与解释现象学心理学相并列，但在思辨现象学心理学中，既可以进行经验的研究，也可以进行解释的研究，如萨特在情绪研究中，就进行了解释的研究。因此，克莱因并未意识到，思辨与实验是就研究方式而言，前者采用自我反思的思辨方式，后者采用实验的方式；经验与解释是就研究取向而言，前者对现象进行本质的描述，后者就文本进行理解，以产生新的意义。

但从理论形态上看，思辨与实验的现象学心理学、经验与解释的现象学心理学又可大致相并列。这是因为，欧洲现象学心理学主要通过思辨和实验的方式获得研究材料，而这两种方式在美国并不盛行。从现象学心理学总体上看，思辨和实验的现象学心理学主要盛行于欧洲，成为欧洲现象学心理学的两种重要形态。而美国现象学心理学主要通过访谈等方式获得研究

---

① Klein P., Westcott, M. R. (1994). The changing character of phenomenological psychology. *Canadian Psychology*, No. 2, pp. 133～158.

② 在1994年的论文中，年限扩展到1990年，论文增加到29篇，结果一致。

材料，经过迪尤肯阵营的努力，发展出经验和解释的研究方法，因此，经验与解释的现象学心理学主要盛行于美国，成为美国现象学心理学的两种重要形态。正是在这种意义上，四种理论形态可以并列在一起。

除以上两个维度外，我们还可以沿研究领域的维度，区分出存在现象学心理学与超个人现象学心理学。应该说，以上四种形态都不可避免地涉及存在领域。尤其在迪尤肯阵营中，一些学者明确提出存在现象学心理学的口号。因此，从涉及存在的意义上，可以将以上所有现象学心理学划入存在现象学心理学。不过，从明确提出存在、倡导人在世界之中观点的意义上，存在现象学心理学并不能包容以上四种形态。实验现象学心理学从意识出发，进行研究，较少关注存在问题。迪尤肯阵营以乔治为代表，侧重从意识而非存在出发进行研究，因此更典型地体现了经验现象学心理学。在这种意义上，我们将观点明确的乌特列支学派、斯特劳斯、波利欧以及安斯沃思等归入存在现象学心理学。这样，尽管存在较多交叉，但存在现象学心理学还是能够在一定程度上与上述四种形态相并列。与存在现象学心理学相对的是超个人现象学心理学，它是近来兴起的一种趋向，主要使用经验或解释方法，关注超个人的心理现象。

第二节　思辨与实验的现象学心理学

思辨与实验的现象学心理学是欧洲现象学心理学的两种典型形态。我们在第三章前两节的探讨能够反映出这两种形态的历史脉络：思辨现象学心理学可以追溯到胡塞尔，实验现象学心理学可以追溯到哥廷根的实验现象学。

一、思辨现象学心理学

思辨现象学心理学是指采用自我反思的思辨方式研究心理现象的现象学心理学，它盛行于欧洲的哲学心理学领域，代表人物主要是现象学哲学家。现象学哲学家们在进行哲学工作的同时，多对心理学进行研究。按照施皮格伯格的考察，[1]我们可以列出以下学者：胡塞尔、舍勒、普凡德尔、盖格(M. Geiger)、雷纳赫(A. Reinach)、茵加登(R. Ingarden)、迪夫雷纳(M. Dufrenne)、冯·希尔德布兰德(D. von Hildebrand)、赖纳(H. Reiner)、哈特曼(N. Hartman)、厄斯特赖希(T. K. Oesterreich)、斯塔芬哈根(K. Stavenhagen)、沙普(W. Schapp)、海德格尔、梅洛—庞蒂、萨特、马塞尔(G. Marcel)、古尔维奇、利科等。当然，这份名单依然是不完善的，例如，我们还要加上美国现象学哲学家凯西(E. S. Casey)等。

在上述代表中，胡塞尔处于核心的地位，他对现象学心理学进行了整体的规划，为思辨现象学心理学奠定了基础。不仅如此，他还对心理现象进行了较为系统的澄清，为思辨现象学心理学提供了基本框架。由梅洛—庞蒂和萨特组成的法兰西学派，对思辨现象学心理学做出了最重要的推进，他们在学科上进行了深入思考，并对心理现象进行了具体研究。美国现象学哲学家凯西多年来一致致力于心理现象的研究。邱吉尔指出，凯西的研究“或许是胡塞尔现象学心理学方案的最佳示范”[2]。需要注意的是，斯特劳斯的《感觉的原初世界：感觉经验的辩护》一书也是这一形态重要的著作。与上述思辨代表不同，斯特劳斯作为一位心理学家，在这部早期著作中进行了扎实的思辨研究，并对梅洛—庞蒂的《行为的结构》等产生了影响，但可惜被学界遗忘了。

思辨现象学心理学鲜明地表现出现象学心理学的“现象学”特色，它体现了现象学心理学与现象学的关联：后者为前者奠定哲学基础。我们可以借用施皮格伯格对胡塞尔的现象学心理学的形容，思辨现象学心理学是“源于上面”[3]的。与其他形态相比，思辨现象学心理学与现象学保持最密切的关系，二者甚至存在一定重合之处。由此也可以理解，为什么那么多现象学哲学家进行了现象学心理学的研究。我们在萨特那里甚至可以看到这样的呼吁：“心理学应该坐等现象学达到成熟吗？我们不这么认为。”[4]

思辨现象学心理学是现象学心理学的组成部分，它不属于现象学哲学。

---

① Spiegelberg, H. (1972). *Phenomenology in psychology and psychiatry: A historical introduction*. Evanston: Northwestern University Press, p. 29.

② Churchill, S. D. (2000). Phenomenological Psychology, In: A. E. Kazdin(Ed.). *Encyclopedia of Psychology*. New York: Oxford University Press, pp. 162～168.

③ Spiegelberg, H. (1972). *Phenomenology in psychology and psychiatry: A historical introduction*. Evanston: Northwestern University Press, p. 12.

④ 萨特著，潘培庆译：《情绪理论纲要》，见萨特著，潘培庆、汤永宽、魏金声等译：《萨特哲学论文集》安徽文艺出版社1998年版，第70页。

胡塞尔本人曾说过，现象学心理学是“一门重要的独立科学”①。从思辨现象学心理学与现象学哲学的区分中，也可以看出现象学心理学与现象学哲学间的区分。事实上二者关注不同的对象：思辨现象学心理学关注“经验意识”，关注经验观点的意识；而现象学则关注“纯粹意识”，关注超越论的现象学观点的意识。可见，二者处于不同的层面：思辨现象学心理学关注世间层面，它相信世界的存在；现象学哲学则关注超越论的层面，它将世界的存在彻底悬搁起来，从而探讨先验自我以及认识何以可能等问题。

思辨现象学心理学在现象学的基础上，对自然科学路线进行了深刻的省察。在它看来，现象学心理学的目的就在于理清自然科学路线的误区，为心理学提供坚实的基础。我们在胡塞尔那里可以明显地看到这一特点，胡塞尔深刻地意识到自然科学路线的不足。他曾就自然科学心理学说过：“纵使这种心理学凭借实验的方法而将自己看作是唯一一门科学的心理学，并且可以自上而下地去俯视那些‘书桌—心理学’，我仍然不得不声明：若以为它就是那种心理学，即完全意义上的心理学科学，那么，这种看法将是一个有严重后果的错误。”②自然科学路线的问题在于承接了自然科学尤其是物理学的自然主义主张，将心理视作自然物。“每一个心理物理的判断自身都包含对心理自然的实存设定，无论这种包含现在是明确的，还是不明确的。”③这就导致心理现象的失真，同时也使得自然科学路线积累大量的研究结果，但却无法得出统一的结论。

怎样克服自然科学路线的缺陷？胡塞尔把握住问题的症结：自然科学路线在没有理清心理现象本质的前提下，接受了自然主义主张。在这方面，现象学恰恰提供了解决这个前提的基础，它是“完全科学的心理学的基本条件”④。现象学心理学由此接受现象学的奠基(关于这一点，我们已经在第一章进行了分析)，现象学心理学确立了自己的任务，即对心理现象进行本质的分析。胡塞尔曾说过，它是“这门科学首先不只是提出关于此内在直观领域的事实性的科学目标，而且也探索一个心灵的，一个心灵生命共同体的不变的本质特征结构，即探索其先天性”⑤。我们在胡塞尔关于现象学心理学的先验性特征上也看到，现象学心理学需要获得普遍和必然的本质。

在研究中，思辨现象学心理学采用思辨的方式，更确切地说，研究者对

① 胡塞尔著，李幼蒸译：《纯粹现象学通论》，商务印书馆 1996 年版，第 452 页。

② 胡塞尔著，倪梁康译：《哲学作为严格的科学》，商务印书馆 1997 年版，第 19 页。

③ 胡塞尔著，倪梁康译：《哲学作为严格的科学》，商务印书馆 1997 年版，第 14 页。

④ 胡塞尔著，倪梁康译：《哲学作为严格的科学》，商务印书馆 1997 年版，第 35 页。

⑤ 胡塞尔著，李幼蒸译：《纯粹现象学通论》，商务印书馆 1996 年版，第 452 页。

自身的经验进行反思。关于研究过程,我们将在第五章进行探讨。由于致力于心理现象的本质分析,思辨现象学心理学的研究集中在基础性的心理过程上,它在感觉、知觉、想象、记忆、情绪和意志等领域进行了较多的研究。除此之外,它还涉及动机、行为、自我、人格和身体意识等主题,以及价值心理学、社会心理学、异常心理学、艺术心理学和宗教心理学等领域。我们将在第六章对其中的一些研究进行探讨。

值得注意的是,思辨现象学心理学对心理现象进行了系统的划分,为现象学心理学提供了整体的心理观,这尤其反映在胡塞尔的工作上。胡塞尔按照心理的意向性本质,将心理现象即意动(act)区分为两大类。所有的心理现象都具有意向性本质,但一些心理现象与对象直接关联,另一些心理现象并不与对象直接关联,胡塞尔将前者称作客体化的意动,将后者称作非客体化的意动。客体化的意动,如我对桌子的触摸;非客体化的意动,如触摸桌子时的痛觉等,它通过客体化的意动与对象相关联。客体化的意动包括表象和判断:表象将对象呈现出来,如我对桌子上这台电脑的看;判断则涉及理智的肯定或否定等,如我做出"桌子上放着一台电脑"的命题,判断建立在表象的基础上。表象又分为直观表象和符号表象:直观表象将对象直接呈现出来,如我看或想象这张桌子;符号表象则通过符号进行表象,如"桌子"这两个字指代桌子这个物,它需要借助直观表象呈现对象,如通过我的知觉或想象来呈现桌子这个物。直观表象是我们与对象的直接关联,在直观表象中,对象将自身给予我们,它又包括知觉和想象,知觉将对象当下地呈现出来,如我对这张桌子的看,它能够将这张桌子当下地显现给我;想象则是将对象再现出来,我背过身去,通过想象,这张桌子并非当下地呈现给我。这样,知觉成为最原本、最基础的心理活动。我们将在第六章进行更详细的探讨。

二、实验现象学心理学

实验现象学心理学是指采用实验方式研究心理现象的现象学心理学。与思辨现象学心理学盛行于哲学心理学领域相对,实验现象学心理学盛行于欧洲的实验心理学领域,代表人物为实验心理学家,如卡茨、鲁宾、扬施、雷夫斯、杰梅利和米肖特等人。卡茨、鲁宾、扬施和雷夫斯等在哥廷根进行了早期的现象学心理学实践,并在一定程度上充实了胡塞尔对现象学心理学的规划。鲁宾回到丹麦哥本哈根大学后,与后继者弗洛姆和拉斯马森等形成了哥本哈根学派,深化了哥廷根的实验现象学。米肖特在比利时卢汶大学进行研究，将实验现象学心理学提升到新的高度。但是，当现象学心理学的重心转移到美国后，实验现象学心理学没有得到发展，并逐渐在欧洲没落了。

与思辨现象学心理学体现了现象学心理学的“现象学”特色相比，实验现象学心理学体现了现象学心理学的“心理学”特色。相对于思辨现象学心理学“源于上面”，实验现象学心理学则“源于下面”。从实验现象学角度来看，它是心理学中的实验现象学取向①的重要组成部分。我们在第二章已经提到，心理学中的实验现象学始于歌德、普金耶和海林等的朴素现象学研究，其后在早期人文科学路线的布伦塔诺学派那里得到发展。实验现象学心理学直接继承了布伦塔诺学派的实验现象学研究取向。哥廷根的实验现象学尤其阐发了斯顿夫的实验现象学，米肖特继承了屈尔佩的思想，同时受到斯顿夫的影响。因此，实验现象学心理学体现了现象学心理学与早期人文科学路线的关系：前者是对后者的继承与发展。

尽管实验现象学心理学受到胡塞尔等人现象学的影响，但它仍是在自己独立发展的基础上发生的。米西亚克和塞克斯顿将实验现象学心理学称作“心理学中已经存在着的、接纳了现象学的取向”②。赫佐格甚至认为：“在胡塞尔之前，的确存在现象学取向的心理学，在胡塞尔之后，现象学心理学以同样的方式活跃着：严格地说，它与胡塞尔的[现象学心理学]规划几乎没有关联。”③实验现象学心理学由此也反映出现象学心理学与现象学的关系：现象学心理学是在现象学的影响下，是其自身发展的产物。

与思辨现象学心理学侧重理论审查不同，实验现象学心理学侧重具体的实验研究。它继承了欧洲早期的实验研究传统：从具体问题入手，进行细致的实验研究，积累结论，缓慢而扎实地推动心理学的发展。实验现象学心理学家投身于实验研究，对理论体系并不感兴趣，如米肖特用实验结果而非理论来表达自己的观点。不过，实验现象学心理学家对研究的理论假设非常敏感，他们接受了现象学的立场。从所经验到的现象出发，进行详细的描述和分析，不带任何理论假设，这与当时自然科学路线的研究形成了对照。例如，内省研究从色调、明度和饱和度等要素出发研究色觉；卡茨则从颜色的呈现模式出发，区分出表面色、膜状色和容量色等。另外，实验现象学心

① 郭本禹、崔光辉：《实验现象学源流考》，《教育研究与实验》，2007 年第 4 期，第 43～48 页。

② Misiak, H., Sexton, V. S. (1973). *Phenomenological, existential and humanistic psychology*. New York: Grune & Stratton, p. 23.

③ Herzog, M. (1995). William James and the development of phenomenological psychology in Europe. *History of the Human Sciences*, No. 8, pp. 29～46.

理学尊重被试，以被试的描述作为实验材料进行分析，不同于自然科学路线对被试加以控制，从客观表现进行审查。

实验现象学心理学与自然科学路线的差异在具体研究中体现得更为明显。实验现象学心理学的研究主要集中于知觉领域，它认为知觉是最原本的心理现象，感觉是对知觉的抽象。由此，它反对自然科学路线将感觉视作最原本的心理现象。（我们将在第六章对此进行详细探讨）这里需要指出的是，实验现象学心理学对错觉非常感兴趣，实验现象学心理学家多从错觉切入展开研究，进一步提出不同于自然科学路线的观点。原因在于，在自然科学路线看来，知觉是对外部实存世界的反映，错觉作为一种特殊的知觉是对外界不正确的反映。在缪勒—莱耶错觉中，如图 4-1 所示，对两条带着不同箭

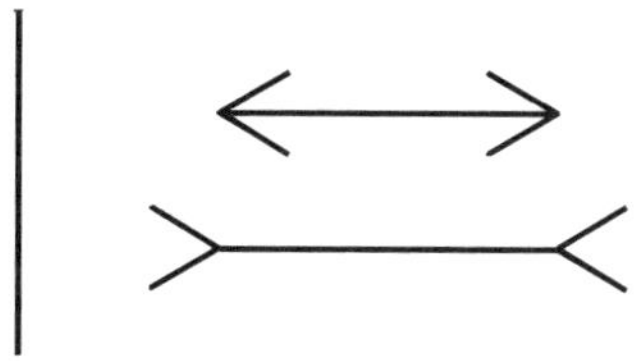

图 4-1　缪勒—莱耶错觉图形

头、长度相等的线段，我们却产生了两条线段长度不等的知觉，错觉由此而生。实验现象学心理学对此提出批评。他们认为，错觉并非错误的，它恰恰是现象世界的真实呈现，展现了世界的丰富性。我们通过阿拉帕克（R. J. Alapack）对缪勒—莱耶错觉的研究①来看这一差异。这种错觉指两条相等的线段，由于两端所联线段不同，看起来不等。阿拉帕克提出，自然科学路线的研究具有两点不足：只承认一种材料即两条线段是否相等；将整个知觉经验局限于错觉出现与否的维度上。他进一步指出，自然科学路线具有四种假设：首先，缪勒—莱耶错觉是不变的错觉模式，独立于环境；其次，对象与知觉间应存在一一对应关系；再次，对象与知觉间的任何差异都能够得到解释；最后，可以通过改变条件，消除差异，使对象与知觉间达到一致。阿拉帕克对 31 位七年级的中学生呈现图形，请他们描述所看到的一切。结果发现，学生们的描述组成了变化的知觉谱：33 个反应将两个图形视作整体或相关的，19 个反应针对箭头向内的图形，25 个反应针对箭头向外的图形。因此，图形并非以单一的面目呈现给学生，知觉恰恰如梅洛—庞蒂所说，是人与世界动态的关联。在将两个图形视作整体或相关的情况中，有 11 位学生

① Alapack, R. J. (1971). The physiognomy of the Mueller-Lyer figure. *Journal of Phenomenological Psychology*, No. 2, pp. 27～47.

知觉到了两条线段不相等，有的学生随后指出，自己的知觉其实是错误的。这表明，错觉事实上是原初的经验，随后关于错误的观点其实是对原初经验的一种判断，已经远离了最初的经验。

值得注意的是，尽管与自然科学路线存在差异，但实验现象学心理学并不像思辨现象学心理学那样与自然科学路线截然对立。哥廷根的实验现象学就体现了这一特征。例如，卡茨等人在严肃的实验心理学家缪勒的指导下，进行现象学的研究。实验现象学心理学对自然科学路线的这种姿态在现象学心理学的所有形态中都是特有的。不仅如此，它采用实验的方式，能够较好地与自然科学心理学进行交流，进而融入自然科学路线之中。尽管它在欧洲已经没落，但在近来得到越来越多的关注。[①] 我们在第三章考察米肖特时看到，米肖特的研究在今天依然具有较强的影响力。另外，瑟伦森(J. B. Sørensen)延续了哥本哈根学派的传统，用异己手实验(the alien-hand experiment, TAHE)探索身体经验，结果发现，TAHE 具有较大的应用空间，可结合质化与量化的数据研究身体觉知和解离、所有权感和动因、身体图式和身体意象等问题。[②] 这似乎预示着，实验现象学心理学在当今心理学界仍发挥重要的作用。

第三节　经验与解释的现象学心理学

经验与解释的现象学心理学是美国现象学心理学的两种典型形态，它们也是当前现象学心理学的两种典型形态。经验现象学心理学对现象学心理学进行了系统的建设，能够在很大程度上反映出现象学心理学的主流面貌；解释现象学心理学在经验现象学心理学背景下发展出来，能够在一定程度上反映出当前现象学心理学的走向。

① 郭本禹、崔光辉：《实验现象学源流考》，《教育研究与实验》，2007 年第 4 期，第 43～48 页。

② Sørensen, J. B. (2005). The Alien-Hand Experiment. *Phenomenology and Cognitive Science*, No. 4, pp. 73～90.

一、经验现象学心理学

1. 概述

经验现象学心理学是指通过对心理现象的描述来得到本质的现象学心理学,这里的"经验"主要是指研究的材料是直接呈现给我们的,能够为我们经验得到。经验现象学心理学盛行于美国,以迪尤肯大学心理学系为中心,乔治是最核心的代表。除他之外,迪尤肯大学心理学系还有范卡姆、W·F·费希尔、C·T·费希尔、默里、D·L·史密斯、里彻、麦尔斯、诺尔斯和巴顿等教师,以及该系的毕业生沃兹、丘吉尔、安斯图斯、哈林、科尔莱泽和安斯沃斯等人,还有受其影响的卡尔森等学者。

经验现象学心理学是在美国现象学心理学本土化的背景下产生的。20世纪60年代,迪尤肯大学在范卡姆和乔治等人的努力下,形成了美国本土的现象学心理学,这就是经验现象学心理学。因此,如同实验现象学心理学属于欧洲一样,经验现象学心理学是美国的产物。经验现象学心理学反对行为主义,同时不赞成精神分析的自然主义立场,提倡人文科学的心理学。在这种意义上,它推动了现象学心理学成为"第三势力"心理学的组成部分。随着迪尤肯大学成为世界现象学心理学的中心,经验现象学心理学也成为现象学心理学的主流理论形态。

经验现象学心理学进行了系统的学科建设,与其他理论形态相比,经验现象学心理学有着明确的主张。它以现象学为哲学基础,提倡人文科学观点,从生活世界出发,坚持意向性观点,倡导质化研究取向。

2. 哲学基础:现象学

经验现象学心理学以现象学尤其是胡塞尔的现象学为哲学基础。我们在第一章和第二章提到,现象学的核心主张在于从显现的现象出发,通过直观来描述本质。现象学从研究对象和研究方法两方面奠定现象学心理学的哲学基础:在研究对象方面,现象学通过批判二元论尤其是自然主义,提倡意向性观点,提供了对心理现象的另一种理解,不同于心理学中的自然科学路线的观点;在研究方法方面,现象学秉持古希腊思想,通过还原和描述获得现象的本质结构,最终得到普遍的知识。

3. 科学观:人文科学

经验现象学心理学与自然科学路线相对,明确提出人文科学的学科观。它认为,自然科学路线通过模仿自然科学,继承了二元论和自然主义,将心理现象自然化，难以公正地对待心理现象。自然科学并不完全适合于心理现象的研究，心理现象有着独特的性质，不同于自然现象，需要另一种方式进行研究。①

经验现象学心理学由此提倡人文科学观点。我们在第三章提到，乔治通过《作为人文科学的心理学：一种现象学取向》(1970)首次提出了人文科学观点，经验现象学心理学将狄尔泰视作先驱。由此，它推动现象学心理学成为人文科学路线的组成部分。经验现象学心理学也将同时代的马斯洛、罗杰斯和罗洛·梅等视作同盟，在这种意义上，它推动现象学心理学成为“第三势力”心理学的组成部分。

经验现象学心理学的人文科学观体现在“人文”和“科学”两个方面。在“人文”方面，它忠于心理现象的原本性，从所给予的经验出发，悬搁先在假设；而且，它坚持心理具有意向性本质，始终与对象直接关联；心理与对象的关联是意义的关联，而非自然科学心理学所持的因果关联。经验现象学心理学的“科学”方面指它获得普遍的知识，这里的科学不限于自然科学的观点。

4. 出发点：生活世界

经验现象学心理学以生活世界为出发点。我们在第二章提到，胡塞尔在晚年提出了生活世界观点。生活世界是我们身处其中、直接给予我们的世界。科学世界是在生活世界基础上，经过构造而产生的世界。自然科学路线采取了自然主义立场，将物理的、遵循因果规律的世界作为第一性的存在，以此来审视心理现象，将心理现象视作自然物，忽略了奠基性的生活世界。

经验现象学心理学反对对生活世界作任何的抽象和剥离，它强调从生活世界所给予的一切出发进行研究。乔治说：“更准确地说，生活世界对心理学的这种(人文科学)取向意义在于，心理学必须根据现象如何显现或者它们如何被经验到，而非根据它们应该如何显现的某种观点来解释现象。”②经验现象学心理学由此关注个体丰富的经验世界，不仅如此，它也从直接经验到的内容出发，关注自然科学心理学研究的主题，如知觉、想象、记忆、思维和学习等。我们将在第六章对这些主题进行探讨。

---

① Giorgi, A. (2005). The phenomenological movement and research in the human sciences. *Nursing Science Quarterly*, No. 1, pp. 75～82.

② Giorgi, A(1970). *Psychology as a human science: A phenomenological approach*. NewYork: Harper & Row, p. 139.

5. **对象论:意向性**

经验现象学心理学在研究对象上持意向性观点。胡塞尔在现象学哲学中深化了意向性概念。如第二章所述,意识具有意向作用一意向相关项的结构。意识具有构造作用,意向相关项显示为处于背景中的核心。

现象学心理学以现象学哲学的意向性观点为奠基,这首先意味着心理具有意向性的本质。心理始终指向对象,对象可以是时空中的存在,也可以是非现实的或观念的存在。自然科学心理学忽视了心理对对象的指向,从而将心理视作独立存在的事物,心理与物理的存在一样,由更原始的部分组成,如知觉是由感觉组成的心理现象。其次,意向性意味着心理与世界的一致性。现象学心理学认为,在心理与对象的关联中,对象已经过意识的构造直接显现出来。意识因此超越自身,与对象直接关联。自然科学心理学在坚持自然主义主张时,接受了笛卡尔的二元论,将心与物视作相互独立的实体。由于心理与对象的分离,自然科学心理学易将心理视作自然物,将心理自然化。最后,意向性意味着心理与对象的关联是一种意义关联。在自然科学心理学那里,心理与对象间存在因果关联:心理是其他因素作用的结果。但在经验现象学心理学这里,心理与对象间存在意义关联,对象对于心理而言,始终是有意义的。我们在第六章考察记忆时将看到,马瑟恩(L. M. Matherne)在记忆研究时发现[①],事件是以其意义被记忆的;事件越富有意义,记忆效果越好;在艾宾浩斯那里,记忆的对象是无意义材料,它通过意识的作用储存下来。

6. **研究取向:质化取向**

现象学心理学在研究取向上倡导质化研究取向,它反对自然科学心理学过于重视量的研究取向。自然科学心理学将心理视作自然物,认为它可以像化学成分一样加以分解,由此可以量化。问题在于,自然科学过于重视量化,忽视质的维度。经验现象学心理学针对自然科学心理学提出批评,认为也可以沿心理的质性维度,进行质化研究。在研究中,它强调悬搁先在观点,对所给予的对象进行描述,以发现本质结构。(我们将在第六章对此进行阐述)经验的现象学心理学进行了大量的具体研究,涉及知觉、想象、思维、情绪、学习、人格和心理治疗、消费心理等广泛领域,取得了丰硕的成果。其中,情绪和心理治疗经验是研究的重点。(我们将在第六章进行阐述)需要指出的是,经验现象学心理学并不反对量化的研究取向,它甚至提倡在研

---

① Matherne L. M. (1969). *Dimensions of remembering*. Master's Thesis of Duquesne University, p. 72.

究中结合使用质化研究与量化研究。

经验现象学心理学进行了系统的学科建设，极大地促进了现象学心理学的发展。它的产生，本身就标志着美国现象学心理学本土化的完成；它的发展，直接促进美国现象学心理学成为世界现象学心理学的中心；而且，它使得现象学心理学成为"第三势力"心理学的重要组成部分。在它的努力下，现象学心理学逐渐得到心理学界的重视。但是，经验现象学心理学的学科观与自然科学心理学的科学观截然相对，是一种激进的观点。如同冯特通过内容心理学创立科学心理学一样，经验现象学心理学的激进观点能够使自身在起步阶段保持独立性，这种激进性虽然在最初能够起到有利作用，但在后来的发展中却会妨碍现象学心理学与其他心理学组成部分的对话与交流。与此一致，经验现象学心理学的前景并不乐观。乔治认为，他自己一直身处主流心理学的边缘，[①]他对现象学心理学的未来发展表示担忧。[②]

二、解释现象学心理学

1. 概述

解释现象学心理学是从经验现象学心理学中分化出来的一种理论形态，是指通过对文本的解读来产生新的意义的现象学心理学。它以迪尤肯大学为中心，突出的代表人物有冯埃卡茨伯格、苛费尔、贾格尔(B. Jager)和史密斯(J. A. Smith)等。冯埃卡茨伯格是迪尤肯阵营的成员，他进行了较全面的理论建设与具体研究，成为解释现象学心理学的重要代表。苛费尔是迪尤肯阵营的毕业生，他倡导在访谈中进行解释研究。贾格尔也是迪尤肯阵营的毕业生，他对节日问题进行了出色的研究。史密斯在经验现象学心理学基础上，发展出解释现象学分析(interpretative phenomenological analysis, IPA)，该方法是当前英国最为学界所知的现象学心理学方法。需要注意的是，教育学家范梅南(M. van Manen)因其荷兰现象学心理学的思想背景，有时也被视作代表人物之一。相比之下，帕克(M. J. Packer)虽然在心理学中倡导解释学研究，但缺乏现象学心理学背景，不应划入解释现象

① Giorgi, A. (2003). Lessons for the future from the margins of psychology. *Journal of Phenomenological Psychology*, No. 2, pp. 179～201.

② Giorgi, A. (1998). The origins of the Journal of Phenomenological Psychology and some difficulties in introducing phenomenology. *Journal of Phenomenological Psychology*. No. 2.

学心理学之列。[①]

解释现象学心理学源自欧洲现象学心理学。我们在上一章提到，1939年，萨特提出了一种解释的现象学心理学，这可视作解释现象学心理学的首次提出。20世纪40～60年代，荷兰学派进行了解释现象学心理学的早期实践。科克利曼斯在主编的《现象学心理学：荷兰学派》中指出："本书中的一些论文是在解释－现象学心理学的广阔领域中进行的。"[②]该学派第二代最杰出的成员林斯霍滕所做的入睡经验研究，是解释研究的"杰出范例"[③]。

解释现象学心理学发展于美国。20世纪60年代，经验现象学心理学在美国形成，进行了系统的建设，为解释现象学心理学的产生提供了条件。1975年，美国现象学心理学的阵地《现象学心理学杂志》上发表了论文《心理学是一门解释学科学吗?》。作者给出了肯定的答案，并提出"迟到已久"的"心理学科学的转向"[④]。四年后，迪尤肯阵营在《迪尤肯现象学心理学研究：卷Ⅲ》中，明确区分出"解释－现象学心理学"，将其与经验现象学心理学并列，这可视作解释现象学心理学形成的标志性事件。

解释现象学心理学发展比较迅猛。它与经验现象学心理学一起，成为当前现象学心理学的两种主要理论形态；它的研究方法与经验现象学心理学的研究方法相并列，成为当前现象学心理学的两种研究取向。不仅如此，现象学心理学的目前重心有向解释现象学心理学转移的趋向。C·T·费希尔指出，迪尤肯大学心理学系"现在强调更宽泛的解释取向"[⑤]，这在该系近年的研究生学位论文中体现得较为明显，如戴(M. D. Day)的西方文化中

---

① 迪尤肯阵营的乔治和哈林都曾评论帕克主编的《进入循环：心理学中的解释学研究》(1989)，认为它忽视了迪尤肯的研究，与现象学心理学存在分歧。参见 Giorgi, A. (1992). Description versus interpretation: competing alternative strategies for qualitative research. *Journal of Phenomenological Psychology*, No. 2, pp. 119～135. Halling, S. (1993). "Entering the Circle: Hermeneutic Investigation in Psychology", by Martin J. Packer and Richard B. Addison (Editors) (book review). *Journal of Phenomenological Psychology*, No. 2, pp. 190～193.

② Kockelmans, J. J. (1987). Preface, In: J. J. Kockelmans (Ed.). *Phenomenological Psychology: the Dutch School*. The Hague: Martinus Nijhoff Publishers, 1987, pp. vii-ix.

③ Hein, S., Austin W. (2001). Empirical and hermeneutic approaches to phenomenological research in psychology. *Psychological Methods*, No. 1, pp. 3～17.

④ Beshai, J. A. (1975). Is Psychology a hermeneutic science? *Journal of Phenomenological Psychology*. No. 1, pp. 425～439.

⑤ Fischer, C. T. (2006). *Qualitative research methods for psychologists: introduction through empirical studies*. San Diego: Academic Press, p. XLⅢ.

的家的研究①、麦克唐纳(L. D. McDonald)的性侵犯经验研究②、格雷科—布鲁克斯(D. M. Greco-Brooks)的克莱因精神分析治疗研究③、波利齐(D. Polizzi)的黑人种族歧视经验研究④、杜博斯(J. T. Dubose)的受难研究⑤、丹图(D. Danto)的存在现象学心理治疗的研究⑥、库姆勒(K. Kumler)的受音乐感动经验研究⑦、德福雷斯特(C. A. Deforest)的女性经期经验研究等⑧。另外,许多经验现象学心理学的学者也承认解释研究原则,如安斯沃思、哈林、丘吉尔和卡尔森等人。

解释现象学心理学产生于经验现象学心理学的背景下,它与经验现象学心理学一致,坚持人文科学观,以生活世界为出发点,倡导质化研究取向。但解释现象学心理学有着自己的具体主张,它以解释学为哲学基础,通过对文本的解读来产生新的意义,不同于经验现象学心理学以胡塞尔现象学为哲学基础,通过对现象的描述来获得本质结构。

2. 哲学基础:解释学

解释现象学心理学以解释学为哲学基础。我们在第二章提到,这里的解释学指以海德格尔、迦达默尔和利科为代表的解释学。海德格尔在胡塞尔基础上作出拓展,使得现象学心理学不再像胡塞尔所认为的通过意识的描述抵达本质,而是通过此在的理解来彰显存在,发现存在的意义。海德格尔的学生迦达默尔进行了系统工作,使得解释现象学心理学承认偏见的合法性,将文本视作研究对象,经过视域融合和解释学的循环,产生新的意义。

---

① Day, M. D. (2002). *Home in the western culture: a culture-hermeneutic study*. Doctoral Dissertation of Duquesne University.

② McDonald, L. D. (2002). *The dynamics of denial: a hermeneutic-phenomenological exploration of sexual offenders' coming to terms with their offenses*. Doctoral Dissertation of Duquesne University.

③ Greco-Brooks, D. M. (2003). *Feeding identity: the critical hermeneutics of contemporary Kleinian psychoanalytically oriented psychotherapy from the perspective of a novice*. Doctoral Dissertation of Duquesne University.

④ Polizzi, D. (2003). *The experience of antiblack racism: a phenomenological hermeneutic of the Autobiography of Malcolm X*. Doctoral Dissertation of Duquesne University.

⑤ Dubose, J. T. (2004). *Mourning, evil and grace: a hermeneutical-phenomenological approach*. Doctoral Dissertation of Duquesne University.

⑥ Danto, D. (2004). *From philosophy to practice: A hermeneutic analysis of existential-phenomenological psychotherapy*. Doctoral Dissertation of Duquesne University.

⑦ Kumler, K. (2006). *Being touched by music: a phenomenological-hermeneutical approach to understanding transformational musical experience*. Doctoral Dissertation of Duquesne University.

⑧ Deforest, C. A. (2007). *The bloody truth: a psychological and cultural study of menstruation as lived and experienced by women*. Doctoral Dissertation of Duquesne University.

利科主要从方法论层面为解释现象学心理学奠基，使得现象学心理学形成了自己的具体研究过程。

3. **科学观：人文科学**

解释现象学心理学与经验现象学心理学一致，持人文科学的学科观。解释现象学心理学从哲学基础解释学那里，接受了“面向实事本身”的现象学原则，研究人的原初经验。它认为心理学中的自然科学路线难以真正地反映出心理的原本面目。自然科学路线因袭了笛卡尔以来的二元论，将世界视作具体时空中的存在，提倡客观的研究方法，将心理自然化。按照贾格尔的话说，心理学“成为一个尴尬的领域，它的主要工作是极力将不顺从、难以控制的人之现实状况去适应自然科学的普罗克拉斯提斯之床”①。

解释现象学心理学的人文科学观具有实践趋向。它不再将研究局限于经验现象学心理学的研究层面，它认为研究是研究者在理解中，通过与研究对象的对话，使自身的存在得到展开，从而推进生活实践的过程。更确切地说，研究过程本身就是研究者身体力行的日常生活实践的一部分。在这种意义上，解释现象学心理学有着较强的行动倾向。冯埃卡茨伯格提出个人文化建构的生态－心理学（the Eco-Psychology of Personal Culture Building），他认为这种心理学的任务在于“实现普遍价值，自我实现，在与他人有创作力的合作关系中共同创造一起塑造生活方式”②。

解释现象学心理学加强了与其他学科之间的联系。它将所有与人类生活实践有关的领域如文学、艺术、宗教等都纳入自己的视野，而不再局限于单纯对现象的研究。在这种意义上，它推动了现象学心理学真正参与到科学之中。

4. **出发点：生活世界**

与经验现象学心理学一样，解释现象学心理学也将生活世界作为研究的出发点。它也反对自然科学路线将心理现象视作自然物，忽略了奠基性的生活世界。冯埃卡茨伯格说：“作为自然科学的心理学……要在历史现实所给予的世界和生活之上，构造出特殊的科学测量世界。科学的目的在于因果交互关联中的因变量和自变量的理想世界，这个世界完全从日常生活

① Jager, B. (2001). Introduction. *Journal of Phenomenological Psychology*, No. 2, pp. 103～117. 普罗克拉斯提斯是希腊神话中开黑店的强盗。他劫人后，使身高者睡短床，斩去身体伸出部分；使身矮者睡长床，强拉身体与床平齐。

② von Eckartsberg, R. (1979). The Eco-Psychology of Personal Culture Building: an existential-hermeneutic approach. In: A. Giorgi, C. Fischer, and E. Murray (Ed.). *Duquesne Studies in Phenomenological Psychology*: Volume Ⅲ. Pittsburgh: Duquesne University Press, p. 244.

世界的个人经验中抽象和替换而来。”[①]解释现象学心理学从生活世界出发，关注人的经验；它重视语言在经验中的作用，将语言视作理解经验的媒介；它甚至接受了解释学的观点：语言是存在之家。正是在这种意义上，解释现象学心理学通过文本研究人的经验。

由于语言的作用，解释现象学心理学不再像经验现象学心理学那样，将生活世界视作与意识直接关联的世界，它倾向于将生活世界视作人所栖居(dwelling)的世界。人存在于世界之中，通过与他人和事物的平等对话，来和世界打交道，同时使自身朝向未来的可能性发展。解释现象学心理学由此出发，对自然科学路线进行了更深刻的批判。贾格尔区分出工作世界与节日世界，分别对应自然科学取向的心理学与人文科学取向的心理学。[②] 在工作世界中，人因物质需要，通过克服障碍来占有自然环境；在节日世界中，人与其他事物通过拓展界限显现出彼此的原本面目，人因此获得新的意义，从而本真地存在于世界之中。

5. **对象论：文本**

解释现象学心理学将文本作为研究对象，通过文本来关注人的经验。文本是书写下来的有关人的存在的纪录，它可以指所有的人类活动及活动产物，包括经验过程、文学作品、艺术品、仪式、制度和神话等。文本主要分为两类：现实生活文本和回忆与文学文本。[③] 现实生活文本指通过录音等方式记录下来的生活中的言语表述，如经验活动过程的出声报告、治疗师与来访者的治疗纪录等。回忆与文学文本包括对个人回忆的描述以及文学作品等，如文学名著和历史情境中的某个主题等。这样，解释现象学心理学拓展了研究领域，在范围上远超过经验现象学心理学。

在解释现象学心理学看来，文本具有自主性。它一旦形成，就独立于作者而存在；它也独立于研究者，解释必须在文本自身的基础上进行。蒂特尔

---

① von Eckartsberg, R. (1983). Existential-phenomenology, validity and the trans-personal ground of psychological theorizing. In: A. Giorgi, R. Knowles. D. L. Smith(Ed.). *Duquesne Studies in Phenomenological Psychology*: Volume Ⅳ. Pittsburgh: Duquesne University Press. p. 199.

② Jager, B. (1998). Human subjectivity and the law of the threshold: phenomenological and humanistic perspectives. In: R. Valle(Ed.). *Phenomenological inquiry in psychology: existential and transpersonal dimensions*. New York: Plenum Press, p. 88.

③ von Eckartsberg, R. (1998). Existential-phenomenological research. In: R. Valle(Ed.). *Phenomenological inquiry in pyshcology: exitential and transpersonal dimensions*. New York: Plenum Press. p. 49.

曼(P. Titelman)根据利科的观点指出,文本具有四个特征:①首先,文本固定着意义。文本是人的经验的残余物,在纪录经验的过程中,将意义固定下来。其次,文本脱离了作者的心理意图,而非作者经验的再现。再次,文本在理解中展现自身内在有关联的意义。文本是一个整体,具有自身的结构,它由意义单元组成,不能被还原为原子式的成分。最后,文本是开放的,它面对无限多的研究者,对文本的理解是无穷尽的过程。

6. **研究取向:质化取向**

解释现象学心理学在研究取向上持质化取向。解释现象学心理学与经验现象学心理学一致,反对自然科学路线将量化的取向视作唯一的研究取向,倡导从质化的方面研究人的心理现象。苛费尔说:"质化研究访谈的目的在于从受访者生活世界不同的质性的方面获得尽可能多的细微的描述。访谈阶段和分析阶段的目的都不在于获得可量化的反应,这里它与通常的问卷和内容分析方法形成对照。"②冯埃卡茨伯格提出,对于一个社会心理事件,可以从以下八方面分析:③谁、涉及到什么、何时、何地、与谁有关、在什么水平上、如何、为什么。

解释现象学心理学从存在角度解释文本的意义,它侧重现象在特定情境中的意义,而非现象普遍的本质。史密斯指出,解释现象学分析具有特殊规律性,它致力于对现象的详尽分析。④ 但这并不意味着得到个别的结论。海因(S. Hein)和奥斯汀(W. Austin)对同一位女性的工作—家庭角色冲突经验分别进行经验和解释的分析,结果发现,两种分析结果存在诸多相似之处,如高压力、婚姻困难与不均的角色分担、努力在工作中证明自己、需要在标准与目标间折中等。⑤ 正是在这种意义上,解释现象学心理学与经验现象学心理学相并列,处于一个系列的两极。

解释现象学心理学发展出可行研究方法(我们将在第五章进行阐述),

---

① Titelman, P. (1979). Some implications of Ricoeur's conception of Hermeneutics for phenomenological psychology. In A. Giorgi, C. Fischer, E. Murray(Ed.). *Duquesne Studies in Phenomenological Psychology*: Volume Ⅲ. Pittsburgh: Duquesne University Press, pp. 183～186.

② Kvale, S. (1983). The qualitative research interview: a phenomenological and a hermeneutical mode of understanding. *Journal of Phenomenological Psychology*, No. 2, pp. 171～196.

③ von Eckartsberg, R. (1979). The Eco-Psychology of personal culture building: an existential-hermeneutic approach. A. Giorgi, C. Fischer, and E. Murray (Ed.). *Duquesne Studies in Phenomenological Psychology*: Volume Ⅲ. Pittsburgh: Duquesne University Press, p. 234～238.

④ Smith, J. A. (2004). Reflecting on interpretative phenomenological analysis and its contribution to qualitative research in psychology. *Qualitative Research in Psychology*, No. 1, pp. 39～54.

⑤ Hein, W. A. (2001). Empirical and hermeneutic approaches to phenomenological research in psychology. *Psychological Methods*, No. 1, pp. 3～17.

它的具体研究主要体现在两个方面:理论反思与应用领域。在理论反思方面,解释现象学心理学能够深入地省察心理学。例如,贾格尔对节日问题的系列研究,表明心理学在现代性背景下的缺失。应用领域是解释现象学心理学的重点所在。在上述迪尤肯研究生学位论文中,可以看到这一点。此外,解释现象学分析已在健康心理学等应用心理学领域得到越来越广泛的运用。

1975年,霍曼斯(P. Homans)撰文指出:"心理学是解释学迷失的一部分。"①今天,解释现象学心理学打通了心理学与解释学之间的关联,在一定程度上使"迷失"得到复归。不仅如此,解释现象学心理学还拓展了现象学心理学与人文科学路线间的联系。首先是与精神分析的对话。迪尤肯阵营的贝拉(M. L. Beira)提出,可以在解释现象学心理学的框架下,把精神分析整合进来。② 因此,解释现象学心理学能够推动作为"第三势力"组成的现象学心理学与"第二势力"精神分析的交流。其次是与后现代心理学思潮的对话。解释现象学心理学重视文本所处的社会文化情境,它能够分析出社会文化对人的经验的渗透,不过,它不属于后现代心理学思潮。尽管它意识到语言对经验的建构作用,但始终以对经验意义的理解为重心。最后,解释现象学心理学侧重具体生活情境的分析,显示出广阔的应用前景,能够推动现象学心理学的发展。

第四节 存在与超个人的现象学心理学

存在与超个人的现象学心理学是从研究领域维度区分出的两种理论形态。存在现象学心理学占据主流地位,它反映出现象学心理学对日常生活的关注。与之相比,超个人心理学是一种新兴的理论形态,它关注超个人心

① Homans, P. (1975). Psychology and hermeneutics: an exploration of basic issues and resources. *The Journal of Religion*, No. 3, pp. 327～347.

② Beira, M. L. (1999). *Logos, hermeneutics and psycho-analysis: philosophical foundations for a phenomenologically based human science research approach to psychological phenomena*. Doctoral Dissertation of Duquesne University.

理现象，反映出现象学心理学在研究领域上的新动向。

一、存在现象学心理学

存在现象学心理学是指以人的存在为核心，提倡人在世界之中观点的现象学心理学。它盛行于欧洲和美国，突出的代表有乌特列支学派、斯特劳斯、波利欧以及安斯沃思等。乌特列支学派在伯伊滕蒂克、范伦内普和林斯霍滕等的推动下，将欧洲现象学心理学推向了高峰。斯特劳斯推动了现象学心理学在心理病理学领域的发展。波利欧和安斯沃思等通过研究日常生活现象，促进了美国现象学心理学的繁荣。

存在形态揭示了现象学心理学关注的层面：人在世界中的具体存在。从根本上说，所有的现象学心理学都不可避免地涉及到人的存在。因此，从广义上看，以上所有的现象学心理学都可归入到存在现象学心理学之列。但从狭义的理论形态上看，存在现象学心理学特指那些以人的存在为核心，坚持人在世界之中观点的现象学心理学。它关注人在具体情境尤其是日常生活的种种经验。在这种意义上，波利欧等人的著作——《日常生活的现象学》①很好地体现了它的研究所在。

存在现象学心理学反映了现象学心理学与存在主义的关系：存在主义哲学关注人的在世界中的存在，能够为现象学心理学提供本体论层面的哲学奠基。海德格尔在胡塞尔的基础上，提出存在问题，由此考察了人的存在即此在，为存在现象学心理学拓展了领域。萨特和梅洛—庞蒂为存在现象学心理学进一步提供奠基，尤其是后者，为人的存在提供了具体的框架。瓦尔等人甚至认为，存在现象学心理学就是存在现象学（即存在主义）在心理学中的应用："当更具体地用于人的心理现象时，存在现象学便成为存在现象学心理学……"②

这样，存在现象学心理学就与存在心理学相遇，二者具有较大的交错之处。由此可以看出，现象学心理学与存在心理学一起成为"第三势力"心理学的有机组成部分。但我们不赞同将存在心理学纳入存在现象学心理学之下，原因在于，现象学心理学从整体上不同于存在心理学：现象学心理学倾

① Pollio, H. R. et al. (1997). *The phenomenology of everyday life*, *Cambridge*: Cambridge University Press.

② Valle, R. et al. (1989). An introduction to existential-phenomenological psychological thought in psychology. In: R. Valle, S. Halling(Ed.). *Existential-phenomenological perspectives in psychology: exploring the breadth of human experience*. New York: Plenum Press, p. 6.

向于考察经验的本质结构，而存在心理学倾向于探讨人的自由和选择等主题。

在研究方法上，存在现象学心理学采用现象学方法，研究人在现实中存在的种种经验。从研究取向上看，它是经验研究方法与解释研究方法并存。波利欧等人甚至在描述经验的结构时，结合了解释研究的观点进行探讨。但存在现象学心理学在使用经验研究方法时，与经验现象学心理学存在一定差异，前者并不完全悬搁先在观点，并反对将人和世界割裂开来，坚持在存在的前提下进行研究，这表现为两种倾向：一种观点以乌特列支学派为代表，坚持人处于具体情境中。我们在第三章提到，乌特列支学派受到舍勒的影响，将人置于具体情境中进行研究。例如，林斯霍滕在入睡研究时，将入睡置于人与世界的意向关联中进行考察。他认为不应将我（I），而应将入睡的处于我的原初情境中的我视作填满内容的意识场，因为前者暗含着将人从世界中孤立出来。范伦内普将开车视作人的存在模式：驾驶员通过自己的身体，以及作为身体延伸部分的车，存在于路上。驾驶员并非受刺激操纵的存在，他与路有着直接的关联。不仅如此，这种行为具有社会性：驾驶员通过避免接触来与其他驾驶员接触。另一种观点以波利欧和安斯沃思为代表，坚持人处于世界之中。波利欧提出，在研究中，需要将经验的如下三个特征作为准则：[①]意向性，指经验始终在变化中与世界相关联；时间性，指经验是变化的，同时又感受到持续性；情境性，指经验以时间、身体、他人（物）和世界为基础。安斯沃思则更明确地以梅洛—庞蒂的理论为基础，提出以生活世界的七个方面为启发进行研究：[②]自我，指个体的同一性的归属，以及个人对情境中自己在场、动因和表达的体验等；社会性，指个体与他人（物）的关系；具身化，指对身体的体验；时间性，指对时间的感受；空间性，指对空间的感受；规划，指将所认可的处于生命核心的活动付诸实践；话语，指源于社会的、用于描述经验的言辞。

存在现象学心理学的研究集中于日常生活领域，它关注人的种种日常经验。在乌特列支学派中，我们看到对人的运动、开车、入睡、宾馆经验等研究。在安斯沃思等那里，我们看到对俱乐部文化中的女性身体经验、成人学习者的高校生活经验、贫困大学生的生活经验、学术剽窃者的生活世界、阿

① Pollio, H. R. et al. (1997). *The phenomenology of everyday life*. Cambridge: Cambridge University Press, pp. 354～363.

② Ashworth, P. (2003). An approach to phenomenological psychology: the contingencies of the lifeworld. *Journal of Phenomenological Psychology*, No. 2, pp. 145～156.

尔采默氏病患者的生活世界、被诊断为多发性硬化症的体验等研究。在波利欧等人那里,可以看到对生活中的时间、孤单、补偿、爱、渴望、旅游、迷途、崩溃等研究。我们已经看到,经验现象学心理学关注生活经验,解释现象学心理学参与生活实践,而在存在现象学心理学这里,明确表现出对日常生活的关注。在这种意义上,存在现象学心理学能够推动现象学心理学朝向日常生活迈进,进而推动一种真正面向生活的心理学。

二、超个人现象学心理学

超个人现象学心理学是指以超个人心理现象为研究领域的现象学心理学。它存在于美国现象学心理学中,主要代表人物是瓦尔。瓦尔原是存在现象学心理学的倡导者,后转向超个人现象学心理学。据他自述,①他曾在七年中遭受一系列事件,包括一次致命的摩托车事故(这使他产生了濒死体验以及短期记忆丧失等,后重新学会读、写和走路)、岳父死于癌症、母亲自杀、三个孩子出生、妻子做脑手术、诸多关系破裂、生意失败、职业生涯产生巨变等。他经历了重大的自我转变,在反思自身经历的基础上,提出超个人现象学心理学的构想,并进行了具体研究。他在主编的《心理学中的存在—现象学观点:探索人类经验的宽度》(1989)中,收入了超个人专题。九年后,他在主编的《心理学的现象学研究:存在与超个人维度》(1998)中,将超个人形态与存在形态并列起来。

超个人现象学心理学反映了现象学心理学在研究领域上的新动向,这可以从以下三方面来看。首先,以瓦尔为代表的存在现象学心理学家转向超个人领域。与瓦尔并列的还有范卡姆、波利欧指导的博士生罗斯(L. M. Ross)和科尼什(K. A. Cornish)等人。我们在第三章提到,范卡姆提出不同的意识层面,由此踏入超个人领域;罗斯在博士学位论文中,研究了生死体验,涉及超个人领域;②科尼什则研究了精神经验。③ 其次,解释现象学心理学中的冯埃卡茨伯格和贾格尔都提出超个人现象学心理学的观点。冯埃卡茨伯格认为,所有的心理学理论都建立在人之存在的超个人维度或神性

① Valle, R. (1998). Preface. In: R. Valle(Ed.). *Phenomenological inquiry in psychology: existential and transpersonal dimensions*. New York: Plenum Press, pp. xiii-xv.

② Pollio, H. R. et al. (1997). *The phenomenology of everyday life*. Cambridge: Cambridge University Press, p. 298.

③ Cornish, K. A. (2001). *Phenomenology of spiritual experience*. Doctoral Dissertation of The University of Tennessee.

维度上，由此，他提出神性维度心理学，其研究对象是“在—通过—人之上帝(God-in-and-through-man)和在—通过—上帝之人(man-in-and-through-God)的肉身化之谜”[①]。贾格尔则认为，在节日世界中，人与上帝之间存在着界限，可以通过教堂、圣坛等形式[②]显现出彼此的原本面目，他由此倡导研究宗教生活。最后，超个人心理学对现象学心理学的兴趣日益增加。瓦尔提到，在以下五所机构中进行着存在现象学心理学与超个人心理学的对话：加利福尼亚整合研究所、超个人心理学研究所、Rosebridge整合心理学研究生院、约翰·F·肯尼迪大学神圣研究研究生院和塞布鲁克学院。

超个人现象学心理学反映出作为“第三势力”组成的现象学心理学与“第四势力”的超个人心理学之间的相遇。现象学心理学与超个人心理学都反对自然科学路线的观点，提倡面对所有人类经验。它们能够通过超个人现象学心理学展开交流，但二者的区别也是明显的：现象学心理学只关注经验到的心理现象，它难以接受超个人心理学关于心理现象的理论假设。

与存在现象学心理学相比，超个人现象学心理学开拓了新的领域。在这个领域中，存在着大量超个人、超越、神圣或精神性的经验。但这一领域是否还属于现象学心理学的范围？从理论上看，我们依然没有得到明确的答案。瓦尔曾就超个人觉知进行探讨。他承认，超个人觉知是不出现在反思/前反思维度上的。也就是说，意向性概念在此是不适用的。他进而提出，心灵(而非意识，因为心灵的范围更广)具有超意向性(transintentioanlity)[③]，这种超意向性反映了自我与对象消融于另一个领域中。他推测，超个人/超越觉知似乎是更为根本的领域，为反思/前反思经验提供基础。瓦尔的回答似乎是不全面的，但从实践中看，超个人经验是可以进行现象学心理学研究的。在关于超个人觉知、共时性现象、感到被无条件地爱着等超个人经验的研究中，都使用了经验研究方法。例如，科尼什访谈了12位参与者，请他们描述自己感受到精神性的经验。他对访谈材料进行了经验的现象学分析，得到三个主题：首先是敬畏/惊奇，

---

① von Eckartsberg, R.(1983). Existential-phenomenology, validity and the trans-personal ground of psychological theorizing. In: A. Giorgi, R. Knowles. D. L. Smith(Ed.). *Duquesne Studies in Phenomenological Psychology*: Volume Ⅳ. Pittsburgh: Duquesne University Press. p. 204.

② Jager, B.(1998). Human subjectivity and the law of the threshold: phenomenological and humanistic perspectives. In: R. Valle(Ed.). *Phenomenological inquiry in psychology: existential and transpersonal dimensions*. New York: Plenum Press, p. 88.

③ Valle, R.(1998). Transpersonal awareness: implications for phenomenological research. In: R. Valle(Ed.). *Phenomenological inquiry in psychology: existential and transpersonal dimensions*. New York: Plenum Press, p. 277.

包括有力/干扰或鼓舞，以及平和/鼓舞两个亚主题；其次是认识，包括觉醒和神秘/不起作用两个亚主题；最后是可能性，包括不同/变化和开放两个亚主题。[1] 有趣的是，科尼什发现，在参与者描述的经验中，大多数不涉及超越或上帝等。这表明，对超个人经验的探讨可以悬搁神学的理论观点。

超个人现象学心理学虽然尚处于起步阶段，但有着巨大的发展空间。瓦尔为此倡议：胡塞尔提出"面向实事本身"，用于发掘存在层面的丰富经验，相应地，在超个人形态中，我们应"面向我们真正的自身"[2]，探索精神的奥秘。

---

① Cornish, K. A.(2001). *Phenomenology of spiritual experience*. Doctoral Dissertation of The University of Tennessee, pp. 59～67.

② Valle, R.(1998). Preface. In: R. Valle(Ed.). *Phenomenological inquiry in psychology: existential and transpersonal dimensions*. New York: Plenum Press, pp. xiii-xv.

第五章

现象学心理学的研究方法

现象学心理学继承了现象学哲学的"工作哲学"(Arbeitsphilosophie, philosophy of work)精神,有着强烈的研究趋向。胡塞尔本人就曾经强调,要放弃各种命题和理论的"大纸票",用精致的概念分析和实事描述的"小零钱"来取而代之。[①] 现象学心理学将现象学哲学落实到具体实践中,提出了可行的研究方法,这是现象学心理学的最为出色之处,这种研究方法与自然科学取向的研究方法存在截然的差异。与现象学心理学的理论形态一致,可以从研究方式和研究取向两个维度,将现象学心理学的研究方法划分为思辨与实验的研究方法、经验与解释的研究方法。由于现象学心理学的研究方法细致入微,而且对研究本身有着高度的省察,因此,我们在以下的阐述中,尽量详细地将各种研究方法的具体操作一一展现出来。

第一节 现象学心理学方法与自然科学心理学方法的比较

J·迈克劳德曾就迪尤肯阵营感叹说:"也许迪尤肯学派成功背后最重要的因素,在于它努力去整理现象学方法,并使其系统化,以使得这种方法

① 倪梁康著:《胡塞尔现象学概念通释》,三联书店 2007 年版,第 56 页。

能够教给学生，为其他中心的研究者所用，并产生可发表的研究论文。”①迈克劳德的观点不仅适于迪尤肯阵营，而且它可用来描述现象学心理学的全部领域。我们将在第七章看到，现象学心理学在方法上的努力使得它在整个人文科学路线上独树一帜。在这种意义上，它与自然科学的研究方法形成了鲜明的对照，二者在方法论以及具体研究过程中都存在截然的差异。为此，我们在第一节考察现象学心理学与自然科学路线在研究方法上的区别。

需要明确的是，无论现象学心理学还是自然科学路线的研究方法，都秉持着科学研究方法的核心特质。在这种意义上，二者之间的差异是建立在其共同特征基础之上的。现象学心理学与自然科学路线的研究方法具有如下共同之处：(1) 二者都追求普遍的知识。我们在第一章看到，现象学心理学秉持现象学哲学求真知的精神，力求通过反思来发现现象之中不变的意义结构。自然科学路线则从现象出发，力图发现现象背后潜含的不变的规律和本质。(2) 二者都相信世界的存在。在现象学心理学看来，个体始终存在于世界之中；在自然科学路线看来，存在着独立于我们的世界。(3) 二者都以经验作为研究材料。现象学心理学研究呈现给研究者的经验材料，自然科学路线则研究可观察、可测量的经验材料。(4) 二者都强调研究过程的严格性。这是指将具体研究环节落到实处，现象学心理学要求研究者切实进行悬搁和描述等环节，自然科学路线要求研究者严格按照研究规划如实验设计等进行。(5) 二者都强调结果的公共性。也就是说，研究结果是可公开展现的知识，可以与学界或他人进行交流，能够接受批判和反思。

具体来说，现象学心理学与自然科学路线在研究方法上的区别体现为如下七个方面。

一、生活世界与实验室

现象学心理学与自然科学路线在研究方法上首要的不同，在于二者选取了不同的出发点。现象学心理学选取生活世界为出发点。生活世界是我们直接经验到的世界，按照存在现象学心理学的观点，它同时也是我们身处其中的世界。这样，研究者所研究的就是直接经验到的材料，换另一个角度看，是直接呈现给研究者的材料。与之相比，自然科学路线由于坚持自然主

① Mcleod, J. (2001). *Qualitative research in counseling and psychotherapy*. London · Thousand Oaks · New Delhi: Sage Publications, p. 41.

义的立场，选取的世界是自然物的世界。这个世界独立于研究者而存在，它遵循物理规律，它通过研究者的感官尤其是视觉为研究者所经验到。实验室是最能够体现这个世界的场所，它表现为一些因素的集合：这些因素能够为研究者通过观察等手段得到，其间存在因果关联。实验室本身独立于被试的存在，无论什么样的被试，所起的作用只在于使一些因素发生变化。研究者通过所观察到的不同因素的变化，得出其间的因果关系。

当然，正如我们将在下面介绍实验研究方法时看到的，现象学心理学也进行实验，但它的实验场所与自然科学取向的实验室不同。在现象学心理学研究中，实验中的一切是呈现给被试的，研究者通过如实分析被试的描述，得到实验材料；而在自然科学路线的研究中，实验中的一切呈现为具有因果关系的类似自然物的因素的集合，研究者通过观察等手段得到实验材料。事实上，这种差异主要反映了两种不同的看待世界的方式。

二、意向性与自然物

现象学心理学以生活世界作为出发点，生活世界与人有着直接的关联，与此一致，在研究中，现象学心理学将心理现象视作与对象始终相关联的存在，而且，心理现象具有意向性的本质。我们在第四章讨论经验现象学心理学时提到，心理现象的意向性本质意味着它始终指向对象，能够超越自身与对象直接关联，并且，这种关联是一种意义关联。举例来说，当我看到阳台上的这朵牵牛花，我的知觉指向这朵花，能够将这朵花直接呈现给我，使我与花有着独特的意义关联。自然科学路线由于采取了自然主义的立场，将世界视作自然物的世界，由此将心理现象视作自然物；心理现象存在于具体的时空之中，遵循物理的规律；对象独立于心理现象而存在，心理现象与对象之间存在因果关联。在自然科学路线看来，当我看到这朵牵牛花时，花是独立于我而存在的，它引起了我的注意，从而为我所知觉到。我的这一知觉过程发生在具体时空之中。具体来说，关于花的信息经过眼睛的物理加工，转换为神经冲动，最后在大脑中转化为心理现象。而在现象学心理学看来，所有这些都应视作研究者的前见被搁置起来。

三、意义与事实

在现象学心理学看来，心理现象具有意向性本质，与对象间存在着直接的意义关联。因此，所研究的心理现象是有意义的。对窗台上的牵牛花的知觉有着独特的意义，它不同于对面前的这台电脑的知觉。现象学心理学所寻求的就是人所经历的心理现象的意义。在研究中，现象学心理学往往会询问受访者，该经验活动的意义是什么，它意味着什么。从经验现象学心理学的角度看，心理现象的意义具有内在的结构，这种意义结构就是心理现象的本质，也就是研究的目标所在。与现象学心理学相比，自然科学路线将心理现象视作自然物，由此将心理现象视作纯粹的事实。这种事实遵循物理规律，它与其他事实相并列，是独立的存在。为强调这一点，操作主义甚至将心理现象落实为具体的操作步骤，如将皮肤的感受性落实到对不同物理距离的感受上。同时，事实可以如同化学元素一样，划分为更细微的组成部分。自然科学路线由此具有元素论倾向，这在铁钦纳的构造主义那里得到了明显的体现。自然科学路线采取了二元论观点，将客观与主观视作对立的范畴。而且它将事实视作客观的存在，将意义视作主观的存在，它主张研究的客观性，由此将意义排除出研究之外。

四、描述与说明

现象学心理学在寻求心理现象的意义的同时，认为这种意义可以为我们直接把握到。我们在第一章讨论胡塞尔的现象学观点时提到，直观具有感性直观和本质直观两种类型。在感性直观中，对象将自身呈现给我们；在本质直观中，对象将其本质即意义结构呈现给我们。因此，研究者可以在本质直观中，通过对心理现象的描述，获得心理现象的意义结构。在现象学心理学这里，研究的过程就成为对心理现象描述的过程。与此相对，在自然科学路线那里，研究者将心理现象视作事实，并发现它与其他因素间的因果等关系，这种发现的过程是一种说明(explain)过程。现象学心理学与自然科学路线在研究过程上因此体现为描述与说明的对立。进一步看，研究者在两种视角下进行着不同的活动：从解释学的角度看，在描述中，研究者进行解释(interpret)活动；在说明中，研究者进行推理(infer)活动。据罗曼尼欣(R. D. Romanyshyn)和华伦(B. J. Whalen)考证，解释的原意为“协商”，推理的原意为“带入”(bring into)。[①] 在协商中，研究者尊重研究对象，并展开开放的双边对话；但在推理中，研究者带着自己的观点，加到研究对象上，这

① Romanyshyn, R. D., Whalen, B. J. (1989). Psychology and the attitude of science. In: R. Valle, S. Halling (Ed.). *Existential-phenomenological perspectives in psychology: exploring the breadth of human experience*. New York: Plenum Press, p. 27.

是一个封闭的单边活动。因此，从现象学心理学的角度看，相对于说明，描述更能够忠于对象的原本面目。

此外，描述和说明也反映了两种不同的研究旨向：在描述中，研究者致力于发现对象是什么和怎么样（what and how）；在说明中，研究致力于发现对象为什么如此（why）。[①] 在现象学心理学看来，前者是更为根本的问题，只有在得到对象本质的基础上，才能够发现它与其他因素的关联。现象学心理学因此批评自然科学路线在未经充分反思到对象本身的情况下，盲目展开对因果性知识的探索。

五、质化与量化

现象学心理学通过描述发现心理现象的意义结构，由此得到其本质。这里的意义结构在研究材料中表现为有着整体关联的意义单元。在具体研究中，研究者通过区分意义单元，来发现心理现象的本质。这是一个质化分析的过程。当然，研究的结果即心理现象的意义结构，以质性的形式表现出来。与之相比，自然科学路线则是量化的。在研究中，自然科学路线的研究者预先设计好因素，换句话说，预先设计好范畴，通过观察被试的表现等，来发现各因素在频次或大小上的量化的变化，并通过计算各因素间的数量关系，得到因素间的关联。这样一个过程是量化的过程，所得到的结果也是以数量的形式表现出来。

需要指出的是，质化与量化并非截然对立的两种研究途径，质化并不等同于量化的对立面，许多现象学心理学家们都意识到这一点。正如乔治所力图澄清的那样："现象学取向并不是反量化的。"[②]在他们看来，采用质化还是量化，要依据具体主题而定。在现象学心理学研究中，也可以将二者结合起来使用。

六、开放性与假设检验

现象学心理学强调忠于心理现象的原本面目。在研究之初，研究者尽可能地反思自己的先见，并将其搁置起来。研究者在阅读研究材料中要贴

---

① Karlsson, G. (1993). *Psychological qualitative research from a phenomenological perspective*. Stockholm: Almqvist & Wiksell International, p. 14.

② Giorgi, A. (2005). The phenomenological movement and research in the human sciences. *Nursing Science Quarterly*, No. 1, pp. 75～82.

近现象本身，获得关于该现象的整体理解，然后在反复阅读中区分出意义单元。在整个研究过程中，研究者并不预先设定理论假设，而是保持一种开放性。在自然科学路线那里，研究者需要预先对研究进行充分的考察和设计。在实验室研究中，这一点体现得最为明显。研究者要充分考虑各种因素，并预先假定因素之间的关系，然后通过实验结果来验证原来的假设。

从研究的方向上看，在现象学心理学研究中，研究者从大量的研究材料中，得出心理现象的本质，这个过程自下而上，是一个上行过程。在自然科学路线那里，研究者预先提出假设，通过实验结果来验证假设，这个过程自上而下，是一个下行过程。

七、实践旨向与技术旨向

在以上对现象学心理学和自然科学路线的研究方法的比较中，可以看出二者不同的旨向。现象学心理学以生活世界为出发点，考察人的生活经验。在考察中，研究者尊重研究现象，力求保持开放性，来发现心理现象的意义。研究者所得出的结论能够促进人对生活乃至自身的理解，进而推进人的生活实践。与之相比，自然科学路线将研究对象视作自然物，对研究对象作预先的设定，通过操纵研究来发现因素之间的关联。研究者所得出的结论能够为社会提供技术，促进对心理现象的预测和控制。在这种意义上，二者的旨向存在截然的差异。

哲学家哈贝马斯(J. Habermas)提出，在认识中，人类的普遍兴趣是一种背景因素，起到重要作用。哈贝马斯提出三种兴趣：技术兴趣，指控制世界的兴趣；实践兴趣，指沟通与了解的兴趣；解放兴趣，指从限制中解放出来，获得自由的兴趣。[①] 以此观照两种研究方法，可以看出，现象学心理学研究方法侧重理解世界，具有实践兴趣；自然科学取向的研究方法侧重对世界的控制，具有技术兴趣。这里的问题在于，在技术兴趣中，控制世界主导了一切，抹杀了人的存在。例如，现象学心理学家苛费尔认为，心理学为主流的自然科学所统治，由此使得技术成为心理学的根本范式，导致马克思(K. Marx)所说的人的异化。[②] 与自然科学路线相比，现象学心理学在研究中持实践兴趣，能够更好地推进人的理解和实践。

---

① 艾四林著:《哈贝马斯》,湖南教育出版社 1999 年版,第 28～30 页。

② Kvale, S. (1973). The technological paradigm of psychological research. *Journal of Phenomenological Psychology*, No. 2, pp. 143～159.

第二节 思辨研究方法

思辨研究方法主要为思辨形态的现象学心理学所采用，它与现象学哲学保持着密切的关系，并且为现象学心理学的其他研究方法提供指导，但它与现象学哲学的研究方法又存在一定差异。我们在前一章提到，现象学心理学与现象学哲学的区别在于，前者处于世间层面，后者处于超越的层面。与此一致，思辨现象学心理学并不将世界进行彻底的悬搁，而现象学哲学则往往将世界进行彻底的悬搁。思辨现象学心理学继承了现象学哲学的研究思路，通过直观，对所给予的现象进行如实的描述，得到本质结构。在研究过程中，研究者采用思辨的方式，更确切地说，研究者通常以自己的经验为材料，进行反思。所谓反思(reflection)，指研究者以回返性(re)的方式，对现象进行思考(flection)。[①] 尽管研究者也可采用他人的材料，但一般不需要他人的参与。

一、研究过程

思辨现象学心理学的方法包括消极和积极两个部分。[②] 消极部分是指还原，起到过滤与还原的作用，将未达到现象学要求的材料和先见排除出去；积极部分是指描述，将现象的本质显现出来。在这里，还原包括三重含义：悬搁，指将关于对象的先前观点以及对象存在与否的观点悬置起来；本质还原，指摆脱事实以抵达本质；先验还原，指通过操作通向先验的主体性。当然这里的消极与积极并非绝对的，在本质还原中，已经含有对现象的本质考察。我们看到，福奇(F. Fouché)也提出了积极与消极部分的划分，[③]但他

① 倪梁康：《"反思"及其问题》，见《中国现象学与哲学评论》(第四辑)，上海译文出版社 2001 年版，第 93 页。

② 张廷国著：《重建经验世界——胡塞尔晚期思想研究》，华中科技大学出版社 2003 年版，第 40 页。

③ Fouché, F. (1984). Is the phenomenological reduction of use to the human scientist? *Journal of Phenomenological Psychology*, No. 2, pp. 107～124.

缩小了消极部分的范围，将其等同于悬搁。

1．**还原**。

（1）悬搁。它是指将关于对象的信念悬置起来，存而不论。与悬搁相对，自然主义未加任何反思地接过有关心理现象的假设，将心理现象视作存在于具体时空中的自然物，进而依照自然法则进行元素的划分和因果性的探究。具体来说，悬搁将有关对象的观点搁置起来，研究者充分意识到这些观点，并将它们且放在括弧中，使这些观点失去效应。所悬搁的内容包括两个方面：[①]关于对象的历史观点，指历史上关于对象的各种观点，如心理是潜意识、心理是类似计算机的存在，等等；关于对象的存在观点，如对象是自然物的观点等。这里包括两个相关问题：第一，悬搁并非怀疑现象的存在，而是坚持现象的存在。在悬搁后，我们恰恰能够面对无限丰富的现象本身。在这一点上，悬搁不同于怀疑，怀疑是一种设定，我怀疑现象的存在，其实是将现象设定为不存在的。第二，尽管胡塞尔从超越论的现象学出发，将悬搁视作通向超越论的现象学之路的一部分，但悬搁还是能够在世间的层面上进行，服务于思辨现象学心理学。也正是在这种意义上，胡塞尔将悬搁称作现象学心理学的还原。

（2）本质还原，即通过直观来认识本质的方法。我们在第一章提到，胡塞尔提出本质直观的观点，认为我们可以通过直观直接地把握本质。本质还原的具体操作是通过本质变更完成的。胡塞尔提出以下三个步骤：变更杂多性的生产性贯通；在持续的吻合中的统一性联结；从里面直观地、主动地认同那不同于差异的全等之物。[②] 具体来说，研究者首先随意举出一个范例，然后在此基础上通过自由想象，得出无限多的其他例子作为变项。接下来，研究者从范例和变项中可以看出它们的重合之处，这些重合之处就是不变项，也就是现象中普遍的成分。最后，研究者将范例和变项作为整体加以观察，既看到等同之处，又看到差异，其中的完全等同之处就是现象的本质成分。本质还原与自然科学路线的经验概括存在截然的区别，二者都从个别现象出发，但经验概括依赖于被经验到的东西，本质还原则可以通过无限变更突破这个局限，由此，经验概括只能得到或然的普遍性，而本质还原则可以得到绝对的普遍性。

（3）先验还原。思辨现象学心理学并不主张使用先验还原。我们在第一章提到，先验还原是通向超越论的现象学之路，现象学心理学处于世间层

① 张廷国著：《重建经验世界——胡塞尔晚期思想研究》，华中科技大学出版社 2003 年版，第 43 页。
② 胡塞尔著，兰德格雷贝编，邓晓芒、张廷国译：《经验与判断》，三联书店 1999 年版，第 402 页。

面，并不需要使用先验还原。乔治明确提出，先验还原不适合现象学心理学。先验还原悬置了任何涉及世界存在的问题，不同于现象学心理学坚持世界的存在，先验还原最终得到了先验的自我，而非经验的自我。乔治因此批评牟斯塔卡斯(C. Moustakas)的现象学方法，认为牟斯塔卡斯误解了先验还原，提出了错误的先验还原主张。①

2. **描述**。

描述建立在还原的基础上，只有进行了悬搁和本质还原等步骤后，才可以对现象进行描述。思辨现象学心理学在这里与自然科学路线截然：在自然科学路线那里，虽然也对现象进行描述，但却采取了先在的假设，通过一定的演绎，在此基础上进行描述；在思辨现象学心理学这里，由于进行了还原，研究者可以无先见地直面现象本身，排除了演绎。在描述中，研究者在还原基础上，从具体现象开始，“尽可能深入地分析被直观之物的直观可阐明的诸要素”，接下来“用纯粹从被直观之物本身中原初地产生出来的概念来纯粹地表述被直观之物”②，由此得到本质内容。

需要指出的是，在还原等问题上存在着诸多分歧。例如，乔治和沃兹都将现象学还原等同于悬搁；③而在扎哈维(D. Zahavi)看来，必须区分开悬搁和还原，前者是对自然主义等态度的悬置，可以比作进入研究的大门，后者则是对研究对象进行主题化。④ 其实，在胡塞尔那里，也是在双重意义上使用现象学还原：⑤将其等同于悬搁；将其等同于先验还原。胡塞尔在写给茵加登的信中甚至说，还原不仅在现象学中，而且在一切哲学中都是一件最困难的事情。⑥ 这也给后人造成了困难。

另一个问题是，思辨现象学心理学的具体研究过程细致入微，但研究者们似乎吝啬自己的笔墨，较少在研究过程上做出说明。在经验现象学心理学看来，思辨现象学心理学研究者通常难以交代清楚自己的研究过程。乔

① Giorgi, A. (2006). Concerning variations in the application of the phenomenological method. *The Humanistic Psychologist*, No. 4, pp. 305～319.

② 胡塞尔著，倪梁康选编：《胡塞尔选集》，上海三联书店 1997 年版，第 310 页。Husserl, E. (1977). *Phenomenological psychology*, The Hague: Martinus Nijhoff, p. 21.

③ Giorgi, A., Giorgi, B. M. (2003). The descriptive phenomenological psychological method. In: P. M. Camic, J. E. Rhodes and L. Yardley(Ed.). *Qualitative research in psychology: expanding perspectives in methodology and design*. Washington D. C.: American Psychological Association, p. 245. Wertz, F. J. (1997). Toward a phenomenological consumer psychology: an empirical investigation of buying. *Journal of Phenomenological Psychology*, No. 2, pp. 261～280.

④ 扎哈维著，李忠伟译：《胡塞尔现象学》，上海世纪出版集团 2007 年版，第 44～45 页。

⑤ 倪梁康著：《胡塞尔现象学概念通释》，三联书店 2007 年版，第 398 页。

⑥ 施皮格伯格著，王炳文、张金言译：《现象学运动》，商务印书馆 1995 年版，第 185 页。

治对此深有感受,他曾就萨特的研究指出:“尽管萨特的洞见清楚明白并有用,但并未提到他如何得到他所做的——也就是说,他呈现了结果,而非过程。”①

二、研究例证

我们在这里选取最有代表性的施皮格伯格的观点,来说明思辨现象学心理学方法的具体过程。施皮格伯格将研究过程划分为如下步骤:②研究特殊现象;研究一般本质;理解诸本质间的本质关系;观察显现的方式;观察现象在意识中的构成;将对于现象存在的概念悬搁起来;解释现象的意义。我们结合施皮格伯格对“力”的研究的例子,来说明具体的研究过程。但不幸的是,这不是一个心理现象的例子,但这并不意味着这是在进行纯粹的哲学研究。乔治等曾提出批评,认为学者们在使用施皮格伯格的方法时,并未意识到这种方法是为哲学服务的。③ 如我们在上面所进行的区分,这里所进行的是心理学的研究,尽管与哲学之间的界限较为模糊。

(1) 第一步是研究特殊现象。它包括三个阶段:对现象的直观把握;对现象的分析考察;对现象的描述。① 在对现象的直观把握上,施皮格伯格强调突出以下几点:首先,研究者从经验开始,直接把握对象。如我用力敲打键盘,或者在街上被他人撞了一下,这些经验成为研究的材料。其次,研究者需要摆脱许多先在的观点,如力具有物理性质。这里尤其要避免从感官偏见出发,如认为在我敲打键盘中看不到力,因此不存在这种东西。再次,研究者要借助特殊例子,如用力敲打键盘和被他人撞,这是两种不同的情况,一种是我在用自己的力,另一种是我受到外力的冲击。从特殊例子可以看出共同的情况:二者都涉及到身体,尽管并非纯粹生理的身体。最后,从特殊例子中展开考察。在主动用力中,身体先经历了两个阶段,第一个阶段是动员阶段,身体经历到变化,被力量“充满”,力所指的恰恰是这里的力量。第二个阶段是做出动作的阶段,身体尤其经历到“负荷”的“释放”,力正是指

---

① Giorgi, A., Giorgi, B. M. (2003). The descriptive phenomenological psychological method. In: P. M. Camic, J. E. Rhodes and L. Yardley(Ed.). *Qualitative research in psychology: expanding perspectives in methodology and design*. Washington D. C.: American Psychological Association, p. 244.

② 施皮格伯格著,王炳文、张金言译:《现象学运动》,商务印书馆 1995 年版,第 921 页。

③ Giorgi, A., Giorgi, B. M. (2003). The descriptive phenomenological psychological method. In: P. M. Camic, J. E. Rhodes and L. Yardley(Ed.). *Qualitative research in psychology: expanding perspectives in methodology and design*. Washington D. C.: American Psychological Association, p. 245.

这种变化的东西。在受到冲击中，身体由放松的非动态发生变化，感受到突然的发作，受冲击的那部分成为着力的区域。除了以上两种情况外，我们还看到其他的情况，如两球相撞的实验中，也会表现出力，但施皮格伯格在接下来的分析中略过了这种情况。② 在对现象的分析考察上，主要是查找出现象的诸种要素和结构，并以更简练的表达替代原来的表达。施皮格伯格从身体出发，认为力是一种连续的现象，它无法还原为各个部分，而是作为整体渗透到身体的某一区域，它表现出分布和强度两个方面。③ 在对现象的描述上，施皮格伯格强调描述要建立在直观和分析的基础上。描述以对现象的定位为前提，可以通过否定或者隐喻和类比的方法进行定位。描述主要是指示性的，它引导研究者通向本质。描述集中于现象的决定性方面，它不可能穷尽现象的全部方面。就力来说，最初只能将它定位于某物，它无法单独存在，在这种意义上，它是一种附属的存在，是某种"承载"它的东西的力；另外，它不是某种状态或属性等，而是一种特殊的存在，一种附着于物体尤其是身体的动态易变的准素质。

(2) 第二步是研究一般本质，也就是本质直观或本质还原。本质直观从殊相开始，也就是从具体例子开始。怎样从殊相达到共相也即本质呢？需要通过对殊相相似性的观察来抵达。施皮格伯格提出一个策略，即根据相似的程度将各种殊相排列起来，由此观察最相似的成分。对力的本质直观需要从特殊的例子出发，施皮格伯格为我们提供了按照典型动态体验顺序排列的例子，如猛掷、用力掷、掷、推、攻击、揪住、探查，或者相反的例子，如拖、拉、猛拉等。当然还有未充分显现的力，如趋向一边、感到被吸引、身体被拉向一边等。从这些例子中进行直观的把握，接下来，进行分析和描述，如同前面介绍的一样。

(3) 第三步是理解诸本质的关系，包括两种情况。首先是一种本质内部诸部分，对于现象来说是否是本质的。这需要运用自由想象变更方法，通过停止某些成分，或者用另一些成分来替代，来把握现象的本质。就力来说，可以停止考虑力的空间因素，或者以另一种情境来替代这种情境，结果发现对力没有影响，依次类推，可以得出力从本质上在一个领域普遍地延伸，具有强度，能增加或减少，永远无法达到最大值等。另一种情况是若干本质间的本质关系。将该现象的成分与其他现象相结合，依然通过想象变更进行。如将力和颜色相比，将会发现力与颜色一样，不能独立存在，它并不是自给自足的。

(4) 第四步是观察显现的方式，指考察现象是如何呈现给我们的。对象的显现有三种情况：对象向我们显现作为整体组成的其他侧面；对象可能提供给我们歪曲的透视图;对象呈现中的清晰程度。就力来说,它可以向我们显现多个侧面,如迎面碰上或在后面碰上等;力可以显现出透视上的差别;力可以以不同的清晰度显现出来。

(5) 第五步是考察现象在意识中的构成,这里的目的并不在于进行先验还原,而是确定现象在意识中规定自身并具体化的方法。就力而言,研究者的目的在于观察我们对不动的事物的知觉是如何获得力这种性质的。在力中,力与某一特殊肢体的膨胀感和轻微的尝试运动联系在一起,它不包含任何紧张的体验。

(6) 第六步是悬搁存在信念,指将对象存在与否的信念悬搁起来,集中于现象本身。在力的现象中,将有关力的各种观点悬搁。例如,对于"动员我们的力量"这个表述,容易被指责为关于力的一种"神话",悬搁使得我们直接面对这个神话,对于我们关于力的体验进行如实的考察。施皮格伯格认为,对于那些摆脱了存在偏见的研究来说,是可以不用进行悬搁的。为此,他将悬搁置于后面阐述。胡塞尔在《逻辑研究》的一些具体研究中,就没有使用这一步骤。

(7) 第七步是解释现象的意义,指对现象的意义进行解释性的分析和描述。对于力来说,可以肯定的是,它给予人的存在支配世界的手段,因此,即使在身体存在的范围内,力也起某种作用,并且具有无法直接理解的意义。但施皮格伯格止住了研究,他将研究限定在现象学的直观范围内。

我们看到,最后一步已经越出胡塞尔的范围,进入解释研究领域。思辨现象学心理学主要以胡塞尔的观点为代表,采取描述的方法。那么,在思辨现象学心理学中是否可以进行解释的研究?答案是肯定的。萨特的情绪研究就是一项解释研究,他从人的在世之在出发,考察情绪的意义,最终得出结论:情绪是意识的一种存在方式,是意识用于领悟其在世的一种途径。现在的问题在于,能否在描述的基础上进行解释的研究?施皮格伯格说,他是以"很大的犹豫"①提出这一步的。科克利曼斯指出,施皮格伯格的第六步与第七步是相矛盾的,②原因在于,在第六步中经过了先验现象学还原,无法在此基础上进行解释的研究。不过,我们看到,在第六步中,也可以不使用先验还原,由此可以进行解释的研究。这样,施皮格伯格便在"犹豫"中迈出了正确的一步。

---

① 施皮格伯格著,王炳文、张金言译:《现象学运动》,商务印书馆 1995 年版,第 958 页。

② Kockelmans, J. J. (1971). Phenomenological psychology in the United States: a critical analysis of the actual situation. *Journal of Phenomenological Psychology*, No. 2, pp. 139~173.

第三节 实验研究方法

实验研究方法主要为实验形态的现象学心理学所采用。实验现象学心理学继承了欧洲早期的实验研究传统,从具体的问题入手,采用实验的方式进行研究,对现象进行细致的观察和描述,从而得出严谨的结论,该研究方法缓慢而扎实地推动了心理学的发展。从自然科学路线所盛行的实验方法来看,实验现象学心理学的方法是唯一可称道的现象学心理学方法。实验现象学心理学主要盛行于欧洲,由于欧洲现象学心理学的没落,这种方法在今天已较少使用。现象学心理学的实验研究方法采取了描述取向,通过发现心理的组织方式来考察心理的本质结构,它与胡塞尔的现象学主张是一致的。蒂内斯在考察实验现象学心理学时说:"由严格的胡塞尔传统的现象学在一些实例中所引起的争端,在于与实验心理学的实际对立,以及对纯粹描述取向的支持。"①这里的实验心理学是指自然科学路线,它强调通过对被试得到客观的研究材料,并不关注被试的直观和描述。因此,现象学心理学的实验研究方法体现了与自然科学路线的实验方法的差异以及后者的不足。

一、现象学实验方法与传统实验方法的比较

现象学心理学的实验方法采取了现象学立场,它以生活世界为出发点。我们在第三章看到,在米肖特那里,研究的出发点是"现象世界",也就是直接呈现给我们的世界。实验现象学心理学与自然科学路线的实验方法形成明显的对照,后者并不以生活世界为出发点,而是以建立在生活世界之上的"科学世界"为出发点。进一步,现象学心理学的实验方法强调忠于心理现象的原本面目,直接面对心理现象本身;自然科学路线的实验方法强调客观性,反对将主观经验加入到实验中。接下来,现象学心理学的实验方法反对采取先在的假设;自然科学路线的实验方法强调将研究假设彻底贯彻到实

① Thines, G. (1977). *Phenomenology and the Science of Behavior*. London: George Allen & Unwin, 1977, p. 131.

验中去。因此,在研究对象上,实验现象学心理学的方法关注呈现的现象,现象与被试间存在直接的意义关联;自然科学路线的实验方法关注事实,反对事实中搀杂意义。而且,现象学心理学的实验方法通过描述,发现心理的本质结构;自然科学路线的实验方法通过观察事实,来验证已有的理论假设。

在现象学心理学的实验方法里,可以看出自然科学路线的不足。伊根(L. J. Egan)研究了实验情境中的实验者与被试的经验,揭示了自然科学路线客观性追求的内在缺陷。他在自然科学路线的实验情境中,请被试看 45 张墨迹卡片,用 10 点量表报告所感受到的卡片的鲜活程度,之后请被试就自己的经验填写开放式的问卷。伊根对材料进行经验的现象学分析,得到实验者和被试经验的主题,分别如表 5-1 和表 5-2 所示:

表 5-1 对描述实验者经验主题的反思①

描述主题	心理学主题
1. 实验者创设并维持非个人态度的努力	客观性
2. 心理学实验的社会语法	客观性
3. 为使实验更倾向于客观而进行的改进	客观性
4. 纪录被试的物理和社会品质	客观性
5. 实验者自身的情感	客观性
6. 实验进行中的偏差	实验的非标准化方面
7. 无法预期或控制的事件	实验的非标准化方面
8. 实验者与被试关系的描述	实验者与被试的关系

表 5-2 被试对第一个问题的开放性描述②

描述主题	心理学主题
1. 被试描述并记录实验者的非个人态度的作用	客观性
2. 一些被试描述说缺少日常社会原始纪录(心理学实验的社会语法)	客观性
3. 一些被试报告了情感(不知道期望什么,混乱和不确定性)	被试的经验
4. 所有的被试报告了与实验任务有关的经验	被试的经验
5. 一些被试力图发现实验任务和整个实验的意义	被试的经验

① Egan, L. J. (1980). *The experience of the subject and the experimenter in the experimental situation*. Doctoral Dissertation of Duquesne University, p. 129.

② Egan, L. J. (1980). *The experience of the subject and the experimenter in the experimental situation*. Doctoral Dissertation of Duquesne University, p. 176. 该问题是"请描述你在实验中的经验"。

在表 5-1 中，主题 1、2、3、4、5 都体现了实验者的客观性追求，尤其在第 1 个主题中，实验者竭力保持研究的客观性。在表 5-2 中，主题 1 和 2 也体现了实验的客观性主题。但在实验者与被试的描述中，同样体现出经验的作用。在表 5-1 中，实验者注意到，与被试的关系能够影响实验。在表 5-2，主题 3、4、5 充分体现出被试经验的地位。例如，在主题 5 中，一些被试力图对实验进行理解，而这些在自然科学路线中是被排斥甚至忽略的。

与伊根的研究相比，佩罗特(L. A. Perrot)更深入地揭示出自然科学路线对客观性追求的不足。他指出，自然科学路线采取了客观性的姿态，强调消除个人偏见、倾向性和先入之见等，但遗忘了研究者的现实存在。研究者是存在于世界之中的，他无法脱离世界，并对世界进行客观的假定。① 佩罗特对三个实验者的经验进行分析，得到如下六个主题。② (1) 实验者的传记背景与研究规划的"科学"规划之间存在直接的关系。如在实验者 3 中，表现为教育背景、与问卷选择问题有关的个人经历、通过使用问卷将自我与被试独立开来的动机等。(2) 自然科学规划的社会情境直接影响了研究的实施。如在实验者 2 中，表现为院系的社会情境尤其是学位论文的评审委员、评审委员表现和强化的科学标准等。(3) 被试的传记背景与他们在实验室研究中的参与直接关联，如在实验者 3 的描述中，贵格会教徒的助人动机对参与起到重要作用，该教会主张的"人之吁求"对合作起到重要作用。(4) 被试的经验在指导实验室行为中处于主要地位。如在实验者 1 的描述中，实验室中的老鼠在喝水时，依经验行动，几乎不需要寻找，这与"野生"的老鼠形成明显的差异。(5) 实验者的观点在赋予实验室的"科学"意义中处于主要地位，如在实验者 2 的描述中，实验者与被试间在观点的差异、选择过程与标准、体验的焦虑对"科学的"焦虑、数学意义对经历的意义等方面存在着差异，在这些差异中，实验者处于主导地位。(6) 在自然科学方法本身的每一重要方面，都存在着相关的经历特征，具体表现为如下六个方面：将实验方法用作"科学现实的指示器"，指通过实验方法将现象的某些方面视作更真实的，同时排除其他的方面；"客观"语言的具体化作用，指通过"变量"等术语来构成实验室的现实；以对现象的分解和"客观"语言为依据，进行因果思维，如通过自变量与因变量的因果关系进行研究；通过输入—输出框

① Perrott, L. A. (1979). Lived aspects of natural scientific method. In: A. Giorgi, C. Fischer, and E. Murray (Ed.). *Duquesne Studies in Phenomenological Psychology*: Volume Ⅲ. Pittsburgh: Duquesne University Press, p. 97.

② Perrott, L. A. (1974). *Research on research: a human science investigation*. Doctoral Dissertation of Duquesne University, p. 118.

架歪曲经历的现象，指以实验条件等为输入端，以被试的客观反应为输出端，由此将被试的真实经验架空；将数量的测量建立在经历的领域之上。由此可以看出，在自然科学路线的实验中，实验者倾向于从实验室向非实验室领域推广，扩张科学世界，同时却遗忘了自身与被试的经验，遗忘了生活世界。

二、研究方法的特征

现象学心理学的实验研究方法究竟是怎样的？在这一点上，我们并未得到确切的答案。实验现象学心理学家投身于实验，较少对研究方法进行理论总结，这与思辨现象学心理学形成了有趣的对照。在思辨研究方法那里，研究者明确提出自己在方法上的理论主张，但较少呈现研究过程。在实验研究方法这里，研究者明确指出研究的具体过程，却较少澄清自己的方法主张。我们尝试通过以下几个方面来勾勒出实验研究方法的面貌。

第一，现象学心理学的实验方法的目的在于发现人与世界的关联。从人的角度看，人处于世界之中，人与世界的关联体现为经验的组织结构；从世界的角度看，世界在向人的显现中呈现出现象的具体构造。例如，实验现象学心理学家鲁宾发现的图形—背景规律，体现了经验的组织结构：心理指向的核心是图形，在指向核心过程中，还将其他成分视为背景；它同时也体现了现象的构造：世界在呈现过程中，一部分呈现为图形，一部分呈现为背景。

第二，研究的核心思路在于演示。① 实验者通过改变条件，向被试演示现象，请被试进行如实的描述。实验者的演示过程事实上是向被试呈现现象的过程。被试在观看现象时，与现象产生了直接的意义关联。被试将所给予的一切描述出来，给实验者提供经验的描述材料。所以，在这种意义上，研究者的演示是一条获得原始材料的途径。在知觉实验中，实验者通常使用简单的图形，通过改变大小、形状、颜色或时空位置来演示现象。在具体演示中，实验者通常改变条件，使得现象以多种方式呈现给被试，这类似于思辨现象学心理学的想象变更。

第三，研究者也提出假设，并寻求结果的确证。但这里的假设并非因果性的假设，而是演示与被试的描述间存在怎样的关联。假设的最终目的在

① Vicario, G. (1993). On experimental phenomenology. In: S. C. Masin (Ed.). *Foundations of Perceptual Theory*. Elsevier Science Publishers B. V., pp. 202～203.

于更精确地呈现现象,并不在于发现现象的本质结构。落实到实验的变量上,研究者并不寻求变量间的因果关系,而是进行描述。因此,与自然科学路线相对的自变量不再是原因,而是现象出现的条件,由实验者变换;与此相应,因变量并非实验者的客观反应,而是实验者对现象的描述。实验者致力于发现现象的本质结构,对因果关联并不感兴趣。

第四,实验的材料是被试的描述。被试通过言语如实地将现象呈现出来,研究者通过对言语描述的分析来发现经验的本质结构。我们由此可以理解,为什么米肖特如此重视言语的作用。

第五,实验者与被试处于平等的对话关系。实验者充分尊重被试的经验,在与被试平等的交流中获得被试对现象的描述,将其作为第一手材料进行分析。我们在第三章看到,哥本哈根学派的特征之一就是将实验本身视作一种沟通的情境。

第六,实验以发现质化的结构为主,但并不反对量化的方法。实验者在确定操作的条件时,充分重视物理的数据,但并不将其视作解释经验的原因。实验者在分析被试的描述时,也会使用数据进行分析,但反对将量化的方法作为唯一的方法。卡茨说:"对心理学而言,统计是绝对必要的,但它将始终是一门辅助学科。"①

三、研究例证

我们选取米肖特的"工具效应"知觉的研究,②来说明现象学心理学的实验方法的具体研究过程。这项研究发表于1951年,是献给他的好友卡茨的。

米肖特的研究分为三个阶段:设计演示,以产生所研究的现象;改变演示条件,以发现最佳的演示条件以及现象遭到破坏的条件;获得被试的详细描述。在这项实验中,米肖特使用了圆盘法。这种方法使用以硬纸制成的圆盘,圆盘上画有一固定宽度的弧,弧可涂色,绕圆盘中心展开。将圆盘放在一屏幕后,屏幕上有一固定宽度的水平缝隙,圆盘转动时,可以看到矩形在缝隙上沿水平线运动。

这项实验共分为七个分实验,我们主要来看分实验一。在这项分实验

① Katz, D. (1952). David Katz. In: E. G. Boring, et al. (Ed.). *A History of Psychology in Autobiography*: Volume Ⅳ, New York: Russell & Russell. p. 194.

② Michotte, A. (1991). The perception of the "tool effect". In: G. Thinès, A. Costall, G. Butterworth(Ed.). *Michotte's experimental phenomenology of perception*. New Jersey: Lawrence Erlabaum Associates, Inc., 1991, pp. 87~103.

中，米肖特设计了三个由小到大的圆盘，使小圆盘小于大圆盘的弧。将小圆盘置于大圆盘上，三圆盘叠放在屏幕后，出现了面积相等的红色正方形 I 与黑色正方形 B(5×5 mm)，在特定时刻，出现黑色长方形 A(8×5 mm)。米肖特操纵圆盘，使 A 以一定速度向静止的 I 运动。A 接触 I 后停止，I 开始以慢一些的速度向静止的 B 运动。I 接触 B 后停止，B 以更慢一些的速度运动到缝隙边缘。米肖特通过改变三者的速度，以及 I 和 B 之间的距离，确定了所研究现象的条件。接下来，米肖特变换条件，请被试看缝隙，描述所看到的一切。

结果发现，被试报告了两种典型情况。在第一种情况中，所有被试只看到一种现象：A 是动因，“做了所有一切”，包括启动了 B。被试看到两种影响：A 对 I 的影响，I 对 B 的影响。被试报告说，A 启动了 I—B，I 仅仅起到传送的作用。在第二种情况中，当变换条件时，被试报告说看到两种现象：A 启动了 I；I 在持续一段时间后启动了 B。A 仅对 I 产生作用，I 是自主的，具有独立地位。米肖特举出两种相应的日常生活例子。在玩台球活动中，台球手击中的球在较短距离内撞击另一个球，会产生第一种情况。在九柱戏活动中，受作用的球在运动了很长距离后撞击另一对象，会产生第二种情况。由此可以得出，在特定条件下初始的冲力与最终的效应间存在一种特殊的“传送”，在中间起作用的对象是惰性的、被动的。

米肖特在接下来的其他六个实验中，变换条件，依然得到了相同的结果。他得出结论说：“我们研究的根本发现在于，中介物的介入显现为纯粹被动的，依赖于原动对象的活动，它作为一个组成部分，与原动对象一起，被结合起来；正是上述这些给予了它独特的现象面貌。”[①]米肖特将此称作工具效应。它独立于身体机能等物理条件的存在，是知觉的结构性组织的一个方面，展现了特定条件下人与世界的关联。米肖特甚至推测，这一实验结果标志着人类起源时，意向地使用工具的开端。

---

① Michotte, A. (1991). The perception of the “tool effect”. In: G. Thinès, A. Costall, G. Butterworth(Ed.). *Michotte's experimental phenomenology of perception*. New Jersey: Lawrence Erlabaum Associates, Inc., 1991, pp. 97～98.

第四节　经验研究方法

现象学心理学的经验研究方法主要为经验形态的现象学心理学所采用。经验现象学心理学有着自觉的方法意识，它不满于思辨研究方法的难以操作，也无意于实验研究方法。经验研究方法开辟了新的道路，提出经验现象学心理学方法，为现象学心理学作出了卓越的贡献。经验研究方法有着可推广的研究程序，这是其他形态所无法比拟的。经验研究方法成为现象学心理学中最成熟、最流行的方法，也是质化的研究中常用的方法。经验研究方法的使用者赞同胡塞尔的观点，认为研究的目的在于获得普遍的知识，澄清心理的本质。他们也与胡塞尔一致，认为心理的本质在于其意义结构。在这种意义上，经验研究方法表现出结构取向，它通过描述经验，得到本质。乔治是经验研究方法的主要倡导者，他甚至将自己的方法称作"描述现象学心理学方法"。但经验研究方法做出了重大的改造，不再采用思辨的方式获得自己的描述材料，而是通过访谈等方式获得合作者(co-researcher)描述经验的原始材料。这样，经验研究方法更侧重通过他人尽可能多的形式来得到心理的本质。它通过对材料进行质化的分析，发现其中的意义范畴，将这些范畴加以整合和转换，得到经验的本质。它最后所得出的是关于心理现象实质的本质，而非形式的本质。

一、研究过程

尽管各研究者之间存在一定的分歧，但我们可以从总体上将经验研究方法划分为如下过程：第一，研究者悬搁自己的先在观点，澄清自己所要研究的现象，通过访谈等获得关于该现象的原始描述材料。第二，研究者将访谈材料分成意义单元。研究者在熟悉原始材料的基础上，通过不断阅读获得原始材料中的不同主题。这些主题并非研究者先在的设计，而是在研究者与材料熟悉的过程中自行呈现的。第三，将情境结构转化为普遍结构。研究者将原始材料中的主题加以聚合，形成了关于该现象的情境结构。情境结构是以日常语言来表述的,需要转化为心理学的科学语言。研究者进一步反思原始材料,并结合他人的研究得到普遍结构。第四,形成研究结果,并进行交流。研究者将普遍结构描述出来,首先与经验的描述者交流,并根据后者的意见进行修正,最后形成文本,同其他研究者进行交流。

我们以乔治的方法为例,来看具体的分析过程。乔治的方法称作"描述现象学心理学方法",是现象学心理学迄今最成熟的方法,也是当前最为流行的方法。按照乔治的观点,可以将研究过程划分为如下六个环节,如图 5-1 所示。

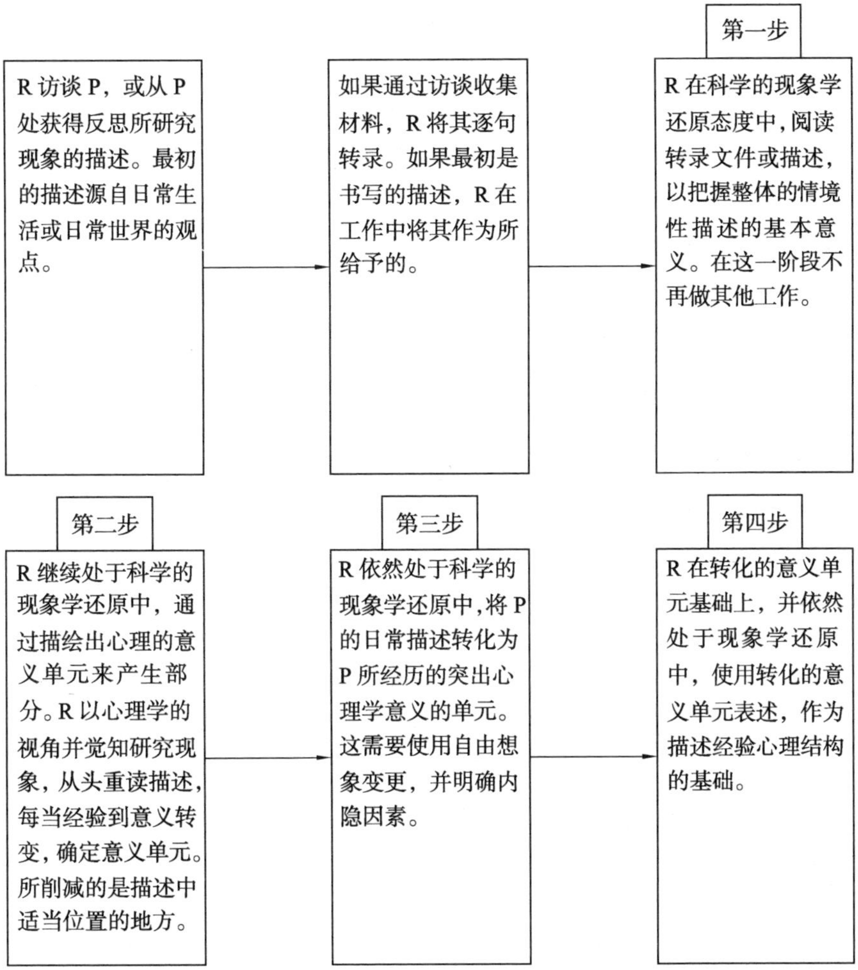

图 5-1　描述现象学心理学的研究流程(R 指研究者,P 指合作者)①

① Giorgi, A., Giorgi, B. M. (2003). The descriptive phenomenological psychological method. In: P. M. Camic, J. E. Rhodes and L. Yardley(Ed.). *Qualitative research in psychology: expanding perspectives in methodology and design*. Washington D. C.: American Psychological Association, p. 254.

描述现象学心理学方法的前两个阶段是获得研究的原始材料，这些描述经验的材料称作原始记录(protocal)。研究者可以通过多种方式获得原始记录，如乔治在图中所指出的，可以通过访谈的方式，请受访者讲出关于该心理现象的具体经验。这是最为常用的一种方式，这种方式借助研究者与受访者的互动，能够获得对有关研究对象的深入而详尽的描述。研究者可以通过多种途径选取受访者，如登报、选取自己的朋友等。受访者的数量通常为三个，目的在于呈现该主题的多种形式，但又不致使研究任务过于庞大。研究者对于受访者本身的条件并无太大要求。

访谈通常是一对一的开放式访谈。研究者通常告诉受访者："请描述一种你……的情境。"受访者围绕该主题，将自己的经验讲述出来。研究者需要明确的是，访谈是有限度的，通过访谈，并不可能穷尽来访者的经验。访谈可以采取无结构形式，请合作者将现象详尽描述出来，多依照时间顺序。访谈也可以采取半结构形式，但要避免自己的偏见。在乔治的研究中，多采取无结构的形式。研究者通常用录音的方式记录，并在事后转化成文字材料。

需要指出的是，访谈过程是一个非常复杂的动态过程。按照苛费尔的观点，可以将其分为如下12个方面：访谈集中于受访者的生活世界；它力图理解受访者生活世界中现象的意义；它是质化的，考察心理现象的质性方面；它是描述的，力图描述受访者的经验；它是具体的，所描述的是具体情境中的经验；它是无预设的，尽可能开放地收集材料，不采取先在的范畴；它聚焦于要研究的主题，与此一致，苛费尔提倡半结构的访谈；它能够面对受访者模糊甚至是矛盾的描述，并通过与受访者的互动加以澄清；它能够面对受访者叙述描述的变化；它要求研究者对受访者的叙述保持敏感，以随时进行澄清和发掘；它是人际的，需要研究者和受访者在互动中得到关于主题的深入描述；它能够使得受访者产生积极的体验，受访者对该主题感兴趣，并在叙述中能够加深对该主题的理解。①

除了以上外，研究者也可以采用其他方式。如可以请受访者写下自己关于该现象的经验，如范卡姆在其现象分析法中，就采用了这种方式，请受访者写出感到真正被理解的经验。研究者也可以采用出声思维的方法，如安斯图斯在研究下象棋过程中的思维时，请被试随时报告出自己的经验过程。另外，研究者还可以采用观察法，通过研究者或他人的视角，来得到某

① Kvale, S. (1983). The qualitative research interview: a phenomenological and a hermeneutical mode of understanding. *Journal of Phenomenological Psychology*, No. 2, pp. 171～196.

个主题的表现。研究者甚至结合多媒体技术,将被试的表现记录下来。这在研究婴幼儿的心理世界中经常使用。在获得原始记录后,研究者开始对其进行分析。这是描述现象学心理学方法中最重要的环节,如图 5-1 所示,这体现为四个具体步骤。

在第一步,研究者通篇阅读,获得整体意义。研究者首先要采取科学的现象学还原态度。科学的现象学还原态度源自胡塞尔的超越论的现象学还原态度,但与后者不同的是,它相信世界的存在,并不将世界搁置起来。研究者采取这种态度,需要充分意识到自己的前见,并将其搁置起来,以直接面对现象。在最初面对现象时,研究者需要有一种整体的把握,因此需要阅读整个材料,把握到材料的整体意义。乔治将这一步视作必要的出发点,为接下来的分析奠定基础。

在第二步,研究者确定意义单元。研究者面临庞大的原始记录,无法一步到位地把握其意义。因此,研究者需要在获得整体把握的基础上,先确定材料的部分意义即意义单元。由于意义单元是在整体的基础上形成的,且具有内在的关联,因此不同于自然科学路线得到的元素式的成分。研究者在这一步需要对材料的内涵保持高度敏感。在确定意义单元时,以经验到意义发生转变为标志。研究者反复感到原始记录的意义在某处发生明确的变化,就可以在此处做出标记,表明前后是两个不同的意义单元。研究者用日常用语,将这一意义单元表达出来。需要注意的是,研究者在与原始记录对话的过程中产生意义单元,而不像自然科学路线所认为的那样,将现象视作独立于研究者的存在。

在第三步,研究者将意义单元转化为心理学意义上的表述。这一步是分析的核心。原因在于,所得到的意义单元用日常语言来表述,它局限于受访者的经验,是特殊的。研究者需要加以提炼,使其不再与受访者存在直接关联,从而达到一定的普遍层次。这种转化事实上是从情境结构到普遍结构,从日常现象向普遍本质的转化。在这一步中,需要使用自由想象变更,以得到普遍意义上的成分。乔治提醒我们注意,在这一步,需要注意两个问题。首先,研究者需要从意义单元与整体的关联上进行提炼,而非单方面深入到意义单元中去。其次,研究者要避免使用已有的理论观点进行提炼,尤其是避免使用理论负载的概念,因为这容易使研究者受到前见的影响,从而无法反映出心理现象的原本面目。研究者在这一点上,甚至可以创设心理学的语言。

在第四步,研究者将转化后的意义单元结合起来,得到普遍结构。研究者在这一步依然需要进行现象学还原，以使得各意义单元更好地形成普遍结构。

二、研究例证

我们以兰德里奇(D. Langdridge)的急性感染经验研究为例，来看现象学心理学的经验研究方法的具体应用，我们将着重考察主题的提取过程。兰德里奇使用乔治的描述现象学心理学方法，研究了感染 A 型肝炎患者的经验。A 型肝炎是一种急性病毒传染，将导致肝脏发炎。病毒存在于粪便中，通常通过卫生较差的个人或性活动传播。目前还没有有效的医学治疗，病人需要休息，健康饮食。康复后终生免疫。

兰德里奇访谈了一位 34 岁的英国男性(简称 P)，请他以书面方式写下患病经验。兰德里奇获得材料后，首先在悬搁先见基础上，进行多次通读，以获得整体的意义。接下来，兰德里奇进行第二步分析，从描述材料中区分意义单元。这个过程依然需要多次阅读，兰德里奇将材料区分为 22 个意义单元，对每一部分进行提炼，最终得到的部分结果如表 5-3 中间栏所示。

表 5-3　急性感染经验描述的分析①

最初文本	意义单元描述	心理意义
(1) 在一夜痛饮后，我带着想来是巨大的宿醉醒了，头疼，身体疼痛，脱水，感到恶心。这是星期六的早晨。	P 在一夜痛饮后醒来，带着他认为是糟糕的宿醉症状。	(1)+(2)+(3)+(5)P 经历到熟悉的症状，这最初并未使他担忧。然而，当症状恶化并持续时，经过与伙伴的讨论，P 不得不修改他的自我诊断，结果，他更加关注自己的情况。
(2) 知道要做什么，我竭力拿来些流质食物，吃了一些，但状况未见好转。	P 熟悉宿醉的症状，他以通常的方式缓解效果，但并未取得预期的作用。	

① Langdrigde, D. (2007). *Phenomenological psychology: theory, research and method*. Harlow: Pearson Education Limited, pp. 96～101.

最初文本	意义单元描述	心理意义
(3) 经历了一天后，宿醉消失了，但我依然觉得很糟——恶心，发烧，出汗，头晕，皮肤有些颤栗，腹泻。	随着一天过去，P认识到宿醉症状减轻，但依然觉得很糟。	
(4) 我们在布拉格度周末假期。我想与伙伴一起去看城市的一些地方，陪他一起走走，我想成为一个与别人在一起很愉快的人。	P在度假，非常期望去看看城市的一些地方，并好好地陪他的伙伴。	
(5) 我们现在意识到，我不仅仅是持续的宿醉，我感到自己要病倒，得了病毒、流行性感冒或其他病症，这时机选得真差。	P和伙伴都逐渐觉察到他所经历的症状不再表现为宿醉，相反，他们设想可能是另外的病症，但比较熟悉，如伤风或流行性感冒。	
(6) 去外面看风景、吃饭有些困难，我疲倦了，真的不想吃或喝，因此真的不得不强迫自己吃和喝了一点。我晚上进了一些食物，但此后没有陪伙伴太多时间。晚上较冷，我裹得很紧，但痛时抖得厉害。一回到宾馆，我就疲惫不堪，浑身冰冷，我只想睡觉，但不久就满身大汗地醒来。 ……	P继续竭力像正常度假一样活动，但随着症状恶化，他发现过度疲惫。吃喝非常困难。P还认识到他不是伙伴的好陪同。 ……	随着症状恶化，P发现像正常度假一样活动越发困难，并且发现与伙伴维持好的关系尤为困难。 ……

在第三步，兰德里奇对所得出的意义单元进行评价，忽略没有心理意义的单元，保留有心理意义的单元，最终得到心理意义如表5-3右边栏所示。

在第四步，兰德里奇将主题加以聚合，得到了急性感染经验的个体描述结构如下：

“对于这项研究中的参与者来说，A型肝炎经验始于熟悉的症状。起初，他将这些症状归因于自己以前的情况，因此并不担心。然而，当症状无法减弱时，他通过与有意义关联的他人讨论，不得不修改自己的自我诊断，并作出结论说，他有了更持久的疾病，但依然是他所熟悉的疾病。随着时间的推移，症状并未改善，P向他的医生寻求建议。然而，他并未感到他受到严肃的处理，他为医生没有把握住情况的严重性感到失望。随着时间的继续推移，P开始想必定有某种更严重的问题出现，因此再次寻求医生的建议。他这次看了另一位医生，他感到症状的严重性得到了承认，这使得他立即住院。在医院时，P经历了大量的医学干预，结果，他发现医院既限制又使人晕头转向，只有饭菜是以固定和熟悉的方式提供的。P发现他在医院被问到的问题是侵入性的和指责性的，带有一种他由于通过不当的性行为导致自己的疾病而负责任的意思。由于不再可能有什么治疗，P出院回家，他在家中感觉更舒适。作为医院承认的结果，P感到他的伙伴最终完全认可了他状况的严重性，结果变得更支持和同情他。随后的诊断导致模糊的情感，但P既为得知疾病是急性的且长时间内无害感到宽慰，当揭示疾病可能的传输路线时，也有一些憎恶。甚至在离开医院后，P发现他不得不去进一步回答关于自己疾病的可能途径的问题。只有当他收到积极的检测结果，确证自己的健康感时，他才完全脱离专业的治疗。回顾时，P感到他接受的专业治疗没有达到自己期望的水平。"①

第五节　解释研究方法

现象学心理学的解释研究方法主要为解释形态的现象学心理学所采用，它是在现象学心理学的经验研究方法基础上发展起来的。由于侧重实践，它在当前得到了越来越广泛的应用。与现象学心理学的经验研究方法不同，解释研究方法强调研究的灵活性，并不重视逐步的研究程序。从词源上看，英文"research"(研究)形象地体现了解释研究的意义。这个词由"re"和"search"构成，"re"的含义是"反复"、"加强"，"search"源自拉丁文"cir-

① D. Langdrigde(2007). *Phenomenological psychology: theory, research and method*. Harlow: Pearson Education Limited, pp. 96～101.

care"，意指"绕……走动"。[①] 因此"research"是指对对象进行反复而详尽的考察。现象学心理学的解释研究方法认为，研究的目的在于通过对研究对象的深入理解，打开新的意义世界。

一、一般研究过程

现象学心理学的解释研究方法将研究过程视作解释学的循环过程。研究者最初对文本产生初步的整体理解，接下来，在对文本各部分的深入理解中，研究者可能会改变自己的整体理解，产生新的整体理解。研究者在对文本的整体与部分理解之间循环往复，这个过程是无限的。当研究者获得了整体的、没有矛盾的意义，也即获得了"格式塔"时，便可以结束研究。

我们现在来看具体的研究过程。研究者在进入研究时，不再悬搁自己的先在观点，而是带着已有的观点进行研究。解释现象学心理学家通常使用棱镜的隐喻：转动棱镜时，某一面开启，而另一面隐蔽，因此全方位的理解是不可能的。但这并不意味着研究者不需要任何准备，恰恰相反，研究者要充分反思自己，澄清先在观点和潜在假设。接下来，研究者确定研究对象，并获得文本。在现实生活文本中，研究者与经验现象学心理学一致，通过访谈获得研究材料。但研究者的引导性问题不再侧重"发生了什么"，而是"那意味着什么"。受访者数量一般较少，解释现象学分析甚至提倡一个受访者。在回忆与文学文本中，研究者可根据需要选择某一文学作品、戏剧等文本进行分析。如波利齐通过对《马尔科姆 X 自传》的分析来研究黑人种族歧视的经验；[②]贾格尔则通过对自己童年往事进行分析，开展节日研究。[③] 在分析材料中，研究者不再像现象学心理学的经验研究方法那样，停留在受访者的描述上，而是进行延伸性的阐述。研究者将文本放大，以达到更深入的理解。由于解释现实生活文本和回忆与文学文本存在较大差异，以下分别对其分析进行探讨。

---

① Klein P., Westcott, M. R. (1994). The changing character of phenomenological psychology. *Canadian Psychology*, No. 2, pp. 133～158.

② Polizzi, D. (2003). *The experience of antiblack racism: a phenomenological hermeneutic of The Autobiography of Malcolm X*. Doctoral Dissertation of Duquesne University.

③ Jager, B. (1997). Concerning the festive and the mundane. *Journal of Phenomenological Psychology*, No. 2, 196～234.

二、现实生活文本的分析

现实生活文本指通过录音等方式记录下来的生活的言语表述，对它的分析通常采用主题分析的方式，这种分析方式较接近现象学心理学的经验研究方法，但由于理论基础的不同，它更强调研究者与材料的对话，强调研究者自身的参与和投入。

我们通过解释现象学分析来看现实生活文本的分析。解释现象学分析由英国心理学家J·A·史密斯提出，是当前英国最为流行的现象学心理学方法。它主张通过访谈来获得材料，目的在于获得研究主题的尽可能丰富的材料。它倡导半结构式的一对一访谈。研究者设计开放的访谈安排，然后引导受访者，使其展开对经验的叙述。后通过录音并转换为文字，获得研究的文本。在受访者的数量上，解释现象学分析提倡小样本，J·A·史密斯近来提倡一个被试，目的在于尽可能深入地探讨个体的世界。

在分析材料方面，J·A·史密斯提出四个环节：首先，研究者详尽地阅读文本，获得整体的观点，以使得随后的分析能够建立在受访者的基础上。其次，区分出最初的主题，并组合起来，对照材料进行检查。再次，限定并精简主题，检查主题之间的联系。最后，得出对受访者叙述和研究者解释之间相互作用的叙事。

我们通过史密斯等人对与母亲分离的经验研究，来看具体研究过程。研究者访谈了一位化名为玛里琳(Marilyn)的女性，在将访谈记录转化为文字描述材料后，开始进行分析。研究者首先反复阅读文本，以获得整体的观点，在阅读中，记下自己最初的注释与想法，如表5-4左侧栏所示。这里，尽管研究者力图忠于材料本身，但其解释还是得到一定的体现。接下来，研究者对最初的注释和想法进行分析，区分出最初的主题，如表5-4右侧栏所示。

表 5-4　与母亲分离的经验[①]

最初的注视与想法	访谈记录	转化为主题
	V:能告诉我你能记起的尽可能久的生活吗?	
第一次有意义的记忆 离婚 身体攻击 与父亲分离 暂时的家 第二个暂时的家 入院治疗——分离 童年模糊的记忆 母亲—弟弟联系 对父亲的消极评价 母亲不喜欢父亲	M:我想第一次记忆,是我六岁时。在那之前,我记不起什么。那是当妈妈和爸爸离婚的时候。我想起那次争论,描绘这次争论,爸爸打妈妈,嗯,接下来妈妈带着我和弟弟走出家门。我们和姨母短暂住了一段时间,随后搬到继父的父母那里,一起住了很久。嗯,在那段时间中,当他们离婚时,我因扁桃体发炎住进医院,我摘除了扁桃体。嗯,真的非常模糊,我记不起那期间的事情,那之后至我十岁间也非常模糊。嗯,我想起妈妈一直与弟弟在一起,他始终是个——你知道——哥儿,长的像我母亲,妈妈说我长的看起来像爸爸,她不喜欢爸爸,所以我一直想她不喜欢我。这就是我之前之后所想到的,嗯。	父亲缺失 缺乏稳定性(家的生活) 家的缺失 母亲—弟弟联结(bond) 玛里琳—父亲联系
	V:想起来快乐吗?	
知觉到母亲不喜欢她 感到恨——难以形容 不快乐 不快乐归因于母亲 快乐的孩子/不快乐的孩子 ……	M:我想 10 岁之前,或可能仅仅 10 岁前的一些时间,哦,我恨,我并不太快乐,一点都不,我想了很多,那是处于我与妈妈之间,嗯,但我想我是一个快乐的孩子,或者其他人看来我是个快乐的孩子,但我并不是,我是在心底想,嗯。 ……	不快乐 归因于母亲的不快乐 快乐的孩子/不快乐的孩子

① Smith, J. A., Eatough, V. (2006). Interpretative phenomenological analysis. In: G. M. Breakwell, et al. (Ed.). *Research methods in Psychology*. London · Thousand Oaks · New Delhi: Sage Publication, pp. 334～337.

研究者进一步考察主题之间的关系，对主题进行更深入的提炼，并加以聚合，得到相互关联的有序主题表。最初得到的主题依时间顺序排列，研究者需要依照主题内在的意义关联，将其重新排列，得到一张新的主题表。研究者将这张主题表与原始材料相核对，并进行精简和提炼，将其进行归类，并得出各类总的主题。最终得到主题聚合表，如表 5-5 所示。

表 5-5 主题聚合表

上位(superordinate)主题:“与母亲分离”	
母亲与他人的联系	母亲的抛弃
母亲对堂姐妹的偏爱	与母亲疏远
弟弟在母亲眼中的完美	知觉到情感缺失
母亲—弟弟联结	缺乏身体的亲密
母亲—堂姐妹联结	父亲爱/母亲不爱
不稳定性	有快乐
父亲缺失	不快乐
家庭缺失	归因于
缺乏稳定性(家的生活)	不快乐归因于母亲
	快乐的孩子/不快乐的孩子
消极比较	
与父亲的消极比较	
自我—他人的消极生理比较	
玛里琳—父亲联系	

最后，研究者撰写研究的叙事，叙事要报告研究者的解释活动与参与者自身的叙述之间的相互作用。这与现象学心理学的经验研究方法的如实报告形成明显的区别。在解释现象学分析那里，除使用共情取向外，还可使用怀疑取向。我们在第二章提到，利科提出解读文本的共情与怀疑取向。共情取向认为研究者通过与文本的视域融合，产生新的意义；怀疑取向认为文本的意义并非是直接的，它与深层的潜意识欲望和意识形态等有关。解释现象学分析倡导研究者通过共情地阅读，尽量如实呈现合作者叙述的主题；解释现象学分析也鼓励对合作者的文本进行批判地阅读，发现其间的潜在意义。研究者在报告中，可以将各主题呈现出来，并结合文献进行讨论；研究者也可以将自身的解释活动与参与者的叙述共同阐述出来。后一种方式如下所示：

“以下为玛里琳提供的关于母亲为何偏好弟弟的解释：‘我的意思是，像我所说的，他一直是我的弟弟。我的意思是我的母亲从未做过错事，但我想那时因为她在怀疑，他是否是我继父的孩子。她，我想她曾和他有过暧昧关系，并且我想她可能想过，他是我继父的，并非我亲生爸爸的。她过去一直习惯于将我与我的爸爸比较，通过我的方式、我的外表和我的活动等，并不仅仅如此，但我的意思是从未有任何情感。我的意思是我从未记得她用双臂抱我，吻我。’

这段摘录不仅阐明了家庭联系的复杂本质，还有力显示了玛里琳是如何体验关系的。开放的句子，如‘我的意思是，像我所说，他一直是我的弟弟’带有巨大的象征力量；她的母亲和弟弟不仅仅有亲密的联结，相反，他们对于玛里琳来说，在心理上融为‘一个’人。类似地，玛里琳与父亲也成为‘一个’，正是这‘一个’为她的母亲所憎恨。从玛里琳的观点看，在她和看起来以及行为上一样的父亲（旧家庭）和她的母亲、弟弟和继父（新家庭）之间有着明显的区分。玛里琳从父亲和继父那里接受的情感不足以补偿母亲的缺失。”①

三、回忆与文学文本的分析

回忆与文学文本包括对个人回忆的描述以及文学作品等，对这类文本的分析较为灵活。冯埃卡茨伯格针对一部小说的分析，提出四个阶段。首先，研究者详细阅读文本，充分意识到文本自身的构造、设计，并据此抽取主题。其次，研究者突破文本的构造，创造性地阅读。研究者以自己的话对作品中的事件命名，赋予自己的意义。再次，研究者要对自己的理解做出新的发展。研究者可以应用各种心理学理论，在理论差异间达到对文本更深的理解。最后，研究者结合他人对文本的评论，拓展视角，从而产生更多的对话，打开新的世界。

我们以迪尤肯阵营代表人物哈林的一项研究为例，来看这类文本的分析。哈林分析了美国戏剧家尤金·奥尼尔（Eugene O'Neill）对宽恕的理解。② 需要指出的是，这项研究发表于 1979 年，并不是一项成熟的解释研

---

① Smith, J. A., Eatough, V. (2006). Interpretative phenomenological analysis. In: G. M. Breakwell, et al. (Ed.). *Research methods in Psychology*. London · Thousand Oaks · New Delhi: Sage Publication, p. 340.

② Halling, S. (1979). Eugene O'Neill's understanding of forgiveness. In: A. Giorgi, C. Fischer, and E. Murray (Ed.). *Duquesne Studies in Phenomenological Psychology*: Volume Ⅲ. Pittsburgh: Duquesne University Press, pp. 193～208.

究。哈林关注奥尼尔和他的剧本的关系，并通过对剧本的分析，力图展现奥尼尔对宽恕的理解，这在今天解释现象学心理学看来是存在一定问题的，因为文本独立于作者，并非作者原意的再现。

哈林以奥尼尔的《直到夜晚的漫长一天》(1956)和《月照不幸人》(1952)为文本。《直到夜晚的漫长一天》展现了一个陷于困境家庭的纷争和理解；《月照不幸人》展现了11年后，上述家庭的长子对宽恕的寻求。尽管坚持无偏见地面对剧本，但哈林依然在这样的前提下进行研究：戏剧表现了对人境况的本质的洞见。

哈林在戏剧中发现了三个主题：对他人的报复、对他人的指责和绝望。在《月照不幸人》剧中，长子要报复母亲，因为母亲离他而去。哈林借鉴社会心理学家海德(F. Heider)和新精神分析治疗家塞尔斯(H. Searles)的观点，认为我们通过报复他人，获得自主感，并掩盖自己的焦虑和无助。指责也具有同样的意义。在《直到夜晚的漫长一天》剧中，母亲患风湿病，无法克制自己的毒瘾，最终将自己与他人隔离开来，陷入绝望之中。哈林借鉴克尔凯郭尔的观点指出，绝望是在成为不可能的自我与虚无之间挣扎的结果。

哈林进一步指出，报复和指责及绝望都是宽恕的对立面，它们无力去接受当前的处境，难以对责任的地位产生一般的观点。他接下来转向宽恕主题：在怎样的情境下才能产生宽恕呢？在《月照不幸人》剧中，长子向自己爱恋的对象倾诉对于母亲的报复，最终得到了宽恕。哈林由此得出，承认自己的羞愧、为自己的行为做主、得到他人的接纳乃至宽恕。同样，在《直到夜晚的漫长一天》剧中，父亲在向小儿子谈起自己的心酸往事中，得到了宽恕。哈林并置两种情境，发现了差异：小儿子是在报复父亲的背景下宽恕父亲的；恋人却宽恕了长子对母亲的报复。哈林追问更体现宽恕意义的后者。他驳斥了精神分析所谓的恋人替代母亲的观点，通过借鉴蒂里希(P. Tillich)的观点，指出恋人在接受爱时，也接受了两人真实的情况，包括过去的一切。这样，哈林最终得到了宽恕的内涵：宽恕他人意味着与自己的世界、自身以及他人之间的和解；被他人宽恕，意味着从与当前关联的过去中解脱出来，带着希望和预期面向未来。

在得到宽恕的意义时，哈林超越了剧本的视野。他通过借鉴明克夫斯基的观点，认为与宽恕相关的未来具有两种意义：新的可能性，死亡的来临。哈林审视文本，认为奥尼尔在文本中更侧重后者，存在一定局限。但他马上表明自己对奥尼尔的立场：我们带着学习的意愿和评价的准备，去接近能够带来教益的任何人，以发现新的理解源泉。这个结语是完全解释学式的：在与文本的对话中，打开新的世界。

第六章

现象学心理学的研究领域

现象学心理学进行了大量研究，这些研究与自然科学路线相比，能够反映出现象学心理学的独特风貌。我们选取有代表性的心理过程、行为、动机、学习、人格、健康心理、心理治疗和消费心理等研究领域进行考察。

第一节　心理过程研究

心理过程是现象学心理学研究的重点。现象学心理学的目的在于考察心理的本质，因此重视研究心理过程的本质结构。下文我们就感觉、知觉、想象、记忆、思维、情绪和意志等进行考察。需要指出的是，现象学心理学并未就心理现象进行总体的阐述。在下面的考察中，我们先从胡塞尔的理解开始，选择代表性研究进行阐述。原因在于，胡塞尔关于心理现象的论述为现象学心理学提供了坚实的基础。

一、感觉研究

1. 概述

在普通心理学教科书中，“感觉”章节处于首要地位。这是因为，感觉是指心理对个别属性的反映，是最基础的心理过程，在感觉的基础上，才有知觉等心理过程。自然科学路线便持这个观点，在心理物理学那里，感觉是与物理对应的心理实体的体现，由此产生了韦伯定律和费希纳定律，它们为心理学的诞生起到重要作用，并构成实验心理学的重要组成部分。在冯特和铁钦纳那里，感觉是最基本的元素，关于其他元素是否存在的观点可以存在争议，感觉的地位却不会改变。由于坚持感觉是感官的基本机能，心理学将感觉与各个感觉器官相联系，使得感觉处于与生理关联的关键地位，这在近年来的心理学研究中得到越来越多的体现。

但在现象学心理学这里，感觉并不具有如此重要的地位，许多现象学心理学家甚至没有提到感觉。原因在于，感觉并非现象学心理学家们的兴趣所在。在现象学心理学看来，我们原初的心理过程是直观，它由知觉和想象两个过程组成。在直观中，知觉是最基本的心理过程，并不存在独立的感觉过程。自然科学路线认为，感觉组成了知觉，但在现象学心理学家看来，感觉属于直观过程，它的确参与了知觉，不过它并非原初的独立过程，那种将感觉视作独立心理过程的观点，不过是对知觉的一种抽象。因此，现象学心理学家并未对感觉进行较多的研究。斯特劳斯倒是对感觉进行了专门的研究，但他的研究目的在于对自然科学路线进行批判。我们在这里选取感觉研究作为考察现象学心理学研究的起点，目的在于与自然科学路线相对照，以开启现象学心理学研究之幕。

感觉究竟是什么？从感觉的产生过程来看，自然科学路线认为，在感觉时，刺激作用于我们的感官，如红色作用于我们的视网膜，此时物理刺激被转换为神经信号，由神经通路传导到大脑，从而产生对红色的感觉。现象学心理学从原初经验出发，并不考察物理的刺激和生理的神经系统等。它所发现的原初经验犹如一幅油画在那里。它也承认可以直接经验到红色，但这是一个直观过程，可以通过知觉或想象进行。以知觉为例，感觉是如何参与到知觉过程中的呢？现象学心理学要求助于现象学尤其是胡塞尔的超越论的现象学，我们在第二章中已论述过。简要地说，当我们看到油画时，油画的各部分已经经过构造，显现为一个整体。在构造过程中，无数作用于我们的感觉材料被统摄，并被赋予意义，从而显现为整体给予我们。因此，感觉并非一个过程，而是等同于感觉材料。感觉材料属于心理的内容，可以为我们体验到，如“赏心悦目的红色”。

这里需要澄清的是，感觉属于直观过程。在直观过程中，心理与对象具有直接的关联，并不像自然科学路线那样，存在二元论立场。另外，与自然科学路线认为感觉与知觉、想象关联程度较小不同，现象学心理学认为，感觉材料属于直观过程，因此，既可出现在知觉中，也可出现在想象中。胡塞尔认为，感觉分为印象性感觉与再造性感觉两种类型，前者发生在知觉中，属于知觉的展示性内容,后者发生在想象中,属于想象的展示性内容。[1] 因此,与自然科学路线一样,现象学心理学坚持感觉处于基础地位,但并不将感觉视作独立过程,也不讨论与此相关的物理和生理问题。

2. 斯特劳斯的感觉研究

在区分两种不同的观点后,我们来看现象学心理学怎样评价自然科学路线的感觉观点。我们以斯特劳斯的研究为例进行讨论。我们在第三章曾提到,斯特劳斯对感觉问题进行过专门研究。他的《感觉的原初世界:感觉经验的辩护》(1935)一书,文笔优美,在欧洲影响很大。斯特劳斯的感觉问题研究体现了他作为"理论心理学家"的特色。

斯特劳斯从反对笛卡尔的二元论入手展开研究。在他看来,笛卡尔的二元论在其感觉学说中得到了最清晰的体现。[2] 笛卡尔区分出精神与物质两种实体,将感觉局限于意识之中。我们所感觉到的内容仅是纯粹心理的,是关于性质的观念,如关于声音的观念、关于气味的观念等。感觉是怎样产生的呢?笛卡尔认为,外物作用于身体的感官,通过神经,借助动物精气这种神秘的东西作用于脑,产生观念,使得我感觉到外物。笛卡尔还针对身体提出反射的观点,认为身体受到外物刺激,做出反应,由此使得感觉学说更加精致。由此来看,感觉与世界之间不存在直接的关联,这是二元论鸿沟的突出体现。另外,主体在接受感觉时,是完全被动的,这为副现象论提供了基础,即导致意识是对世界的一种被动反映、仅是一种副产品的观点。

在笛卡尔之后,关于感觉的学说得到进一步发展。尤其由于加入了时间的原子论,即将时间视作要素的组合,感觉成为原子式的心理实体。巴甫洛夫的条件反射学说是现代的典型代表,被施特劳斯称作"笛卡尔主义的迟来的充实"[3]。这种观点事实上是一种感觉的原子论。巴甫洛夫以反射为出发点,将心理和行为视作一种反射,外物通过刺激感受器使得中枢神经系统产生反应。这里,感觉被定位于感觉器官,感觉过程还原为生理过程,生理过程又遵循物理规律,因此可以进一步还原为原子式的物理事件。在巴甫洛夫之后,情况依然没有改变:"旧酒倒入新的、光彩夺目的瓶子中。"[4]

---

① 倪梁康著:《胡塞尔现象学概念通释》,三联书店 2007 年版,第 123 页。

② Staus, E. W. (1963). *The primary world of senses: a vindication of sensory experience*. London: The Free Press of Glencoe, p. 5.

③ Staus, E. W. (1963). *The primary world of senses: a vindication of sensory experience*. London: The Free Press of Glencoe, p. 24.

④ Staus, E. W. (1963). *The primary world of senses: a vindication of sensory experience*. London: The Free Press of Glencoe, p. vii.

斯特劳斯对感觉学说的具体批判是从人与世界这个关键点切入的。他选择了三个主题依次展开：环境并非周围区域，符号并非刺激，刺激并非对象。对于第一个主题，斯特劳斯以台球运动员与玩台球的活动为例。台球运动员与他所处的环境直接关联：他朝向所处的环境，视其为整体，并将台球视作有意义的对象。台球则遵循物理规律，与周围区域的关联仅局限于作用于它的刺激。人与世界的关联在第二个主题中表现得更加明显，斯特劳斯认为，刺激出现在物理作用的意义上。当经验着的人遭遇世界时，才出现符号。因此，符号只存在于人与世界有着直接关联的情境中。对于第三个主题，斯特劳斯进一步指出，刺激仅在激活有机体时，才成为刺激。换句话说，只有在人与世界关联中，才出现刺激。客观心理学所谓的作为物理事件的刺激只是对现实的一种抽象，并不独立存在，存在着的只有对象，它与我们有着直接的交流。他后来提出，人的本质在于我—他者的交流关系。因此，感觉的本质就在于在这种活动中，人与世界有着直接的意向关联，人与世界打交道。斯特劳斯并不否认客观心理学的价值，但他认为这必须置于我—他者的前提之下来考察。

斯特劳斯称自己的感觉研究为 aesthesiology，该词由希腊语“aisthesis”（感觉）和“logos”（逻格斯）组成，意即关于感觉的学问。aesthesiology 将感觉从二元论的阴影下拯救出来，从而为经验着的有机体打开了一个新的方向。与笛卡尔不相信感觉的作用相反，斯特劳斯认为，感觉为我们提供了“日常生活的公理”[①]，原因在于，在感觉中人所打交道的世界便是胡塞尔意义上的生活世界。人类所有的实践，包括科学在内，都建立在生活世界之上。事实上，不仅人类，动物也在感觉活动中与世界打交道。人与动物一样，都在感觉活动中进行着交流，进行着相互理解与自我理解。心理疾病患者也是如此，不过他们的存在是一种异常情况，如幻觉是对存在于感觉世界中的一种歪曲。在这种意义上，感觉活动是人的一种存在方式。

人在感觉中究竟是如何存在的呢？斯特劳斯通过对感觉谱（spectrum）分析对此进行了研究。所谓感觉谱是指感觉的诸种样式，它们按照持续性与否显现出不同的谱。例如，在触觉中，感觉谱的一端是目标处于支配地位，另一端则是被动地处于支配地位。又如，在视觉中，我们忘了自身，迷失于对象之中；在痛觉中，我们沉浸于疼痛中，不顾眼前发生了什么。因此，如同各色光谱一样，感觉谱能够将我们丰富的感觉经验彰显出来。斯特劳斯

① Staus, E. W. (1963). *The primary world of senses: a vindication of sensory experience*. London: The Free Press of Glencoe, p. 191.

特别研究了关于颜色和声音的感觉，我们按照施皮格伯格的归纳，[1]综述如下：

1. 颜色作为一种特征依附于物，声音则分离性地散发开来。

2. 颜色是(相对)恒常的，声音则是瞬息变化的。

3. 颜色在时间性上是持续的，声音在时间性上则是变化的。

4. 可见的颜色在视野内一起出现，声音则单个或成群地出现，并被耳朵合成。

5. 颜色的虚空性(黑暗)不同于声音的虚空性(沉默)。

6. 颜色以一定(高贵的，aristocratic)距离呈现出来，声音则挤压进我们之内。

7. 在看中，我朝向可见物移动；在听中，声音则向我移动。

8. 在触觉中，接触比颜色和声音更近，我始终在交互关系中接触和被触及。

9. 最后，感觉谱是这样在一个级别上安排各样式的：从可见的、经可听的、可触的、可嗅的和可尝的到痛的。每一种都包含独特的我与世界的关系，都是我与世界之间与众不同的交流形式。

在此，我们可以看出，斯特劳斯的研究与胡塞尔的研究不同，他侧重感觉活动而非感觉材料。他将感觉活动视作人和动物与生活世界的交流，视作一种存在方式。另外我们已经提到，现象学心理学并不将感觉视作独立的心理过程，它属于直观。这里似乎出现了矛盾。斯特劳斯曾对此进行了相关探讨。他特别区分了感觉活动与知觉活动。他认为，感觉活动在先，知觉活动在后。在感觉活动中，我们参与到了与对象的交流；在知觉活动中，我们借助语言把握到对象的本质。但事实上，我们已在第一章指出，直观过程本身在与对象的原初接触中，就能够看出对象的本质。因此，在斯特劳斯所谓的感觉过程中是可以把握到本质的。胡塞尔在《逻辑研究》“第六研究”中对此进行了深入的分析，他指出，范畴是可以直观的，即可以直接通过看得到。同时直观过程有对对象的充实，因此有着丰富的感受。斯特劳斯出于对笛卡尔贬低感觉认识地位的反驳，对此作出了区分。但他的这个区分是不正确的。我们认为，斯特劳斯所称的感觉活动应理解为直观中的知觉。斯特劳斯正是通过对知觉过程的分析，反驳了自然科学路线感觉学说的不足，从而揭示了现象学心理学视野下原初经验的丰富性。

---

① Spiegelberg, H. (1972). *Phenomenology in psychology and psychiatry: a historical introduction*. Evanston: Northwestern University Press, pp. 270～271.

二、知觉研究

1. 概述

在现象学心理学看来，知觉处于首要的地位。相对于自然科学路线将感觉作为心理过程的开端，现象学心理学将知觉作为心理过程的开端。我们在第四章已看到，胡塞尔对心理现象进行了整体的描述。他认为，可以按心理现象与对象直接关联与否，将意动①分为两大类：客体化意动，与对象直接关联；非客体化意动，与对象没有直接的关联，它通过客体化意动与对象相关联。客体化意动包括表象和判断。表象是基础性的客体化意动，判断建立在它的基础上。在表象中，对象呈现给我们；判断借助表象，对对象进行理智的肯定或否定等。表象包括直观表象和符号表象。直观表象是一种基础性的表象。在直观表象中，对象直接呈现给我们；在符号表象中，借助直观表象把对象呈现出来。直观表象包括知觉和想象。知觉将对象当下地呈现出来，想象则将对象再现出来。可以看出，在心理过程的逐层区分中，知觉是最原本的、最基础性的心理现象，是"第一性"②的心理现象。正是在这种意义上，知觉被现象学心理学视作心理过程的开端。

初看起来，现象学心理学与自然科学路线都坚持知觉与世界有着直接的关联。但事实上，两种观点的差异却是巨大的。现象学心理学以生活世界作为出发点，它认为，自然科学路线以先在的假定为出发点，对世界进行了抽象，将世界视作遵循物理规律的时空存在。现象学心理学认为，知觉是与生活世界的直接关联。在知觉中，原初的世界呈现给我们，我们由此知觉到鲜活的对象：郁郁葱葱的树，振翅飞翔的鸟，如此等等。在自然科学路线那里，知觉与物理的世界打交道，反映出带有物理属性的对象，如一棵绿色的树，一只从静止状态转向运动状态的鸟，等等。自然科学路线由于采取了先在的科学假定，难以通过知觉反映原初世界的丰富面目。

我们进一步看到，现象学心理学从所给予出发，认为知觉与世界无法分离开来。现象学心理学坚持知觉明显体现了意向性本质，在知觉中，意向作用与意向对象直接关联，如看到一本书，书已经过构造直接呈现给我，这里不存在任何中介过程。从人与世界的关联来看，人始终处于世界之中，知觉

---

① 在胡塞尔那里，心理指向对象的活动被称作"act"，高觉敷译作"意动"，李幼蒸和倪梁康译作"行为"。

② 倪梁康著：《胡塞尔现象学概念通释》，三联书店 2007 年版，第 502 页。

是人的存在的一种生成变化过程。例如在梅洛—庞蒂看来，知觉甚至是人通过身体与世界的动态关联。在这种意义上，知觉直接参与到世界的生成变化之中。与现象学心理学相反，自然科学路线由于持二元论立场，造成知觉者与世界的分离。早期心理学如内容心理学与构造心理学都坚持知觉由感觉组成，而感觉如我们在前面讨论的，是与世界相分离的，在这种意义上，知觉便与世界分离开来。在当代认知心理学中，这个问题依然存在，知觉是对感觉信息的加工，而非对世界的直接把握。

不仅如此，知觉在与世界的直接关联中，始终具有意义。更确切地说，知觉与世界之间的关联是一种意义关联。如我看到这件东西，它是朋友送给我的特殊礼物，我对这件东西的知觉，蕴涵有独特的意义。没有这独特的意义，我也就不会产生这种知觉，我会将它当做与我无关的东西置之不理。可以说，意义"是知觉的绝对必要条件(sine quea non)"①。通过知觉，世界的丰富意义呈现出来。在自然科学路线那里，知觉与世界之间存在的并非意义关联，而是因果关联。知觉的产生或是由于心理的主动作用，或是由于客观世界的作用，抑或两者结合作用的结果。由于世界中存在的仅是具体时空中的物理存在，意义被排斥在外。

最后，关于知觉本身，现象学心理学认为它具有结构性的本质：心理与世界通过意义直接关联。在梅洛—庞蒂那里，知觉处于身体——对象——背景——历史的整体框架下：在知觉中，心理通过身体与世界产生直接的意义关联，并从历史和世界的背景中知觉到对象。自然科学路线认为，知觉具有内容，由感觉组成。在早期自然科学路线如内容心理学和构造心理学那里，知觉甚至是感觉元素的组合。在当代认知心理学那里，知觉是对感觉信息的组织和解释。而在现象学心理学看来，所谓的感觉内容不过是对知觉的一种抽象，它远离了与世界的意义关联。

2. 米肖特的知觉研究

由于自身的重要地位，知觉得到了现象学心理学极大的关注。就欧洲的现象学心理学而言，我们看到，梅洛—庞蒂通过《知觉现象学》对知觉进行了专门研究。更为突出的是，所有的实验现象学心理学家都以知觉作为主要研究领域，这在哥廷根的实验现象学和米肖特那里体现出来。在美国现象学心理学那里，尽管侧重情绪等领域，但也有学者进行知觉研究，这主要

① McConville, M. (1978). The phenomenological approach to perception. In: R. Valle, M. King (Ed.). *Existential-phenomenological alternatives for psychology*. New York: Oxford University Press, p. 102.

表现在沃兹和里切尔的工作[①]中。由于实验现象学心理学的研究与自然科学路线形成了明显的对照,我们这里选取米肖特的杰出工作,来深化对现象学心理学的知觉观的理解。

现象学心理学把生活世界视作出发点,反对自然科学路线将世界视作实存的。在知觉研究中,现象学心理学首先关注那些与实存世界不符的知觉,从而进一步考察知觉的呈现方式等。这样错觉的地位就突显出来。在错觉中,我们确实知觉到那些内容,如在缪勒-莱耶错觉中,我们确实知觉到两条线段长度不相等。在现象学心理学看来,这事实上是生活世界对我们真实的呈现,错觉不是错误的。自然科学路线在知觉中坚持常性假设(constancy hypothesis),即认为局部的激活作用是固定的,不受环境影响。这容易导致元素论,即整体等于部分之和,整体不具有独立地位。在错觉中,整体恰恰不等于部分之和。这就为现象学心理学提供了机会,使其从所给予的东西出发,对自然科学路线提出批评。我们看到,格式塔心理学正是通过魏特海墨对似动知觉的研究宣告了自己的诞生。米肖特的现象学心理学研究从另一类错觉即因果性知觉开始。他继续深入,研究了现象的永久性(phenomenal permanence)和现象的真实性(phenomenal reality),并澄清了知觉与认知的关系。

在因果性知觉研究中,研究者在屏幕上投射两个除颜色外全部相同的处于同一水平线的矩形 A 和 B。A 以一定速度向静止的 B 运动,在接触 B 时突然停止,然后 B 开始运动。请被试报告观察到的情况。结果发现,在一定条件下,被试报告说 A 推动了 B。米肖特将这种知觉现象称作启动效应(launching effect)。在另一种设置下,实验者让 A 在接触 B 后,两者一起运动。结果发现,被试会报告 A 带动了 B。米肖特将这种知觉现象称作带动效应(entraining effect)。米肖特首先通过这两种效应证明了因果知觉的存在和独立性,从而驳斥了自然科学路线的元素论。接下来,他通过变换条件,考察产生和破坏因果性知觉的最佳条件。他发现,被试可以产生生动的因果性知觉,这证实了生活世界的鲜活性。此外,时空条件的细微变化能够影响因果性知觉,这就证实了知觉与世界的整体关联。

米肖特通过结合被试的分析提出了放大说(the theory of ampliation)。他认为,对象的运动在知觉中得到"延伸",由此使得另一对象被移开,产生了因果性的印象。我们从中可以看出,这种观点立足于现象学心理学,表明

① 沃兹在乔治指导下,完成了对知觉的历史和描述研究的博士论文(1982)。里切尔研究了知觉的现实性和幻觉等问题。

了因果知觉经验的原初性，并可以推出因果知觉本身就是心理与世界的直接关联，是心理的意向性本质的体现。

米肖特在现象的永久性研究中，继续深入探讨了知觉的结构。在因果性知觉研究中，他原本希望研究 A 与 B 之间的挤压问题。A 接触 B 后继续运动，但长度增加，B 则长度减少，结果发现，被试没有知觉到 B 的变化，所有被试都报告说 A 遮住或隐藏了 B。尽管对象在视觉场中呈现出现不连续的情况，但对象依然被感知为不变，这种现象就是现象的永久性。米肖特认为，这种现象的原因在于刺激具有构型性质（configurational quality）。他先就动态情况进行研究：我们打开灯，房间亮了。米肖特从现象学心理学立场，区分了光的出现和亮的房间进入视野两种层次。他关注后者，认为被照亮的房间这个对象的构型性质是预先存在的，它进入视野是一种永久性的体现。米肖特在研究静态情况时，提出了一种知觉模式观点：变形知觉（amodal perception）。这是指当对象被其他对象掩蔽时，依然呈现给我们完整的图形，如考尼饶（G. Kanizsa）的三角形。如图 6-1 所示，我们会在图中看到一个正三角形，这个三角形没有"真实"的三条边，由周围圆角构成。变形知觉的原因依然在于构型性质。米肖特认为，构型性质是一种结构。这个观点与梅洛—庞蒂的观点是保持一致的。米肖特进一步指出，结构内在于经验之中，它的获得不依赖于学习等因素。米肖特的观点与皮亚杰的观点相对，后者认为这是概念或信念的作用。由此可以看出现象学心理学与自然科学路线的差异。

图 6-1　考尼饶的三角形①

米肖特在现象的真实性研究中探讨了知觉经验的另一个维度。他在因果性知觉中，发现了一种令人吃惊的情况：被试虽然知道是研究者操纵的图

① Luccio, R. (2003). The emergence of prägnanz: Gatetano Kanizsa's legacies. *Axiomathes*, Vol. 13, pp. 365～387.

形，但依然会产生真实性的知觉，认为那种因果性是实际存在的。米肖特通过研究透视图画中的容量（volume）问题，发现了被试随着条件的变化，可以从知觉到透视图画中的线条，认为容量是不现实的；过渡到知觉到图画中的容量，认为容量是真实存在的，被试的知觉甚至可以处于两者之间。这表明，知觉的真实性具有不同的程度。米肖特从实验拓展到日常生活经验，当我们看一幅图画、一场电影或者一场戏剧时，都会出现这种情况，我们明明知道那情景是不存在的，但在看（知觉）的过程中，还是有身临其境的感觉。米肖特认为，真实性是知觉经验的一个维度，相当于一种知觉组织。但他没有作出进一步解释。事实上，在胡塞尔那里，已经给出了答案。胡塞而认为，知觉是一种存在意识。① 知觉带有一种设定性，我们总是会将知觉到的对象视作在当下的。

米肖特在完成了上述研究后，得出结论说，知觉经验是丰富的，它远远超出了前人的设想。并且，这种丰富性并非仅来自于学习。他认为，在现象（phenomenal）世界或者呈现（appearance）的世界中，似乎存在一种关于因果性、永久性、实体性等心理"范畴"以及抽象概念的"预示"（prefiguration）。正是这种预示构成了处于物理世界中的人的生存基础。我们可以通过米肖特对知觉与认知关系的阐述来理解这种预示。在知觉与认知关系上，存在唯理论与经验论两种取向，前者认为知觉是低级的，仅给出没有意义的材料，只有通过对这些过程的进一步加工和解释才能获得认知。斯特劳斯极力反对的正是这种观点。后者特别与进化思潮相结合，认为认知的内容通过知觉的结合而成，随着人类的发展不断提高。米肖特的观点则提供了第三条道路。米肖特承认唯理论的观点，认为意义是可以直接把握的，但反对它贬低知觉的地位。米肖特也承认经验论的观点，将知觉与认知联系起来，但反对它将知觉结合而获得认知。米肖特认为，知觉本身就是一种认知，它可以直接把握到意义。知觉经验为我们的知识提供了基础，当然，我们可以通过反思等突破知觉的范围。换句话说，正如我们在前面指出的，知觉本身就是人在世界中存在的一种方式，我们可以通过它与世界直接关联。

三、想象研究

1. 概述

在知觉研究中，我们已经提到，想象与知觉一起组成了直观过程。在这

① 倪梁康著：《胡塞尔现象学概念通释》，三联书店2007年版，第503页。

种意义上，想象是一种基础性的心理过程。甚至可以说，想象在心理过程中的地位仅次于知觉。胡塞尔认为，在想象中，有一种设定性的想象，[①]即将所想象的对象视作存在的，期待和记忆等都属于这种想象之列。但在自然科学路线中，想象的地位被贬低了，它不再包括记忆，而是与记忆、思维等心理过程并列，成为一个独立的心理过程。

想象是一种直观。在直观中，对象将自身呈现给我们。在想象中，对象将自身呈现给我们，但却是以再现或再造的方式给予我们的。这与感知这种直观不同，在感知中，对象原本地给予我们。从对象为我们把握的角度看，想象是一种表征(representation)的心理活动，它将对象当下化，将对象再现出来。感知则是一种表象(presentation)行为，它将当下拥有对象，将对象原本呈现出来。[②] 在这种意义上，想象建立在感知的基础上。胡塞尔根据想象中是否存在设定，即是否将对象视作存在的，将想象分为两类：设定性的想象和非设定性的想象。前者包括记忆和期待等。记忆是一种重新将对象表征出来的想象，期待则是将当前还未有的对象表征出来的想象。非设定性的想象是指单纯想象，它是对当前对象的想象，是一种对感知的想象变异。

如同感知一样，想象也具有意向性本质，它与对象有着直接的意义关联。但在自然科学路线看来，想象是对表象进行加工，并产生新形象的过程。自然科学路线并不将表象视作对对象的直接呈现，它将表象视作通过神经所产生的对外界对象的反映，这里正如我们在阐述感觉中一样，存在着将心理与世界分离开来的二元论立场。不仅如此，自然科学路线的自然主义主张在想象研究中得到了突出体现。在知觉中，所知觉到的对象与物理对象在很大程度上是一致的，但在想象中，所想象的对象与物理对象却可能存在非常大的差距。自然科学路线在这里尤其强调想象中的对象与物理对象间的一致性，因此容易将想象中的内容即心象视作实在的事物。例如，在铁钦纳的构造主义心理学中，意象(心象)被视作一种基本元素，与感觉和情感并列。这种观点受到了人文科学路线的批判。这种批判主要是作为广义的意动心理学的符茨堡学派的工作。有趣的是，这种批判是通过无意象思维进行的：在思维中，并不存在意象(心象)这种元素。

---

① 倪梁康著：《胡塞尔现象学概念通释》，三联书店 2007 年版，第 359 页。

② presentation(表象)的德文为 gegenwärtigung，倪梁康译作"当下具有"，representation(表征)的德文为 vergegenwärtigung，倪梁康译作"当下化"。参见倪梁康著：《胡塞尔现象学概念通释》，三联书店 2007 年版，第 186、486 页。

现象学心理学研究想象最突出的成就是萨特的工作。萨特对想象进行了思辨性的研究，他为此写了两部专著：《影象论》(1936)和《想象心理学》(1940)。在它之后，美国现象学心理学对想象进行了经验性的研究。这主要工作是迪尤肯阵营的代表人物默里所主编的《想象与现象学心理学》(1987)一书。在自然科学路线中，想象与知觉和记忆等相比，并未得到较多关注，这主要由于想象本身具有较多的变化，难以进行研究。莫利(J. Morley)形象地指出了想象研究的这种处境："想象依然是学院心理学和哲学中的私生子。"①

2. 萨特的想象研究

我们先来看萨特的想象研究。萨特在《影象论》中，对传统的想象②观点进行了批判，并通过引入现象学对想象和知觉进行区分。在《想象心理学》中，他对想象进行了描述，并做了进一步拓展。萨特对传统观点的批判主要揭示了传统观点的自然主义立场，即将想象视作自然的存在。他将这种观点称作素朴的形而上学，这种观点将想象的内容即心象视作心理对外界事物的复本，由此肯定心象"就像实物一样地存在"③。这种素朴的形而上学还存在出"内在的幻象"④，即将心象视作内在于心理的存在，对应于外界的实物。因此，在笛卡尔、莱布尼茨和休谟等人的观点中，心象"一直是一个物"⑤。自然科学路线心理学也因袭了这种观点，同时将心象视作一种要素。想象与其他心理现象如感觉等一起，共同构成整体的心理现象。萨特评价说，这些心理学家的"努力和想用不连续的要素重新获得连续体的数学家的努力相似"，以要素为出发点，来"获得心理的综合"。⑥

传统观点囿于自然主义，无法得出想象究竟是什么的结论。现象学则由于从本质开始，因此能够为心理学提供奠基。与在情绪研究中一样，萨特在这里也提出一门现象学心理学，致力于为心理学提供本质的结论。在想象研究上，萨特依然从意向性出发："意向性的概念本身被指定更新影象的观念。"⑦想象作为一种心理现象，具有指向对象的本质特征。那么，想象到

---

① Morley, J. (2005). Introduction: phenomenology of imagination. *Phenomenology and the Cognitive Sciences*, No. 4, pp. 117～120.

② 萨特在这里所研究的是法文 image，对应英文的 image，应指心象，即想象中的心理内容，魏金声译作影象，但在许多地方，萨特直接将心象等同于想象。我们根据上下文，分别称作想象或心象。

③ 萨特著，潘培庆、汤永宽、魏金声等译：《萨特哲学论文集》，安徽文艺出版社 1998 年版，第 227 页。

④ Sartre, J-P. (1972). *The psychology of imagination*. London: Methuen & CO LTD, p. 2.

⑤ 萨特著，潘培庆、汤永宽、魏金声等译：《萨特哲学论文集》，安徽文艺出版社 1998 年版，第 238 页。

⑥ 萨特著，潘培庆、汤永宽、魏金声等译：《萨特哲学论文集》，安徽文艺出版社 1998 年版，第 340 页。

⑦ 萨特著，潘培庆、汤永宽、魏金声等译：《萨特哲学论文集》，安徽文艺出版社 1998 年版，第 328 页。

底是什么呢？萨特作出了如下界定："想象是一种意动，它作为一种形体的存在（corporeality），通过物理或心理的内容指向一个不在场或非实存（non-existent）的对象，这种心理内容只作为所指向的对象的'相似代表物'呈现出来。"[①]在此基础上，萨特对想象的特征进行了描述。他指出，想象具有如下四个特征。首先，想象是一种意识。由于意识具有指向对象的意向性本质，因此想象始终与对象相关联。这就表明，想象的内容即心象并非一种实体，并非存在于心理中的一种要素。萨特举例说："关于椅子的心象不是，也不能是一把椅子。"[②]萨特由此驳斥了自然主义的"内在的幻象"。萨特尤其强调，想象更确切地说是一种关系，如当我产生关于彼得的想象活动时，心理并不指向关于彼得的心象，心理直接指向彼得这个对象。其次，想象是一种准观察（quasi-observation）。萨特在把想象与知觉、设想（conceive）的区分中，指出了想象的这个特征。当我知觉时，我是在知觉实际存在的对象，如面前的这张桌子。当我设想时，我是通过概念去把握对象，如我设想"桌子"这样一种普遍的存在物。当我在想象时，我所产生的心象具有一种本质的缺乏，它与世界的剩余部分没有任何的关联。我知觉到桌子时，总有着无限新的方面，需要我在下一时刻去把握，但我想象桌子时，并没有这个特征。因此，想象世界的对象是无法以知觉世界对象的视角研究的。但心象的这种缺乏使得心象可以产生无限多的可能性，如我可以同时产生教堂的桌子和餐厅的桌子的心象。再次，想象将对象设定为虚无。当我产生关于彼得的心象时，我没有感知到彼得，我甚至没有感知到任何东西，彼得是作为不在场的存在呈现给我们。因此，我们在关于彼得的想象中设定了虚无。最后，想象具有自发性。想象不像知觉那样，受到实际存在的对象的制约。它可以主动创造并把握对象，不断超越自身。如同在情绪中一样，萨特在想象中表述了他所关注的主题：自由。在想象这个广阔的世界中，我们可以自由地存在。萨特由此出发，过渡到他的哲学研究中去。

3. 乔治的想象研究

在萨特之后，美国的迪尤肯阵营也对想象进行了研究。我们以乔治的

① Sartre, J-P. (1972). *The psychology of imagination*. London: Methuen & CO LTD, p. 20. 也可参见苏醒：《萨特的现象学心理学的"意象"理论》，首都师范大学硕士学位论文，2006 年，第 1 页。1972 年版英译本中的 body，在 2004 年版英译本改为 corporeality。non-existent 应译作非实存，而不是非存在。

② Sartre, J-P. (1972). *The psychology of imagination*. London: Methuen & CO LTD, 1972, p. 4.

经验研究[1]来进行考察。乔治对三个访谈的原始纪录进行了分析。在每个访谈中,研究者请受访者尽可能丰富地描述自己一次想象事物的经验。第一个受访者描述了绘画创作中关于猫的想象。第二个受访者描述了探险中饥饿状态下想象食物的过程。第三个受访者描述了忙碌了一天松弛下来时,看到和妻子滑雪的照片,对此想象的过程。乔治首先从整体上区分出两种想象类型:创造型和欲求型。前者在第一个受访者的访谈中体现出来;后者在后两个受访者的访谈中体现出来。乔治接下来从想象的四个范畴进行分析:情境,规划,想象的作用和心象的特征。

(1) 从情境上看,在创造型想象中,受访者可以想象各种猫,以逼近理想中的猫,且可以进行一定的控制;在欲求型想象中,被试在极度饥饿的状态下不得不去想象,他所欲求的对象无法获得,想象的开始是被动的,并且以被动的身体状态为前提。(2) 从规划上看,创造型想象的规划是一种成就,受访者最终获得理想的猫;欲求型想象的规划则是一种恢复,受访者希望获得原来有的东西,如食物或活跃的身体状态等。(3) 从想象的作用来看,两种类型的想象都能够将知觉中所无法给予的情形呈现出来,因此起到一种替代作用。在创造型想象中,受访者所获得的每一个心象都可能是理想的对象;在欲求型想象中,受访者通过想象能够实现对愿望的充实,尽管并非是现实的。(4) 从心象的特征上看,首先,心象并非现实的事物。受访者都能够区分心象与现实,不管想象的现实程度如何的"逼真"。在这种意义上,心象并不像自然科学路线所认为的那样,类似于实在的事物。其次,当前现实与所想象的事件之间存在有意义的关系。现实的缺失通过想象的呈现得到充实,这些呈现在心理上是有意义的,也与现实的距离有关。这就意味着,想象是意识与世界关联的一种方式,在想象中,意识是处于世界之中的。与此相对照,自然科学路线容易将想象与世界脱离开来,如谢泼德(R. Shepard)在心理旋转实验中,请被试所进行的想象,就存在这个问题。进一步看,人会沉湎于想象中,遗忘了自身。受访者在想象猫时,是投身于实验中的,在欲求食物或活跃的身体状态中,更是如此。与此一致,受访者会报告被卷入其中,此时心象得到丰富。乔治指出,这种被动性与觉醒着的主体有关,他推断说,觉醒着的主体与想象过程中的主体似乎与主体性的不同水平或维度有关。从心理过程的角度看,乔治认为想象具有一种复杂的结构。

[1] Giorgi, A. (1987). Phenomenology and the research tradition in the psychology of the imagination. In: E. L. Murry(Ed.). *Imagination and Phenomenological Psychology*. Pittsburgh: Duquesne University Press, pp. 1～47.

一旦采取想象的态度，不管什么心理过程，都与心象的丰富性有关。如当受访者看到滑雪的照片时，尽管是知觉，却感到脊柱产生了震颤，他由此进行想象的探索。① 乔治由此感叹想象的丰富性，以及自然科学路线对这种丰富性的忽略。

乔治在研究基础上回应了自然科学路线的想象观点。他认为，自然科学路线在进入想象领域时，是不充分的。自然科学路线竭力控制无法进行描述的内容。这样，它就无法获得完整的描述，只能在自己的假设下，通过分离现象以适合自己的研究。相反，现象学心理学在描述想象时，使得所有的因素都进入研究的视野，由此获得理解的情境，能够公正地对待想象经验的丰富性。

四、记忆研究

1. 概述

我们在想象研究中提到，记忆是一种想象，它与期待等成为心理过程的一部分。因此，与知觉和想象等基础性的心理过程相比，记忆在现象学心理学中的地位并不突出。但在自然科学路线那里，记忆与知觉、想象等并列，是一种重要的心理过程。由于认知心理学的丰富研究，当前，在普通心理学教材关于心理过程的章节中，记忆已成为分量最重的一章。

记忆是一种重新呈现对象的设定性想象。这就意味着，首先，在记忆中所呈现的并非原本的对象本身，而是对对象的一种表征。如我想起了幼时家里养的一只狗，这只狗仅通过图像的方式呈现给我，它并未将自身原本地呈现给我。正是在这种意义上，记忆是一种想象。其次，在记忆中对象是被设定为存在的。如当我想起这只狗时，我体验到它出现在我的意识中。最后，记忆与时间是有关的，它将对象重新呈现出来，它不同于期待，后者将未出现的对象呈现出来。自然科学路线则将记忆视作对过去经验的保持和提取，记忆所保持和提取的是记忆表象，即经过感知留在头脑中的心象。从表面上看，现象学心理学与自然科学路线一致，将记忆视作想象。但进一步分析可以发现，在现象学心理学中，记忆将对象呈现出来；在自然科学路线中，记忆将通过心象将对象提取出来。心象是什么呢？自然科学路线会假定它是以大脑中类似“痕迹”的生理现象为基础，对外界作出的反映。这里和想

① 乔治在这里实际上切入米肖特的真实性研究领域，不过他强调想象方面，而米肖特强调知觉中的真实性方面。

象一样，存在二元论立场。

记忆具有意向性本质，它与对象直接关联，能够将对象呈现出来。在自然科学路线那里，由于二元论立场，记忆与对象的关系是间接的。进一步看，自然科学路线的观点由于与物理学的时间观相结合，使得记忆被自然化。物理学将时间从世界变化的背景中分离出来，认为时间是独立自在地存在着。[①] 时间是一个无限可分的流，它永远从一点到另一点，不会回返往复。这样，过去、现在和未来之间不存在关联。赫拉克利特(Heraclitus)的话形象地表明了时间的特征：人不能两次踏入同一条河流。在这种时间观的影响下，记忆被视作对过去经验的提取和再现。当前的记忆内容只是对过去对象的再次表征。记忆依附于先在的外界对象，它与外界对象一样，具有自然物的特征。与自然科学不同，现象学心理学从现象学那里借鉴了另一种时间观。现象学从所给予的经验出发，将时间与现象世界的生成变化关联起来。时间显现为滞留——现在——前摄的结构。[②] 就时间而言，未来作为可能的存在前摄到现在之中，过去作为曾经的存在滞留参与到现在之中。如当我回忆一段悠扬的曲调时，并非是对曲调的再现，恰恰相反，曲调作为滞留的存在参与到现在之中，这意味着，记忆与作为对象的曲子有着独特的意义关联。现象学心理学由此将记忆置于人与世界的关联之中。

在自然科学路线那里，记忆是心理过程研究中备受关注的领域。1885年，艾宾浩斯(H. Ebbinghaus)通过无意义音节进行了记忆实验，得出了著名的艾宾浩斯遗忘曲线，突破了冯特实验心理学研究的局限，开创了记忆研究之先河。20 世纪 50 年代起，随着认知心理学的兴起，记忆得到越来越多的关注，认知心理学采取计算机模拟，对记忆过程进行了大量的研究，使得记忆研究成为心理过程研究中的“显学”。在艾宾浩斯之后，巴特莱特(F. C. Bartlett)进行了记忆研究，他反对艾宾浩斯使用无意义材料，强调意义的重要性，成为人文科学路线研究记忆的先驱。在这种背景下，现象学心理学也对记忆进行了研究，最突出的代表是凯西。我们曾在第四章提到，他的记忆与想象的思辨研究“或许是胡塞尔的现象学心理学方案的最佳示范”[③]。迪尤肯阵营的乔治和马瑟恩(L. M. Matherne)等对记忆进行了经验研究。

① 黄裕生著：《时间与永恒——论海德格尔哲学中的时间问题》，社会科学文献出版社 2002 年版，第 2～7、14～21 页。

② 倪梁康著：《胡塞尔现象学概念通释》，三联书店 2007 年版，第 528～529 页。

③ Churchill, S. D. (2000). Phenomenological Psychology. In: A. E. Kazdin (Ed.). *Encyclopedia of Psychology*. New York: Oxford University Press, 2000. pp. 162～168.

2. 凯西的记忆研究

我们先来看凯西的研究。凯西曾出版专著《记忆:一种现象学研究》(1987)。他将记忆视作一种独立的心理活动,它与知觉和想象[①]并列。在区分记忆、想象与知觉的关系时,凯西明确指出,记忆和想象在内容与原因上与知觉是非连续的:[②]知觉并非记忆和想象的原因和内容。这意味着,记忆具有意向性本质,它能够独立地与对象建立关联,而非借助其他心理活动与对象建立关联。凯西认为,记忆在心理活动中处于独特的地位。他将记忆称作心理的"守护门户的两面神"(Janus bifrons)[③]。记忆朝向两个方向:第一个方向面向知觉,第二个方向面向想象。我们可以从中看出记忆的特征。

就第一个面向而言,记忆与知觉都是设定(posit)的心理活动,都设定对象是存在的。在这一方面,记忆表现出以下的特征:时间顺序,熟悉性和信仰。记忆的时间顺序是指记忆与过去有关,且具有滞留性。记忆与过去有关指记忆的东西是发生于过去的,持续到现在。这不仅意味着记忆的内容在时间上具有持续性,而且意味着当前与初次发生的过去有一种延续。记忆的滞留性首先是指以前的经验能够在以后回忆起来,这为所有的回忆提供了基础。记忆的这种性质其次是指滞留的晕(fringe),晕是心理现象的视域或背景,滞留的晕是指过去经验的成分在当前得到拖延。[④] 由于记忆的内容带有滞留性,我们与记忆的对象总有一种熟悉性。在这种意义上,可以将remember(记忆)理解为 re-member(再一成分)。[⑤] 记忆的信仰是指记忆的设定性态度。我们总是将记忆的内容视作以前出现过的,将其设定为存在的。这首先意味着,记忆与以前的知觉经验有关,因为需要通过知觉确证存在。其次,我当前的回忆在时间上是延续的,不然我就会怀疑记忆的真实性。最后,我将记忆的凭证借给我所熟悉的事物,记忆是排斥陌生的。

就第二个面向而言,记忆与想象都是表征(presentify)的心理活动。在这一方面,记忆表现出以下特征:表征性,心象的非根本性,自发与控制间的选择,多种心理活动形式。我们在前面已经看到,记忆是对对象的一种表

---

① 凯西研究的想象指单纯想象,而非我们上文中的想象。单纯想象没有现实性,并不设定对象的存在。

② Casey, E. S. (1977). Imagining and remembering. *Review of Metaphysics*, Dec, pp. 187~209.

③ Casey, E. S. (1976). Comparative phenomenology of mental activity: memory, hallucination, and fantasy contrasted with imagination. *Research in Phenomenology*, No. 6, pp. 1~25.

④ 我们在第二章提到,Noema(意向相关项)总显现为带有背景的核心,晕就是这个背景的一部分。听一首曲调时,每一个音符都显现为带有晕的核心。一个音符消失时,它的晕如彗星拖着的长长的尾巴,拖延到下一个音符的出现。事实上,凯西指出,所有的心理现象都有滞留的晕。

⑤ Casey, E. S. (1976). Comparative phenomenology of mental activity: memory, hallucination, and fantasy contrasted with imagination. *Research in Phenomenology*, No. 6, pp. 1~25.

征。它的心象并非是对对象的原本把握，因此是非根本的。我们在乔治的想象研究中看到，想象是可以控制的。在记忆中，我们可以控制自己的记忆，使自己想到某些东西，不去想另一些东西。我们也可以让记忆主动地发生，如静下心来，让往事在心中一幕幕飘过。记忆具有多种心理活动形式[①]。在记忆中，有侧重记忆本身的，如对一件简单往事的沉思；有侧重规划的，如回忆某件事是如何进行的；有侧重内容的，如想起一件事情是什么样子；有侧重未来的，如回忆关于未来的美好生活；有侧重场合的，如在生日许愿时，想起往事，等等。

3. 马瑟恩的记忆研究

我们现在来看马瑟恩的研究，以深化现象学心理学对记忆的理解。马瑟恩在迪尤肯阵营的代表W·F·费希尔的指导下，对记忆进行了经验研究。[②] 她的研究建立在巴特莱特等人的基础上，她同意巴特莱特对意义的强调，但她认为，巴特莱特的研究材料如图片等仍然不能很好地反映出现实中的记忆。另外，她反对巴特莱特将推理等因素置入记忆中。她选取了19名受访者，均为女性。先请她们描述自己觉得最有意义的事，并在一段时间(如一个月)后进行回忆，以检验记忆效果。马瑟恩提出两个假设：记忆过程不同于巴特莱特等人所描述的，在关于推理和建构上尤其如此；有意义的事件在记忆过程上不同于意义程度低的事件。通过对访谈结果进行分析，马瑟恩发现，第二个假设得到验证，有意义的事件记忆的更精确。由此可以得出，事件是以其意义被记忆的。乔治在研究中也得出相同的结论。例如，他发现，受访者想起自己走过一片草地，由此想起以前与男友一起在草地上的美好时光。[③] 这与自然科学路线使用无意义材料研究记忆形成了明显的对照。在事件的意义上，马瑟恩还发现，事件的意义是处于回忆的情境中的。这表明，记忆具有意向性本质。在记忆中，心理与对象有着直接的意义关联。关于第一个假设，马瑟恩并没有发现受访者使用合理化等心理过程，她并未发现推理和建构因素。这就表明，在记忆过程中，心理与情境直接关联，它将对象直接呈现出来，不涉及推理等因素。对于巴特莱特的研究，马瑟恩发现，受访者的确表现出对意义的追求，不过，受访者尽力将意义置于生活情境中，而非使得事件更易于理解和完整。另外，受访者的情感态度在

① Casey, E. S. (1977). Imagining and remembering. *Review of Metaphysics*, Dec, pp. 187～209.

② Matherne, L. M. (1969). *Dimensions of remembering*. Master's Thesis of Duquesne University.

③ Giorgi, A. (1989). Learning and memory from the perspective of phenomenological psychology. In: R. Valle, S. Halling (Ed.). *Existential-phenomenological perspectives in psychology: exploring the breadth of human experience*. New York: Plenum Press, pp. 99～112.

记忆中的确得到明显的体现，不过，受访者并未使用态度进行推理等活动。另外，马瑟恩还发现，对内容越熟悉，越能维持内容的完整性，引起的改变程度就越低，不过，非常熟悉的事情可能被吸收到熟悉的事情中，丧失自身的独立性。这验证了凯西关于记忆的熟悉性的观点。

五、思维研究

1. 概述

我们在前面考察的知觉、想象和记忆等都属于表象这类基础性的心理活动。在客体化意动中，除表象外，另一类重要的心理活动是判断。判断是对事态的陈述，它是一种综合性把握，胡塞尔也将它称作论题性的客体化意动。与之相对，表象是对实事的指称或感知，它仅是素朴性把握，胡塞尔将它称作称谓性意动。[①] 判断作为一种客体化意动，具有意向性本质，与对象直接关联。在判断中，所呈现给我们的不仅有某物存在着的事实，还有这样的意指：S是P，S不是P，等等。[②]

我们认为，胡塞尔关于判断的观点能够在一定程度上体现思维的特点：思维具有意向性本质，与事态等对象直接关联，是一种经验的流动变化过程。与判断相比，在胡塞尔那里，思维这种意动并未得到较多的关注。胡塞尔在提到思维(denken，thinking)时，在广义上将其等同于笛卡尔的我思，在狭义上将其等同于通过逻辑概念进行的理解，与直观相对。[③] 狭义上的思维与当代心理学中的思维在一定程度上是一致的，但这里存在一个明显的差异。胡塞尔认为，范畴是可以直观的，因而与概念有关的心理活动不属于思维，应划入表象中，但在当代心理学中，与概念有关的心理活动是思维的组成部分。

相对于知觉等基础性的心理过程来说，思维是心理学研究相对薄弱的领域。原因在于，思维是一种高级心理过程。在思维中，人可以进行问题解决等复杂心理活动，人类的智慧在这里得到体现。冯特在科学心理学的诞生之初，就将思维排除在实验研究的领域之外。在自然科学路线上，思维长期受到忽视。直到20世纪50年代，随着认知心理学的兴起，思维才开始得到越来越多的研究，在今天，决策等思维过程得到学界极大的关注。人文科

① 倪梁康著：《胡塞尔现象学概念通释》，三联书店2007年版，第180页。

② 胡塞尔著，倪梁康译：《逻辑研究》(第二卷 第一部分)(修订本)，上海译文出版社，2006年，第522页。

③ 倪梁康著：《胡塞尔现象学概念通释》，三联书店2007年版，第359～360页。

学路线仅对思维进行了少量研究。符茨堡学派进行了思维研究，揭示了思维的无意象性质。格式塔心理学的代表魏特海墨在晚年从知觉观点出发，进行了创造性思维研究，揭示了思维过程的整体性。在现象学心理学中，思维也未受到较多关注。原因在于，现象学心理学从所呈现的现象出发，对于现象的呈现模式和结构感兴趣，而较少关注命题操作等心理过程。不过现象学心理学也对思维进行了一些研究，这主要体现在以下几篇博士学位论文中：克鲁南的论文《决策的经验和行为方面》(1969)，安斯图斯的论文《思维的现象学研究：以下象棋为例》(1982)，冯基恩斯(von Keairns)的论文《反思性决策：决定流产的经验现象学研究》和卡尔森的论文《现象学心理学方法：决策和选择的理论基础与经验应用》(1987)。这四项研究均是经验的研究，在研究取向上属于或接近迪尤肯阵营。① 除此之外，波利欧和厄西亚克(M. J. Ursiak)也对思维进行了经验研究。

2. 安斯图斯的思维研究

我们先来看安斯图斯的研究。安斯图斯的这项研究比较具有代表性，因为他的现象学研究是在与信息加工心理学的观点相对比的基础上进行的。我们可以通过他的研究，来了解现象学心理学与自然科学路线在思维问题上的差异。安斯图斯以现象学心理学的方法研究了下国际象棋的思维。他以下国际象棋的杰出棋手为被试，请他们以出声思维的方式报告自己的经验过程。安斯图斯随后对录音材料进行经验取向的分析。结果发现，棋手的思维过程与信息加工心理学的观点存在较大差异。

在信息加工心理学看来，人的思维如同计算机一样，是操作符号的信息加工过程。安斯图斯则得出研究结论说："下国际象棋中所例证的思维是这样的过程：发现并明确形势中实际出现的特定的潜在可能性。"②具体说来，在思维的前瞻性(look ahead)上，信息加工心理学认为是一种线性的、逐步推进的过程。安斯图斯则发现，棋手对于游戏的整体流动有着潜在的感受，下棋是在这种整体把握指引下完成的。例如，棋手可能不移动王后，他觉得此后应对对方攻击时需要它。这里可以看出思维的意向性本质，它与情境之间有着直接而动态的关联。这种动态性在下面更突出地体现出来。在目的性上，信息加工心理学提倡使用普遍的启发式策略。安斯图斯发现，棋手

---

① 克鲁南、安斯图斯和冯基恩斯均属于迪尤肯阵营，前两人在乔治指导下获得博士学位，冯基恩斯在 W. F. 费希尔指导下获得博士学位。卡尔森在瑞典的斯德哥尔摩大学获得博士学位，他受到迪尤肯阵营的影响，可以视作迪尤肯阵营的一员。

② Aanstoos, C. M. (1983). A phenomenological study of thinking. In: A. Giorgi, R. Knowles, D. L. Smith(Ed.). *Duquesne Studies in Phenomenological Psychology Vol* Ⅳ. Pittsburgh: Duquesne University Press, pp. 244～256.

将策略视作提示者而非信息加工心理学的严格规则。在认知水平上，安斯图斯发现，棋手具有内隐的觉知，例如，棋手认识到某一步是有意义的，却难以明确地表述其意义。这对信息加工心理学提出了质疑，因为后者假定思维是形式的、外显的系统。与此相一致，在对手风格上，研究发现，棋手在感受上经历了动态的变化过程。棋手最初感觉对方仅是一个对手，随后会将自己置于对方的角度进行考虑，最后则清晰地意识到对手的风格。这在信息加工心理学中是无法反映出来的。总之，在现象学心理学看来，思维远不止是符号的操作，而是在生活世界中进行的一种与情境直接关联的动态的心理过程。

3. 卡尔森的思维研究

我们接下来看卡尔森的研究，以深化对两种不同观点的思维的理解。卡尔森请合作者通过反思写下自己的决策和选择经验，并进行访谈，然后对原始纪录进行分析①，得出决策和选择经验的本质结构。卡尔森将研究结果与信息加工心理学进行了对比。他指出，信息加工心理学建立在物理主义和观念论的基础上。信息加工心理学在物理主义上，如我们在考察知觉、想象和记忆中指出的，假定物理和心理之间存在一种对应。信息加工心理学在观念论上，采取了抽象的做法，从当前信息的优势点出发，研究决策者的认知操作。它将决策者限定在实验设置中，考察决策者所使用的策略或规则。与现象学心理学相比，这种做法远离了生活世界。

在卡尔森看来，现象学心理学与信息加工心理学存在三种差异。首先，信息加工心理学忽略了经验的意向相关项方面，忽略了决策和选择是什么，甚至将决策、选择和判断视作同一事物。现象学心理学则致力于揭示经验的本质结构，发现了三者间的差异。在选择中，需要对至少两种不同主题进行取舍。在决策中，决策者通常关注一种主题。在选择中，选择者在至少两种未来中进行取舍。在决策中，决策者投身于对一种未来的创造中。判断则可能与取舍和未来没有关联。卡尔森进一步提出决策的本质结构。决策与规划有关，规划是对未来可实现的可能性的一种主观确定。这就意味着决策始终是未来指向的。不仅如此，未来的可能性是可实现的。另外，未来的可能性与决策者有关，它涉及到"我将"、"我能"、"我应"等成分。决策的

① 卡尔森在博士学位论文中，使用了出声思维的方法，在下面的专著和论文中，使用了合作者的反思书写和访谈的方法。他认为，前者更适于考察思维的意向活动方面，后者更适于考察思维的意向活动的相关项方面。Karlsson, G. (1993). *Psychological qualitative research from a phenomenological perspective*. Stockholm: Almqvist & Wiksell International, p. 122. Karlsson, G. (1992). The grounding of psychological research in a phenomenological epistemology. *Theory & Psychology*, No. 4, pp. 403～429.

核心是作出决定，去实现规划的未来。因此，可以从心理活动而非所作出的决策出发，区分出选定规划的未来、放弃规划的未来，等等。

其次，信息加工心理学将决策和选择限定在对当前信息的加工上，忽略了情境、历史、文化和现实存在等因素，所得出的结论是非历史、非现实存在的。现象学心理学则重视规划因素，由此将决策置于历史和现实存在中。

最后，信息加工心理学得到的结果是心理学家的理论建构，未能忠于人的决策或选择经验；现象学心理学则从意向性出发，重视规划因素，能够更好地反映出决策或选择经验的原本面目。

4. 波利欧和厄西亚克的研究

思维具有怎样的本质结构？波利欧和厄西亚克通过访谈 84 位心理学专业的大学生，请他们列出三个自己经历过的思维情境，并就其中一种情境进行详尽描述。结果发现，学生列出的最多的情境是在床上，处于入睡前或醒来的状态。研究者通过对描述进行分析，得出四个主要的主题，构成思维经验的本质结构，如图 6-2 所示：

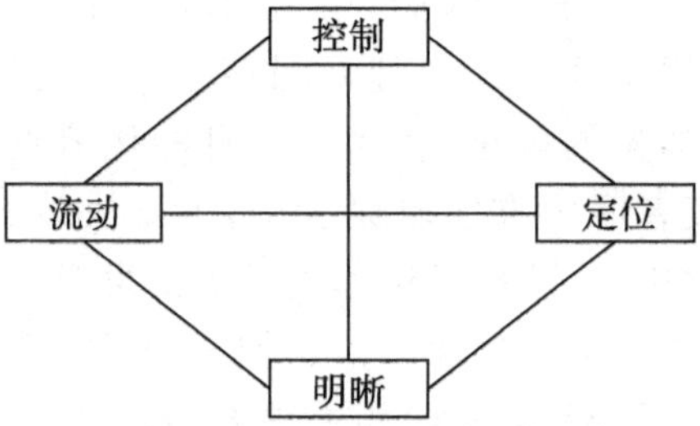

图 6-2 思维经验的主题模式①

思维经验的第一个主题是控制，参与者描述自己处于或不处于思维的控制下。它包括三个亚主题：首先是我控制，参与者描述说："我有一种控制感：这是我的世界，我所思考的东西在进行着。"②其次是放开(letting go)，参与者放弃对思维的控制，"我任由自己的心漫游"。最后是受控，参与者认为自己处于事件或情境的控制下："我似乎无法使它离开我的心灵。"

第二个主题是定位，指思维发生的场所。它包括三个亚主题：首先是在

① Pollio, H. R., Ursiak, M. J. (2006). A thematic analysis of written accounts: thinking about thought. In: C. T. Fischer (Ed.). *Qualitative research methods for psychologists: introduction through empirical studies*. San Diego: Academic Press, pp. 279～298.

② Pollio, H. R., Ursiak, M. J. (2006). A thematic analysis of written accounts: thinking about thought. In: C. T. Fischer (Ed.). *Qualitative research methods for psychologists: introduction through empirical studies*. San Diego: Academic Press, pp. 279～298. 本段落以下所引内容均来自该材料，不再注出。

我的头脑(head)中:“我在自己的头脑中将这一整天播放出来。”其次是在不同的世界中:“我的心处于完全不同的世界中。”最后是在问题中:“我正是从我所处的问题中开始思考的。”

第三个主题是流动(flow),包括变化、速度和受阻三个亚主题。在变化上,参与者描述说:“我的想法处于变化中。”在速度上,参与者描述说:“我的心开始漫游。”在受阻上,参与者描述说:“我的心忙来忙去,毫无进展。”

第四个主题是明晰,是指觉知到自己想法的清晰或混乱的程度。它包括三个亚主题:首先是确切:“我十足详尽地对它进行思考。”其次是关注:“我仔细地加以注意。”最后是混乱:“我的想法在那一刻乱成一团。”

在具体的思维经验中,四个主题是联系在一起的。如参与者的描述“各种令人混淆的事情在我的头脑中疾驰而过”就包括了四个不同的亚主题:受控、流动、速度、明晰。波利欧和厄西亚克将这项研究与安斯图斯的研究进行比较,发现二者具有很大程度上的一致性。

六、情绪研究

1. 概述

我们在考察上述心理过程中看到,现象学心理学从所给予的现象出发,深入到人的经验之中进行研究。在诸种心理现象中,情绪作为心理体验是最为丰富的。在这种意义上,现象学心理学在情绪研究中最鲜明地体现了自身的特色。与此相比,自然科学路线在研究情绪时,侧重从生理、行为和认知等方面进行研究,难以进入真正情绪之中,难以反映情绪的丰富面目。这种对比在大多数心理学教材中体现出来。现象学心理学难以在心理学教材中取得一席之地,但在有关情绪心理学的教材中,这种情况取得了突破。在斯托曼(K. T. Strongman)的《情绪心理学》中,单列一章介绍了情绪的现象学心理学观点。需要注意的是,这一章与情绪的生理学、认知和情绪、情绪行为内容并列,用于介绍情绪体验。斯托曼虽然对现象学心理学持观望态度,但也承认现象学心理学的观点“改变了传统实验心理学见解”,“这些观点比起行为的和生理的方面来说与情绪的体验有着更多的联系”,因此,“对情绪的更完全的理解很可能会来自传统的和现象的心理学这两种方法和对两者的兴趣”。①

情绪与知觉等一样,也具有意向性本质。胡塞尔在考察意向性时指出,

① 斯托曼著,张燕云译:《情绪心理学》,辽宁人民出版社 1986 年版,第 215 页。

关于意向性的论述"也适用于情绪和意志等领域,适用于有关喜爱或不喜爱……等等体验。所有这一切都是体验,它们包含着很多的、往往是多种多样的意向层次,意向作用的以及相应地还有意向对象的层次"①。在胡塞尔之后,萨特和伯伊滕蒂克都考察了情绪(我们已在第三章进行了初步考察)。他们都赞同胡塞尔的观点,认为情绪具有意向性本质。萨特尤其指出,胡塞尔通过意向性"为建立一套关于情感的新学说造就了一个园地……"②他甚至将情绪视作人处于世界中的一种存在模式。在自然科学那里,与知觉等心理现象一样,情绪被视作对外在的物理世界的反映,进而被视作与物理现象一样的存在。与此一致,自然科学路线从生理、行为和认知等角度研究情绪,难以反映出情绪的原本面目。

需要指出的是,胡塞尔由于侧重认识论,并未给情绪充分的地位。按照胡塞尔的观点,情绪具有意向性本质,但属于非客体化意动,它借助于客体化意动与对象关联。萨特和伯伊滕蒂克都不同意情绪属于非客体化意动。伯伊滕蒂克明确区分了情绪(emotion)和情感(feeling):情感是一种心理活动,一种回应世界的模式,与对象相关联;但情绪却并非如此,它不与对象直接关联,仅是我们存在的特殊的质,它与感觉、兴奋等联系在一起;③情绪离不开情感,它可以通过后者与对象关联,尽管日常语言模糊了这一点。例如疼痛是一种情绪性感受,它只有在情感中才能成为可能。萨特后来也区分了两种情感:原初情感与构成情感。原初情感如眼睛疼痛等,不与对象直接关联;构成情感如对他人的愤怒、怨恨等,则与对象直接关联。④ 伯伊滕蒂克根据对象阻抗与否,对情感进行了区分。阻抗的经验意指我们受阻的存在,非阻抗的经验意指我们拓展的存在。与后者相应的是愉快经验,包括四种存在模式:与某物共在(being-with-something);持续流动或涌现的实存(flowing-on, flowing-out existence);突出自我的拓展(expansion of the accentuated self);亲近自我,同化或包容自身(taking to one's self, assimilating, including as one's own)。与阻抗相应的是我们的不愉快经验,也包括四种存在模式:被阻止(being thrown back);被征服(being subdued);被伤

① 胡塞尔著,李幼蒸译:《纯粹现象学通论》,商务印书馆 1996 年版,第 240 页。

② 萨特著,刘国英译:《现象学的一个基本概念:意向性》,见倪梁康主编:《面对实事本身——现象学经典文选》,东方出版社 2000 年版,第 645~648 页。

③ Buytendijk, F. J. J. (1987). The Phenomenological approach to the problem of feelings and emotions. In: J. J. Kockelmans (Ed.). *Phenomenological Psychology: the Dutch School*. The Hague: Martinus Nijhoff, pp. 119~132.

④ 萨特著,陈宣良等译,杜小真校:《存在与虚无》,三联书店 1987 年版,第 430、431 页。

害(being injured);失去自我的一部分(放弃部分或全部自我)。① 不过,伯伊滕蒂克的情绪划分并未被后人接受。

在现象学心理学中,如同知觉是实验现象学心理学研究的重点一样,情绪是经验现象学心理学研究的重点,这尤其体现在迪尤肯阵营的研究中。我们可以看到无限丰富的情绪研究,如高兴②、满意③、害羞④、窘迫⑤、羞耻⑥、内疚⑦、失望⑧、无望⑨、绝望⑩、厌烦⑪、恐慌⑫、恐惧⑬、焦虑⑭、抑郁⑮、嫉

① Buytendijk, F. J. J. (1987). The Phenomenological approach to the problem of feelings and emotions. In: J. J. Kockelmans (Ed.). *Phenomenological Psychology: the Dutch School*. The Hague: Martinus Nijhoff, pp. 119～132.

② Robbins, B. (2003). *Joy and the politics of emotion: toward a cultural therapeutics via phenomenology and critical theory*. Doctoral dissertation of Duquesne Universtiy.

③ Mruk, C. (1981). *Being pleased with oneself in a biologically critical way: an existential-phenomenological investigation*. Doctoral dissertation of Duquesne Universtiy.

④ Guglietti-Kelly, I. (1990). She's just shy: a phenomenological study of shyness. *Journal of Phenomenological Psychology*, No. 2, pp. 150～164.

⑤ Vallelonga, D. S. (1986). *The lived structure of being-embarrassed and being-ashamed-of-oneself: an empirical phenomenlogical study*. Doctoral dissertation of Duquesne Universtiy.

⑥ Ablamowicz, H. (1984). An empirical phenomenological study of shame. Doctoral dissertation of Southern Illinois University.

⑦ Wilcox, C. (1999). *Guilt: experiencing the wronged other: an empirical phenomenological study*. Doctoral dissertation of Duquesne Universtiy.

⑧ Schur, M. (1978). *An empirical-phenomenological study of situations of being-disappointed*. Doctoral dissertation of Duquesne Universtiy.

⑨ Beck, B., Halling, S., Mcnabb, M., Miller, D., Rowe, J. O., Schulz. J. (2003). *Facing up to hopelessness: a dialogue phenomenological study*. *Journal of Religion and Health*, No. 4, pp. 339～354.

⑩ Goldsmith, M. (1987). *Despair: an empirical phenomenological study*. Doctoral dissertation of Duquesne Universtiy.

⑪ Bargdill, R. W. (1998). *Being bored with one's life: an empirical phenomenological study*. Doctoral dissertation of Duquesne University.

⑫ Dech, E. (2000). *The experience of a panic attack for persons diagnosed with panic disorder: an empirical phenomenological exploration*. Doctoral dissertation of Duquesne University.

⑬ Johnson, E. (1988). A phenomenological investigation of fear of the dark. *Journal of Phenomenological Psychology*, No. 2, pp. 179～194.

⑭ Fischer, W. F. (1988). *Theories of anxiety*. Washington, D. C.: University Press of America.

⑮ Spillman, B. D. (2006). *Man's experience of depression: a phenomenological investigation*. Doctoral dissertation of The University of Tennessee.

妒[①]、妒忌[②]、愤怒[③]、急躁[④]、孤独[⑤]和矛盾情绪[⑥]等等。除经验取向的研究外，解释取向也开始情绪研究，如我们将要考察的高兴和愤怒等。

2. **高兴和愤怒情绪研究**

我们先来看两种基本情绪即高兴和愤怒的研究，然后再来看现象学心理学对一些日常生活中的复杂情绪的研究。

(1) 高兴。迪尤肯阵营的毕业生罗宾斯(B. Robbins)在博士学位论文中，对此进行了经验现象学心理学的研究。[⑦] 他访谈了两位女性和一位男性，请他们描述高兴的经验。受访者分别描述了第一次过圣诞节、幼时与两位亲戚在大自然中玩耍、自己的马赢得比赛的经验。罗宾斯通过分析，得到15个共同主题，在此基础上得到普遍的情境结构。[⑧] 我们将其研究结果概述如下。① 在高兴经验达到顶峰前，受访者产生了敬畏感。受访者对世界或他人的力量感到崇敬和惊奇。② 高兴产生于受访者围绕自己的存在并由存在的核心出发的时刻，并且，受访者将高兴感受为从存在的核心出发向上和向外的运动。受访者感受到有力和温暖，自己的存在得到拓展，并朝向至高点发展。到达至高点时，自我、他人和世界是圆满的，并得到积极的肯定。③ 在高兴中，受访者在一定程度上通过与他人的联系，来实现满足状态。受访者放弃防御，与他人和谐地在一起。④ 受访者通过与世界的开放的联系，从而产生高兴。受访者并未感受到意愿，将高兴视作工具性目的的结果，而是投入到当前的活动中，与他人和世界达到和谐的一致。⑤ 在高兴的高峰时刻，日常时刻发生了变化。此时受访者有着圆满的感受，他觉得自己处于

---

① Ramm, D. (1979). *A phenomenological investigation of jealousy*. Doctoral dissertation of Duquesne University.

② Titelman, P. (1976). *A phenomenological study of envy*. Doctoral dissertation of Duquesne University.

③ Stevick, E. (1983). Being angry in the context of an intimate relationship: An existential phenomenological investigation. Doctoral dissertation of Duquesne University.

④ Coufal, D. (1997). *Being impatient: an existential phenomenological study*. Doctoral dissertation of Duquesne University.

⑤ Zipris, A. B. (1982). *Being lonely: an empirical-phenomenological investigation*. Doctoral dissertation of Duquesne University.

⑥ Harrist, S. A. (2006). Phenomenological investigation of the experience of ambivalence. *Journal of Phenomenological Psychology*. No. 1, pp. 85～114.

⑦ Robbins, B. (2003). *Joy and the politics of emotion: toward a cultural therapeutics via phenomenology and critical theory*. Doctoral dissertation of Duquesne Universtiy.

⑧ Robbins, B. (2006). An empirical, phenomenological study: Being joyful. In: Fischer, C. T. (2006). *Qualitative research methods for psychologists: introduction through empirical studies*. San Diego: Academic Press, pp. 197～201.

当前，不再有未来的担忧和过去的痛苦，他感受到自由。⑥ 在从敬畏到满足的运动中，受访者感受到和谐、圆满和完善，他将生活中的不足置之一边。⑦ 高兴是一种肯定生活的经验。人在高兴中，产生孕育、持续的经验，感受到十足的活力，人觉得自己是年轻的。由于成人生活在工具性的世界中，较少感到快乐，因此对它有着更多的期望。

值得注意的是，罗宾斯在其研究中，也提到了当前积极心理学的主观幸福感(subjective well-being, SWB)研究。他认为，主观幸福感研究倾向于将情绪的意义还原为因果性的因素等，由此忽略情绪的经验成分，与之相比，现象学心理学则能够揭示出情绪的丰富内涵。

(2) 愤怒。迪尤肯阵营的史蒂维克(E. L. Stevick)和弗兰克尔(C. A Frankel)先后对愤怒进行了经验的研究。史蒂维克从存在角度，研究了亲密关系中的愤怒(1983)，弗兰克尔则从自我与他人的角度，研究了愤怒(1985)。此外，J·史密斯对愤怒进行了解释研究。我们选取弗兰克尔和J·史密斯的研究，来看经验和解释研究视野下情绪的具体面貌。

弗兰克尔在研究中，选取了自我和他人两种角度。从自我角度可以看到受访者对自身愤怒的体验。从他人角度可以看到受访者对他人愤怒的体验。弗兰克尔访谈了三对受访者，由此获得三种情境下的愤怒体验。受访者分别是持续一年友谊的两位女性；恋爱六年的恋人；结婚五年的夫妻。弗兰克尔通过分析当事人与他人对同一愤怒的描述，最终得到愤怒的本质结构。我们将结果转述如下："愤怒是一种激烈而紧张地努力在世界之中的展现(presence)，这种展现是具身化的。愤怒受到世界的消极影响而产生，它是具身化意识的一种意图，这种具身化意识被动员起来，并付出努力(如感受到提升的能力、愿望和意志)，这种意图的目的在于将自身从附属地位中解脱出来。在这种地位中，它发现自己为期待中的某人所把握和侵犯，并使得自己无能，同时，它发现自己能够并应该以更多的关注来处理自身。愤怒竭力通过公众的责任归因和需要补偿所经验到的过错来充分地表现自己。通过这些活动，愤怒可能会达到目的，并在抵达中经验到被引起愤怒者理解。"①

伊托夫(V. Eatough)和J·史密斯使用解释现象学分析(IPA)方法研究了愤怒。与弗兰克尔的研究相比，二者的结果是大致类似的。这表明，现象学心理学是追求普遍知识的，同时，其研究的质量是得到保证的。不过，

① Frankel, C. A. (1985). The phenomenology of being angry: an empirical study approached from the perspectives of self and other. Doctoral dissertation of Duquesne Universtiy, p. 185.

J·史密斯等的研究更侧重发掘个体的世界，由此产生新的理解。

伊托夫(V. Eatough)和J·史密斯指出，这项研究的目的在于“把握对生活情境中的个体而言，愤怒感受起来像什么，以及所有这些涉及到什么”①。研究者先澄清自己的情绪观点，将情绪视作复杂的、有情节的、动态的和结构化的心理现象。研究者将受访者称作玛里琳，这是一位30岁的英国女性，与丈夫以及孩子安德鲁生活在一起，住地周围犯罪率高。玛里琳16岁弃学，做过多种无需技能的工作，孩子出生后，便不在外工作。研究者对玛里琳的愤怒情况②进行访谈，访谈结果报告了一个主题，分为两个部分：玛里琳对愤怒的感受和愤怒的变化过程；孩子对愤怒的影响。

第一部分的标题是“我像一个很疯狂很疯狂的人”。在愤怒中，玛里琳经验到身体的变化，如颤抖、热，并伴有眼泪。她体验到强烈的情绪，似乎进入狂怒和暴怒的状态，她重复使用的“疯狂”意指自己从理性、文明的人转变成非理性、蒙昧的动物性的存在。在愤怒过程中，首先是时间变慢，时间的延伸似乎有预警的作用。一旦意识到结果，时间速度加快。玛里琳认识到结果，却无力控制。在对整个过程的叙事中，贯穿着情感的增强，逐步升级到攻击行为。最后，玛里琳感到迷惑和古怪，想不起发生了什么，失去了时间。有趣的是，在玛里琳的叙事中有一个她熟悉的脚本，从谈话开始，到身体侵犯结束，玛里琳既是这个脚本的主人公，也是这个脚本的发起者。

第二部分的标题是“因为有了安德鲁，我不能像过去一样爆发”。孩子出生后，玛里琳有了转变。原来叙事中贯穿的逐步升级消失了，玛里琳尝试着其他策略，如离开现场。她对丈夫的攻击行为减少，代之以哭、受挫和退缩以及心境上的变化。她有了更多的共情性的情感，如羞耻和苦恼等。与转变有关的核心意义事件，是有了孩子安德鲁。玛里琳意识到做母亲的责任。她觉察到文化上的规则：孩子的攻击行为可能是模仿父母的结果。这在愤怒涉及孩子时，鲜明地体现出来。在对孩子生气时，她开始有两方面的担忧：伤害了孩子；孩子习得了她的行为。她开始将愤怒建构为有问题的，逐渐去控制愤怒。但这个事件并未使得她的愤怒消失。她没有社会网络的支持，只能压抑愤怒，使自己处于内心的挣扎中，最终不得不寻求专业的帮助。

伊托夫和史密斯与自然科学路线进行了对比。首先，他们的研究揭示

① Eatough, V., Smith, J. (2006). “I was like a wild person”: understanding feelings of anger using interpretative phenomenological analysis. *British Journal of Psychology*, Vol. 97, pp. 483～498.

② 根据上下文推断，玛里琳的愤怒主要发生在家庭中，在她与丈夫之间，最终的结果是她向丈夫施加暴力。

了身体是我们生存变化的有机组成部分。身体的变化是愤怒感受的关键方面，我们在很大程度上借助于身体产生对愤怒的感受。自然科学路线则将身体视作被唤醒的生理有机体，难以认识到身体与情绪感受的关联，因此，难以认识到身体在经验乃至个人中的重要地位。其次，情绪的情节与我们整体的生活有着内在的关联。如玛里琳的哭其实是愤怒情绪的一种有力的表现形式：她竭力控制自己的愤怒，但在当前情境中又难以有任何作为。当自然科学路线略去这些情节时，如认为人要么表现愤怒，要么平息愤怒，哭就失去了原有的建设性作用。最后，自然科学路线使用问卷法等方法，通过测量人对假定方案的反应，进行量化分析，并不能反映出心理现象的复杂和细微之处。解释现象学研究以现象学和解释学为基础，“能够按愤怒嵌在个体生活世界的叙事中，建立起关于愤怒的主观感受经验的翔实写照”①。

3. 急躁和焦虑研究

我们现在来看两种日常生活中较流行的情绪：急躁和焦虑。(1) 急躁。迪尤肯阵营的库福尔(D. Couful)对其进行了研究。② 库福尔访谈了五位受访者，其中三位女性、两位男性。受访者所描述的具体情境分别为在参加婚礼途中迷路、六个月大的孩子的母亲在银行前感到急躁、怀上第二个孩子的母亲无法正常工作、治疗师接到病人心理而非药物方面咨询的要求、丈夫为妻子买飞机票而排队等情境。

库福尔从存在的角度，通过分析访谈材料得普遍结构。① 急躁经验的核心是受访者觉知到时间的拖延，但却逼迫性地流逝。受访者的时间感发生扭曲，原来觉得时间充足，但现在开始觉得不确定。受访者开始关注未来，犹豫着是否前进，同时阻抗着不让自己情绪化。② 随着受访者的关注点变得狭窄，尤其是当受访者疲倦和受挫时，他忽略了情境的复杂性。在面对未知时，受访者仅仅把握住熟悉的情况。为了避免等待，他甚至自己推迟，由此使得自己更加受挫。③ 在拒绝自身习惯性方式的不足时，受访者以前关于自身的未质疑的假设开始消失。他开始尽力保持自己的同一性。与此一致，他觉得拖延是道德上的冒犯，他开始寻找责备的目标，或者将拖延视作他人的目的行为，或者反思自己的不足。④ 受访者拒绝尝试任何放松。他刻板地保持警觉，却觉察不到自己的急躁使得情境恶化。为使自己免受责难，受访者尽

① Eatough, V., Smith, J. (2006). “I was like a wild person”: understanding feelings of anger using interpretative phenomenological analysis. *British Journal of Psychology*, Vol. 97, pp. 483～498.

② Coufal, D. (1997). *Being impatient: an existential phenomenological study*. Doctoral dissertation of Duquesne University.

力加快节奏。尽管不让自己情绪化,但他还是发现自己的反应与当前所需不相一致。⑤ 在失败后,受访者反思情境,并对其具体意义和可能性保持开放性。他开始考虑当前以及接下来的每一小步,而将未来大的目的放在一边。当达到目的时,由于耗尽精力,受访者在改变最初计划中得到适当的满足外,没有任何完成感。⑥ 与急躁相反,当受访者平静时,他对意料之外的事情保持开放性。他容忍自己的期待,当行动还不可能时,他充满想象力地做出反应。他欣赏情境带来的局限,而不是假定灾难性的后果。

(2) 焦虑。关于焦虑的最著名的研究是由 W·F·费希尔做的。费希尔是迪尤肯阵营中的重要代表人物,他在系统总结前人的焦虑观点的基础上,对焦虑进行了长期的探索。他的著作《焦虑理论》初版于 1970 年,再版于 1988 年。在他看来,自然科学心理学对焦虑的研究采用“物”的语言描述,例如,将焦虑视作恐惧的一种形式,对焦虑进行间接的研究;采用身心二元论的观点,将环境视作原因,将身体反应视作结果;仅对焦虑作量的研究,忽略质的方面。他将自己的立场表述如下:“事实上,我所力图所了解的,就是焦虑的真正本质或意义是什么,如人实际在其中生活和体验一样。”①

在具体研究中,费希尔对一位将参加期末考试的学生进行访谈,通过分析访谈材料,区分出焦虑的本质结构。首先,存在着情境性的事件,构成了个体焦虑所指向的核心。例如,对于担心考试成绩而焦虑的学生来说,考试就是关注的中心,这是焦虑的意向性本质的体现。其次,焦虑与人的同一性有关。同一性是对人的世界的整体描述。当学生担心考试无法通过时,自己的世界受到质疑,同一性出现问题。再次,在焦虑者的世界中,存在着必须(must)。在焦虑者的眼中,考试不再是可过可不过的,而是必须要通过的。最后,焦虑者面对能力问题。考试通过与否与自己的能力是密切关联的。因此,可以总结说,焦虑经验指“处于被迫去实现的情形中的经验,对于所实现的内容来说,我的能力已一直被理解为不确定的”②。费希尔同时还区分出两种不同视角的焦虑经验:焦虑体验(anxiety experiencing)和处于焦虑中的某人(someone-being-anxious)。在前者中,主体与世界是不可分的;在后者中,主体被独立出来,他受到作用,产生情感状态。这两种经验的

① Fischer, W. F. (1989). An empirical-phenomenological investigation of being-anxious: an example of the phenomenological approach to emotion. In: R. Valle, S. Halling(Ed.). *Existential-phenomenological perspectives in psychology: exploring the breadth of human experience*. New York: Plenum Press, pp. 127~136.

② Fischer, W. F. (1988). *Theories of anxiety*. Washington, D. C.: University Press of America, p. 135.

区分再一次表明了现象学心理学与自然科学路线之间的不同立场。

七、意志研究

1. 概述

我们在介绍情绪研究中看到，意志与情绪一样具有意向性本质。胡塞尔明确指出："如果我们作为现象学者排除了我们的一切设定，那么作为现象学纯意向体验的意志现象，仍然保持着它的'被意欲者本身'，后者作为意志所持有的意向对象：即意志意指（willensmeinung），它是此意志中的（在其完全本质中的）'意志'，并连带着一切所意欲的和所'指向的'东西。"[①]胡塞尔认为，意志属于非客体化意动，它通过其他心理活动与作为对象的意志意指建立关联。与在情绪研究中一样，胡塞尔并未对意志进行具体的研究。这项工作主要是胡塞尔所创立的现象学学派中慕尼黑小组"公认的领袖"[②]普凡德尔进行的。

普凡德尔是现象学心理学思辨取向的重要成员。他作为早期现象学运动中的重要成员，"迄今主要由于在现象学心理学领域的工作而知名"[③]。施皮格伯格曾指出，他的这位老师"中心的（虽然不是唯一的）兴趣，始终是真正扩展并且同时加深心理学"。而且，"他首先关心的是通过对心理现象的本质结构和本质关系的充分展现以描述的方式扩展心理学"[④]。在他的诸多研究中，对意志和动机的研究最为有名。他在博士学位论文中，对意志学说进行了批判研究。他考察了冯特、詹姆斯、屈尔佩、闵斯特伯格（H. Münsterberg）和里博（T. Ribot）等人的意志观点，认为不能将意志还原为表征或感觉。他于1900年出版《意志现象学》一书，对意志进行了全面阐述。1911年，他发表论文《动机与动机活动（Motive and Motivation）》，对意志进行了深入研究。我们在这一部分，主要通过对其研究的考察，来理解现象学心理学视野中的意志研究。

2. 普凡德尔的研究

普凡德尔首先对传统心理学关于意志的划分提出不同意见。他认为，

① 胡塞尔著，李幼蒸译：《纯粹现象学通论》，商务印书馆1996年版，第242页。

② 施皮格伯格著，王炳文、张金言译：《现象学运动》，商务印书馆1995年版，第253页。

③ Spiegelberg, H. (1972). *Phenomenology in psychology and psychiatry: A historical introduction*. Evanston: Northwestern University Press, p. 13.

④ 施皮格伯格著，王炳文、张金言译：《现象学运动》，商务印书馆1995年版，第256页。

自康德以来将心理现象划分为思维、情感和意志的做法是存在问题的。这里没有包括表象和知觉等，并且三者是紧密缠绕，难以分割，如思维的一部分至少是意愿的一部分类型，即对确实性和真实性的寻求。① 另外，这样划分存在一个危险，即将心理活动与对象分割开来。除了对意志的划分外，当时心理学对意志的研究也存在问题，如从客观角度进行单纯的观察，犹如将心理肢解为各种要素。在这种情况下，普凡德尔提出，要从意志的显现开始，首先确定意志的本质。

什么是意志呢？普凡德尔指出："意志这种心理活动是一种关于打算(proposing)实践的心理活动，它充满了有关意志的特定意向(intent)，它出自自我核心，穿入自我自身中，在自我中引起特定的未来行为。在自我既是主体又是对象的意义上，意志是一种自我决定的心理活动。"②(1) 意志是一种纯粹内在的心理活动，它涉及到自我。例如，在关于意志(willing)的表述中，始终存在"我要(I will)"或"我不要(I will not)"等。(2) 在意志活动中，自我不仅作出实际的打算，而且同时是有对自身的意识，它被认识、被把握。当我作出打算锻炼身体的意志活动时，我同时意识到是"我"在作出心理活动。(3) 意志有着特定的意向，能够对所规划的事态作出实践上的打算。在关于打算锻炼身体的意志活动中，所规划的事态是锻炼身体，意向指向这种事态，同时，关于锻炼身体的打算是处于实践中的。(4) 在意志的实施中，自我承担有一定的意向，但这种意向是自我给自身承担的，在这种意义上，意志是一种自我承担(self-charging)的心理活动。(5) 在意志的实施中，自我总是先要打算自己去做什么或不做什么，自我的这种打算行为就是规划(project)。这样，对规划的意识是实施意志的第一部分。进一步，将涉及到规划是否应该、有无价值等，这就需要对应该性的承认、对打算行为的赞同等，但并不涉及判断。接下来，需要动机这一关键因素，动机是意志决策的基础。此外，还需要有自我的实际打算。需要提出的是，意志心理活动的一种特殊情况是选择，面临几个相互排斥的规划，就需要进行选择。因此，选择是在多个规划间进行的意志活动。

可以看出，普凡德尔的意志观与自然科学路线的意志观形成较大的差异。普凡德尔从自我出发，关注意向和规划，由此进一步探讨意志的实施问题。在自然科学路线那里，意志是人确定目的，根据目的调控行为，通过克

---

① 普凡德尔著，张廷国译：《〈意愿现象学〉引论》，见倪梁康主编：《面对实事本身》，东方出版社 2000 年版，第 143 页。

② Pfänder, A. (1967). *Phenomenology of willing and motivation*. Evanston: Northwestern University Press, p. 23.

服困难达到目标的过程。这里的界定侧重实际任务的完成，与普凡德尔的界定相比，不能很好地反映出意志的具体面目。不仅如此，从实际任务出发，容易将意志转化为努力的程度，进一步转化成任务完成的程度，由此将意志自然化，使其失去原本面目。

普凡德尔不仅详细地描述了意志的本质，还对意志与其他心理现象进行了细致的区分。(1) 意志不同于纯粹的对象意识，如知觉、想象、注意和统觉等，甚至可以将指向对象的情绪划入其中，这些都是对对象的意识，无须意志的实施就可以进行这些过程。(2) 意志不同于判断：在意志中，某物被意欲，这是实际的打算；在判断中，某物被肯定等，这是理论上的操作。(3) 意志不同于趋向。什么是趋向呢？从对象与我的关联看，作为整体的情境有一种吸引的特征，它出自对象，向心地移向自我，在某一点上侵袭自我，并且离心地移开。因此，趋向由知觉、想象或感受到的对象唤起。从离心与向心角度，可以相应区分出趋向与反趋向；从定位于自我核心还是以自我身体为核心，可以相应区分出核心趋向与偏心趋向。意志始终是以自我为核心的，不同于偏心趋向。在意志中，自我不仅是主体和起源，而且是心理活动的执行者，因此意志不同于核心趋向。意志与趋向间的区别在意志的实施中更明显地区别出来：一方面，意志可以在反趋向的情况下支持规划的实施；另一方面，意志可以在趋向的情况下反对规划的实施。普凡德尔甚至认为，在完全的平静和合理思考后，人可以决定支持或反对某物，不带有趋向和反趋向。趋向除了有别于意志外，还影响着意志的实施。趋向出自对象，是自我的第一诱因，它能够引导甚至误导自我对意志的实施。因此，趋向与意愿的执行之间存在现象因果关系，即从所呈现的角度看到的因果关系。

第二节　行为、人格和学习研究

现象学心理学在面对自然科学路线尤其是行为主义时，从自身的理论主张出发对其进行研究，这尤其表现在对行为和学习的研究上。另外，现象学心理学尤其是存在现象学心理学关注人格问题，对此进行了大量研究。

在本节分别对这三个主题进行探讨。

一、行为研究

1. 概述

现象学心理学作为“第三势力”的组成部分，也研究了行为问题。但行为不像心理，它无法为我们所直接体验到。在这种意义上，胡塞尔等人是不太关注行为的。现象学心理学受到存在主义的影响，开始关注行为。我们在第三章看到，关于行为的系统研究主要是梅洛—庞蒂进行的，他通过批判自然主义，提出行为是一种形式、结构或格式塔。行为的这种结构是什么呢？梅洛—庞蒂提出了人的存在的本体论观点，认为人在历史和当前情境下，通过身体与世界交互作用。因此行为表现为身体—对象—背景—历史的结构。行为的存在是通过身体与世界互动的一种关联。由于身体是人与世界的中介，既是显现的主体，又是显现的对象，因此行为既非内在的，也非外在的。梅洛—庞蒂认为，行为相对于传统的心理与生理的对立等观点而言，是中性的，它与世界有着直接的意义关联。如当我的手指敲打键盘时，键盘已经为我而存在：“我们就是投向这种物体，我们预先处在它旁边，我们经常与它打交道。”[①]键盘对于我的整个存在来说具有特定的意义：打字正是通过与它互动在世界上展开。行为在与世界互动中，处于当前情境和历史的背景下，受到二者的制约。罗曼尼欣指出，在神经症患者的行为中，可以看出历史因素的作用，在习惯类的行为中，可以看出情境因素的作用。他甚至提出，行为主义是关于情境的科学，精神分析是关于历史的科学。[②] 由此可以看出现象学心理学的包容性。另外，在行为与世界的关联中，世界以其丰富的面目向人显现出来。因此，行为与经验是密不可分的。也正是由于这个原因，现象学心理学关注行为中的具体经验。

梅洛—庞蒂区分出行为的三种形式。首先是混沌形式。行为在这种水平上“被束缚在其自然条件的范围之内，并且只能把那些意外出现的情景当作是它规定的那些生命情景的暗示”[③]。这可见于动物的本能行为和人的“纯粹的”反射行为中。其次是可变动的形式。梅洛—庞蒂说：“一旦我们在

---

① 梅洛—庞蒂著，姜志辉译：《知觉现象学》，商务印书馆 2005 年版，第 183 页。

② Romanyshyn, R. D. (1977). Phenomenology and the reading of behavior. *Journal of Phenomenological Psychology*, No. 2, pp. 44～65.

③ 梅洛—庞蒂著，杨大春、张尧均译：《行为的结构》，商务印书馆 2005 年版，第 159 页。

行为的历史中观察到不由种类的本能的配备所决定的信号的出现，我们就可以推定，这些行为是以其独立于它们在其中得以实现的那些质料的结构为基础的。”[①]这可见于信号行为中，如行为主义在学习实验中所考察的动物行为。最后是象征形式。梅洛—庞蒂说，行为在这种水平上“为它自己表达刺激，它向真理、向事物本身的价值开放，它趋向于能指与所指、意向与意向所指的东西之间的相符”[②]。它可见于运用象征性符号的行为中。它为人类所独有，当然在人身上也存在前两种行为。梅洛—庞蒂在此基础上，提出了结构的三种存在样式：物理秩序、生命秩序和人类秩序。这三种结构分别相当于物理形式、有机形式和“心理”形式。

可以看出，现象学心理学的行为观点与自然科学路线的行为观点存在截然的区别。首先，现象学心理学认为，行为是人的存在的有机组成部分，它不同于物理的存在，不能划分为元素。自然科学路线则将行为视作一种自然物，它隶属于物理的存在，可以划分成刺激与反应的元素。其次，现象学心理学认为，行为具有了人的存在的特征，即处于世界之中。如同心理与对象关联一样，行为与世界直接关联。它甚至在一定程度上具有意向性的本质：它是有意向的。在自然科学路线那里，行为是一种自然物，它自身是封闭的，仅通过反应与外界相关联。最后，现象学心理学认为，行为与世界的联系是有意义的关联。而在自然科学路线那里，人与世界之间存在因果关联，人受到刺激的作用，作出被动的反应。

现象学心理学与自然科学路线的区别在动物行为问题上鲜明地表现出来。乌特列支学派的伯伊滕蒂克对动物行为进行了研究。他反对将动物行为还原到生理机制上并采取因果解释的研究。他也不赞同采用拟人的方式对动物行为做主观的解释。他认为，行为主义者限制了动物的活动空间，从而只关注简单的、可测量的行为。他提出，如同人的行为一样，动物的行为是有意义的，它受到意向的推动。在他和学生的研究[③]中，将老鼠放在足够空间的笼子中。研究者观察到，老鼠首先紧张地审查整个笼子，接下来稍放松地审查整个情境，最后对它的主要目标进行细致的探查，这完全不同于行为主义的观点。伯伊滕蒂克提出，如同人的行为一样，动物的行为是有意义的，也受到意向的推动。例如，生理机制发展到一定程度的动物，能够区分接触外物与被外物触及。当它们不动时接受触觉刺激，与它们在运动中主

① 梅洛—庞蒂著，杨大春、张尧均译：《行为的结构》，商务印书馆 2005 年版，第 161 页。

② 梅洛—庞蒂著，杨大春、张尧均译：《行为的结构》，商务印书馆 2005 年版，第 189 页。

③ Van der Veer, R. (2000). Tamara Dembo's European years: working with Lewin and Buytendijk. *Journal of the History of the Behavioral Sciences*, No. 2, pp. 109～126.

动探索外界时接触刺激时的反应是不一样的。另外,伯伊滕蒂克提出,动物的行为有一个作为中心的“主体”。例如,他在研究动物的社会性行为时发现,动物的身体是一种经验的中介,动物通过它将同类纳入到自己的空间中。伯伊滕蒂克在这一点上与梅洛—庞蒂持相同的立场。①

2. 斯特劳斯的直立姿势研究

我们现在通过斯特劳斯对直立姿势(the upright posture)的研究,来进一步深化对现象学心理学的理解。斯特劳斯在“他最卓越的研究之一”②的论文《直立姿势》中,对此进行了考察。

我们知道,斯特劳斯在基本立场上,持人存在于世界之中的观点。那么直立姿势对于人的存在具有怎样的意义呢?斯特劳斯从一个具体方面出发:人站起来,保持直立,需要抵抗住向下的重力。这意味着人需要与自然方面相对抗。他进一步将人与马的直立和人在水平面上的存在进行比较。人在直立中,始终要觉醒,保持注意,因此不同于马。直立是人所特有的现象。人在水平面上的睡眠中,不需要努力,事实上放开了自身,放弃了自己的个体性。因此,直立意味着人维持自身的存在,与非人的自然方面相对抗。我们可以在孩子身上,看到站起来、独立迈出第一步后的喜悦。因此直立意味着,“对抗”是人的自然姿态③。

进一步看,直立使得我们在以下三个方面产生了距离。首先是与地面(ground)之间的距离。人在更自由的同时,也远离了地面,远离了“大地母亲”④。其次是与事物之间的距离。人在直立起来后,视野得到拓宽,但却开始“面对”(confront)事物,与事物产生了距离。最后是与同胞之间的距离。与面对事物一样,人开始直面(face to face)自己的同胞。

最后,还应指出的是,直立对人起到重要作用。它使得我们在不倒下的状态中去行走,使得手解放出来,接触世界,使得手臂拓展我们的认识,使得我们的视野得到拓展。可以说,直立使得人以独立的姿态处于世界之中,面对事物和他人。

① 伯伊滕蒂克受到梅洛—庞蒂身体本体论的较大影响。不过这并非单方面的,伯伊滕蒂克的动物研究在梅洛—庞蒂的行为研究中曾被大量引用,这使得伯伊滕蒂克的知名度大为提升。

② Spiegelberg, H., *Phenomenology in psychology and psychiatry: A historical introduction*. Northwestern University Press, 1972, p. 275.

③ Staus, E. W. (1980). *Phenomenological psycholgy*. New York: Garland Publishing Inc., p. 143.

④ Staus, E. W. (1980). *Phenomenological psycholgy*. New York: Garland Publishing Inc., p. 144.

3. **史密斯的旅行活动研究**

现象学心理学并不将行为与经验割裂开来。它们都是存在的组成部分,且交织在一起。现象学心理学从存在出发,更关注复杂的活动,它对行为主义所谓的单个行为并不感兴趣。因此,在存在现象学心理学的研究中,主要是各种活动中的人的行为与经验。这在田纳西大学的研究中得到了明显的体现。我们以史密斯(N. L. Smith)的研究为例。史密斯在其博士学位论文中,研究了旅行活动,他通过访谈不同年龄和背景的参与者,得出以下的主题结构。见图 6-3。

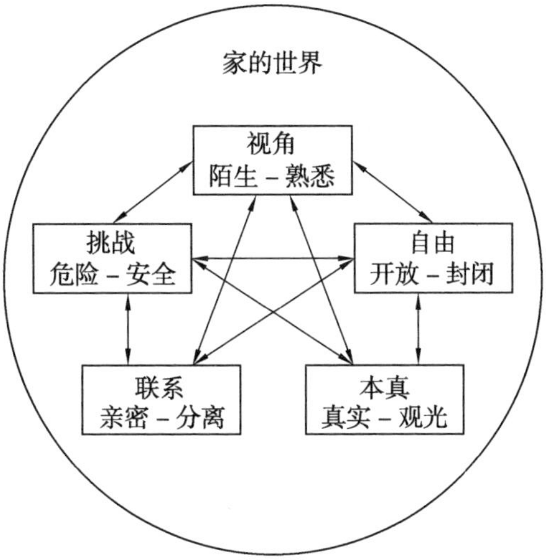

图 6-3　旅行的主题结构 ①

如图所示,旅行活动包括五个相关联的主题。首先是视角(perspective),旅行意味着离开熟悉的领域,进入陌生的天地,在陌生与熟悉的转换之间,产生了视角的变化。参与者描述到:"尤其在墨西哥城,由于它太庞大了,那真是大开眼界。嗯,你知道,我们有时穿过一些农业区,小孩子们不穿鞋和衬衫,在周围跑着……是的,恰恰看到了生活条件中的差异。嗯,走出你所知道的、舒适的区域,诸如此类,开了眼界……我认为那就是我们如何成长和学习。"②

其次是挑战,指离开安全的家的世界,面临着一定程度的危险。如参

① Smith, N. L. (2002). *A phenomenological study of the experience of travel*. Doctoral Dissertation of Tennessee, p. 103.

② Smith, N. L. (2002). *A phenomenological study of the experience of travel*. Doctoral Dissertation of Tennessee, p. 107. 本小节以下段落所引均出自该文第 107～127 页,不再注出。

与者描述到:“……对我来说,旅行更像是令人兴奋的旅行。嗯,会有一些好玩的事情,一些问题……旅行将会有不同的挑战,或不同的情境……旅行,喔,它是休假,但它是去,嗯,挑战自己的时刻。”

第三是自由,指走出受控的情境,迈向自然状态,从封闭朝向开放。参与者描述说:“我刚刚真的过了一段有人把持的、难受的时间,你知道的,压制我或阻止我。对我来说,旅行应该是自由的,它应该是开放的。”

第四是联系,指在旅途中与他人或世界建立联系,从分离走向亲密。参与者描述说:“我曾独自旅行过,我恨这种旅行。我甚至看不出它有什么意义……因为对我来说,没有讨论的旅行不是旅行,或者不是我要做的旅行。”

最后是本真,指旅途是有意义的,与自己真实的生活有关,而非仅仅是观光。参与者描述说:“我们刚刚度过了最好的时光——是刚刚,我们在纽约,我们没有竭力去看那些不得不看的,没有做那些不得不做的,没有遵循这种‘我们在纽约,啊,让我们成为观光者’类的程序……我们整天观光,这使得我们要疯掉了,我们要按自己的想法,最终是我们所喜欢的去做。我们去跳舞……在凌晨三点买水果和果汁……这太有趣了,因为我们真正体验到了这座城市,而非观光的途径,我们彼此在一起非常愉快。”

二、人格研究

1. 概述

现象学心理学的人格研究主要表现在三个方面:首先,存在现象学心理学从存在出发,阐述人格的本质与特征;其次,现象学心理学对人格中的种种经验进行研究,这尤其体现在生活世界的研究上;最后,现象学心理学提出人格的测量和评价方法,用于人格的实践领域。

我们首先来看人格是什么。这主要是存在现象学心理学家的工作。从存在的角度看,人格的本质在于存在于世界之中。由于持现象学的立场,存在现象学心理学关注人在世界中的具体体现。克鲁格(D. Kruger)的观点具有代表性:“对于现象学心理学来说,人并非压缩的(encapsulated)实体,而始终是在那里显露出来,处于世界之中。……人就是他的经历的身体性、他与世界的一致性、他的生活史和经历的时间。人就是存在的澄明的领域,在这个领域中，物之所是将自身显现出来。”①由此，我们看到，现象学心理学视野中的人格，就是人在世界中的呈现，人的存在的丰富性。

现象学心理学与自然科学路线在人格观上存在截然的反差。费希尔从存在现象学心理学出发，提出人格的人文科学观点，以区分于自然科学路线的人格观。她说：“与自然科学路线不同，存在现象学根植于我所愿称的人文科学路线，它力图保持人的生活的整体性，同时依然是经验的、严格的领域。”②我们知道，人格心理学通过心理测量运动接受了自然科学路线的观点，将人视作自然物，遵循自然规律，可以进行人格划分，尤其适合量化的研究。在当前的人格心理学中，特质论、行为主义、认知论和生物论等学派依然延续了自然科学路线的观点。它们对人格采取了先在的自然主义假定，在具体研究中，关注人格的操作等外部表现，这些都无法反映人格的真正面目。例如，特质论者强调人的“外倾性”。某人在多大程度上表现出与他人交往的行为，我们就说他的外倾性如何。外倾性似乎是某个外在于我们的“东西”。我们在人的表现中似乎发现了原本就有的“外倾性”。

现象学心理学与自然科学路线的区别在先天与后天的问题上表现得尤其明显。自然科学路线如生物论学派强调先天因素的作用，行为主义则强调后天的学习作用，其他学派或许坚持先天与后天交互作用。但它们都坚持一个前提，将心理与行为视作受先天与后天因素的决定。③ 换句话说，自然科学路线认为，人格作为自然物，与其他因素之间存在因果作用。在现象学心理学看来，人格作为在世界中的存在，是不断生成变化的。这种变化在保持自我的前提下，是有限的，处于特定情境下。人通过自己的主动选择，开放地面对与自身直接关联的当前情境。先天与后天因素由此通过特定情境参与到人的生成变化中。这里存在的仅是有意义的关联，而非因果作用。

我们接下来通过生活中的时间研究，来进一步理解存在现象学心理学的人格观。田纳西大学的达珀库斯(M. Dapkus)在其博士学位论文中，研究了人格中的时间经验。达珀库斯通过访谈 20 位成人参与者，得出的时间结

① Kruger, D. (1983). Psychotherapy research and existential-phenomenological psychology-an exploration. In: A. Giorgi, R. Knowles, D. L. Smith(Ed.). *Duquesne Studies in Phenomenological Psychology*: VolumeⅣ. Pittsburgh: Duquesne University Press, pp. 18～19.

② Fischer, C. T. (1989). Personality and assessment, In R. Valle, S. Halling(Ed.). *Existential-phenomenological perspectives in psychology: exploring the breadth of human experience*. New York: Plenum Press, p. 163.

③ DeRobertis, E. M. (1996). *Phenomenological psychology*. Lanham: University Press of America, Inc., p. 57.

构如下：

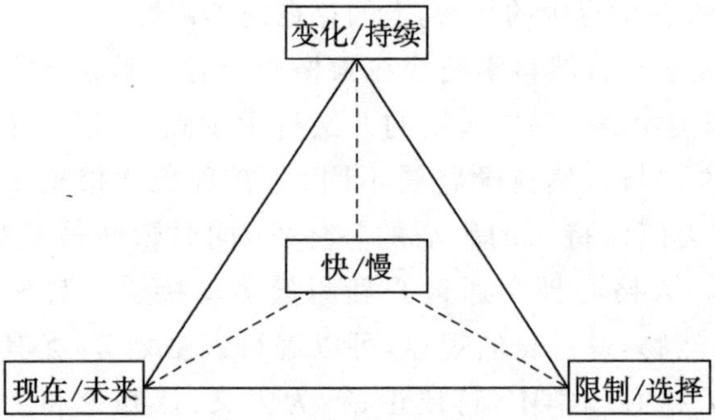

图 6-4 时间经验的主题结构 ①

人格中的时间经验包括四组主题。首先是变化/持续主题，指人在时间中的生成变化，人经验到事物的变化，同时有连续性。参与者描述说："有孩子以来，我更加觉知到时间，因为你看着他们长大；你看着他们一年年地变化。我的女儿——现在和我一般高了——就像在昨天，我怀抱着她一样。"②

其次是限制/选择主题，指人在时间中的所作所为。我们面临限制，同时作出选择。参与者描述说："你将自己置于选择带来的不同水平的束缚下——组建家庭、抵押借款等等。它令人兴奋，但它也是一种承诺，一种义务。只有年老时，你才从束缚中脱身出来……我不知道，我甚至是否能够把握住那种解脱。"

再次是现在/未来主题，指人在时间中所拥有的。我们感觉到，现在就得到所期望的事物，否则就永远得不到了。参与者描述说："我一直觉察到时间——时间走得太慢、太慢了——在过去吃饭时。"

最后是快/慢主题，指经验到了时间的速度，它贯穿以上所有的主题。参与者描述说："我在担心，当我越来越老时，时间将似乎脱离控制，走得更快，以胜过我所要的速度离开。"

2. 生活世界视角的人格研究

现象学心理学在研究人格时，易从生活世界的角度研究人格中的各种具体经验。生活世界是人身处其中的世界，它能够反映出人在特定情境下的独特面目。安斯沃思说："从一开始，以下就已得到承认：生活世界指人的经验的根本的本质结构，提到诸种生活世界，是去关注生活世界结构的独特

① Pollio, H. R. et al. (1997). *The phenomenology of everyday life*. Cambridge: Cambridge University Press, p. 106.

② Pollio, H. R. et al. (1997). *The phenomenology of everyday life*. Cambridge: Cambridge University Press, p. 106. 本小节以下段落所引，均出自该文第 106～109 页，不再注出。

的实现，这可由与之共同出现的特定个体在时间和空间维度上得到证明，这些个体有着具体的规划。"①我们在第四章提到，他提出生活世界表现出七个方面：自我、社会性、具身化、时间性、空间性、规划和话语。

我们通过安斯沃思与A·安斯沃思对一位阿尔采默氏病患者生活世界的研究，②来看生活世界的这种基本结构。阿尔采默氏病是一种常见的痴呆病，表现为智能下降、记忆力减退等。安斯沃思等人的描述沿七个范畴展开。自我包括同一性的归属，以及个人对情境中自己在场、动因和表达的体验等；患者的自我范围非常广，甚至无法意识到自己的时空限度；她通过他人来实现自己的动因。她需要自己的在场和表露，但她的表露在现实中是无效的。在社会性上，患者以他人为活动的轨迹，认为是他人赋予生活的意义。如她会说："没有人关心这！"具身化指对身体的体验。患者的身体就是其本身，并不需要他人的关注，如她不关注头发是否整洁。但患者的身体是不适等方面的来源，如她对温度特别敏感。在时间性上，患者是活在当前的，她几乎不谈及将来。在空间性上，患者不再体验到周围空间的熟悉性。有些空间甚至是无边界的，她可以径直去打开邻居的门。在规划上，患者脱离了现实生活，她通过依赖他人和表露自己的无力来规划生活。在话语上，患者与在规划上一致，依赖他人，她不能反思自己的情形。通过以上方面，安斯沃思等人总结说，患者的生活世界表现出强烈的单纯性，如同回到伊甸园中的原始状态。

除了存在角度外，研究者还可以采取其他角度进行研究。台湾学者高淑清从解释角度，研究了在美华人留学生太太的生活世界。她也从生活世界出发，侧重人与环境的互动，但并不侧重人的存在。她通过访谈七位异乡华人留学生太太，得出六个主题。首先是远离熟悉的界域，她们离开家乡，远赴海外，经验到强烈的失落，逐渐从失落中再次站立起来。如参与者描述说："我记得三年前到美国时……我只能用'震撼'两个字来形容当时的感受……一些小细节都显得很不顺利的感觉……比如说，我自己都很难过了，还要安慰小孩……不过现在好多了，人家说时间会治疗一切，真的……以前的无助……彷徨啦、不安啦会渐渐沉淀下来……其实这个经验很宝贵……人生难得几回经历这种感觉……蛮有意思的。"③

---

① Ashworth, P. (2003). An approach to phenomenological psychology: the contingencies of the lifeworld. *Journal of Phenomenological Psychology*, No. 2, pp. 145～156.

② Ashworth, A., Ashworth, P. (2003). The lifeworld as phenomenon and as research heuristic, exemplified by a Study of the lifeworld of a person suffering Alzheimer's disease. *Journal of Phenomenological Psychology*, No. 2, pp. 180～205.

③ 高淑清：《在美华人留学生太太的生活世界：诠释与反思》，《本土心理学研究》，2001年12月，第225～285页。本小节以下段落所引均出自该文，不再注出。

其次是遭逢陌生的时空。踏上异乡的土地，在感受到新鲜后，发现置身于他人的土地上。参与者描述说："这是我第一回踏在别人的土地上，战战兢兢的……没想到生活上的点点滴滴都这么现实，压得人喘不过气，这才发现，踏在别人的土地上如履薄冰，多么不容易！"

第三是寻找存在的归属感。她们有着强烈的不安，希望找到归属，找到实在的感受。参与者描述说："要去适应不同国家的生活方式……文化……我觉得蛮难的……有时觉得他们对我们都另眼看待……不像以前在乡下……乡下人关心你，知道你是谁……就是感觉生活在人的世界里……真希望能在这里找回那种身为人的感觉。"

第四是在传统角色中的挣扎。她们陪着丈夫在国外，除了照顾家庭外，还要承担起经济上的负担，在家庭与工作的两难中挣扎。参与者描述说："忙完工作忙家里，里里外外……常常感觉到捉襟见肘……尤其最怕小孩突然生病……会让你觉得像……热锅上的蚂蚁……。生活好比战场……像谢过幕的舞台、七零八落的……等待你去收拾，去善后。"

第五是朝向家庭共同愿景而奋斗。家庭愿景是指家庭共同的理想蓝图。她们都期望家人健康，保持相当的生活品质，安然度日，丈夫早日完成学业归国。她们都为此而努力。参与者描述说："我不让我先生花时间在照顾孩子上，只希望他专心功课早点毕业……"

最后是维系天伦和乐的家人关系。她们强调沟通，积极培养亲子与夫妻关系，体现了"家和万事兴"的文化传统。合作者描述说："我只期盼全家平平安安过日子，快快乐乐地分享我们一天中发生的事情……我觉得……就是去听听先生、孩子们说什么，家里需要有懂得怎么听话……或接纳家人想法的人。"

2. 人格测量和评价研究

在人格测量和评价上，现象学心理学进行了有效的实践。这主要体现在乌特列支学派的范伦内普和迪尤肯阵营的费希尔的工作上。我们先来看范伦内普的研究。范伦内普开发出了一系列的人格测验，尤以四画测验(four picture test, FPT)最为有名。他在1930年创造了这套测验，比美国的主题统觉测验(TAT)还要早五年。除了一般的FPT外，范伦内普还设计了专门的FPT，包括女性FPT、飞行员FPT和宗教FPT等。我们来看一般的FPT。它由四张卡片组成，每张卡片上面有一张绘画。如图6-5所示。第一幅图片是一个人向长桌旁的另一个人伸出手指。第二幅图片是浴室。第三幅图片是街上的场景，一个孤单的男性身影倚在路灯柱上。第四幅图片是一群人观看网球比赛。这四幅图片显示了不同的存在情境：第一幅图片是与另一个人在一起；第二幅图片是独自一个人；第三幅图片是社会意义上的独自一个人；第四幅图片是与群体中的其他人在一起。

图 6-5　范伦内普的四画测验施测材料①

① Cf Bryant, M. A. (1990). *D. J. van Lennep, the Four Picture Test, and female-male differences*. Doctoral Dissertation of The University of Tennessee, pp. 319～320.

在测验过程中，施测者快速呈现图片，然后请受测者独自将故事写出来。施测者根据故事进行评分。范伦内普和同事开发了多套评分系统。在1958年第二套测验手册中，测验的评分系统包括内容变量（主题）和形式变量（风格）两方面。内容变量包括刺激的解释和自由的主题，形式变量包括对自己故事的态度、具体的故事类型、一般的风格变量、与故事首尾有关的变量。范伦内普和合作者在测量的基础上。对FPT进行了大量研究，考察了性别和年龄差异等。例如，在性别差异上，他们发现两性的身体感呈现以下差异。如图6-6所示：男性身体感在13岁左右达到最佳状态，此后下降；女性身体感则较为曲折，在25岁左右达到最佳状态。

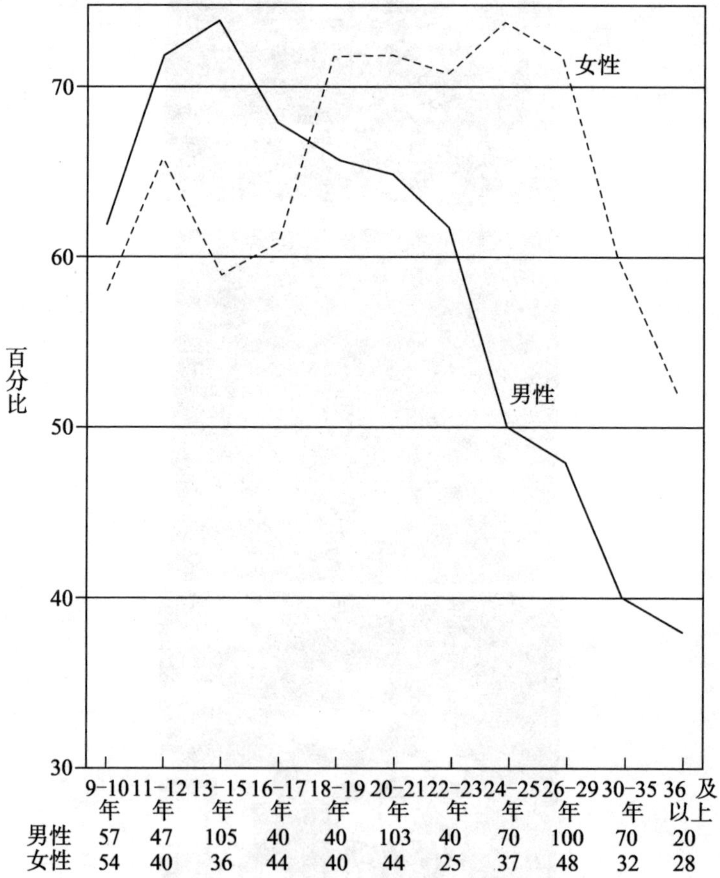

图6-6　两性在身体感上的差异 ①

① Cf Bryant, M. A. (1990). *D. J. van Lennep, the Four Picture Test, and female-male differences*. Doctoral Dissertation of The University of Tennessee, p. 110.

我们现在来看费希尔的心理评价研究。费希尔起初将自己的工作称作个体化评价,后称作个体化与合作评价或合作的个体化评价。她明确提出"人文科学的评价"①,以区别于自然科学路线的评价。她特别将心理评价置于迪尤肯阵营的现象学心理学背景下,提出"现象学取向的评价"②。她认为,情境化的意向性,即人始终与环境相一致进行经验和行为活动,为个体化评价提供了出发点。个体化评价采取生活世界取向,发掘个体的真实经验。费希尔说:"合作的个体化评价是一种心理评价理论,评价者和来访者一起工作(共同努力,co-labor),形成对个别来访者的创造性理解。合作是评价个体化的一种途径——包括评价过程、产生建议以及书面报告。"③具体来说,评价的目的在于根据个体的真实生活来理解当前出现的问题,评价所使用的材料是报告和观察到的生活事件,测验数据、常模以及相关的研究和理论只作为工具使用。评价采取结构取向,致力于发现个体经验的本质。评价者以来访者为中心,与来访者共同努力。评价者与来访者的互动中,采取解释学立场,共同探寻来访者的经验世界。

费希尔认为,个体化评价具有六种指导原则。一是结构原则,指评价致力于寻求来访者的经验是什么。二是情境性原则,指评价要从事件所处的情境尤其是个体的世界进行考察。三是描述原则,指评价对经验进行描述,而非采取先在的解释。四是合作原则,评价者鼓励来访者参与到评价过程中,成为合作评价者(co-assessor),为自己的过去承担责任。五是干预原则,指评价者在与来访者的探讨中,能够推动来访者发现个人的意义,使其产生变化。六是本真原则,指评价者推动来访者在现有条件下,朝向自己存在的开放性努力。

我们通过一项具体的评价来看个体化评价的实践。这项研究是由台湾学者李维纶和莫少依在费希尔理论的基础上进行的。我们摘录如下:

"小华为国一男生,因持续地拒学,而由学校老师转介至医院进行身心障碍评估。在学校老师与小华的母亲的描述中,以及我与他接触的印象里,小华表现出来的'问题行为'是一致且清楚的,他拒绝大部分同年龄学生认

---

① Fischer, C. T. (1989). Personality and assessment, In R. Valle, S. Halling(Ed.). *Existential-phenomenological perspectives in psychology: exploring the breadth of human experience*. New York: Plenum Press, p. 163.

② Fischer, C. T. (1980). Phenomenology and psychological assessment: re-presentational description. *Journal of Phenomenological Psychology*, No. 2, pp. 79～105.

③ Fischer, C. T. (2000). Collaborative, individualized assessment. *Journal of Personality Assessment*. No. 1, pp. 2～14.

为理所当然的事(像到校上课,与老师达成共识等),而惯用的表达方式多是强势的口头要挟或抗议的动作。

……

从衡鉴过程中我看到小华常有着类似自我中心的冲动行为,但这冲动行为是有着亲昵关系的质量(像是小孩子在一个信任关系中会出现的任意与任性),但他的举动被人感受到的多是任性与拒绝,而不是'小华式'(拒绝中掺杂着亲密)的亲昵。这样亲密与拒绝混杂的沟通模式在母亲对小华说出的话语中也可见到。这点可以提供可能的理由来帮助了解为何老师与母亲对小华的行为有不同方向的解读。小华和人相处时采用任性与任意的方式很容易就会擦枪走火演变成人际冲突。此时小华会以谩骂与威吓的表现方式,增加抗拒的强度,但对他而言如此的行为仍不减损与对方的关系,就如同他与母亲的关系一样,亲密与拒绝混杂不清。老师口中的「ㄏㄨㄟ」也正透露出这样的质量:小华会不断地增加他抗拒的强度,但又一直缠靠着对方,而不是转身离开的拒绝。"①

三、学习研究

1. 概述

学习是自然科学路线尤其是行为主义研究的重点。现象学心理学也力图从自身角度,对学习进行重新的理解。这主要体现在迪尤肯阵营的工作中。乔治对学习进行了系列的研究。科尔莱泽在乔治的指导下,以学习为主题,完成其博士学位论文,并在此基础上出版专著《心理学的反思与研究:学习的现象学研究》(1973)。我们主要通过他们的研究来看现象学心理学的学习观。

什么是学习?科尔莱泽给出了如下界定:"一种活动,学习者通过它从材料中抽取出他的学习内容,学习内容是一种学习者以前并不认识的意义观念,他将这种观念设定为真的。"②乔治也得出了相似的结论:"学习是通过超越特定水平的认识来完成的吸收性或顿悟性的理解,它以如下方式进行:获得对事物的正确的观点,能够将这种相同的理解用到相似但有变化的情

① 李维纶、莫少依:《生活世界取向的心理衡鉴:一种本土化的可能性》,《本土心理学研究》,2005年第24期,第85~135页。台湾心理学界将"心理评价"称作"心理衡鉴"。

② Colaizzi, P. F.(1978). Learning and existence. In: R. Valle, M. King(Ed.). *Existential-phenomenological alternatives for psychology*. New York: Oxford University Press, p.125.

境中去。"[①]可以看出，首先，学习是学习者获得新内容的活动。单纯的再现对象，如回忆起昨天见到的一个人，不属于学习之列。科尔莱泽甚至认为，仅通过感知活动是无法完成学习的。其次，学习内容是一种观念性的内容，它有意义。无意义的符号，如单纯的一个字母 M，或者存在于具体时空中的对象，如眼前的这张桌子，都不属于学习内容的范围。第三，学习者通过从材料中抽取或者理解来完成学习。由于所学到的内容是一种观念，学习需要更多的学习材料。学生在学习"三角形"这个概念时，无法只通过一个具体的三角形就能理解这个概念。学生需要在大量实例的基础上，得到"三角形"的概念。第四次，学习者在完成学习后，将所获得的内容视为真的，但这并不能够保证学习者所学到的就是真理。最后，学习的内容作为一种观念，不但适用于当前的情境，还可用于其他的情境中。

现象学心理学在对学习的理解上，与自然科学路线存在截然的不同。自然科学路线的学习研究在艾宾浩斯那里就已经得到了体现。学习的材料是无意义音节，因此是没有意义的。学习者通过没有理解的记忆进行学习。当然，科尔莱泽提示我们，在这里也会产生学习，学习者将学会如何去背诵无意义的材料，如何去应对现实。另外，艾宾浩斯认为，需要通过量化的方式研究学习。"教育心理学之父"桑代克(E. L. Thorndike)通过接受俄国的学习心理学，也接受了类似的观点。在现象学心理学看来，这种学习将学习的内容视作自然物，只能产生无意义的材料，并不能够产生观念性的学习内容。甚至可以说，传统的自然科学路线的学习并非学习。当代认知心理学揭示了学习内容的观念性，例如奥苏贝尔(D. P. Ausubel)明确区分出概念学习和命题学习，学生所获得的学习内容是观念层次的概念或命题。但从现象学心理学的角度看，认知心理学采取量化的研究取向，难以揭示学习者的经验。例如，认知心理学难以得出学习者将学习内容设定为真实的结论。

具体来说，现象学心理学视野中的学习沿四个维度展开。[②] 首先，学习者从模糊向明晰转变。学习者按照当前水平的理解，难以把握所处的具体情境，感受到情境的不确定性和模糊性。学习者通过学习，逐渐产生新的理

---

① Giorgi, A. (1986). *A phenomenological analysis of descriptions of conceptions of learning obtained from a phenomenographic perspective*. Publications from the Department of Education, Göteborg university, 18. http://www.ped.gu.se/biorn/phgraph/misc/constr/giorgi.html.

② Giorgi, A. (1985). The phenomenological psychology of learning and the verbal learning tradition. In: A. Giorgi(Ed.). *Phenomenology and psychological research*. Pittsburgh: Duquesne University Press, pp. 8～85. Cf. Hill, J. R. (1993). *A comparative analysis of three approaches for doing scientific research in psychology*. Southern Illinois University at Carbondale, pp. 54～55.

解,并感受到情境的明晰性。其次是假设所起到的作用。学习者在面对当前的情境时,依照现有的水平提出假设,但应用到情境中时,却发现假设是不充分的,与情境并不一致,学习者由此展开学习,逐渐意识到假设的局限,并获得新的看法。再次是学习的社会方面。学习者身处社会情境,在学习过程中会遇到诸多社会方面的因素,如学习者认真对待学习,因为这直接关联到自己社会阶层的变化。最后,学习是在经验中展开的。有的学习者即使按要求完成了一系列客观的操作,但依然并未获得新的理解,并未产生学习。这里再次表明了现象学心理学的立场:从学习者的生活世界出发。

2. 科尔莱泽的本真学习研究

在学习研究中,存在现象学心理学倾向于从人的存在角度进行考察。科尔莱泽沿此方向,提出了本真的学习(genuine learning)。① 本真的学习是指发生在个人的存在层次上的学习,它朝向个人的本真状态,促进人的存在朝向未来发展。我们可以举例说,当人度过危机,如从性命攸关的疾病中康复后,通常会有关于生命的新的理解。这种现象就是本真的学习。它能够使人更加忠于自身,生活于当下的存在中。

具体来说,首先,与传统的学习相比,这种学习是非常少的。而且,它是偶然的,没有任何条件能够保证它的发生。不仅如此,这种学习对我们而言是非常困难的。我们可以轻易地了解"人不知而不愠",但与真正学习到这条哲理,体验到其中的内涵相比,相差甚远。其次,这种学习一旦发生,将会对我们产生巨大的影响。在这种意义上,它是个人的,与个体的世界相关联。它能够真实地呈现给人,并改变人的世界观。第三,从学习者的角度看,学习者能够切身体验到它。学习者尊重这种学习,并对学习结果感到震惊。例如,可能会产生刻骨铭心的感受。第四,学习者掌握到学习内容,以此指导自己,并改变原有的看法。因此,学习者会在学习中进行抉择,由此面临一定的风险。学习者尊重自己的抉择,并平心静气地采取行动。由于与自身的存在有关,这种学习是永远不会被遗忘的。学习者将会沿时间维度展开这种学习,由于人的存在不断地变化,这种学习是从未完全地进行的。最后,与真正的学习相对的情况,是人忽视自身的存在,成为海德格尔所谓的"世人"(dasman)("das"在德文中是中性的,"dasman"(世人)没有任何个性)。科尔莱泽由此将学习与文化联系起来。他批判当今时代的技术化倾向。世人压抑了真正的学习,但他不能完全逃避自己的存在,他会感到

① Colaizzi, P. F. (1978). Learning and existence. In: R. Valle, M. King(Ed.). *Existential-phenomenological alternatives for psychology*. New York: Oxford University Press, pp. 119～135.

烦(boring),而真正的学习是不会令人厌烦的。

3. 迪根的学习中的失败经验研究

我们来看学习的一种特殊情况:学习中的失败经验。迪根(P. E. Deegan)对此进行了经验研究。他以三个白人男性为被试,三人均是大学生。在研究中,研究者使用写着无规则数字的纸牌,根据手的位置、纸牌和数字说出"是"或"否",请被试根据"是"或"否"的线索,解释手、纸牌和数字的模式。研究者请五位经过训练的观察者进行记录,其中两位记录被试的外在行为,两位根据被试经验的变化记录学习情境的展开,另一位纪录作为整体的实验情境的展开。最后请被试分别描述自己的经验以及所认为的他人对自己的看法。研究将所有的原始记录根据乔治的方法进行分析,得到学习中的失败经验的本质结构如下:

"学习的失败是某种部分的解决方法所表现出的不透明性(opacity),这种部分解决方法与S的总体理解存在有意义的关联,并且,不透明性是由S的以下做法所共同构成的:S寻求超越自己所持的部分的解决方法,朝向尚未把握的领域。确切地说,是对未知的无效审问,与排斥对已知的审问,一起构成了学习的失败。S要经验到学习的失败,必须首先着手于对自己要紧的学习任务。在尽力学习的意向规划中,S将失败工具性地经历为缩小可能的正确解决方法的范围。当S放弃学习的规划时,失败成为主题,S与对其他主题的(parathematic)的关注一致,将失败经历为学习情境的歪曲。"①

学习者对于无法把握但又至关重要的方法,感受到一种不透明性,由此产生学习的失败。学习者具有学习的规划,与学习情境直接关联。学习者的学习规划不同,即与学习情境的具体关联不同,学习的失败经验也就不同。当学习者尽力去实现学习规划时,他将学习的失败经历为一种契机,能够缩小正确答案的范围。当学习者放弃学习的规划时,他将学习的失败归因于学习情境,由此表现出释然或攻击等态度。可以看出,现象学心理学的学习研究始终围绕人与世界的直接关联,围绕人的具体经验进行。

---

① Deegan, P. E. (1981). An empirical phenomenological study of failing to learn. *Journal of Phenomenological Psychology*, No. 2, pp. 231～244. S指学习者。

第三节 应用心理学研究

现象学心理学关注人的经验，将研究拓展到多个应用领域，如教育心理学、管理心理学、健康心理学、护理心理学、心理治疗学、消费心理学和政治心理学等领域。在本节我们介绍现象学心理学在健康心理、心理治疗和消费心理领域的具体研究，以进一步展现现象学心理学研究的丰富性。

一、健康心理研究

1. 概述

健康心理是心理学近年来关注较多的一个领域。这个领域在最近二三十年取得了迅速的发展。现象学心理学在这个年轻的领域中正起到越来越重要的作用。例如，迪尤肯阵营的毕业生对各种健康经验进行了研究，涉及应激、毒品成瘾、酗酒、神经性厌食症、艾滋病、疼痛和癌症等方面，且在进入新世纪以来有明显增长的趋势。另外，J·A·史密斯的解释现象学分析(IPA)方法在近年来在该领域也得到了较广泛的应用。布罗金(J. M. Brocki)和沃登(A. J. Wearden)于2004年在科学网(Web of Science，1945—)数据库中搜索使用解释现象学分析方法研究健康问题的论文，最后得到52篇研究报告，涉及健康心理的诸多方面。研究者得出结论说："已证实IPA在健康心理学中尤为适用……"①

现象学心理学在健康心理领域首先要澄清的是健康的含义，以及随之而来的健康与疾病的关系。现象学心理学在这一点上与健康心理学的主流理论存在差异。健康心理学的传统主导理论是生物医学观点，这种观点采取自然主义立场，将健康视作类似自然物，认为它主要由生物因素所决定。当今最显著的生物因素是基因，它在很大程度上导致了人的种种疾病。当

① Brocki, J. M. & Wearden A. J. (2006). A critical evaluation of the use of interpretative phenomenological analysis(IPA) in health psychology. *Psychology and Health*, No. 1, pp. 87～108.

代主流健康心理学意识到生物因素的局限,采取了生物—心理—社会的模式,从生物因素、心理因素和社会因素三方面来考察对健康的影响。但在对待健康的基本立场并没有发生变化,依然将健康视作一种客观的实在。库格尔曼(R. Kugelmann)将这种视野中的健康称作标准化的健康(standardized health)。他说:"标准化的健康是医学以及延伸后的政治和经济话语的对象。标准化的健康作为药品和外科手术的医学输入端的产品,是医学追求所制造的东西。标准化的健康是政治家们在其政策中追求所提高的东西。"①

现象学心理学在看待健康上,则往往采用存在的视角,将健康落实到人的存在上。它从人在世界中的具体存在角度去考察健康,将其视作一种人的存在方式,在这种存在方式中,人能够推进自己的生成变化,正如哲学家迦达默尔所描述的:"一种不去注意、没有妨碍、对任何事情都有准备并保持开放的状态。"②与之相反,疾病则是妨碍我们的一种存在方式。迦达默尔将其称作"事物的一种压抑性重量"③。这里的问题在于,人与世界的关系发生了变化。我们在第三章讨论斯特劳斯曾提到,斯特劳斯将人与世界的关系、与他者的关系视作判断正常与否的关键。在他看来,在人与世界处于正常的关系中,事物能够以其自身的顺序和面目呈现出来。但在病理状态下,人与世界的关系发生变化,事物不再展现自身的原有面貌。迪尤肯阵营的毕业生埃金罗德(J. Eckenrod)研究了周期性偏头痛患者的经验。他发现,在健康状态下,患者未加反思地体验世界,他们带着自己的规划前进,感受不到自由的限度。而在疾病发作时,患者的世界出现了问题:稍有刺耳的声音,现在听来要将耳孔刺穿似的,并且使得头痛加剧;患者的知觉似乎在轰炸自己的身体;患者迫切希望进入睡眠之中,因为由此能够使得知觉降低到最低程度。④

现象学心理学由此出发,在具体研究中关注人的现实存在状况,关注人

---

① Kugelmann, R. (2003). Health in the light of critical health psychology. *Psicologia desde el Caribe*, No. 11, pp. 75～93.

② Gadamer, H.-G. (1996). *The enigma of health*. Stanford: Stanford University Press, p. 73. Cf. Kugelmann, R. (2003). Health in the light of critical health psychology. *Psicologia desde el Caribe*, No. 11, pp. 75～93.

③ Gadamer, H.-G. (1996). *The enigma of health*. Stanford: Stanford University Press, p. 75. Cf. Kugelmann, R. (2003). Health in the light of critical health psychology. *Psicologia desde el Caribe*, No. 11, pp. 75～93.

④ Eckenrod, J. (2005). *Migraine: an existential phenomenological study*. Doctoral Dissertation of Duquesne University, pp. 158～159.

的具体经验。相对于主流健康心理学关注人的行为以及与其他因素的关联，现象学心理学对经验的关注具有特别的优势。它能够深入到人的世界中，揭示在该状态下人的鲜活经验究竟是怎样的。现象学心理学开展了多项研究，我们选择健康心理学关注较多的几个主题来讨论。

2. 马穆德的应激研究

现象学心理学从与世界的关联出发，考察人所经历的应激，以发现其意义和普遍结构。迪尤肯阵营的毕业生马穆德(N. M. Mahmood)在硕士学位论文中，研究了马来西亚政府官员在与工作有关的情境下的应激经验。[①]马穆德访谈了五位在匹兹堡学习的马来西亚政府官员，并使用乔治的描述现象学心理学方法分析访谈的材料。我们将其研究结果概述如下。

当来自他人的压力和需要强加到受访者的工作规划上时，受访者在与工作有关的情境下经验到应激。这里的他人是有意义的，与受访者处于权威的关系。他人的这些需求给受访者造成了过多的负担，受访者并未准备好并诚实地加以接受，但出于对优越者甚至是官僚体制的尊重与服从，受访者还是容忍了这些需求。

在应激的最初阶段，受访者采用了三种策略：引入一系列的个人规则，以保护自己从重担中解脱出来；发现支持，以重新分配将来可能落到自己身上的预期责备；更改压力和需求，以保护好自己的福利。当这些策略失败后，受访者陷入绝望的应激情境中。受访者体验到来自权威关系以及环境的不平等的对待，甚至感到自己受到官僚机构及其弊病的伤害。受访者以单独的方式进行自我检查，开始通过质疑自己的能力和胜任状况来怀疑并降低自己。同时，受访者在忠于自己与满足他人需要和期待间存在着一些冲突，受访者在自身中维持这些模糊性和冲突，而没有将其展现出来同他人讨论以解决这些冲突。受访者开始担忧由于自己的无法胜任而被别人看不起。但这其实是受访者的一种建构。结果，个人的战争引发了一些生理和身体症状(头痛、出汗、颤抖等)，随着这些症状的加强，受访者产生了愤怒、焦虑和恐惧。由于无法应对，受访者通过不去想它、逃到安全情境中去寻求支持。受访者怎样进一步应对应激问题呢？在意识到自己的责任和要做的一切后，受访者带着未解决的冲突返回到情境中。在解决中，受访者使用认知策略，但并未提及情感状况，这虽然缓解了应激，但拖延了应激，导致关于应激的记忆保持相当长的时间。在解决了问题后，受访者意识到自己所遭

① Mahmood, N. M. (1987). *An understanding of the meaning of being in stress: a study of the phenomenon of stress of Malaysian administrators in a job related situation*. Masteral Thesis of Duquesne University, pp. 85～87.

受的一切,意识到官僚体制及其弊病,怀着对他人既尊重又恨的矛盾心情,受访者陷入冲突。受访者也意识到,逃离情境是于事无补的,同时,受访者还发现,解决问题的最理性和有效的方法对应对应激的确有效。

3. 休伊的慢性疾病研究

塞布鲁克学院的毕业生休伊(D. R. Hughey)在乔治指导下,完成对慢性疲劳综合症(Chronic Fatigue Syndrome, CFS)患者经验研究的博士学位论文。[①] 休伊访问了三位男性、两位女性,他们均被诊断为患慢性疲劳综合症,休伊使用乔治的研究方法进行资料分析。我们将其研究结果概述如下。

首先是"之前"的经验。在患上疾病之前,受访者的人格表现出理智、负责任、有活力、完美、有能力控制等特征,同时,世界是熟悉的、可预测的场所。受访者认为自己有能力迈向未来,他们理解自己的身体及其限度。如受访者说:"我过去一直很活跃,有热情和活力……我过去一直是一个在全部的生活中推着自己的人[且认为自己能够一直这么做]。"

其次是疲劳的产生。受访者开始体验到模糊、混乱和不熟悉的状况。由于模糊状况的延续,世界开始变得狭窄,受访者出现丧失、悲伤和自我意识障碍等。受访者描述说:"我非常担心,因为没有人知道发生了什么。我很焦虑,害怕自己因某种未知的疾病死掉……不知道发生了什么,这是最令人受挫的事情。"

再次是诊断过程的模糊性。受访者在得到诊断前,由于疾病的折磨,发现世界丧失了原有的意义,甚至对现实提出质疑。由于医学界对该疾病并未达成统一意见,受访者在诊断中常常受挫,内心由担忧变成恐惧。接到诊断后,受访者的现实得到了肯定,世界有了一些秩序。

最后是世界设计的变化。这表现在自我世界、人际世界、自然世界和时间四个层次。在自我世界,受访者由于虚弱和能量降低,开始体验到丧失,在面对症状时变得无助,产生受困感。受访者的自我价值感降低,自我同一性受到挑战。如受访者说:"我就想躺在床上,整天不想起床。我知道自己不再像过去一样活着了……每一次我去看医生,他都会说希望看到我有所好转。这使得我感觉很糟,因为这就像我没有做对事情一样。"受访者的生活空间也变得狭窄,如有受访者终日呆在家中。受访者的认知能力也在下降,如出现失语、记忆力和注意力下降等。受访者变得更加抑郁,最终导致生活意义的丧失。在人际世界,受访者发现自己对群体的感受产生了变化,

① Hughey, D. R. (1991). *A phenomenological-psychological study of the experience of Chronic Fatigue Syndrome*. Doctoral Dissertation of Saybrook Institute. 以下四段所引出自该文第 45～70 页,不再注出。

如感到不被他人理解等。受访者开始在疾病上隐瞒事实,如告诉他人自己依然健康等。由于精力下降,受访者的人际世界缩小。受访者参与人际世界的动因降低,导致自己变得孤独和隔离。在自然世界,受访者的空间变得狭窄。对象开始变得"重"、遥不可及和无意义等。在时间上,受访者从"过去—现在—未来"指向变成"过去—现在"指向。受访者的未来变得模糊、不确定和遥远,如受访者担心失去自己的工作等。另外,受访者也开始接受自己的局限,学着欣赏当前的生活。

4. 斯皮尔曼的抑郁研究

田纳西大学的斯皮尔曼(B. D. Spillman)在其博士学位论文中,研究了男性的抑郁经验。斯皮尔曼访谈了10位临床上被诊断为抑郁的男性,并对访谈结果进行经验现象学分析,最终得出抑郁经验的主题结构,如图6-7所示。

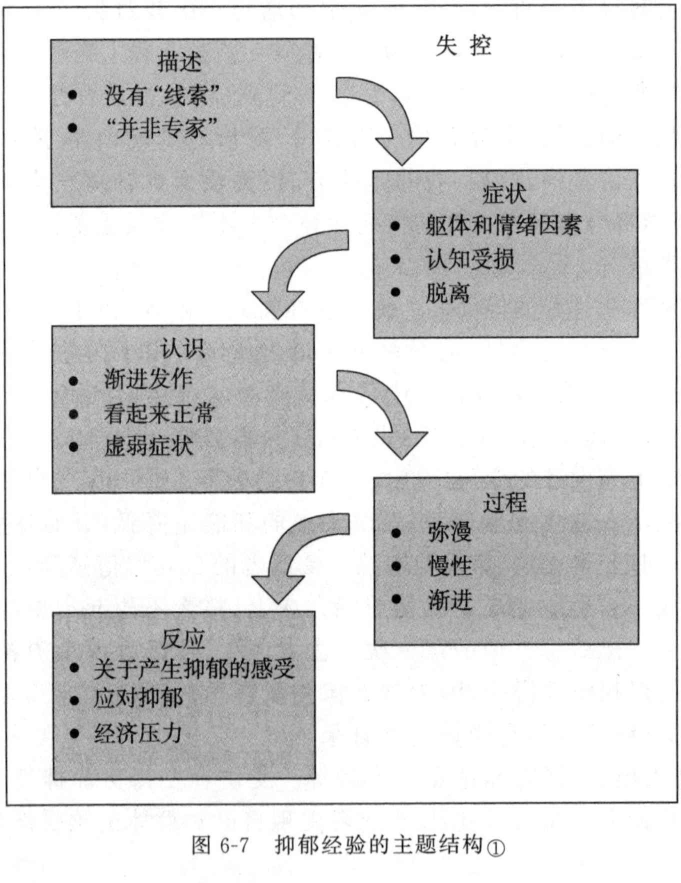

图6-7 抑郁经验的主题结构①

① Spillman, B. D. (2006). *Man's experience of depression: a phenomenological investigation*. Doctoral dissertation of The University of Tennessee, p. 47.

在该主题结构中，主题一是背景。斯皮尔曼发现，在抑郁经验中，所有的主题都处于“失控”背景下。受访者称他们需要面对情境的不可控性和自己的无力感。如受访者说：“基本上处于失控状态，它不时控制我，而非我控制它。”①

主题二是“描述”。受访者称抑郁经验非常复杂，难以描述。它包括两个亚主题。首先是“没有线索”，受访者称难以描述该经验。受访者谈起与妻子的交流：“我认为那就是为什么她发现与我交流起来困难。我发现和她谈话困难，因为我不想感觉很糟，因为我真的不能和她交流。”其次是“并非专家”，指受访者不能肯定自己的抑郁经验。如受访者难以区分压力和抑郁：“我想自己一直处于这么大的压力之下。我想这是另一种水平的压力，它并非真正的抑郁。”

主题三是症状，指受访者对自己症状的描述，包括三个亚主题。首先是躯体和情绪因素，指身体和情感的反应。受访者称身心有耗竭感，在情绪上出现愤怒、兴奋、快感缺乏和悲伤等。这些因素造成了困扰，使得受访者无法正常生活。有受访者称：“我想我最大的发现，是在原来享受的事情上得不到任何快乐，感到悲伤，对事情感到内疚。”其次是认知受损，指受访者清晰的思维过程被杂乱的感觉打断，正常的思维内容发生变化，趋于消极。如受访者称其关注从“熬过”转移到“不死”：“大多数人认为，有心理问题的人早上起床，然后会说，好，我开始过这一天，仅仅是过这一天，活过这一天。但在那么多日子里，我不得不想是这一天不要死。”最后是脱离(disengagement)，指从工作、家庭和自我中脱身出来。如受访者称：“这个，我内在地就不去感受，我不能从壳里走出来。感觉就像我在一个无法出来的壳里。”另一个受访者则更直接地表示：“抑郁自身就是黑暗的，我无法在一天之初爬起来，推动自己去做事情，去改变衣着，去上班，去喂我自己。”

主题四是认识，指对所觉察到的抑郁的反思，包括三个亚主题。首先是渐进发作，指受访者反思到抑郁的发生是渐进的，他缓慢地意识到自己的状况。如一位受访者幼时受到虐待，为此发展出一些手段来维护自己的生存，但直到25年后他的第三个女儿出生时，他才意识到自己的那些模式是抑郁。其次是看起来正常，指受访者将生活视作正常的，忽视了实际情况。进一步看，受访者会将内部的心境归因到外部的情境上。例如，受访者将原因

① Spillman, B. D. (2006). *Man's experience of depression: a phenomenological investigation*. Doctoral dissertation of The University of Tennessee, p. 53. 本段和下一段所引出自该文51～105页，不再注出。

归于家庭因素："……我生长在一个抑郁家庭。我的父母都患有临床上的抑郁，这是我的模式，并且，家庭以这种方式支离破碎。没有人是亲密的。"再次是虚弱症状，指受访者将抑郁视作个人的虚弱，并由此发现抑郁非常困难。如受访者称："我猜情绪压倒了逻辑。我有一段时间难以将自己的心置于情绪之上。非常情绪化的一个人，我想就是那导致了抑郁。"

主题五是过程，指抑郁体现的特征，包括三个亚主题。首先是弥漫，指抑郁影响到整个的生活。如受访者称："它明显地影响到我的日常生活方式。它已经改变了我的思想、感受和行动的方式，改变了任何事情。"其次是慢性，指受访者认为已经过了漫长的时间，且抑郁是不可能消失的。受访者形容说："就像我在木马上，无法脱离他。"最后是渐进，指受访者认为自己的情境将随着时间的流逝愈发恶化，且抑郁发作的时期越来越长。如受访者说："我过去抑郁过，曾处于深度的抑郁状态中。可能我这一生中有过三次。第一次用了 13 个月，第二次用了更长的时间，这一次已经持续四年了，每一次都越来越糟。"

主题六是反应，包括三个亚主题。首先是关于产生抑郁的感受。如受访者称："我恨它，它是我最坏的敌人。我恨它，且不理解它。"其次是应对抑郁，突出表现为使用心理药物和参加心理治疗。受访者对二者态度不一。对于使用心理药物，受访者考虑到药物的副效应和受控制等问题。最后是经济压力，受访者既将经济压力视作抑郁导致的结果，也将其视作原因。

二、心理治疗研究

1. 概述

在欧洲现象学心理学中，心理治疗领域是较为活跃的领域，如斯特劳斯、明克夫斯基和范登伯格等人都热衷于该领域；在美国现象学心理学中，心理治疗是主要的领域，迪尤肯阵营主要从事心理治疗工作。因此，心理治疗是现象学心理学的核心领域之一。

如同在人格和学习等领域一样，现象学心理学倾向于探讨心理治疗中的经验，他们进行心理治疗研究，而不像精神分析或罗杰斯的来访者中心疗法那样，关注心理治疗的本质所在。正是在这种意义上，我们赞同 N·W·史密斯的观点："现象学心理学在很大程度上是作为一门学术性学科而存在的，仅对心理治疗给予了极少的关注。"[①]当然，现象学心理学也从存在角度

① 史密斯著，郭本禹等译：《当代心理学体系》，陕西师范大学出版社 2005 年版，第 314 页。

对心理治疗的本质进行探讨。

现象学心理学在心理治疗上，首先坚持的是“面向实事本身”的态度，考察来访者的经验，它不主张采取各种先在的解释。在它看来，传统心理治疗的不足就在于，没有对来访者的经验世界做更多的如实考察。D·L·史密斯形象地指出：“当我们还未知晓该现象是什么时，传统已赶去用假设填充了无知的空白。”[①]在传统的“假设”中，最核心的是自然主义假设。在自然科学路线的心理治疗中，行为主义将行为视作自然的存在，认知心理学则假定了客观世界的存在。甚至在人文科学路线中，弗洛伊德的精神分析也含有将潜意识自然化的倾向，罗杰斯的来访者中心疗法区分开内在经验与外在行为，也隐含有主客对立的立场。范登伯格指出，笛卡尔、波义耳(R. Boyle)和哈维(W. Harvey)等为心理治疗开创了自然科学传统，将人视作自然的存在，遵循物理规律。他引用费希纳的话，称这种传统为“黑暗说”，与之相对，他将关注人的经验和存在的现象学观点称作“光明说”。[②] 心理治疗显然不应笼罩在“黑暗说”之下，它应向着“光明说”迈进。乔治借用胡塞尔对实在的(real)和实项的(reell)的区分，也驳斥了自然主义立场。[③] 实在的指具体时空中的自然存在，遵循因果规律，实项的指被给予的心理生活的存在。心理治疗家不应只关注实在的存在，而遗忘了实项的存在。

现象学心理学反对自然主义立场，将经验视作心理治疗“最根本的焦点”。乔治引用梅洛—庞蒂的观点指出，在心理治疗中，事物为我们所经历(lived)，而非所认识(known)。[④] 施特劳斯也指出，在人的存在中，重要的是我们的经验(Erlebnisse)，而非物理的事件(Geschehnisse)。[⑤] 在忠于经验的原则上，现象学心理学持开放的立场。它尊重现存的各种心理治疗理论，并使用各种有效的技术，如行为改造技术。在诊断上，现象学心理学尊重各种诊断标准，尤其是当前国际上流行的《心理障碍诊断与统计手册》(DSM-Ⅳ)，但反对以诊断标准为核心对来访者的症状作各种先在的判断。在治疗

---

① Smith, D. L. (1979). Phenomenological psychotherapy: a why and how. In A. Giorgi, C. Fischer, and E. Murray(Ed.). *Duquesne Studies in Phenomenological Psychology* Vol Ⅲ. Pittsburgh: Duquesne University Press, pp. 32～48.

② van den Berg, J. H. (1980). Phenomenology and psychotherapy. *Journal of Phenomenological Psychology*, No. 2, pp. 21～49.

③ Giorgi, B. (2005). Reflections on therapeutic practice guided by a Husserlian perspective. *Journal of Phenomenological Psychology*, No. 2, pp. 141～194.

④ Giorgi, B. (2005). Reflections on therapeutic practice guided by a Husserlian perspective. *Journal of Phenomenological Psychology*, No. 2, pp. 141～194.

⑤ van den Berg, J. H. (1980). Phenomenology and psychotherapy. *Journal of Phenomenological Psychology*, No. 2, pp. 21～49.

师应用诊断标准来判断来访者的类型时，重要的不在于发现来访者属于那种类型，而在于通过症状来理解该类型对于来访者的意义。

但如何理解来访者的经验呢？现象学心理学倡导通过研究来完成。心理治疗师在忠于经验的原则下，通过研究，对来访者所呈现出的经验世界进行丰富而详尽的展现。只有在展现来访者经验内容的基础上，才能够揭示来访者的富于意义的世界。一次在他人看来微不足道的考试，在来访者看来却可能决定着自己的未来。在详尽描述的基础上，治疗师发现来访者经验中的意义结构，进一步获得来访者经验的本质，从而更深入地理解来访者的经验。因此，现象学心理学在心理治疗上，大力倡导心理治疗研究。克鲁格说："现象学研究的目的必须在于为心理治疗的实践和范式的修正提供人文科学的基础。"①

现象学心理学家在心理治疗研究中，主要采取经验取向。克鲁格在提出现象学研究的目的后，进一步指出："关于如何在心理治疗中转变问题的答案，需要在对来访者和治疗师经历的结构的系统研究中寻求。"②在迪尤肯阵营的巴顿看来，弗洛伊德的精神分析治疗、荣格的分析心理治疗和罗杰斯的来访者中心疗法只是治疗师经历心理治疗的结构性现实的特殊方式。他说："治疗师经历了理论的基本结构，将其作为看问题、问问题和解释问题的方式——事实上作为安排办公室家具的方式。"③

2. 迪尤肯阵营的心理治疗经验研究

迪尤肯阵营采取经验取向，进行了大量的具体研究。这在它的历年研究生学位论文中体现得尤其明显。费希尔等考察了迪尤肯大学心理系 1973 年至 1993 年间的研究生学位论文④，发现在 240 篇论文中，大多数是对心理治疗的经验研究，涉及心理治疗的各个方面。他们将研究归纳为四个方面。

---

① Kruger, D. (1983). Psychotherapy research and existential-phenomenological psychology-an exploration. In: A. Giorgi, R. Knowles, D. L. Smith(Ed.). *Duquesne Studies in Phenomenological Psychology* Vol Ⅳ. Pittsburgh: Duquesne University Press, p. 30.

② Kruger, D., Psychotherapy research and existential-phenomenological psychology-an exploration. in Giorgi, A., Knowles, R, Smith, D. L., *Duquesne Studies in Phenomenological Psychology* vol Ⅳ, Duquesne University Press, 1983, p. 30.

③ Barton, A., A Three worlds of therapy. Mayfield, 1974, p. 236. Kruger, D. (1983). Psychotherapy research and existential-phenomenological psychology-an exploration. In: A. Giorgi, R. Knowles, D. L. Smith(Ed.). *Duquesne Studies in Phenomenological Psychology* Vol Ⅳ. Pittsburgh: Duquesne University Press, p. 30.

④ Fischer, C. T. et al. (2001). Empirical phenomenological research in psychotherapy: Duquesne dissertations. *Psychologische Beiträge*, No. 3, pp. 169～184.

首先是各种心理治疗中来访者的经验,涉及六种治疗技术。第一种是行为疗法中的系统脱敏,指呈现给来访者层次性的场景,使其逐渐放松。沃德(J. Ward, 1977)发现,来访者经历了适应和占有两个阶段,当来访者能够控制时,会产生自发的重构活动。第二种是埃里克森(M. Erickson)催眠疗法的重塑印记(re-imprinting),指让来访者关注问题经验,回到以前的经历中。阿里格(B. Arrigo, 1998)发现,来访者的确发现了以前经历中的关系,并作出相应抉择,来访者在"内部空间"活动,最终产生对存在和精神的关注。第三种是团体治疗中的心理剧,指来访者表演回忆的生活场景,通过改变情节产生新的理解。霍夫里奇特(D. Hofrichter, 1976)发现,来访者涉及想象,其试演经验结合了自身的经历,其转变是持续的回忆(re-collection)和整合的过程。第四种是弗兰克尔存在疗法中的矛盾干预技术,指来访者矛盾地夸大自己的问题等。戈德史密斯(D. Goldsmith, 1989)发现,来访者的确产生不确定感,并进行重新评价。他还发现,来访者在觉知和表现上始终是活跃的,而且,意义是以非线性的方式展现出来。第五种是 Kaiserian 小团体治疗技术,指来访者在团体中通过承担责任,逐渐与他人建立关联。韦布赖特(E. Waybright, 1977)发现,来访者能够发现与团体内外成员关联的新方式。第六种是梦的心象技术,指对梦的心象进行分析。马兰(S. Marlan, 1981)发现了四种存在维度:经历的时间性,经历的身体,社会性和宗教—神秘维度。

其次是治疗的过程。蒂尔曼(G. Tieman, 1985)研究了心理治疗机构中设置的有限性。结果发现,治疗师在医院设置中,易接受"职业"模式,中立客观地按照推测来对待来访者。巴伯里亚(J. Barberia, 1985)研究了来访者与治疗师的参与问题。结果发现,来访者的在场(presence)与努力推动治疗师对支持来访者自我认同经验的证实有关,治疗师的在场与将来访者带入对问题经验的反思性探索有关,二者的参与与理解对方的辩证方式有关。威廉姆斯(P. Williams, 1982)研究了治疗性言说与教育性言说。结果发现,二者都使用特定的语言,且与情境一致,治疗性言说与来访者的生活故事有关,威廉姆斯推测它能产生改变性的经验。杰弗斯(D. Jeffus, 1990)研究了治疗师的问题解决。结果发现,治疗师与来访者的最初参与看来是彼此习惯的行为方式的延伸。杰弗斯提出两种风格:一种是"问题解决",治疗师与来访者冲突,产生僵局,随后治疗师占据主动;另一种是"元问题解决",双方冲突,产生对称性合并。蒂勒尔(T. Tyrrell, 1973)研究了生动的在场与技术性在场,认为前者是存在现象学治疗师的立场,更能够进入来访者的世界。谢里登(T. Sheridan, 1977)研究了对话中的觉知生活,觉知在这里指分析师对病人的感受。谢里登发现觉知是想象性的，它起诸多作用，如能够接纳困惑、混乱和陌生。

再次是治疗中的片断。布朗(V. Brown, 1986)研究了治疗师对来访者的强烈反应。他发现，所有的治疗师都期望与他人一样开始治疗，产生强烈反应后，治疗师尽力保持训练有素，但越是脱离来访者，与来访者分享这一切后，治疗师就越会产生深刻的理解。约翰森(M. Johansson, 1986)研究了来访者在言说上的努力。他发现，当来访者无法自发表达时，他们既期望又害怕“说出某事”，在精致自己的表达时，来访者经历了转变，其现实感得到提高和深化。怀特(S. White, 1991)研究了来访者的无语状态。他发现，当来访者面对已经回答了的治疗师的提问时，出现这种状态。此时对话中断，来访者产生认知上的混乱，并伴随身体表现，以及急切、屈从和无效的感受。他认为，这是一种阈限经验，能够使来访者关注更丰富的觉知。

最后是个人的顿悟和转变。费斯勒(R. Fessler, 1978)研究了心理治疗中的解释。他发现，言语是解释的媒介，是治疗师和来访者相遇的场所。解释是双方理解的微妙的、有意义的发展。默里(P. Murry, 1990)研究了产生即时顿悟的解释过程。他发现，治疗师起初理解来访者经验，在作出来访者反对的判断时，依然保持开放性，并进行尝试性的解释，推动来访者产生顿悟。赫斯基(S. Hesky, 1984)研究了个人顿悟。他发现，他人在场与否并非产生顿悟的必要条件。在顿悟前，来访者经验到问题的冻结。起初，来访者经验到逐渐的顿悟相当被动，并不非常愉快。在争扎与奋争后，突然产生顿悟。来访者此时处于另一种世界中，这个世界更易起反应，能够提供多种途径。格兰特(R. Grant, 1985)研究了顿悟的展开。他发现，这是非连续的过程，分为三个阶段：来访者起初体验到世界是分裂的，自己是脆弱的；接下来，来访者感到放心，承认问题，但不能明确问题；最后，来访者平静而坚定地做自己生活的主人。卡尼(C. Karney, 1984)研究了短期心理治疗中来访者的参与情况。他发现三个非连续的阶段：来访者起初矛盾并与混乱做斗争，期望得到治疗师的帮助，但没有得到实现，产生危机；接下来，来访者努力以治疗师的治疗观生活，并不断面对模糊情况；最后，来访者与自我、世界和他人的关系得到转变。

费希尔在进行总结后，指出这些研究的贡献。首先，它们表明心理治疗所经历的世界是可以进行系统研究的。其次，它们能够为治疗师们所用。最后，它们提醒我们，为了开放性地面对经验活动，悬搁理论是很必要的。

此外，在心理治疗研究上，经验形态的现象学心理学作出了贡献。但与此相比，存在形态也是必不可缺的。关于这一点，D·L·史密斯在探讨了现象学心理治疗后说:"最终,基于纯粹经验分析的一致意见也许是不可能的。在治疗分歧的根基上,存在着关于人的存在的冲突的概念。"①存在形态关注来访者的存在,关注来访者与世界的关联,它强调治疗师与来访者之间的遭遇关系,治疗师要进入来访者的世界。换句话说,他要与来访者一起在场。范登伯格形象地指出,治疗师面对的不仅仅是这个病人,还有他的妻子、他的同事、他的岳父,以及诸多与他关联的人和事。② 在具体过程中,费希尔提出如下六种实践:③治疗师悬搁先在假设,面向来访者自身;治疗师对来访者的独特方面保持开放和敏感;对来访者进行整体干预,而非仅限于行为;治疗师尊重来访者存在中的模糊与有序状况,鼓励来访者尊重模糊,接受内心的冲突;大多数冲突处于存在层次,需要来访者进行抉择;治疗师与来访者间保持开放的关系具有重要意义。可以看出,存在形态的现象学心理学与存在心理学具有较多的一致,不过它更强调来访者的经验。正是在这种意义上,费希尔将存在—现象学心理治疗改称为现象学—存在心理治疗。

三、消费心理研究

1. 概述

在迪尤肯阵营中,沃兹和安斯图斯都非常重视消费心理的研究领域,沃兹呼吁建立现象学的消费者心理学。另外,波利欧等人也提出消费者研究的存在—现象学范式,并进行了大量研究。

现象学心理学在消费心理学领域主要关注消费者的经验。与此相比,处于主流地位的自然科学路线则将消费经验自然化,寻求它与其他因素之间的因果关系,忽视了消费者的经验。汤普森(C. L. Thompson)等指出,消费心理学的主流因袭了笛卡尔主义,从隐喻的角度看,表现出机器隐喻和

---

① Smith, D. L. (1979). Phenomenological psychotherapy: a why and how. In A. Giorgi, C. Fischer, and E. Murray(Ed.). *Duquesne Studies in Phenomenological Psychology* Vol Ⅲ. Pittsburgh: Duquesne University Press, pp. 32～48.

② van den Berg, J. H. (1980). Phenomenology and psychotherapy. *Journal of Phenomenological Psychology*, No. 2, pp. 21～49.

③ Fischer, C. T. (1991). Phenomenological-existential psychotherapy. In: M. Hersen, A. Kazdin and A. Bellack (Ed.). *The clinical psychology handbook*. Pergamon, pp. 534～550. Danto, D. (2004). *From philosophy to practic: a hermeneutic analysis of existential-phenomenological psychotherapy*. Doctoral Dissertation of Duquesne University, pp. 10～11.

容器隐喻。[1] 机器隐喻将世界视作机器，认为它由独立的成分组成，它的属性是可测量的，与功能相关的性质是可以量化的。可以通过拆分成分，对成分进行独立研究来确定机器的功能。容器隐喻将心理视作容器，认为容器外的事件是客观的，容器内的事件是主观的。心理是操纵符号表征世界的实体，而对象独立于心理存在，因此只存在一种对对象的可量化描述。汤普森等进一步将存在现象学心理学与自然科学路线间的差异区分如下：

表 6-1 消费心理学中存在现象学与自然科学路线间的差异[2]

范式的教义	存在主义现象学	笛卡尔主义
世界观	背景论	机械论
本体论	存在于世	二元论
研究焦点	经验	理论结构
研究视角	第一人称	第三人称
研究逻辑	理解	预测
研究战略	整体的	成分的
研究目标	主题描述	因果推理

2. 沃兹的消费经验研究

现象学心理学在研究消费经验时多采取经验形态，研究消费经验的本质结构。沃兹访谈了 6 位参与者，将访谈经验进行分析，得出了购买的结构。[3] 购买是个人“追求”(quest)的延伸，它以定价的经济资源为代价，将他人所拥有的转变为自己的。它从未来的可能性出发，经过实际的活动，达到对过去的实现，其中的每一阶段都含有其他阶段。在每一阶段中，都包括以下无法还原但又相互包含、相互依赖的方面：购买者的追求，他人的相关提供，购买者的经济途径。购买活动的意图是通过付出个人资源，去占有他人的东西，他人虽然对自己不利，但却是相对可信任的。购买活动的目的在于通过占有，以定价的方式推动个人的追求。交易是模糊的、有风险的，始终含有得与失，其意义并不处于期望或实际实现的情境下，而是在此后占有的

① Thompson, C. L., Locander, W. B., Pollio, H. R. (1989). Putting consumer experience back into consumer research: the philosophy and method of existential-phenomenology. *Journal of Consumer Research*, No. 2, pp. 133～147.

② 转引自何佳讯：《消费者研究：存在主义现象学方法论与应用》，《心理科学进展》，2006 年第 5 期，第 729～736 页。

③ Wertz, F. J. (1997). Toward a phenomenological cunsumer psychology: an empirical investigation of buying. *Journal of Phenomenological Psychology*, No. 2, pp. 261～280.

交替中展现出来。购买者和所买东西在时间中的动态与相互交换构成了所买东西存在的角色与意义。这种占有关系的意义反映在整个购买活动和情境中，由此在购买者持续的历史中确立自身的价值。

购买包括三个主题，首先是对他人拥有的定价东西的追求。追求是购买者所期望的从不足到丰富的目的性活动。这种活动的要素是意图(intention)，它在反思认识与难以表述、活跃与内隐、自发与常规、决定与受决定之间变化。意图的目标是所买的东西，该目标由追求与所买东西间的相关性以及它的可提供性组成。意图是复杂的，可以同时是特定历史情境下实践、审美和社会层次的意图。意图处于三方面的情境下：购买者的全面追求，购买者经济资源的可消费能力，目标潜在的实现性。这三个方面动态地相互影响。

其次是购买活动。它是一种意向的行为，将所购买的和所花费的转化为置得和借方。它含有对置得的约定。它处于购买者与他人的紧张中，同时含有前者对后者的信任。在购买的自我方面，购买者要有经济能力，并有所买东西的知识、购买情境和社会技能方面的专长。在置得方面，所买东西与购买者所意图的情境间存在距离。因此，购买的秘密就在于，购买者把握的不仅仅是对象，还包括对象适于或参与的整体的存在。

最后是拥有(ownership)，拥有是对计划、消费等的检验。对象的意义与价值是根据购买者耗费的资源，由它所实现追求的程度来决定。购买者在拥有中，与所买东西之间产生互动，使得双方都得到转变，由此出现解决、丰富或失败、枯竭等。在拥有中，所买东西属于购买者，同时购买者也属于所买东西。但所买东西不能完全主宰购买者，因为后者始终是潜在的主动性的来源。

3. 安斯图斯的消费研究

现象学心理学通过对消费经验的细致分析，不但能够得出消费经验的本质结构，而且能够进一步揭示出消费经验所处社会的文化蕴涵。后者主要是解释现象学心理学的工作，这对于当前的商品社会尤其具有重要的意义。安斯图斯通过分析电视商品，来揭示大众商品文化的意义。[①] 他使用了解释的方法，考察了一则麦当劳广告的意义。广告讲述了20世纪50年代的美国，一个中产阶级家庭中发生的故事。父亲40岁左右，两个女儿，一个约十岁，一个约七岁，处于青春前期。在广告中，女儿冲进家里，挣脱父亲的拥抱，急切地打开电视，看埃德·萨利文(Ed Sullivan)(一位美国男影星的表演)。两个孩子表现出对异性强烈的兴趣。父亲发现后，切断电源，谎称

① Aanstoos, C. M. (1997). Toward a phenomenological psychology of cultural artifacts. *Journal of Phenomenological Psychology*, No. 1.

停电,然后带全家去麦当劳吃汉堡包。广告中伴有女儿的画外音,描述对当时情境的回忆。

这则广告讲述了什么?它对于消费者具有怎样的意义?安斯图斯首先指出,女儿(尤其是大女儿)在看电视中产生了对异性的兴趣。随后,他将分析转向父亲,因为母亲也和女儿一起看电视,而父亲切断了电源。他注意到三个细节:父亲在女儿冲进家里时主动挡住了大女儿的道路,去拥抱她们;父亲难以容忍女儿看到电视中的镜头,拔掉电源插座,面对女儿的难过,他却哈哈大笑,并决定带她们去麦当劳;在麦当劳,他与大女儿动作亲密,且在女儿亲吻之后,有自得的表情。安斯图斯就此指出,这位父亲事实上在尽力维持自己在女儿心目中的核心地位。他得出结论说,这则广告"表明了父亲能够通过给女儿提供其他身体唤醒的经验,来消除另一位男性的力量,这种能力是他可以控制的,他能够凭自己的兴致为她们购买汉堡包等商品"①。这与弗洛伊德所描述的俄狄浦斯情节恰恰相反,是父亲在想象中实现着自己的愿望。安斯图斯通过两种并列的社会文化现象,来加以拓展。其一是汉堡包与成瘾药物的类似,二者都能够缓解环境的冲击。在广告中,画外音曾说30多年来一直记得这件事。在看到汉堡包后,将不快抛到脑后。但汉堡包与药物一样,只能起到一时缓解的作用。画外音曾提到,她们暂时忘掉了不快。其二是20世纪50年代,与埃德·萨利文相比,猫王(Elvis Presley)更易引起女孩子的兴趣。这表明,这则广告具有人为欺骗的成分。

进一步看,广告所起的作用也就明了了。安斯图斯指出,这则广告主要针对女儿处于青春前期的父亲这样一类消费者。它告诉这些消费者,欺骗甚至控制孩子是无害的,她们以后将会明白父母的苦心。但在这后面,"它提供了一种可能性:继续控制女儿身体满足的来源"②。对于孩子这类消费者来说,广告是难以起到类似作用的。安斯图斯问自己六岁的女儿的看法,得到的回答是父亲欺骗了孩子。女儿甚至看到广告中父亲有遥控器,而事实上广告中并没有这个情节。

安斯图斯提出,现象学通过详致的分析与对本质的揭示,能够深入消费心理学尤其是当今商品社会大众文化中,得出深刻的洞见。在这方面,现象学心理学参与到社会实践,在呈现大众文化真实面目起到解魅(demystification)的作用。

---

① Aanstoos, C. M. (1997). Toward a phenomenological psychology of cultural artifacts. *Journal of Phenomenological Psychology*, No. 1.

② Aanstoos, C. M. (1997). Toward a phenomenological psychology of cultural artifacts. *Journal of Phenomenological Psychology*, No. 1.

第七章

现象学心理学与其他心理学取向的比较研究

在对现象学心理学进行纵向历史梳理和横向考察基础上,我们来整体考察现象学心理学。在本章中,我们将现象学心理学置于西方心理学大背景下,从自然科学路线和人文科学路线的角度进行审视。现象学心理学持人文科学观点,反对自然科学路线的二元论和自然主义,它力图从自身出发,对自然科学路线的研究加以理解。现象学心理学与人文科学心理学的其他流派有着较多的一致性,但不满它们的不彻底,力图推进一种严格的人文科学心理学。

第一节　现象学心理学与自然科学心理学的比较研究

现象学心理学坚持人文科学的立场,批判地理解自然科学路线。它批评自然科学路线囿于二元论和自然主义,未能面对真实的心理现象,同时,它又从自身立场出发,对自然科学路线的研究进行理解,力图加以整合。这主要表现在它与内容心理学、行为主义和认知心理学的关联上。

一、现象学心理学与内容心理学

这里的内容心理学主要指冯特的实验心理学、艾宾浩斯和缪勒的心理学等,由于铁钦纳的构造心理学是对冯特心理学发展的极端形式,这里也将它归入内容心理学范畴。内容心理学是早期自然科学心理学的第一个学派，并与意动心理学相对立，构成了科学心理学在开始时期的第一次对立。[①] 波林曾指出："19 世纪心理学的主要派别是意动和内容，布伦塔诺和冯特，这正如我们经常说的。"[②]

从时间上看，现象学心理学略晚于内容心理学，它上承早期心理学的人文科学路线，如意动心理学、狄尔泰的心理学和詹姆斯的心理学。它延续了早期人文科学路线对内容心理学的批评，并通过现象学的深化，对内容心理学进行了更深刻的批判。甚至可以说，现象学心理学在早期发展中，一直面对内容心理学，尽管后来随着重心转移到美国，现象学心理学逐渐将目光转向行为主义。

现象学心理学对内容心理学的态度，在胡塞尔那里鲜明地体现了出来。胡塞尔指出："在 19 世纪，心理学接受了一种新的、伟大的甚至是辉煌的动力。这种动力源自最主要的德国生理学家和物理学家，例如缪勒（J. v. Müller）、韦伯（E. H. Veber）、福尔克曼（Volkmann）、赫尔姆霍茨、海林、费希纳，尤其经过冯特的组织力量的促进，出现了一种与自然科学尤其是生理学密切联系的心理学，这种心理学在方法的本质上忠实地适应了上述科学。这种在笛卡尔和霍布斯时代已经有打算的自然主义心理学，以一种根本的新的形式得到实现：带着生理学高度发展的实验技能来首次探讨感觉心理学的心理物理问题，或者更确切地说是感觉的心理物理学。"[③]

因此，在现象学心理学看来，内容心理学是一种自然主义心理学，它延续了笛卡尔以来的二元论传统。例如，冯特坚持心身平行论，认为心理与身体不过是并行的两种存在，这其实是笛卡尔身心二元论的另一种形式。但二元论在处理心理问题上是不力的，它最终在内容心理学中滑向自然主义。内容心理学在借鉴自然科学尤其是生理学和物理学的同时，接受了自然科学的科学观，进而开创了心理学中的自然科学路线。这样，在处理心理现象时，内容心理学将心理现象视作类似自然物的存在，心理现象由类似原子的感觉组成。

应该说，冯特也注意到了心理学与自然科学之间的区别。他在心理学研究对象的界定上，指出心理学研究直接经验，如人对光的感觉；自然科学与心理学不同，研究间接经验，如物理学研究光的波长等。他在这一点上甚至接近现象学的观点：从所直接呈现给我们的现象出发。但是，他在这一点

---

① 郭本禹：《布伦塔诺的意动心理学述评》，《心理学报》，1998 年第 1 期，第 106～112 页。

② 波林著，高觉敷译：《实验心理学史》，商务印书馆 1981 年版，第 435 页。

③ Husserl, E. (1977). *Phenomenological psychology*. The Hague: Martinus Nijhoff, p. 2.

上加入了自然科学的先在假设：直接经验是由感觉等组成的。冯特曾说：“在这里，正像在自然界中任何地方一样，事实是：只有复杂的现象才能被我们所直接观察到，而那些最简单的现象最初对我们来说却是隐藏着的。这个简单的元素只有通过解剖复合的现象，我们才能得到……在心理学里面，简单元素构成心理生活的开端。”①因此，冯特虽然注意到直接经验的重要性，却依然受到自然科学的影响，将感觉等元素视作更真实的存在。艾宾浩斯在研究记忆时，也存在类似问题。他将记忆的材料视作无意义音节，并加以量化，由此将记忆视作自然物。铁钦纳则将这种情况推向极端，他说：“实验心理学家的主要目的一直在于分析心理的结构；把基本过程从意识的缠结中清理出来，或者（如果我们改变这种譬喻）把一定的意识组织的组成部分分离开来。他的任务类似一种活体解剖……”。② 这样，内容心理学就由二元论导向了元素论。正如蒂内斯所指出的：“二元论不可避免地演化为心理原子论。”③

现象学心理学与内容心理学的区别在研究方法上是最明显的体现。二者都是对心理现象的研究，但采取了完全不同的两条途径。现象学心理学通过反思来考察心理现象，内容心理学则通过自我观察（内省）来考察心理现象。在现象学心理学看来，自我观察的方式将心理现象视作了自然物，不能直接面对心理现象本身。现象学心理学家在这一点上乐于接受布伦塔诺的反驳：当我们将注意的目光转向内心的怒火时，愤怒便消失了。现象学心理学并不接受内省法所采取的有关心理现象的假设，它强调无偏见地面向心理现象。在这一点上，它将会犯下铁钦纳所谓的“刺激错误”。④ 在铁钦纳看来，只要不将心理现象描述为构造主义视野下的元素，就犯下看待刺激上的错误。在现象学心理学看来，有关“刺激错误”的观点本身就是错误的。

具体来说，现象学心理学的现象学方法与内容心理学的内省法存在三点差异。⑤ 首先，内省法研究事实，它将事实视作自然的存在，并不含有意

---

① 冯特著，胡寄南译：《对于感官知觉的理论的贡献》，见张述祖等审校：《西方心理学家文选》，人民教育出版社 1983 年版，第 4 页。

② 铁钦纳著，桑灿南译：《构造心理学的公设》，见张述祖等审校：《西方心理学家文选》，人民教育出版社 1983 年版，第 23 页。

③ Thines, G. (1977). *Phenomenology and the Science of Behavior*. London : George Allen & Unwin.

④ Fuller, A. R. (1990). *Insight into value: an exploration of the premises of a phenomenological psychology*. New York: State Universtiy of New York Press, p. 41.

⑤ Giorgi, A. (1983). Concerning the possibility of phenomenological psychological research. *Journal of Phenomenological Psychology*, No. 2, pp. 129～169.

义;现象学方法则研究意义,将意义视作现象中所含有的本质成分。其次,二者在意识的内容上持不同的观点。内省法认为,意识的内容由元素组成,如感觉和情感等;现象学方法将意识视作所呈现的现象,并不采取元素的假设。最后,二者在意识的本质上存在不同的观点。内省法尽管将意识区别于物理现象,但依然将其视作自然物;而现象学方法将意识视作具有意向性本质的存在,它与世界有着直接的、有意义的关联。我们可以通过具体研究来进一步看实验现象学方法与实验内省法的区别。例如,铁钦纳的弟子齐格勒(M. J. Zigler)通过内省研究,将触觉还原为寒冷、柔软、运动和不快的意象元素;卡茨则从触觉中所呈现的一切出发,区分出几种不同的经验范畴,如可塑性(plasticity)、伸缩性(elasticity)、粘滞性(viscosity)等。

内容心理学对现象学心理学的态度体现在现象学上。冯特的观点具有代表性,他曾怀疑现象学是经院哲学的复活。① 但如我们在第三章提到的,铁钦纳在晚年注意到现象学的优势。在他的实验室中,曾进行标以"现象学"的实验。例如,埃德蒙兹(E. M. Edmonds)和史密斯(M. E. Smith)曾进行"音程的现象学描述"研究。他们在研究中给出如下指导语:"我将相继给你两个音调的融合,你要尽力发现描述它们的形容词。你可以从下列中选择,也可以提供其他更富于描述性的词汇。"②被试在音程的描述上,出现了类似"平滑,如窗户玻璃的表面一样"的表述。研究者通过被试的描述,得出各个音程的性质,如"八音度平滑"等。研究者最后指出,这类名称"或许反映了一类日常语言施加的描述性名称,如果所讨论的融合是我们日常知觉经验自然而普通的部分的话"③。研究者能够在未设置前提的情况下,通过被试的如实描述,得出质的材料,并对日常经验进行推断,这与实验现象学心理学是一样的。这是否反映出构造主义向现象学心理学的转向呢?尚需要进一步的探讨。

现象学心理学从自身出发,也意识到了内容心理学的长处,这主要表现在对冯特直接经验和描述态度的重视上。伯伊滕蒂克提醒说:"然而,人们将不公正地对待上个世纪的心理学家们——实验心理学的奠基者们——如

① 施皮格伯格著,王炳文、张金言译:《现象学运动》,商务印书馆 1995 年版,第 932 页。

② Edmonds, E. M., Smith, M. E. (1923). The phenomenological description of musical intervals. *American Journal of Psychology*, Vol. 34, pp. 287～291.

③ Edmonds, E. M., Smith, M. E. (1923). The phenomenological description of musical intervals. *American Journal of Psychology*, Vol. 34, pp. 287～291.

果力图将他们的洞见还原为原始的生理主义的话。”①他接下来指出，冯特强调心理学是一种经验科学，一种研究直接经验的科学，这与现象学心理学观点是相近的。他引用了冯特的话：“正如心理学是一种经验科学，完善了自然科学，并为人文科学奠定基础一样，它出于同样原因，是对哲学的准备。”②他甚至有限制地指出：“人们也能够在19世纪下半叶的著作中，发现朝向经验的现象学描述的重要倾向。一种倾向！仅仅如此。”③另外，现象学心理学家也看到了冯特民族心理学的贡献。乔治曾就此指出：“当我们将布伦塔诺与冯特相对照，并普遍指责冯特发起并决定了作为自然科学的心理学的诸多特征时，我们现在必须平衡这一图景，并表明冯特也站在作为人文科学的心理学传统上。”④

二、现象学心理学与行为主义

现象学心理学与自然科学路线的对立在行为主义那里得到最明显的体现。现象学心理学家在批评自然科学路线时，常将行为主义作为范例。正如施皮格伯格所指出的：“胡塞尔从来也没有笼统地反对心理学。他只是反对某些类型的心理学，即他称之为心理主义的或客观主义的心理学，也就是那种错误地模仿自然科学，试图抹杀心理现象本质特征的心理学。而最坏的心理学，就是正统的行为主义。”⑤

现象学心理学与行为主义的这种对立是有其原因的。从历史发展上看，现象学心理学是“第三势力”心理学的组成部分，行为主义在1913年诞生后，成为心理学中的“第一势力”。现象学心理学的形成和发展时期，恰是行为主义主导心理学的时期。许多现象学心理学家以对行为主义的批判展开自己的理论观点。例如，瓦尔和金在1978年介绍现象学心理学时，以对

① Buytendijk, F. J. J. (1987). Husserl's phenomenology and its significance for contemporary psychology. In: J. J. Kochelmans (Ed.). *Phenomenological psychology: the Dutch school*. The Hague: Martinus Nijhoff, pp. 37～38.

② Buytendijk, F. J. J. (1987). Husserl's phenomenology and its significance for contemporary psychology. In: J. J. Kochelmans (Ed.). *Phenomenological psychology: the Dutch school*. The Hague: Martinus Nijhoff, p. 38.

③ Buytendijk, F. J. J. (1987). Husserl's phenomenology and its significance for contemporary psychology. In: J. J. Kochelmans (Ed.). *Phenomenological psychology: the Dutch school*. The Hague: Martinus Nijhoff, p. 38.

④ Giorgi, A(1970). *Psychology as a human science: A phenomenological approach*. New York: Harper & Row, p. 29.

⑤ 施皮格伯格著，王炳文、张金言译：《现象学运动》商务印书馆1995年版，第200页。

行为主义心理学的批评作为开端。他们在“行为主义心理学”的标题下，标以“传统”，在接下来的“存在—现象学心理学”标题中，注以“另一对象”。①安斯沃思甚至指出，现象学心理学家如同放弃行为主义，转向人本主义心理学一样，正是出于对行为主义的自然科学路线不感兴趣，逐渐转向现象学心理学。②

从理论主张上看，行为主义的这种角色体现得更为明显。现象学心理学对行为主义进行了严厉的批判。在现象学心理学看来，行为主义以二元论为哲学基础，坚持自然主义主张。行为主义在行为与心理之间作出明确的区分。行为是外在的、客观的，心理是内在的、主观的，二者属于不同的存在。华生在行为主义的宣言《行为主义心目中的心理学》中，就持这种立场，来讨论通过内省得到的意识和通过观察得到的行为。瓦尔和金指出：“这种哲学二元论（可观察、可接近的身体与不可观察、不可接近的心理间的著名笛卡尔式分裂）的标记已成为心理学中的行为主义思潮的基础。”③行为主义也意识到这种尴尬的处境，从而转向自然主义的立场。古典行为主义大多将意识纳入可观察的事物下，视作自然物，来取消意识的存在，从而将行为视作唯一的研究对象。亨特（W. S. Hunter）甚至杜撰了“人类行为学”（Anthroponomy）一词，来取代“心理学”，他以 Anthropo 指人，以 nomy 指控制人的行为的法则。新行为主义和新的新行为主义依然坚持这个立场，却通过将心理视作自然物，由此纳入理论体系之中。如赫尔（C. Hull）和托尔曼（E. C. Tolman）通过中介变量，将内驱力和认知地图等合法化；班杜拉（A. Bandura）在遵循客观主义传统的前提下，研究自我效能等心理现象。

现象学心理学的批评多集中于形而上学的行为主义。形而上学行为主义是一种激进的行为主义，以华生的古典行为主义和斯金纳的操作行为主义为代表，拒绝心理现象的存在。与之相对的方法论行为主义则是一种较温和的行为主义，以托尔曼的认知行为主义和赫尔的逻辑行为主义为代表，承认心理现象的真实性，但坚持客观立场。现象学心理学认为，行为主义的最大问题，在于拒斥了心理现象。正是在这一点上，形而上学的行为主义是

① Valle, R., King, M. (1978). An introduction to existential-phenomenological thought in psychology. In: R. Valle, M. King(Ed.). *Existential-phenomenological alternatives for psychology*. New York: Oxford University Press, pp. 3~6.

② Ashworth, P. D. (1981). Equivocal alliances of phenomenological psychologist. *Jouranl of Phenomenological psychology*, No. 1, pp. 1~31.

③ Valle, R., King, M. (1978). An introduction to existential-phenomenological thought in psychology. In: R. Valle, M. King(Ed.). *Existential-phenomenological alternatives for psychology*. New York: Oxford University Press, p. 4.

自然科学路线的典型代表。麦考尔针对行为主义者的学习研究指出:“在60多年中,他们坚定的信仰已产生了数以千计的研究,这些研究将条件作用作为学习的关键,精巧而刻苦,但却留下了很大程度上未答复的问题:我们如何学习以及如何提高这一过程。”他接下来就动物的学习指出,行为主义者忽略了学习中的经验。他批评说:“即使是行为主义者也应承认,当狗流口水时,他(he)正准备去吃东西!”①

现象学心理学也批评方法论行为主义将心理自然化的做法。方法论行为主义借助操作主义,将心理界定为可观察的公共事件。操作主义认为,可以通过操作过程将心理现象加以界定。在现象学心理学看来,行为主义所提出的操作后的状态,事实上是一种理想状态,是对现实的剥离。林斯霍滕举出反例说,可以像人的身高一样,将年龄加以界定,由此出现“长度—年龄(length-age)”,随之,可以由年龄长度的平方根,推出“长度—年龄—根(length-age-root)”这种近似荒唐的情况。操作主义的内在矛盾在于,它在假定理想的操作状态的同时,却需要借助日常经验。林斯霍滕说:“操作方法的确保证了概念的单一性,然而,概念的意义却借自日常经验。”②

现象学心理学还批评行为主义将人视作单一的生理有机体。斯特劳斯说:“行为科学为物理学的成就所迷惑,忙于用自然科学的方法研究人与其世界。在努力模仿物理学中,心理学将经验着的人还原为有机体、神经系统、装置和场,它记录刺激和反应,测量输入和输出,完全遗忘了对象和刺激间的差异。”③行为主义囿于二元论,将人从世界中剥离开来,使得人被动地对外在的环境作出反应。原本与人有着直接的意义关联的对象,成为行为主义视野中的无意义的刺激。

现象学心理学在批判行为主义的基础上,对其研究和观点进行理解和对话。从总体上看,现象学心理学与行为主义具有如下四点相似之处:④(1)它们都反对二元论。现象学心理学坚持从所给予的出发,反对作心理与

---

① McCall, R. J. (1983). *Phenomenological psychology: an introduction*. Wisconsin: The University of Wisconsin Press, pp. 115～116.

② Linschoten, H(1979). The inevitability of phenomenology. In A. Giorgi, R. Knowles, D. L. Smith (Ed.). *Duquesne Studies in Phenomenlogy: Volume* Ⅲ. Pittsburgh: Duquesne University Press, p. 53.

③ Straus, E. W. (1980). *Phenomenological psychology*. NewYork: Garland Publishing Inc., p. 277.

④ Giorgi, A. (1975). Convergencess and divergences between phenomenological psychology and behaviorism. *Behaviorism*, No. 3, pp. 200～212. 转引自史密斯著,郭本禹等译:《当代心理学体系》,陕西师范大学出版社2005年版,第173页。

物理的划分;行为主义则将心理纳入自然的存在,来反对心理与物理之间的对立。(2) 它们都反对假设—演绎方法。现象学心理学强调对先在观点的悬搁;行为主义则反对任何先验的理论解释。(3) 它们都反对将心理学还原为生物学的还原论。现象学心理学反对将心理还原为物理或其他的存在;行为主义则反对将心理作刺激—反应模式以外的生物学解释。(4) 它们都反对内省。现象学心理学与行为主义都认为,内省法无法反映出心理的真实面貌。

现象学心理学与行为主义的相似尤其集中在斯金纳的思想上。(1) 苛费尔和格里尼斯(C. E. Grenness)指出,二者最大的相似之处在于它们都放弃了"双重世界的幻象"[①]。所谓"双重世界",是指存在着外部的可见世界与内部的不可见世界,这是一种明显的二元论模型。斯金纳与现象学心理学家一样,都反对二元论观点,他将其称作"复制理论",意即内部心理是对外部世界的复制。同样,它们也不赞成在人的脑中存在"小人"的解释。现象学心理学家认为,人与世界直接关联,不存在任何加工的中介。斯金纳也指出:"把看得见的行为归因于另外一个内在的有机体——一个小人或侏儒,……这样的解释只是在这个侏儒的行为可以忽视不管时才是令人满意的。"[②]需要指出的是,斯金纳更进一步否认存在任何私人的心理活动,这是现象学心理学所不能接受的。(2) 现象学心理学与斯金纳都强调世界的重要性。现象学心理学将世界视作人存在于其中的生活世界,以此为出发点进行研究。斯金纳虽然将世界视作物理的世界,但强调它对人的作用尤其是控制作用。在这一点上,现象学心理学不同意斯金纳的环境控制人的观点,但赞同斯金纳所发现的环境对人的制约。(3) 现象学心理学与斯金纳都强调行动的重要性。在现象学心理学家看来,知觉等心理活动本身就是与世界的关联,是人在世界中的一种形式。在知觉过程中,人就是在与世界打交道。斯金纳认为,存在着的只有环境中的行为。他说:"在某一方面有机体一定不只是产生复制品,它必须看、听、嗅等,而看、听、嗅是动作的形式而

---

① Kvale, S., Grenness, C. E. (1967). Skinner and Satre: towards a radical phenomenology of behavior. *Journal of Review of Existential Psychology and Psychiatry*, Vol. 7, pp. 128～150. Ashworth, P. D. (1981). Equivocal alliances of phenomenological psychologist. *Jouranl of Phenomenological Psychology*, No. 1, pp. 1～31.

② 斯金纳著,曾性初译,李伯黍校:《年适五十的行为主义》,见张述祖等审校:《西方心理学家文选》,人民教育出版社 1983 年版,第 253 页。

不是复制品。"[①]他甚至认为:"真理只能从人们'所做'和'所不做'中求得。"[②](4)现象学心理学与斯金纳都强调对行为进行描述。现象学心理学反对对心理和行为作任何先在的理论假设,尤其是自然主义的假设,它强调在悬搁先见后,对研究对象进行如实的描述。斯金纳反对对行为做潜意识或认知的解释,他强调以刺激和反应的模式进行纯粹的描述。

三、现象学心理学与认知心理学

现象学心理学家们长期面对是自然科学路线中的行为主义,与认知心理学的相遇较晚。尽管心理学史学界将1967年奈瑟(U. Neisser)出版《认知心理学》作为认知心理学形成的标志,但直到20世纪80年代,现象学心理学家们才开始注意到认知心理学。1982年,安斯图斯在研究思维的博士学位论文中,讨论了"当前的认知心理学转向"[③]。1989年,默克(C. J. Murk)形象地描述了现象学心理学的处境:"事与愿违,正当现象学已在曾为行为主义的还原论概念所主宰的领域中'感到舒适'时,计算机出现了,似要将心理学再次彻底改造。"[④]同年,瓦尔等人将1979年著作中的"行为主义心理学"改为"自然科学心理学",并提到"今天的情境有些不同。……出现了认知观点的转向"[⑤]。

在现象学心理学看来,认知心理学依然采取了自然主义的立场,将心理视作自然的物,假定其间存在机械的因果关联。安斯图斯说:"作为信息加工的当代认知主义,通过保留以下基本的前设,已能够将'认知过程'重新引入心理学中:这些过程是机械的——如同计算机模型表明的一样。"[⑥]现象学心理学对认知心理学的批评主要集中在两个方面:模拟和表征。信息加工

---

① 斯金纳著,曾性初译,李伯黍校:《年适五十的行为主义》,见张述祖等审校:《西方心理学家文选》,人民教育出版社1983年版,第261页。

② 转引自黎黑著,刘恩久等译:《心理学史——心理学思想的主要趋势》,上海译文出版社1990年版,第404页。

③ Aanstoos, C. M. (1983). *A phenomenological study of thinking as it is exemplified during chess playing*. Doctoral Dissertation of Duquesne University, p. 28.

④ Mruk, C. J. (1989). Phenomenological psychology and the computer revolution: friend, foe, or opportunity? *Journal of Phenomenological Psychology*, No. 1, pp. 20～39.

⑤ Valle, R. S., King, M., Halling, S. (1989). An introduction to existential-phenomenological thought in psychology. In: R. S. Valle, S. Halling(Ed.). *Existential-phenomenological perspectives in psychology*. New York: Plenum Press, p. 3.

⑥ Aanstoos, C. M. (1987). A critique of the computational model of thought: the contribution of Merleau-Ponty. *Journal of Phenomenological Psychology*. No. 2, pp. 187～200.

心理学将心理模拟作计算机，联结主义将心理模拟作大脑内动态的神经元；现象学心理学不同意认知心理学的模拟，它认为认知心理学通过模拟，使得心理脱离了原初的情境，成为一种预设的理想存在。认知心理学由模拟进一步提出，心理现象在根本上是认知的；现象学心理学认为，心理现象事实上是人与原初情境的一种交流，它是前认知的，所谓的认知事实上是对心理现象的一种抽象。我们在第六章讨论思维时看到，认知心理学将思维视作符号的操作，而在安斯图斯的研究中，思维却是生活世界中进行的与情境直接关联的动态的心理过程。

除了模拟外现象学心理学提出的另一种批评主要针对表征。表征是认知心理学的基本课题。认知心理学认为，我们通过符号表征来认识外界。表征，是指将对象重新呈现出来。① 现象学是在认识论的层面上谈论表征的，如当我说“墨水瓶”时，作为对象的墨水瓶已经通过符号性的表征内容呈现给我。胡塞尔形象地指出，“墨水瓶”这个名称“将自己安放到”对象上去。② 这样，在现象学心理学看来，表征存在于我与对象直接的意向性关联。在认知心理学那里，表征是人过符号来认识对象，外界的刺激输入人的头脑，转化为对物体的表征，人由此认识到对象。这事实上暗含着人与对象之间不存在直接的关联，因此，认知心理学在人与对象之间划定了鸿沟，存在着二元论立场。梅洛—庞蒂驳斥说：“当我注视昏暗中的一个物体，说‘这是一把刷子’时，在我的心目中，没有我可以把物体归入其中并通过一种经常的联想和‘刷子’一词联系在一起的刷子概念，但词语带有意义，当我把意义给予物体时，我意识到我到达了物体。”③

另外，在研究方法上，现象学心理学与认知心理学对出声思维方法有不同见解。在现象学心理学看来，认知心理学采取了先在的假设，忽视了出声思维过程的经验背景，不能公正地对待思维过程本身。安斯图斯也使用了“出声思维方法”，但他认为，认知心理学认为通过出声思维仅能得到内容，不能得到过程，存在三种误解：④认知心理学认为，出声思维受到潜意识的干扰，但事实上并非如此；认知心理学认为，参与者的描述存在着解释，但事实上是因为研究者请参与者进行了解释；研究者的实验设计影响了合作者的

① 倪梁康将 representation 译作“代现”等，体现出了这个词的原意。参见倪梁康著：《胡塞尔现象学概念通释》（修订版），三联书店 2007 年版，第 416 页。

② 胡塞尔著，倪梁康译：《逻辑研究》（第二卷，第一部分），上海译文出版社 1999 年版，第 23 页。

③ 梅洛—庞蒂著，姜志辉译：《知觉现象学》，商务印书馆 2005 年版，第 232 页。

④ Aanstoos, C. (1983). The think aloud method in descriptive research. *Journal of Phenomenological Psychology*, No. 2, pp. 243～266.

描述。

如同与行为主义一样，现象学心理学也与认知心理学进行对话。认知心理学在行为主义遗弃心理的背景下，将人的认知活动作为研究对象，在一定程度上实现了心理的“回归”。这接近现象学心理学的立场。从研究方法上看，二者都将描述作为研究材料，认知心理学通过口头报告法等来获得被试的原始记录。现象学心理学也通过同样的方式获得研究材料。并且，二者都强调质化的分析，认知心理学将质化的分析当作合法的技术，现象学心理学强调对研究材料作质化的分析。不过，认知心理学的分析采用先在的假设，不同于现象学心理学。

在现象学心理学与认知心理学的对话中，它与生态取向的认知心理学的对话最为突出。生态取向是认知心理学继信息加工心理学和联结主义之后的第三种研究取向。它对以往认知心理学过于依赖实验室情境不满，提倡在日常生活情境中研究认知过程。现象学心理学以生活世界为出发点，所关注的恰恰是日常生活经验。因此，二者存在较多相近之处。这在吉布森(J. J. Gibson)与米肖特那里体现出来。吉布森是生态取向的先驱，他强调有机体与环境间的交互作用，并提出直接知觉理论，认为知觉是人在与环境直接的交互过程。他在自传中说：“近年来与我惊人地接近一致的心理学家是卢汶的艾伯特·米肖特——在除了外部信息与外部意义概念外的一切方面……这是实验科学的聚合中值得注意的教训，像他这样的人和我这样的人，来自完全不同的背景，早就应发现我们是如此深刻、如此高兴地同意彼此——他，卡迪纳尔·默西埃(Cardinal Mercier)的学生，我，唯物主义者霍尔特(Holt)的学生；他，信徒和现象学家，我，无神论者和行为主义者；……我们得到相同的结果。这就是所值得考虑的。它使人相信掌握真理的可能性。”①

吉布森与米肖特在思想上的一致性，类似于心理学家奈瑟与梅洛—庞蒂。奈瑟是生态取向的认知心理学的主要代表，倡导认知研究的生态学效度。他与吉布森一样，提倡直接的知觉观点。沃兹比较了奈瑟与梅洛—庞蒂的观点，发现两人在知觉研究上存在以下四点相近之处。② (1) 他们都放

① Gibson, J. J. (1967). Autobiography. In: E. G. Boring & G. Lindzey(Ed.). *A history of psychology in autobiography*: VolumeV. New York: Appleton-Century-Crofts, pp. 142～143. Costall, A. (1991). Preface. In G. Thinès, A. Costall, G. Butterworth(Ed.). *Michotte's experimental phenomenology of perception*. New Jersey: Lawrence Erlbaum Associates, Inc., pp. ix-x.

② Wertz, F. J. (1987). Cognitive Psychology and the understanding of perception. *Journal of Phenomenological Psychology*, No. 2, pp. 103～142.

弃了经验论与建构主义立场。梅洛—庞蒂反对经验论将心理视作感觉的组合,也反对唯理论对外界的主动建构。奈瑟则反对认知心理学的主动建构表征的观点,认为它是多余的解释;他同时反对认知心理学将输入的信息视作孤立的部分,强调信息的真实性。(2)他们在反对以上假设后,都将对日常知觉的描述作为研究的出发点。(3)他们都将自己的方法区别于内省,并强调知觉直接指向对象,而非指向内在的心理表征。换句话说,他们都强调心理与世界间的直接关联。(4)他们在一些具体观点上保持一致,如都强调意义的直接给予、知觉者的主动探索而非被动接受、知觉者与对象的交互作用、知觉是其他心理现象的基础等。当然,他们的区别也是明显的,沃兹指出,两人分别使用了图式和身体两个概念。奈瑟认为,人在与世界互动中,具有过去反应的组织,即图式,它调控着信息的接收。但他一方面强调图式的生理属性,另一方面又强调图式的心理机制,因此依然难以摆脱二元论的阴影。而梅洛—庞蒂提出身体的本体论观点,则能够较好地处理这个问题。这里需要指出的是,沃兹没有注意到,尽管奈瑟认为人所处的世界并非物理世界,但它依然分具有自然属性的物理特征,这与现象学心理学的生活世界是不同的,而后者则悬搁了世界的物理属性。

第二节　现象学心理学与人文科学心理学的比较研究

现象学心理学与人文科学心理学的其他流派一样,强调忠于心理现象与人的原本面目。它与其他学派展开积极的对话,但它不满于其他学派在克服二元论和自然主义上的不足,致力于一种严格的人文科学心理学取向。

一、现象学心理学与格式塔心理学

现象学心理学与格式塔心理学①基本上是平行发展的,二者同属于人文

① 这里的格式塔心理学专指以魏特海墨、苛勒和考夫卡等为代表的柏林学派,不包括麦农等的格拉茨学派在内。参见郭本禹:《意大利格式塔心理学源流考》,《南京师范大学学报》(社会科学版),2005年第6期,第97～102页。

科学心理学，具有亲密的“同盟”关系。这在哥廷根的实验现象学那里表现得尤为明显。米西亚克和塞克斯顿曾指出：“卡茨和魏特海墨在各自对颜色知觉和似动进行系统研究时，开创了现象学心理学的新纪元。”①哥廷根的实验现象学与格式塔心理学的关系如此密切，以致学界倾向于将它们归为同一阵营。例如，波林明确将卡茨、扬施和鲁宾视作格式塔心理学的前驱。他说，扬施和卡茨在著作中“已经预言了魏特海墨 1912 年的格式塔心理学的‘创立’”②。但从米西亚克和塞克斯顿的观点来看，格式塔心理学则应划入现象学心理学之列。另外，哥廷根的实验现象学与柏林的格式塔心理学家在观点上较为一致。卡茨说：“我始终与柏林格式塔学派的代表们保持着真诚的关系。”③他曾著《格式塔心理学》，对格式塔心理学的整体论和实验现象学方法持赞同意见。而格式塔心理学家也承认哥廷根实验现象学的研究，鲁宾的图形与背景研究是他们经常引用的材料。

现象学心理学与格式塔心理学在思想上具有较多的一致性。(1) 二者有着共同的思想来源。从哲学上看，二者都受到现象学的影响。格式塔心理学与现象学心理学一样，从现象学中汲取资源。考夫卡(K. Koffka)赞同现象学的方法论，他说：“然而，现象学是重要的，这一点可以从前面的讨论中反映出来。”④苛勒甚至说：“我相信，在我们回到我们概念之前——换言之，在我们应用现象学方法之前，即在对经验进行质化的分析之前，我们绝不能解决有关根本原则的任何问题。”⑤从心理学来源上看，二者都上承人文科学路线的最初代表意动心理学。现象学心理学中的实验现象学继承了意动心理学尤其是斯顿夫的思想；格式塔心理学则是在斯顿夫的直接影响下形成的，苛勒和考夫卡都在斯顿夫的指导下获得博士学位，勒温曾说过，斯顿夫的“许多看法与格式塔心理学的基本观点有着密切的关系”⑥。(2) 现象学心理学与格式塔心理学都对自然科学路线提出批评。我们已经看到，现象学心理学反对内容心理学将心理划分为元素，反对行为主义将意识等同于物理的存在。而格式塔心理学是在反对内容心理学的元素论中提出自己的观点的。魏特海墨 1912 年的似动研究正是针对冯特的内容心理学的。

---

① Misiak, H., Sexton, V. S. (1973). *Phenomenological, existential and humanistic psychology*. New York: Grune & Stratton, p. 23.

② 波林著，高觉敷译：《实验心理学史》，商务印书馆 1981 年版，第 689 页。

③ Katz, D(1952). David Katz. In: E. G. Boring, et al. (Ed.). *A History of Psychology in Autobiography*: VolumeⅣ, New York: Russell & Russell, pp. 189～211.

④ 考夫卡著，黎炜译：《格式塔心理学原理》，浙江教育出版社 1997 年版，第 93 页。

⑤ 波林著，高觉敷译：《实验心理学史》，商务印书馆 1981 年版，第 686 页。

⑥ Lewin, K. (1937). Carl Stumpf. *The Psychological Review*, No. 3, pp. 189～194.

苛勒曾形象地指出："我仰看单纯的碧蓝的天空，看见天空是绵延不断的；简直看不出它是由单元组成的，更看不出界线或罅隙。……在感觉视野里有些部分虽为真实客观的单元，但是那些部分绝非感觉。……我们为感觉所蒙蔽也为时很久了。"[①]格式塔心理学发展到美国后，对行为主义忽视直接经验的做法提出批评。考夫卡区分了地理环境和行为环境，来表明行为主义的不足。地理环境是物理的环境，行为环境则是经验到的环境。行为主义明显忽略了后者。(3) 现象学心理学与格式塔心理学都研究直接经验。现象学心理学从生活世界出发，研究所直接给予的经验；格式塔心理学也研究直接经验。施皮格伯格指出："格式塔论者的现象至少是现象学家现象的合法的堂弟(cousin)。"[②]苛勒的一段话与现象学心理学的生活世界观点具有一致性："直接经验的世界是我最先所有的世界，而且因为我对于物理世界所知道的一切都是后来从经验世界的特性所推论出来的，我怎么能否认这个作为我继续得以猜测物理现实的唯一基础的经验世界呢?"[③]进一步看，现象学心理学与格式塔心理学都强调经验具有意义，不能等同于无意义的物理事实。考夫卡强调说："不能从心理学和科学中排除像意义和价值这样的概念，我们必须利用这些概念，以便充分理解心理和世界，与此同时，这也是一种充分的解释。"[④](4) 现象学心理学与格式塔心理学在研究方法上，都强调对经验进行描述的研究。现象学心理学对经验进行描述，以发现本质结构；格式塔心理学也强调描述。考夫卡认为："对于我们来说，现象学意指尽可能对直接经验作朴素的和完整的描述。"[⑤]苛勒所强调的质化的观察也是通过描述获得经验的本质结构。进一步看，实验现象学心理学与格式塔心理学都强调通过实验现象学方法进行研究，在这一点上，它们达到了高度的一致。

但现象学心理学与格式塔心理学却是人文科学路线的不同组成部分，它们之间也存在着一定差异。(1) 从思想来源上看，现象学心理学严格贯彻了现象学哲学的观点；格式塔心理学却与现象学保持平行的关系[⑥]，格式塔心理学家最初极少提到现象学，只是在后期才发现了它。并且，格式塔心理

① 转引自高觉敷著:《高觉敷心理学文选》，江苏教育出版社 1986 年版，第 314～315 页。

② Spiegelberg, H. (1972). *Phenomenology in psychology and psychiatry: A historical introduction*. Evanston: Northwestern University Press, p. 70.

③ 转引自杨清著:《现代西方心理学主要派别》，辽宁人民出版社 1986 年版，第 264 页。

④ 考夫卡著，黎炜译:《格式塔心理学原理》，浙江教育出版社 1997 年版，第 25 页。

⑤ 考夫卡著，黎炜译:《格式塔心理学原理》，浙江教育出版社 1997 年版，第 93 页。

⑥ Spiegelberg, H. (1941). The place of value in a world of facts; Dynamics in psychology(book review). *Philosophy and Phenomenological Research*, No. 3, pp. 377～386.

学并不完全接受现象学的观点，它还接受了物理学中的场论。这样，从基本立场上看，格式塔心理学持朴素的实在论立场，它既承认直接经验世界的存在，也承认物理世界的存在。因此，格式塔心理学具有二元论的立场。苛勒提出，存在着现象的世界和物理的世界，二者是并行的。考夫卡在区分环境时，也同时承认物理的环境和经验到的行为的环境。从反对自然科学路线上看，格式塔心理学是不彻底的。梅洛—庞蒂明确指出："实际情况是，格式塔理论对自然主义和因果思维的抵制是不彻底的，也不是根本的，我们在其天真的实在论认识理论中，可以看到这一点。"①现象学心理学在严格贯彻现象学的立场上，能够"抵制"格式塔理论，从而坚持更严格的人文科学立场。(2) 从具体观点上看，现象学心理学与格式塔心理学的这种差异明显体现出来。格式塔心理学坚持同型论观点。考夫卡解释说："心物同型论这个术语意指形式的同一，它作出大胆的假设，即'大脑的原子和分子运动'并不'基本上与思维和情感不同'，就拓展的过程而言，在其克分子方面是一致的。"②在现象学心理学家看来，考夫卡的前半句是正确的，现象世界的确具有形式(本质)上的同一，但后半句是无法接受的。现象学心理学彻底反对自然主义，强调悬置任何先在的观点，这也包括思维和情感的情形等在内。即使与格式塔心理学最为接近的实验现象学心理学，也不同意同型论观点。卡茨说："随着一切在当前依然保持原样，我看不出同型论如何能够用到具有逻辑—结论特征的思维过程的心理物理学中去。"③科斯托尔(A. Costall)关于米肖特的一段话明显地表现出格式塔心理学与现象学心理学之间的差异："他对柏林格式塔论者的生理学思辨以及他们谈论的皮层区和同型论几乎没有什么兴趣。另外，他在因果性上的工作却由一个话题——有关我们如何适应性地与我们在其中发现自己的世界相关联的话题——所推动，他感到这个问题即使没有被格式塔论者遗忘的话，也是被忽略了。"④(3) 从价值取向上看，现象学心理学较少关注价值问题，这与格式塔心理学形成了明显的对照。现象学从总体上坚持批判性的价值负载观点，将价值视作人与世界关联的存在；格式塔心理学却坚持激进的价值负载观点，苛勒将价值视作

---

① 梅洛—庞蒂著，姜志辉译：《知觉现象学》，商务印书馆 2005 年版，第 80 页。

② 考夫卡著，黎炜译：《格式塔心理学原理》，浙江教育出版社 1997 年版，第 25 页。

③ Katz, D. (1952). David Katz. In: E. G. Boring, et al. (Ed.). *A History of Psychology in Autobiography*: Volume Ⅳ, New York: Russell & Russell, pp. 189～211.

④ Costall, A. (1991). Phenomenal causality. In: G. Thinès, A. Costall, G. Butterworth (Ed.). *Michotte's experimental phenomenology of perception*. New Jersy: Lawrence Erlabaum Associates, Inc., p. 53.

物理世界中的存在,它可以为我们直接感知到。这种激进的先在假定使得格式塔心理学家在伦理维度上处于朴素的状态,不能充分反思自身的立场。肯德勒援引哈林顿(A. Harrington)的观点指出,格式塔的价值观与纳粹的意识形态观具有相似的立场。① 这是值得警戒的。

格式塔心理学与现象学心理学通过对话,推动了人文科学路线的发展。我们看到,梅洛—庞蒂对格式塔心理学进行了扬弃,他以结构的观点来重新理解格式塔心理学的"格式塔",并除去其中的自然主义主张。② 他由此进行的行为和知觉研究,构成了其现象学心理学思想。富勒从存在现象学的角度,吸收格式塔心理学的观点,也提出一门现象学心理学。③ 尤其值得注意的是,在研究方法层面上,德里维拉(J. de Rivera)吸收勒温的场论和迪尤肯阵营的经验现象学,发展出概念相遇(conceptual encounter)方法。④ 该方法在研究过程中,强调研究者与合作者之间本真的相遇,通过研究者与合作者的互动,尤其是合作者对自己的经验进行总结得到经验的本质。这一切均表明,格式塔心理学与现象学心理学之间依然有较多的对话空间。

二、现象学心理学与精神分析学

从现象学心理学与精神分析学的发展来看,尽管都有着漫长的历史⑤,但它们属于两个并行的心理学流派和取向,仅存在极少的关联。现象学心理学属于"第三势力"心理学的一部分,精神分析学则是与之并列的"第二势力"心理学。另外,从研究对象上看,现象学心理学考察所给予的经验,而精神分析学则考察尚未进入意识层面的潜意识,二者具有不同的侧重点。德罗贝蒂斯从现象学心理学的角度指出:"谈论'潜意识'是普通且通常非常重要的现代心理学对话的一部分。然而,现象学心理学的学生将很快认识到,现象学家已经发现这是一个麻烦的概念。不仅如此,那些尝试理解潜意识

① Kendler, H. H.(1999). The role of value in the world of psychology. *American Psychologist*, No. 10, pp. 828～835.

② Embree, L. *Merleau-Ponty's examination of Gestalt psychology*. http://www.lesterembree.net/essays/mp%20and%20gestalt.htm.

③ Fuller, A. R.(1990). *Insight into value: an exploration of the premises of a phenomenological psychology*. New York: State Universtiy of New York Press.

④ de Rivera, J.(1984). Emotional experience and qualitative methodology. *American Behavioral Scientist*, No. 6, pp. 677～688.

⑤ 郭本禹:《精神分析学的发展逻辑》,《南京师范大学学报》(社会科学版),2006 年第 5 期,第 81～86 页。

问题的现象学取向的心理学家通常发现,把握看待这个令人不快的问题的现象学方式是非常困难的。”①

现象学心理学作为“第三势力”心理学的一部分,是在批判精神分析学等以前势力的基础上发展壮大的,这种批判主要集中在弗洛伊德的古典精神分析学上。在现象学心理学中,提到弗洛伊德之处,通常存在两种情况,其一是对他的批判,另一种情况则是为他未能充分意识到自己的发现感到遗憾。例如,迪尤肯阵营的W·F·费希尔在考察弗洛伊德的焦虑理论时,发现从字面上理解弗洛伊德的著作与从隐喻角度理解形成巨大的反差。②从字面上理解,弗洛伊德的焦虑观点是一种能量的经济学观点。当自我无法应对源自伊底(id)的能量时,人体内处于不平衡状态,剩余的能量通过身体等途径释放出来,由此出现焦虑。这种观点无法反映出人的经验世界。从隐喻角度理解,可以将伊底、自我、超我和外部世界视作四种相对独立的意义基体(meaning matrix),由此可以将焦虑视作个体与世界的现实关联的瓦解。萨特在考察精神分析学的情绪理论时,也持相似的态度。他发现,精神分析学一方面将现象视作事实,认为其间存在因果联系;另一方面,精神分析学又将现象视作有意义的,认为其间存在意义关联。③

现象学心理学对弗洛伊德思想的批判主要集中在对自然主义的批判方面。现象学心理学认为,弗洛伊德在对待心理现象时,存在着将心理现象等同于自然物的问题。我们知道,弗洛伊德从生理学家布吕克(E. Brücke)那里接受了自然科学的观点。布吕克持自然主义立场,他曾与赫尔姆霍茨(H. L. F. V. Helmholtz)等一起宣布:“有机体内除一般物理化学的力在起作用外别无其他的力。”④弗洛伊德受此影响,将心理活动的本质归于本能等生理因素。波林评价弗洛伊德及其合作者布洛伊尔(J. Breuer)时说:“因为布吕克曾将他们训练成坚定的物理主义者,他们便轻而易举地从头脑滑向心灵,而不引起当时正使二元论者大伤脑筋的任何问题。”⑤弗洛伊德曾撰写《科学心理学的设计》,构造一门自然科学的心理学:“为即将成为物质科学的心理学提供基础,即以确定的物质粒子可规定的数量状态表示心理过

① DeRobertis, E. M. (1996). *Phenomenological psychology*. Lanham: University Press of America, Inc., p. 61.

② Fischer, W. F. (1988). *Theories of anxiety*. Washington, D. C.: University Press of America, pp. 16~17.

③ 萨特著,潘培庆、汤永宽、魏金声等译:《萨特哲学论文集》,安徽文艺出版社1998年版,第84~85页。

④ 波林著,高觉敷译:《实验心理学史》,商务印书馆1981年版,第815页。

⑤ 波林著,高觉敷译:《实验心理学史》,商务印书馆1981年版,第816~817页。

程……"[1]弗洛伊德认为性本能在心理中占据重要地位，它通过伊底在人格结构中起到重要作用，并通过释放来推动人格的发展。除了坚持心理的自然属性外，弗洛伊德还坚持心理之间的因果作用。他将成人的心理障碍归于幼年的创伤经验所致。在梦的分析中，他假定梦的内容必定存在背后的意义，即真正的原因。在现象学心理学看来，弗洛伊德的这些自然主义观点是应进行批判的。

但是，弗洛伊德通过精神分析学的理论和实践为心理学提供了丰富的资源。在精神分析学发展的外部逻辑中，精神分析学正是通过与各个学科的对话，推动心理学的发展。[2] 对于现象学心理学来说，也是如此。我们在W·F·费希尔和萨特那里已经看到这一点。此外，迪尤肯阵营的沃兹和诺尔斯等也在这方面进行了研究，这表现在以下几个方面。第一，在思想来源上，现象学心理学重视布伦塔诺对弗洛伊德的影响。弗洛伊德曾听过布伦塔诺的六门课程。在1874年10月22日致大学预科时的罗马尼亚朋友希尔伯斯坦(E. Silberstein)的信中，弗洛伊德称布伦塔诺为"不可思议的人"，布伦塔诺的"吸引人的课"给他留下了"强烈的印象"。[3] 他与布伦塔诺一样，强调描述、观察和分类是心理学必要的基础部分，认为自然科学的研究方法并不完全适用于心理学。他受到布伦塔诺意向性等具体观点的影响。例如，巴克利(J. R. Barclay)认为，弗洛伊德以贯注(cathexis)概念机械地变换了布伦塔诺的意向性观点。[4] 第二，在学科观上，现象学心理学认为，弗洛伊德意识到自然科学的不足，从而提出一门纯粹的心理学，倾向于人文科学。沃兹说："弗洛伊德理论的'纯粹性'最初依赖于对物理科学的方法和概念的激进的中立性。"他又说："弗洛伊德明确将精神分析师的教育中最根本的内容置于人文科学中。"[5]第三，在研究对象上，现象学心理学认为，弗洛伊德重视病人的经验，将其视作有意义的心理现象。沃兹列出弗洛伊德研究的材料，包括简单可见的现象自身、个体所说的话、个体的生活情境和文化媒介，研

---

① 黎黑著，刘恩久等译：《心理学史——心理学思想的主要趋势》，上海译文出版社1990年版，第295页。

② 郭本禹：《精神分析学的发展逻辑》，《南京师范大学学报》(社会科学版)，2006年第5期，第81～86页。

③ Stanescu, H. (1971). Young Freud's letters to his Romanian friend Silberstein. *The Israel Annals of Psychiatry and Related Disciplines*, No. 9, pp. 204～217. Wertz, F. J. (1993). The phenomenology of Sigmund Freud. *Journal of Phenomenological Psychology*, No. 2, pp. 101～129.

④ Barclay, J. R. (1964). Franz Brentano and Sigmund Freud. *Journal of Existentialism*, No. 5, pp. 1～36.

⑤ Wertz, F. J. (1993). *The phenomenology of Sigmund Freud. Journal of Phenomenological Psychology*, No. 2, pp. 101～129.

究者通过这些材料把握到意义。沃兹说:“所有这些材料都是恰当的和必要的,因为对于弗洛伊德,正如对于狄尔泰和胡塞尔一样,意义(正是通过其本质)并不依赖于独立的事件,而在于心理生活的连接之处。”①第四,在研究方法上,现象学心理学认为,弗洛伊德的研究态度和程序与现象学心理学存在较多一致性。沃兹指出,弗洛伊德采取了以下态度:对所呈现的一切坚持完全的非理论、非评价的开放性;悬置关于现实的信念,将所给予的特征还原到主体性上;共情地投入到主体的世界中。我们看到,这与现象学心理学是一致的。沃兹又指出,可以将弗洛伊德的研究区分为类似于经验现象学心理学的程序。需要指出的是,他的解读具有强烈的现象学心理学倾向,以致霍恩斯坦(G. A. Hornstein)批评说,沃兹的结论与乔治的方法之间存在“不可思议的相似”,远离了弗洛伊德。② 另外,有学者从解释现象学心理学的角度理解精神分析学的方法。如苛费尔指出,精神分析学的访谈采取了理解的模式,接近解释学传统,可以将其视作一种质化的研究。③

在具体研究上,现象学心理学认为,可以从现象学心理学的角度重新理解精神分析学的研究。(1) 现象学心理学首先面对的是潜意识。胡塞尔曾在《欧洲科学的危机与超越论的现象学》中,谈到潜意识,他将其视作一种“深度的意向性”,由此提倡通过现象学考察被压抑的现象等。④ 另一些现象学心理学家从存在的角度进行考察。例如,德罗贝蒂斯从在世界中存在出发,将潜意识视作未被实现的可能性,它威胁到个体有意义的存在。⑤ 德罗贝蒂斯举例说,某人由于相信自己是一位绅士,拒绝将对他人的憎恨付诸现实,这种存在的未实现性,就是精神分析学所谓的压抑到潜意识中去。(2) 现象学心理学关注的另一种现象是梦。图加斯(Tougas, C. T.)考察了

① Wertz, F. J. (1993). On psychoanalysis and academic psychology. *American Psychologist*, No. 5, pp. 584～585.

② Hornstein, G. A. (1993). Freud is not the Dilthey of psychology (at least not in America). *American Psychologist*, No. 5, pp. 585～586.

③ Kvale, S. (2003). The psychoanalytical interview as inspiration for qualitative research, In: P. M. Camic, J. E. Rhodes and L. Yardley(Ed.). *Qualitative research in psychology: expanding perspectives in methodology and design*. Washington D. C.: American Psychological Association, pp. 275～297.

④ Wertz, F. J. (1993). The phenomenology of Sigmund Freud. *Journal of Phenomenological Psychology*, No. 2, pp. 101～129.

⑤ DeRobertis, E. M. (1996). *Phenomenological psychology*. Lanham: University Press of America, Inc., pp. 62～63.

做梦活动的本质。[①] 他从意向性出发，将做梦视作具有意向性本质的心理活动。做梦如同现实活动一样，是我们所经历的意识流，它将对象直接呈现出来，使得我们处于生动的世界中。对象并非处于具体时空中的实在物，但它是直接给予我们的。施韦特泽从另一种角度，研究了南非农村的释梦活动。[②] 施韦特泽从存在出发，将梦视作人在世界中的存在。研究者收集了传统治疗者和病人 50 个梦及其解释，通过经验的分析，得到三个主题：有意义的梦揭示出做梦者的世界的特征，如梦到祖先揭示出与父母的关系等；梦的解释通过行动得到揭示，指梦指向现实生活中的活动；释梦中揭示出人的具身性。

总之，我们认为，施皮格伯格关于现象学与精神分析学未来的论述，是适用于现象学心理学与精神分析学的。他说："有迹象表明，随着两种运动的扩展，它们的领域将日益交迭。并且，以下情况看来已有了明确的希望：当精神分析学尽力深化基础，通过返回经验以支撑基础时，它将在深化和拓展了其意识概念的现象学那里发现有益的同盟。"[③]

三、现象学心理学与人本主义心理学

现象学心理学与人本主义心理学最容易为学界混淆，这种混淆给现象学心理学带来了大量的误解。N·W·史密斯说："也许只有行为分析比现象学心理学更多地被人误解。这种误解大部分似乎是由于一些美国心理学家对'人本主义'和'现象学'两词的互用，以及认为这两种体系至少是互相延续的。这就导致了'现象学的'就是'心理的'假定。人们发现持有不同见解的心理学家就是按照这种方式使用'现象学'的，而且这种使用上的混乱还没有得到澄清的迹象。"[④]1963 年，在赖斯大学召开了题为"行为主义与现象学"的会议。除了迈克劳德外，会议上其他标以"现象学"的学者并不真正属于现象学心理学阵营。这次会议应更确切地改为"行为主义与人本主义"会议。乔治和 B·M·乔治甚至指出："罗杰斯与迈克劳德在与行为主义的

① Tougas, C. T. (1993). Sketch for a phenomenology of dreaming. *Journal of Phenomenological Psychology*, No. 2, pp. 130～143.

② Schweitzer, R. (1996). A phenomenological study of dream interpretation among the Xhosa-speaking perple in rural South Africa. *Journal of Phenomenological Psychology*, No. 1.

③ Spiegelberg, H. (1972). *Phenomenology in psychology and psychiatry: A historical introduction*. Evanston: Northwestern University Press, p. 142.

④ 史密斯著，郭本禹等译：《当代心理学体系》，陕西师范大学出版社 2005 年版，第 320 页。

著名的论战中为现象学所作的辩护都未触及现象学方法应以何种方式在心理学中得到使用。”[①]甚至有评论者将这次会议称作“现象学的讽刺画”，认为“这次研讨会作为心理学历史上最容易被误解和被误导的会议，将在未来的数年里占据很重要的地位”[②]。

现象学心理学不同于人本主义心理学。从思想来源上看，现象学心理学严格贯彻现象学哲学的主张，人本主义心理学却并非如此。德卡瓦胡(R. J. DeCarvalho)指出，人本主义心理学家们很少真的去研读现象学家的著作，他们对于欧洲大陆的现象学传统只有一知半解，而这很少的一点知识也是通过二手介绍获得的。[③] 乔治曾对《人本主义心理学：原始资料集》作出评价，显示了二者的差异：“现象学心理学，严格说来，几乎从这个集子中得不到什么。一些论文有时使用现象学一词，但它通常意味着‘经验’。所有提出的问题都能够并且事实上是以如下方式处理的：并未在这个词的欧洲大陆意义上采用现象学的前提。”[④]并且，人本主义心理学与存在主义处于平行的关系，人本主义心理学家们在确立自己的核心观点后，发现了欧洲大陆的存在主义。[⑤] 另外，现象学心理学与社会文化关联较少，人本主义心理学却与社会文化存在密切的关系。这反映在20世纪60年代兴起的会心团体运动(encounter group movement)和反主流文化运动(counter-culture movement)上。会心团体运动提倡通过人际沟通来发现自我，提升自我。它的不足在于致力于建设乌托邦的社会，远离了现实世界。反主流文化运动是20世纪60年代兴起的社会运动，它与嬉皮士运动等联系在一起，宣扬自由和解放，通过反抗越战、吸食毒品等活动来释放自我。人本主义心理学因此带有强烈的理想主义色彩。

进一步看，现象学心理学坚持一元论立场，人本主义心理学却含有二元

---

① Giorgi, A., Giorgi, B. M. (2003). The descriptive phenomenological psychological method. In: P. M. Camic, J. E. Rhodes and L. Yardley(Ed.). *Qualitative research in psychology: expanding perspectives in methodology and design*. Washingtion, D. C.: American Psychological Association, p. 243.

② 史密斯著，郭本禹等译：《当代心理学体系》，陕西师范大学出版社2005年版，第317页。

③ DeCarvalho, R. J. (1990). *The founders of humanistic psychology*. New York: Praeger Publishers, p. 69. 转引自江光荣著：《人性的迷失与复归——罗杰斯的人本主义心理学》，湖北教育出版社2000年版，第266页。

④ Giorgi, A. (1979). “Humanistic Psychology: A Source Book” by David A. Welch, George Tate and Fred Richards (Ed.) (book review). *Journal of Phenomenological Psychology*, No. 2, pp. 245～247.

⑤ DeCarvalho, R. J. (1990). A history of the “Third Force” in psychology. *Journal of Humanistic Psychology*, No. 4, pp. 22～44. 德卡瓦胡在“人本主义心理学，存在主义和现象学”的段落标题下，仅讨论人本主义心理学与存在主义的关系，并未论及现象学。

论的立场。布莱西奥(L. D. Blasio)考察了罗杰斯的机能完善者观点,结果发现,罗杰斯强调机能完善者的内在意义,忽略了与世界的关联,尤其在发展上,罗杰斯将积极因素归于机能完善者的内部,将消极因素归于外部的影响。① 罗杰斯将内部与外部、主体与对象对立起来,从而遗忘了人与世界的一致性,遗忘了现象学心理学的核心观点意向性。与此一致,人本主义心理学并未摆脱自然主义观点。它的元假设之一是"心理事件以生物因素作为基础"。这条假设同时包括两个推论:心理学依赖生物学;心理事件由生物学或生物的大脑引起。② 马斯洛和罗杰斯正是在此基础上,形成了他们的潜能学说。在现象学心理学看来,这些观点作为先在的假设,是应该立即加以悬搁的。

在基本主张上,现象学心理学强调忠于心理现象本身,人本主义心理学则强调发掘积极的人性,提高人的潜能和价值。人本主义心理学从区分传统心理学与自身出发,认为传统心理学关注消极的人性,如弗洛伊德的精神分析学关注病人,行为主义则关注动物,人本主义心理学与弗洛伊德的做法相反,关注积极的人性,如马斯洛以健康人为研究对象,来考察人的积极品质。从现象学心理学角度看,人本主义心理学的这个理论假设是应该加以悬搁的。乔治曾指出,人本主义的不足之一,就在于它强调传统心理学的缺失和不足,坚持自己能够以更优越的方式改造传统心理学,但却难以提出系统的理论来整合传统心理学。③ 现象学心理学接受了现象学的主张,反对二元论和自然主义,从生活世界出发,对人的心理现象进行研究,它能够较好地将传统心理学的研究统合到一起。

在关于经验的观点上,现象学心理学坚持心理的意向性本质,心理与对象之间有着直接的意义关联。人本主义的经验概念却依然处于传统的经验的视角中,这在罗杰斯那里体现得最为明显。④ 罗杰斯在《人还是科学? 一个哲学问题》一文中考察了经验。他区分出两种研究视角:治疗师的视角和研究者的视角。罗杰斯认为自己处于二者对立的困境中。从治疗师的视角看,来访者的经验是主观的、鲜活的,不断流动变化的;从研究者的视角看,来访者的经验是客观的,这种视角无法展现来访者的丰富经验。罗杰斯将

① Blasio, L. D. (1992). *Rogers' concept of the fully functioning person: an adequate portrayal of human freedom*? Master Thesis of University of Ottawa, pp. 47~57.

② 史密斯著,郭本禹等译:《当代心理学体系》,陕西师范大学出版社 2005 年版,第 105~106 页。

③ Giorgi, A. (1976). Vico and humanistic psychology. *Social Research*, No. 4, pp. 727~736.

④ Snyder, D. M. (1982). Some foundations of counseling and psychotherapy from a phenomenological perspective. *The Personnel and Guidance Journal*, February, pp. 364~367.

主观与客观对立起来，潜含着二元论的立场。与此一致，他强调来访者的情绪，将情绪与认知对立起来。从现象学心理学的角度看，罗杰斯的困境是先在假设的结果。现象学心理学将经验置于与世界的关联中，从所给予的一切出发，并不存在主观与客观的对立，也不存在情绪与认知的对立。

在研究方法上，现象学心理学提出了可行的方法，人本主义心理学却存在不力之处。安斯图斯描述了二者之间的差异："关于方法，人本主义革命仅在一定程度上克服了自然科学的偏见。马斯洛如罗杰斯一样，最终的确作了一些质化的研究，罗杰斯在临终前已成为这种方法的倡导者。但形势却倒向了一小批现象学家，他们发展并使用了这种方法论。"[①]这里的"一小批现象学家"就是指美国现象学心理学家们。罗杰斯的确发展出了可行的方法，将Q方法与现象学立场相结合，用于反映来访者人格的变化，但他并未能发展出方法来彰显自己所描述的来访者的丰富经验。与此一致，乔治指出了人本主义的困境："如传统心理学本身一样，人本主义心理学并未得到充分的奠基，因此需要严格的理论与方法论上的表述与指导。"[②]而现象学心理学通过现象学哲学的奠基，发展出可行的方法，却能在得出相关的知识的同时，展现经验的丰富性。

从以上可以看出，二者存在明显的差异。但二者也存在相似之处。现象学心理学与人本主义心理学都是"第三势力"心理学的组成部分。它们都反对"第一势力"行为主义和"第二势力"精神分析学，认为这两种势力都未能真正地呈现出心理现象和人的面目；它们有着共同的终极理念：追求人之为人的人文科学；[③]它们都力图展现人的原本面目，尽管在具体实践中存在一定差异。这种相似之处在二者之间的交流中体现得越来越明显。迪尤肯大学已成为"第三势力"心理学的中心之一，乔治现任教于"第三势力"心理学的中心塞布鲁克学院，迪尤肯阵营成员（乔治，1987—1988；沃兹，1994—1995；安斯图斯；1997—1998；C·T·费希尔，2001—2002）曾先后任美国心理学会第32分会人本主义心理学会主席。乔治提出，人本主义心理学需要在四方面努力，我们由此可以看出现象学心理学的贡献所在：发展起一门与它所提倡的普遍的人的形象相对应的人文科学；拥护并进一步发展非还原论的科学哲学；更大胆地尝试新的、原创的、并非基于自然科学路线的方法；

① Aanstoos, C. M. (2003). The Relevance of humanistic psychology. *Journal of Humanistic Psychology*, No. 3, pp. 121～132.

② Giorgi, A. (1976). Vico and Humanistic Psychology. *Social Research*, No. 4, pp. 727～736.

③ 伍麟：《西方心理学中的两种人文取向——关于人本主义心理学和现象学心理学的辨析》，《西北师范大学学报》（社会科学版），2005年第2期，第50～54页。

在学院中以一种严格而非现存的边缘的方式确立起来。①

四、现象学心理学与存在心理学

在现象学心理学与人文科学路线的其他学派或取向中，它与存在心理学是最难区分的。首先，二者存在较多的重合之处。现象学心理学中包含存在现象学心理学的理论形态，这种形态与存在心理学具有较多相似之处。尤其在心理病理学与精神病学领域，斯特劳斯、明克夫斯基都具有存在心理学思想倾向，他们与宾斯万格、鲍斯和冯盖布萨特尔等具有较多的一致性。其次，现象学心理学与存在心理学均在一定程度上不为学界熟悉。二者与人本主义心理学共同组成"第三势力"心理学，但人本主义心理学为学界熟知，甚至按照德卡瓦胡等人的观点，人本主义心理学等同于"第三势力"心理学，由此忽视了其他组成部分。最后，在现象学心理学与存在心理学之间也未曾进行明确的区分。在现象学心理学中，迪尤肯阵营提出存在现象学心理学的口号，将二者置于一处，但却较少考察存在心理学。

现象学心理学与存在心理学是"第三势力"心理学中的不同组成部分。二者的差异可区分如下。

第一，在思想来源上，虽然二者都受到现象学运动的影响，但现象学心理学受到胡塞尔现象学的影响最大，它也受到存在主义和解释学的影响，在存在主义上，它主要受梅洛—庞蒂的影响。与之相比，存在心理学受到存在主义影响最大。较少有存在心理学家严格贯彻胡塞尔的现象学哲学思想。在存在主义上，存在心理学受到海德格尔和萨特的影响最大。现象学心理学也受到海德格尔的影响，却主要是通过解释学间接接受的。

第二，与思想来源一致，二者接受了不同的理论主张。现象学心理学从现象学哲学那里接受了生活世界和意向性观点，坚持心理与对象有着直接的意义关联；存在心理学从存在主义那里接受了在世界中存在的观点，坚持人存在于世界之中。而且存在心理学受到海德格尔的影响，强调人在面向死亡中本真地存在着；而现象学心理学致力于研究经验，对死亡等问题不太感兴趣。

第三，在历史演变上，现象学心理学以胡塞尔的现象学心理学和哥廷根的实验现象学为思想雏形，在欧洲现象学心理学中主要表现为法兰西学派、

① Giorgi, A. (2005). Remaining challenges for humanistic psychology. *Journal of Humanistic Psychology*, No. 2, pp. 204～216.

乌特列支学派、米肖特和斯特劳斯、明克夫斯基等，在美国现象学心理学中主要表现为斯尼格、迈克劳德和迪尤肯阵营等。存在心理学早期发展主要在欧洲，代表人物有瑞士的宾斯万格、鲍斯、弗兰克尔和库恩（R. Kuhn）、德国的冯盖布萨特尔（V. E. von Gebsattel）、荷兰的范登伯格等。它的后期发展主要在美国和英国，代表人物有美国的罗洛·梅、范卡姆、布根塔尔（J. F. T. Bugental）、施奈德（K. J. Schneider）、雅洛姆（E. Yalom）等人，英国的莱因（R. D. Laing）以及范多伊曾-史密斯（E. van Deurzen-Smith）等为代表的“英国学派”。

第四，二者有着不同的侧重点。现象学心理学致力于研究经验的本质，存在主义致力于研究人的现实存在。布伦南的界定在一定程度上指明了这种差异：“存在心理学指明存在主义在心理学问题中的应用。现象学心理学这一术语有时用于表述无需采用还原论来研究心理事件的独特方式。”①进一步看，现象学心理学通过研究得出普遍性的知识；存在心理学则侧重揭示人的独特方面，如米西亚克和塞克斯顿所指出的，它是特殊规律的。② 与侧重点一致，二者关注不同的主题。现象学心理学关注意义、意向性、生活世界等主题；存在心理学却关注自由、责任、选择、本真存在、人际间的遭遇、死亡等主题。③ 与此一致的是，现象学心理学家多为学院心理学家，关注心理过程的本质；存在心理学家多为心理病理学与精神病学家，关注人的独特面貌。

第五，尽管二者都受到现象学的影响，使用现象学方法，但存在明显的差异。存在心理学较少在具体研究层面使用现象学方法，它主要用现象学的视角来考察病人的心理世界。现象学心理学则侧重具体的研究实践，使用可行的研究方法，来得出有关心理现象的知识。

---

① Brennan, J. F. (2003). *History and systems of psychology*. New Jersey: Pearson Education, p. 279.

② Misiak, H., Sexton, V. S. (1973). *Phenomenological, existential and humanistic psychology*. New York: Grune & Stratton, p. 84.

③ Misiak, H., Sexton, V. S. (1973). *Phenomenological, existential and humanistic psychology*. New York: Grune & Stratton, p. 84.

第八章

现象学心理学的评价与展望

我们已纵向考察了现象学心理学的思想来源和历史演变,横向考察了现象学心理学的理论形态、研究方法和研究领域,并将其与心理学的其他学派相比较。在这些研究基础上,我们力图对现象学心理学进行整体的研究。这包括三部分,首先对现象学心理学进行总结,得出其理论的特征,其次对现象学心理学的是非得失作出评价,得出其贡献和局限。最后对现象学心理学的发展趋向作出判断,得出其未来图景。

第一节　现象学心理学的理论特征

现象学心理学以现象学运动为哲学基础,提倡人文科学观,以生活世界为出发点,在研究对象上倡导意向性观点,在研究取向上坚持质化的研究取向,在价值取向上坚持批判性的价值负载观点。

一、以现象学运动为哲学基础

现象学心理学以现象学运动作为哲学基础。现象学运动是指始于胡塞尔的一场运动,包括胡塞尔创立的现象学以及存在主义和解释学。由胡塞尔创立的现象学为现象学心理学提供了最初的奠基。它对二元论和自然主义的反驳为现象学心理学批判自然科学路线提供了直接的思想,为现象学心理学指明了方向。它提出的意向性和生活世界观点经过转化,成为现象学心理学的核心观点。它的现象学方法为现象学心理学继承和发展,有力地推动了现象学心理学的实践。存在主义提出人的本质是在世界中存在的观点,为现象学心理学所接受,使得现象学心理学从世界或具体情境出发研究人的经验,反对将人与世界割裂开来。从这一观点出发,梅洛—庞蒂提出的身体本体论观点产生了很大影响。他认为,人通过身体存在于世界之中,与世界进行辩证的意义交流。他的观点为现象学心理学与自然科学路线对话提供了框架。解释学在胡塞尔现象学的基础上,为现象学心理学开辟了新的视角,它不再强调对现象的如实描述,而是坚持通过对文本的解读,打开新的意义世界。解释学还为现象学心理学的方法论提供了新的工具,使得现象学心理学在经验研究方法的基础上,发展出解释研究方法。

现象学心理学在现象学运动的影响下,发展出不同的理论形态。思辨现象学心理学主要受到胡塞尔现象学的影响,它的许多思想直接由现象学哲学家进行的。实验现象学心理学尽管更多地继承早期人文科学心理学的思想,但也受到胡塞尔现象学的影响,提倡对现象的本质描述。经验现象学心理学严格贯彻胡塞尔现象学的观点,并将之有效地转化到具体实践中,形成了可行的研究方法。解释现象学心理学受到解释学的影响,拓展了研究视野,形成了新的研究方法。存在现象学心理学受到存在主义的影响,提倡存在于世的观点,关注人的现实存在。超个人现象学心理学也受到现象学运动的影响,研究超个人心理现象。

从研究方法上看,现象学心理学严格落实了现象学哲学的方法论。思辨现象学心理学在一定程度上与现象学重合,使用现象学的方法,研究心理的本质。实验现象学心理学在实验研究中,坚持现象学立场,考察经验的组织方式。经验现象学心理学将胡塞尔现象学落实到心理学研究中,发展出可行的研究程序。解释现象学心理学在经验现象学心理学基础上,以解释学为哲学基础,开拓了新的研究视角,并发展出有效的研究方法。

现象学心理学以现象学运动为哲学基础,与自然科学路线形成了鲜明的对立立场。自然科学路线以实证主义为哲学基础。现象学与实证主义都从所经验到的开始,但现象学强调从直接所给予的开始,而非实证主义从自然物开始进行研究。现象学心理学由此强调现象的直接给予性和原初性,反对自然科学路线的自然主义主张。

二、以人文科学为科学观

现象学心理学在科学观上坚持人文科学的观点。现象学心理学最初在受到早期人文科学心理学的影响时，已经继承了人文科学路线的观点，但这种观点是在潜移默化中接受的。哥廷根的实验现象学继承了意动心理学的思想，并对自然科学路线的内容心理学等提出不同观点，但并未明确自己的科学观。此后，现象学心理学通过对自然科学路线观点的反驳，越来越明确了自己的学科立场。在欧洲现象学心理学的乌特列支学派那里，这种主张已经较为明显。伯伊滕蒂克说："在他[胡塞尔]之后，作为一门关于人的科学和关于人之世界的科学的心理学已经发展起来；它已经在精神生活和人文科学中造成新的氛围，由此看来，西方或许会产生新的自由。"[①]最终，在美国现象学心理学中，乔治通过专著《作为人文科学的心理学：一种现象学取向》(1970)，明确提出了人文科学的科学观。30 年后，他回顾说："在我职业的早期，我提出心理学应成为一门人文科学，从心理学的观点充分地研究人的现象。这个观点自身并非新颖的(如狄尔泰，1894/1977)，但将这个观点与现象学哲学基础联系起来的方式，以及所提出的研究计划视野，却包含了一些当时我从未在文献中遇到的观点。"[②]

现象学心理学的人文科学观是针对自然科学观提出的。自然科学路线以自然科学为模板，坚持自然科学的科学观。在现象学心理学看来，自然科学路线在模仿自然科学时，继承了二元论和自然主义，由此将心理现象自然化，难以公正地对待心理现象。自然科学心理学借鉴自然科学方法，将实证、还原、量化、决定和预测等原则视作研究的标准来限定研究对象，由此将心理现象视作自然物：具有时空特征，与其他自然物形成因果关联。自然科学心理学的做法表现为还原论，将心理还原为其他事物，如构造主义将心理还原为感觉、意象和情感等类似化学元素的组合。但现象学心理学似乎并不否认自然科学路线本身。斯皮内利认为，现象学心理学自身具有开放性，处于与其他学派或取向交流的前卫地位，由此能够推动心理学的整合。[③]

在人文科学观的具体主张上，乔治的话语最具有代表性。他明确指出："通过'人文科学'这个术语，我要传达的是，心理学有责任研究人之为人(man as a person)的全部范围的行为和经验，它以这样一种方式进行：达到

① Buytendijk, F. J. J. (1987). Husserl's phenomenology and its significance for contemporary psychology. In: J. J. Kochelmans (Ed.). *Phenomenological psychology: the Dutch school*. The Hague: Martinus Nijhoff, p. 44.

② Giorgi, A. (2000). Psychology as a human science revisited. *Journal of Humanistic Psychology*, No. 3, pp. 56~73.

③ Spinelli, E. (2005). *The interpreted world: an introduction to phenomenological psychology*. London · Thousand Oaks · New Delh: Sage Publications, p. 200.

科学的目的，但不应主要以自然科学的标准完成这些目的。”[①]因此，现象学心理学的人文科学观体现在“人文”和“科学”两个方面。在“人文”方面，它忠于人的原本面目，直面心理现象本身。它从所给予的一切出发，悬置先在的假设，进行描述和解释。不仅如此，它还坚持心理具有意向性本质，始终与对象处于直接的意义关联中。与此一致，它将人视作处于世界中，反对将人与世界隔离开来。现象学心理学的“科学”方面是指它致力于获得普遍的知识，这里的科学不限于自然科学的观点。乔治提出，科学是一种目的在于获得知识的文化机制，它致力于产生有关人经验到的所有现象的知识。[②] 科学的知识具有如下三方面特征：首先，知识是系统的，指知识各方面间具有逻辑上的关联，以协调一致的方式联结起来，这意味着知识所涉及的现象并非孤立的，如获得关于知觉的知识，同时应认识到与之有关的行为和情感等方面；其次，知识是通过方法获得的，这意味着理论需要通过方法来加以验证，并且，方法并非个人的，能够为他人所用。最后，知识是普遍的，指能够应用到其他情境中。希茨纳（R. Hycner）曾提出，现象学心理学致力于探索个体的世界，乔治对此加以反驳，认为现象学心理学所得出的知识是普遍的。[③] 不过，这里的普遍性并非完全从对象中抽象出来，它能够顾及情境性。

现象学心理学提倡人文科学观，成为人文科学心理学阵营的组成部分。它上承人文科学路线中的意动心理学、狄尔泰的心理学等。在发展中，它将人本主义心理学和存在心理学视作同盟，由此成为“第三势力”心理学的一部分。不仅如此，现象学心理学的主张使自己成为人文科学路线中最为严格的组成部分。现象学是人文科学路线的哲学基础，在对现象学的贯彻中，现象学心理学最为彻底。它将现象学落实到心理学中，发展出可行的研究方法，进行了大量的研究实践。在这种意义上，它深化和推进了人文科学心理学的发展。

现象学心理学通过人文科学观，主张一种面向生活的心理学。首先，现象学心理学关注人的生活经验。这在存在形态的现象学心理学那里体现得尤为明显。存在现象学心理学将人置于具体情境中，关注人在日常生活中的种种经验。其次，现象学心理学能够以忠于经验的原本面目的方式揭示

---

① Giorgi, A. (1970). *Psychology as a human science: A phenomenological approach*. New York: Harper & Row, p. xii.

② Giorgi, A. (2005). The phenomenological movement and research in the human sciences. *Nursing Science Quarterly*, 1, 75～82.

③ Giorgi, A. (2006). Concerning variations in the application of the phenomenological method. *The Humanistic Psychologist*. No. 4, pp. 305～319.

生活经验的本质。例如，经验现象学心理学发展出扎实的研究方法，通过描述现象，来得到普遍本质。最后，现象学心理学不仅关注生活经验，而且参与到生活实践中去。解释现象学心理学有着较强的行动倾向，它不再局限于研究层面，它将研究视作研究者的理解过程，视作生活实践的一部分。研究者的研究过程就是推进生活实践的过程。因此，现象学深化了面向生活的心理学理念，同时，它在具体研究中已显示了广阔的应用前景。在这种意义上，现象学心理学能够推动心理学朝向真正的日常生活迈进。

三、以生活世界为出发点

现象学心理学以生活世界为出发点。安斯沃思甚至认为："的确，对现象学心理学的所有概念而言，生活世界是最核心的一个。"①生活世界是我们所处的原初世界，它直接给予我们，无须任何加工和抽象。胡塞尔说："生活世界是原初的明见性的领域。这种被明见地给予的东西，根据情况，或是在知觉中作为在直接现前中的'它自身'被经验到的东西，或是在回忆中作为它自身而被想起的东西。每一种其他的直观方式也就是将它自身现前化。"②我们身处生活世界之中，自然地加以接受，不需要任何反思。正如波恩特森(I. Berndtsson)等人所指出的："生活世界，如我们所理解的，在其本体论意义上是我们在世之在的前反思的基础，它以自然态度给予我们，在日常生活中被视作想当然的。"③

现象学心理学最初从胡塞尔那里接受了生活世界的观点。丘吉尔和里切尔指出："胡塞尔对心理学的最伟大意义，可能要见于他的后期思想……"。④ 胡塞尔晚年在《欧洲科学的危机与超越论的现象学》中，探讨了生活世界问题，他特别考察了生活世界与科学世界的关系，为现象学心理学批驳自然科学路线提供了理论指导。在胡塞尔之后，梅洛—庞蒂的观点也对现象学心理学产生了影响。梅洛—庞蒂在自己的现象学本体论架构下，阐发了胡塞尔的生活世界观点，为现象学心理学特别是存在现象学心理学提

---

① Ashworth, P. (2003). An approach to phenomenological psychology: the contingencies of the lifeworld. *Journal of Phenomenological Psychology*, No. 2, pp. 145～156.

② 胡塞尔著，王炳文译：《欧洲科学的危机与超越论的现象学》，商务印书馆 2005 年版，第 154～155 页。

③ Berndtsson, I., et al. (2007). Issues about thinking phenomenologically while doing phenomenologically. *Journal of Phenomenological Psychology*, No. 2, pp. 256～277.

④ Churchill, S. D., Richer, P. (2000). Phenomenology In: A. E. Kazdin(Ed.). *Encyclopedia of Psychology*. New York: Oxford University Press, pp. 168～173.

供了理论框架。

现象学心理学将生活世界作为出发点。从它反对的方面看,现象学心理学批评自然科学路线将自然科学世界视作原初的世界,遗忘了生活世界。胡塞尔提出,生活世界是科学研究的源始,是科学世界的基础:"关于客观的一科学的世界的知识是'奠立'在生活世界的明见性之上的。生活世界对于从事科学研究的人来说,或对于研究集体来说,是作为'基础'而预先给定的。"①科学世界是在生活世界基础上,是经构造产生的世界。自然科学采取了自然主义的立场,将生活世界加以构造,提出物理的、遵循因果规律的世界观。自然科学路线在模仿自然科学时,接受了这种世界观,将科学世界作为第一性的世界,由此将心理现象视作自然物,忽略了作为奠基性的生活世界。例如,操作主义以客观的物理操作过程来界定心理现象,无视人在进行"物理操作"时所直接经验到的一切。梅洛—庞蒂说:"重返事物身,就是重返认识始终在谈论的在认识之前的这个世界,关于世界的一切科学规定都是抽象的、符号的、相互依存的,就像地理学关于我们已经知道什么是树林、草原或小河的景象的规定。"②

从其所提倡的方面看,现象学心理学强调从生活世界出发,对所给予的一切进行如实的研究。尽管生活世界是前反思的,但我们可以通过反思,使生活世界中的现象成为主题,从而展开研究。现象学心理学与自然科学路线一致,关注基础性的心理过程。但它从所经验到的一切开始展开研究。C·T·费希尔指出:"作为心理学家,当我们感兴趣于人们怎样经历自己的生活时,通过给予生活世界(生活秩序)而非自然秩序以首要性,我们将能最出色地进行研究。"③例如,在安斯图斯的思维研究中,他发现下象棋时的思维过程与信息加工心理学的观点有着较大的差异。棋手对游戏的整体流动有着潜在的感受,下棋是在这种整体把握指引下完成的,并非信息加工心理学所认为的线性的、逐步推进的过程。④ 事实上,在经验现象学心理学那里,"经验"是指直接呈现的生活世界中的事件。正是在这种意义上,生活世界确保了现象学心理学忠实于心理现象。不仅如此,生活世界使得现象学心

① 胡塞尔著,王炳文译:《欧洲科学的危机与超越论的现象学》,商务印书馆 2005 年版,第 158 页。

② 梅洛—庞蒂著,姜志辉译:《知觉现象学》,商务印书馆 2005 年版,第 3 页。

③ Fischer, C. T. (2006). Qualitative psychological research and individualized/collaborative psychological assessment: implications of their similarities for promoting a life-world orientation. *The Humanistic Psychologist*, No. 4, pp. 347~356.

④ Aanstoos, C. M. (1983). A phenomenological study of thinking. In: A. Giorgi, R. Knowles, D. L. Smith(Ed.). *Duquesne Studies in Phenomenological Psychology*: Volume Ⅳ. Pittsburgh: Duquesne University Press, p. 250.

理学关注日常生活经验。普雷斯科特(M. P. Prescott)和瓦尔说:“以生活世界为出发点,人们能够接触到每一个体所经历的、带有身体和世界的结构性统一体。”①我们在第六章看到,现象学心理学关注日常生活中的种种现象。可以说,生活世界为现象学心理学打开了一扇通向真实经验世界之门。

需要指出的是,在存在主义影响下,现象学心理学开始侧重人的在世界中存在的视角。现象学心理学尤其接受了梅洛—庞蒂的观点,认为生活世界具有结构性的本质。沃兹说:“生活世界作为结构性的整体将自身显现出来,它为社会共同具有,然而由个体通过自身的观点加以把握。”②这在存在现象学心理学中体现得较为明显。我们在第四章已经看到,安斯沃思提出,生活世界在自我、社会性、具身化、时间性、空间性、规划和话语五个方面表现出来。研究者从生活世界的结构出发,进而揭示人的原本面目。在这种意义上,生活世界为现象学心理学真正地理解人的丰富内涵提供了可行的途径。

另外,解释学在存在主义的基础上,将生活世界视作人所栖居(dwelling)的世界。现象学心理学尤其是解释现象学心理学受此影响,表现为关注人在世界中的行动,关注人的本真存在的动向。一些现象学心理学家强调人通过平等的对话,身体力行地存在于世界之中,使自己的未来富于开放性。与此相对,他们批判自然科学因袭了现代以来的科学与技术观,将世界视作自然物,从而使人与世界疏离开来。我们在第四章提到,贾格尔区分出节日世界与工作世界,节日世界是人的原初存在状态,能够使人本真地存在;工作世界是现代性的产物,它使得人在远离世界的同时将自身异化。贾格尔由此对现代性提出批判。在这种意义上,现象学心理学能够在一定程度上省察心理学所处的社会文化。

四、以意向性为研究对象的本质

现象学心理学从生活世界出发,将一切呈现给我们的现象都纳入研究的范围,它的研究对象非常广泛,涉及意识、经验、行为等概念。这些概念间存在较多交错甚至是误解。例如,罗曼尼欣(R. D. Romanyshyn)和惠伦

① Prescott, M. P., Valle, R. S. (1978). An existential-phenomenological look at cognitive-developmental theory and research. In: R. Valle, M. King (Ed.). *Existential-phenomenological alternatives for psychology*. New York: Oxford University Press, p. 160.

② Wertz, F. (2005). Phenomenological research methods for counseling psychology. *Journal of Counseling Psychology*, No. 2, pp. 167～177.

(B. J. Whalen)针对经验和行为指出:"心理学并非对行为或经验的研究,也非以加和的方式研究行为和经验。相反,它是对作为行为'和'经验的人类活动的研究,这里'和'这个词被理解为辩证的行动的—经验(behaved-experience)、经验到的—行为(experienced-behavior)。"①我们在第三章看到,冯埃卡茨伯格曾提出经验活动(experiaction)的概念,指代经验和活动的整体。相比之下,乔治的观点更具有涵盖性,他从现象学心理学的角度,将心理学(psychology)的研究对象称为"心"(psyche),他进一步说:"我提出这样的意见,心指心理与身体整合的水平,这种整合与世界有着水平的关联,与自身有着垂直的关联。"②他提出"表现"(expressiveness)的概念,表现并非印象,它可视作心在情境中的具体体现。③ 表现要满足六条标准,这些标准进一步体现了现象学心理学的对象观:广泛性,指它包括意识、经验、行为等;具体性,指它能够展现出心在情境中的独特方面;可以容纳内部和外部观点,指它既与表现者有关,也与表现的观察者有关;包括身体;与情境相关联;具有意向性本质。

我们还可以从对象所处的层面来进一步理解现象学心理学的研究对象。从根本上看,现象学心理学所有的研究对象都属于存在层面:人在世界中的实际存在。换句话说,现象学心理学研究人的现实存在的诸种表现。我们可以借用存在心理学的观点,将人的现实存在分为三个层面:周围世界,指自然世界或物质的世界,它遵循物理规律;共同世界,指人际世界,人与他人相关联;自我世界,指个人体验的世界,人与自身相关联。④ 现象学心理学的研究对象主要处于共同世界和自我世界的层次。冯埃卡茨伯格提出存在整体的概念,用于指人际之间共同存在的社会现实,研究者可以通过"谁—与谁一起"的问题进行追问。而现象学心理学对情绪的研究,大多可划入自我层面。除了以上研究领域外,超个人现象学心理学还将研究对象拓展到超个人领域,研究超个人心理现象。

---

① Romanyshyn, R. D., Whalen, B. J. (1989). Psychology and the attitude of science. In: R. Valle, S. Halling (Ed.). *Existential-phenomenological perspectives in psychology: exploring the breadth of human experience*. New York: Plenum Press, p. 30.

② Giorgi, A. (2001). The search for the psyche: a human science perspective, In: K. J. Schneider, et al. (Ed.) *The Handbook of Humanistic Psychology*. London · Thousand Oaks · New Delhi: Sage Publications, pp. 53～64.

③ Giorgi, A. (1992). Toward the articulation of psychology as a coherent discipline. In S. Koch, D. E. Leary(Ed.). *A century of psychology as science*. Washington D. C.: American Psychological Association, p. 53.

④ 郭本禹主编:《西方心理学史》,人民卫生出版社 2007 年版,第 303 页。

尽管现象学心理学的研究对象非常广泛，涉及意识、经验、行为等概念，但都坚持意向性观点。瓦尔、金和哈林说："存在—现象学心理学指出，我们从未进行纯粹的意识，而是始终意识到某物。说意识始终'意识到'意味着它始终有一个对象(对象指并非意识自身之物)……因此，意识被称作本质上是意向的，或被描述作意向性。"①意向性在现象学心理学中处于重要的地位。卡尔森甚至认为认为："意识的意向性为心理学研究的人文科学取向提供了基础。"②

意向性是指心理与对象具有直接的意义关联。我们在第四章讨论经验现象学心理学时已指出，意向性对于心理学具有以下三方面的意义。(1)心理始终指向对象。这里的心理相当于乔治的"心"，它包括行为等在内。我们在考察行为时指出，行为也与对象相关联。对象可以是任何情况下的事物，它可以是实际存在的，如火；也可以是非实际存在的，如神；甚至可以是纯粹的理念，如三角形这个概念。自然科学路线将对象视作自然物，由此倾向于将心理自然化，认为它是对对象的被动反映。但是否所有的心理现象都与对象直接关联呢？我们在第六章提出，客体化的意动与对象直接关联，非客体化的意动则通过前者与对象相关联。(2)意向性意味着心理与世界的一致性。心理在与对象的关联中，能够超越自身，与对象直接关联。正如瓦尔所指出的："意识始终是对并非意识本身的某物的'意识到'。这种界定或描述意向性的特定方式直接意味着一种深刻的、内隐的相互关联，感知者和所感知到的之间的相互关联，正是这相互关联描述了这种观点中的意识。"③自然科学心理学坚持二元论立场，将心与物视作相互独立的实体，由此将心理自然化。(3)意向性意味着心理与对象的关联是一种意义关联。在自然科学心理学那里，心理与对象间存在因果关联。卡尔森指出："对作为意向性的意识的分析意味着放弃心理学研究中的通常设计，即寻求经验的因果规律的研究，因为因果规律预设了逻辑上相互独立的实体之间的关

---

① Valle, R. S., King, M., Halling, S. (1989). An introduction to existential-phenomenological thought in psychology, In: R. Valle, S. Halling(Ed.). *Existential-phenomenological perspectives in psychology: exploring the breadth of human experience*. New York: Plenum Press, p. 11.

② Karlsson, G. (1993). *Psychological qualitative research from a phenomenological perspective*. Stockholm: Almqvist & Wiksell International, p. 9.

③ Valle, R. (1998). Transpersonal awareness: implications for phenomenological research. In: R. Valle(Ed.). *Phenomenological inquiry in psychology: existential and transpersonal dimensions*. New York: Plenum Press, pp. 271～280.

联。"[①]与自然科学心理学关注事实不同,现象学心理学坚持意义关联的观点。在卡尔森的决策研究中,被试要在居家与上学之间作出决策。这里,居家和上学对于被试的独特意义是最为核心的。

需要指出的是,由于解释学的影响,现象学心理学还重视语言的作用。语言是心理的媒介,它通过文本将心理展现出来。因此,现象学心理学尤其是解释现象学心理学将文本视作研究对象,通过文本来考察经验。我们在第四章提到,文本是书写下来的有关人的存在的纪录,它可以指所有的人类活动及其活动产物,包括经验过程、文学作品、艺术品、仪式、制度和神话等。文本具有自主性,它一旦形成,就独立于作者而存在;它也独立于研究者,解释必须在文本自身的基础上进行。文本主要分为两类:现实生活文本和回忆与文学文本。现实生活文本是指通过录音等方式纪录下来的生活中的言语表述,如经验活动过程的出声报告、治疗师与来访者的治疗纪录等;回忆与文学文本包括对个人回忆的描述以及文学作品等,如文学名著和历史情境中的某个主题等。现象学心理学由此拓展了研究领域。

五、以质化研究为研究取向

现象学心理学在研究取向上坚持质化的研究取向。如同在人文科学的主张上一样,现象学心理学最初通过继承早期人文科学路线的方法,接受了质化的研究取向。在早期人文科学路线中,意动心理学进行实验现象学的研究,狄尔泰针对自然科学路线提出理解和描述心理结构,詹姆斯进行了宗教经验的研究。现象学心理学在这些资源的影响下,反对自然科学路线的量化研究取向,对心理现象进行质化描述。随着研究的深入,现象学心理学逐渐意识到自身的研究取向。1970年,乔治在迪尤肯大学开设"质化研究:现象学方法"课程,明确提出现象学心理学的质化研究取向。现象学心理学的方法成为心理学中质化研究的重要组成部分。海因和奥斯汀指出:"作为一种质化的研究形式,它[现象学心理学]为心理学家们提供了一种研究人的现象的宝贵的、可行的方法。"[②]20世纪七八十年代,现象学心理学在心理

---

① Karlsson, G. (1993). *Psychological qualitative research from a phenomenological perspective*. Stockholm: Almqvist & Wiksell International, p. 70.

② Hein S., Austin, W. (2001). Empirical and hermeneutic approaches to phenomenological research in psychology. *Psychological Methods*, No. 1, pp. 3～17.

学的质化研究中处于主流地位。据伦尼等对PsycINFO的调查表明[①]，在20世纪70年代，心理学中的质化研究共108项，其中心理学领域的现象学心理学研究有88项；20世纪80年代，心理学中的质化研究共229项，其中心理学领域的现象学心理学研究有75项，而扎根理论和话语分析分别为21项和28项。

现象学心理学面临的情境是主流的自然科学心理学过于重视量化的研究取向。在自然科学心理学的研究中，心理被视作自然物，可以像化学成分一样加以分解，由此可以像自然科学研究方法一样加以量化。尤为突出的是，自然科学心理学过于重视量化，否认心理具有质化的结构。现象学心理学针对自然科学心理学过于量化的倾向提出批评，认为也可以进行质化的研究。乔治援引测量研究学者米歇尔(J. Michell)的话说："人的生活中存在着诸多无法定量的事物。这并不糟糕。如果无法定量，可以根据它们自身的'范畴'进行研究，这样的研究同测量一样科学。数量结构仅是诸多方法中(重要的)一种，它在全部科学中并不享有特权。"[②]现象学心理学并不反对量化的研究取向，它仅对过于重视量化的研究取向提出批评。卡茨曾对心理学过于依赖统计提出告诫："对心理学而言，统计是绝对必要的，但它将始终是一门辅助学科。"[③]在这种意义上，现象学心理学提倡在研究中结合使用质化的研究方法与量化的研究方法。

现象学心理学的质化的研究取向表现为以下几个方面。首先，它所研究的是人的实际经验。C·T·费希尔指出，质化的心理学研究考察作为人的那些方面，"也就是所经历的世界的行动和意义"[④]。这些经验具有内在的关联。在经验现象学心理学那里，经验具有本质结构，在解释现象学心理学那里，表述经验的文本是一个整体。经验不能还原为原子式的成分，并且它不适于使用实验和统计等量化的方法。其次，研究以意义为线索。前已述及，经验与世界间具有意义关联。现象学心理学的研究通过关注意义来发掘心理的内涵。与此相对，自然科学路线关注事实，事实是自然的存在，可

---

① Rennie, D. L., Watson, K. D., Monteiro, A. M. (2002). The rise of qualitative research in psychology. *Canadian Psychology*, No. 3, pp. 179～189.

② Michell, J. (1999). Measurement in psychology: critical history of a methodological concept. Cambridge: Cambridge University Press, p. xiv. Giorgi, A. (2005). The phenomenological movement and research in the human sciences. *Nursing Science Quarterly*, No. 1, 75～82.

③ Katz, D. (1952). David Katz. In: E. G. Boring, etal. (Ed.). *A History of Psychology in Autobiography*: Volume Ⅳ, New York: Russell & Russell. pp. 189～211.

④ Fischer, C. T. (2006). Introduction. In: Fischer, C. T. (2006). *Qualitative research methods for psychologists: introduction through empirical studies*. San Diego: Academic Press, p. XVI.

以划分为原子式的成分，由此可以进行量化。再次，它在分析中侧重主题的分析。现象学心理学在将经验作为整体的前提下，分析其有机的组成部分，即主题，由此发现经验的质性组成。与此相对，自然科学路线将对象划分为部分，发现各部分在数量上的具体体现。最后，它所得到的是经验的质性结构，而非经验在数量方面的表现。

现象学心理学在研究实践中，形成了四种研究方法：思辨与实验的研究方法、经验与解释的研究方法。思辨研究方法采用思辨的方式，审查心理的本质结构；实验研究方法采用实验的方式，得到心理的组织结构；经验研究方法通过对心理的描述，得到经验的本质结构；解释研究方法通过对文本的解读，生成新的意义世界。现象学心理学的四种方法均具有可行性，由此将质化的研究取向落实到具体实践中。

六、以批判性的价值负载为价值取向

价值取向问题在现象学心理学的主张中并不突出，尽管它处于非常重要的地位。现象学心理学秉持现象学“面向实事本身”的精神，致力于研究实践，较少对价值取向进行反思。当然，也有一些心理学家在反对自然科学路线中强调价值问题，我们在乌特列支学派中就明显地看到这种情形。这个学派受到舍勒的人格主义的影响，强调研究中的价值负载。但除了这个学派外，极少有现象学心理学强调研究的价值取向问题。

现象学心理学在价值取向上，反对自然科学路线的价值中立观点。在它看来，自然科学路线的价值中立主张是二元论的产物。二元论将心理与外界的物理世界隔离开来，将世界视作自然的存在，而且它将研究视作心理对外界的精确反映。与此一致，它坚持客观的事实与主观的价值之间存在鸿沟。由于心理具有主观性，它主张将心理的主观因素以及价值因素排除在外，以如实研究现象。因此，自然科学路线主张价值无涉，客观地研究对象本身。现象学心理学反对二元论，认为心理与世界之间存在直接的关联。心理并非被动地反映世界，而是参与到世界的构造中。因此，研究者是参与到研究中的，研究者本身尤其是价值在研究中体现出来。认为自然科学路线的价值中立是一种纯粹的理想。迪尤肯大学的汉纳西（M. J. Hannush）研究了传记价值观与职业价值观的关系。他收集了华生和斯金纳的个人文本，如传记等，以及专业文本，如著作等，将这些作为研究材料，进行现象学心理学经验分析，最终得出结果如表 8-1 所示：

表 8-1　华生与斯金纳的两极价值元范畴[1]

元价值领域	肯定的价值领域		否定的价值领域	
	华生	斯金纳	华生	斯金纳
自然	动物	动物		
(自然类似物)				
↕	身体	自然科学方式		
	自然科学方式	有序行为		
	性			
	男子气			
	礼节	社会礼仪	文学	文学
文化	偏见		习俗	自由
(超自然)	现状		道德	不可见之物
				道德与宗教
				惩罚
				迷信
				传统权威
实践	手的技能	控制		
(可控的)	实践性	手—技术技能		
↕		趣味性		
		实践性		
情感			情绪	情绪
(自发的)			多愁善感	
疏远(客观的)	客观性	相倚关系		
↕				
共情(人际的)	平等性	行动	人际关系	人际关系
行动的(active)	做	进步		
(行动趋向)	工作	工作伦理		
反思的				
↕				
(辩证的)			思辨	内省式反思

① Hannush, M. J. (1981). *The nature of the relationship between biographical and professional values: a challenge to the value-neutrality of the behaviorisms of J. B. Watson and B. F. Skinner*. Doctoral Dissertation of Duquesne University.

从表8-1中可以看出，华生与斯金纳的价值观呈现为两极：一极为自然—实践—疏远—行动；另一极为超自然—情感—共情—反思。在两极之间，他们都赞同动物、自然科学方式的实践性等，反对文学、道德、人际关系等。这些主题均出现在他们的个人价值观与职业价值观中。汉纳西甚至认为，该表可以视作华生和斯金纳所经历和工作的基于自然科学的生活方式的蓝皮书。因此，研究者的个人价值不可避免地参与到研究中。

现象学心理学提倡价值负载的观点，它承认研究者在研究中的地位。研究者处于世界之中，参与到研究中去，因此，价值是蕴涵在研究之中的。但现象学心理学并不反对自然科学路线的客观性主张。乔治指出，自然科学路线事实上混淆了客观性与中立性。① 在现象学心理学看来，客观性指忠于事实本身，中立性指研究者持二元论立场，将主体性排除在外。因此，现象学心理学提倡研究的客观性。与此一致，现象学心理学认为，研究应追求真理，得到现象的普遍本质。在这种意义上，现象学心理学并不与自然科学路线对立起来，强调研究者无条件地参与到研究中去。相反，它反对任意的主观性，它在忠于现象的前提下，强调研究者要避免屈从于主观的信念。例如，经验现象学心理学强调研究者悬搁先在的观点，解释现象学心理学强调研究者充分意识到先见。换句话说，现象学心理学承认研究者的地位，但反对个人的主观性。正是在这种意义上，现象学心理学在忠于实事的前提下，坚持批判性的价值负载的价值取向。

第二节　现象学心理学的主要贡献

从前述现象学心理学的历史发展、理论主张和具体实践等方面来看，现象学心理学的主要贡献在于，它加强了心理学与哲学的联系、推进了心理学面向生活、深化了人文科学路线、推动了心理学的质化研究、倡导面向实事本身的工作风格。

① Giorgi, A. (2006). Facts, values and the psychology of human person. *Indo-Pacific Journal of Phenomenology*, August, Special Edition, pp. 1～17.

一、加强了心理学与哲学的联系

现象学心理学最明显的贡献，在于加强了心理学与哲学的联系。心理学与哲学的关系是心理学发展中的一条重要线索。遗憾的是，这条线索逐渐朝分离的方向发展。心理学在独立前的漫长时期内，是哲学的附庸。19世纪后期，心理学从哲学中脱离出来，跻身于科学之林。为保持自身的独立，它最初对哲学保持着一定的距离。但随着自然科学路线的壮大，这种距离越发明显。费格尔(H. Feigl)形象地指出："随着心理学的实验技术的发展，出现了一系列长长的分居和离婚。……离婚完全为双方接受，再婚已显然毫无可能……"①

哲学带给心理学最重要的作用是对理论基础的思考。当心理学远离哲学时，它并不远离自己的理论基础。它接受一些理论观点，但在很大程度上却潜隐地进行。这就使得它自身容易出现陷入泥淖而毫无觉察的情形。梅洛—庞蒂研究专家瓦朗斯(A. de Waelhens)曾警告说："科学家此时不可能回击说：他不用本体论进行思考。相信人们不利用形而上学或打算放弃利用之，这始终暗含着一种本体论，但却是非批判的。就像'技术专家'的治理并非都利用政治学，但永远都不会缺少一种政治学，而且通常是全部政治学中最坏的一种。"②心理学排斥了哲学，在朴素的态度中难以意识到自身的理论前设。我们看到，在自然科学路线中，最核心的问题是它未加考察地接受了二元论和自然主义。

在这种历史背景下，现象学心理学在解决哲学与心理学联系方面的作用就突现出来了。在心理学的发展中，极少有学派或取向像现象学心理学这样，能够将哲学思想深入地贯彻到心理学中。现象学心理学将现象学作为理论基础，它通过现象学洞察到心理学在二元论和自然主义的缺陷，并接受了现象学所指出的道路。它秉持现象学"面向实事本身"的口号，从生活世界出发，坚持心理的意向性本质，并将现象学方法加以改造，落实到心理学中，进行了大量的研究实践，由此成为人文科学心理学的重要组成部分。这里，现象学心理学恰恰是通过落实现象学哲学，接受现象学哲学对心理学的批判性审查，意识到心理学中的前设问题，展开自己的研究的。在第七章

① Feigl, H. (1954). Philosophical embarrassments of psychology. *American Psychologist*, Vol. 14, pp. 115～128.

② 梅洛—庞蒂著，杨大春、张尧均译：《行为的结构》，商务印书馆2005年版，第12页。

我们已经看到，现象学心理学充分意识到自然科学路线的自然主义立场，并对其进行了激烈的批判，同时，它也批评人文科学路线在克服自然主义上的不足。在这种意义上，现象学心理学通过自身例证并加强了心理学与哲学间的关系：心理学能够从哲学中汲取资源，促进自身健康地发展。

二、推进了心理学面向生活

现象学心理学推进了心理学面向生活。这首先表现在它赋予生活以原本的地位，它贯彻现象学的主张，尤其是胡塞尔关于生活世界的观点。我们知道，胡塞尔区分开生活世界与科学世界，他认为科学世界建立在生活世界的基础上。现象学心理学接受了这个观点，将生活世界视作研究的根基和出发点。在现象学心理学看来，自然科学心理学在对待生活上，侧重科学世界的首要性，忽略生活经验的重要性，忽视了科学世界所基于的生活世界。与此相比，现象学心理学与生活具有更直接的关联，它赋予生活原本的地位，从而将生活提升到新的高度。

其次，在实践层面，现象学心理学开展了大量的生活研究。它以生活为研究对象，关注经验在生活中的种种体现。例如，在对知觉的研究上，构造心理学将知觉看作感觉的集合，是对外界刺激的被动反映。而米肖特则将知觉置于人的生活世界背景下，由此发现了因果知觉的启动效应和带动效应。存在现象学心理学鲜明地体现了现象学心理学对生活的考察，关注世界之中的人的现实存在，以人的各种具体的生活经验为研究对象，我们在第六章可以看到旅行、时间经验、身处异乡的生活世界等研究。而解释现象学心理学的研究则已扩展到人的生活实践的各个方面。

最后，现象学心理学在将研究结论应用到生活中，发展出自身独特的方式。现象学心理学通过研究日常生活经验，得出相关结论。与自然科学路线不同，这种结论并非从生活经验中抽象出来的普遍规律，而是一种紧贴日常生活经验的知识。在现象学心理学看来，这种知识是一般性的，它与所研究的现象相关联，甚至无法抵达普遍的层次。显然，这种知识不能像自然科学路线得出的抽象规律那样，可用作一种技术来预测和控制生活。它只能通过交流，促进人对生活以及自身的理解，并通过这种理解，推进人的生活实践。与自然科学路线相比，这种通过理解促进人的生活的方式恰恰更契合人的生活实践。

三、深化了人文科学路线

现象学心理学深化了人文科学路线，这表现在“人文”和“科学”两个方面。在“人文”方面，现象学心理学忠于心理现象以及人的真实面目。它在现象学哲学的基础上，对二元论和自然主义提出了严厉的批判，进而通过发展出的研究方法，面向真实的世界。我们在第八章看到，与现象学心理学相比，人文科学路线的其他组成部分虽然坚持人文科学立场，对自然科学路线提出批评，但未能贯彻到底。例如，格式塔心理学和人本主义心理学多针对元素论和还原论等进行批判，认为这些主张导致人和心理失去原本面目。现象学心理学却能深入问题的实质，指出元素论与还原论均是二元论和自然主义的体现。不仅如此，在现象学心理学看来，格式塔心理学、精神分析和人本主义心理学并未彻底摆脱二元论和自然主义。例如，格式塔心理学在同型论上体现出二元论的立场。弗洛伊德的精神分析通过生物性的能量来解释心理现象；存在自然主义的倾向；人本主义也存在二元论问题。现象学心理学意识到上述学派的局限，提出从生活世界出发，坚持人与世界之间直接的意义关联，能够更好地忠实于人的面目。正是在这种意义上，现象学心理学深化了心理学中的人文科学路线。

在“科学”方面，现象学心理学延续了西方对普遍性知识的追求。它与现象学一致，采取了反思的途径，认为反思更能够保持心理现象的原本面目。现象学心理学充分意识到二元论和自然主义，并将这些悬搁起来，以直面心理现象。它在实践中，发展出可行的研究方法，如思辨、实验、经验和解释的研究方法。思辨研究方法侧重对本质的审视；实验研究方法侧重操作的严格性；经验研究方法侧重可操作性；解释方法更侧重研究的灵活性。现象学心理学通过这些方法，得到了关于心理现象的知识。这种知识在保持普遍性的同时，能够贴近心理现象，反映出人的真实面貌。与现象学心理学相比，人本主义心理学等却往往存在方法上的不力，它们虽然持人文科学观，却难以得到忠实于人的面目的科学知识。现象学心理学在这方面迈出了重要的步伐，提升了人文科学路线的科学性。

通过以上两方面的努力，现象学心理学坚持一种严格的人文科学观，推进了心理学中的人文科学路线。在这种意义上，现象学心理学对乔治的如下提问做出了肯定的回答：“我们能否获得一种有关情境之中的人的知识，这种知识是系统的、方法性的、普遍的和批判的?”①

四、推动了心理学的质化研究

如果说,现象学心理学在宏观层面上深化了人文科学路线,那么,它在微观层面对心理学最明显的贡献则表现在对质化研究的推动上。这可从如下四方面来看。首先,现象学心理学指明了自然科学路线的自然主义立场,由此揭示了自然科学路线在进行量化研究时的不足,即将心理现象视作自然物,忽视了其独特的经验方面。这为质化研究在省察量化研究上指明了方向。此后的学者在批判量化研究的不足时,多针对其自然主义立场。其次,现象学心理学从生活世界出发,通过反思来关注人的生活经验,这为质化提供了坚实的理论基础。现象学心理学的生活世界观点,得到了大多数质化研究学者的赞赏,其悬搁和描述的主张也为诸多质化研究学者所接受。再次,现象学心理学发展出可行的方法,并进行了大量的实践,成为质化研究的中坚力量。在 20 世纪 80 年代前,心理学中的质化研究几乎是现象学心理学家努力的结果。此后,随着扎根理论、话语分析、叙事研究等的兴起,现象学心理学所占的比重相对降低,但它依然是质化研究的核心。相对质化研究的其他方法,现象学心理学的方法在呈现人的经验的丰富内涵方面有着独到的一面。奥斯本(J. W. Osborne)比较了现象学方法与扎根理论、民族志等其他质化研究方法,得出结论说:“在这里所讨论的方法中,现象学研究作为强调描述生活经验意义结构的人文科学方法的一个范例,或许是独一无二的。”②最后,现象学心理学有意识地融入并推进质化研究。1979 年,在《迪尤肯现象学心理学研究:卷Ⅲ》“引言”中,主编称该卷的经验描述部分“在进行质化研究的独特道路上反映出种类的一致性”③。今天,现象学心理学研究者已经在质化研究背景下引入现象学,并自觉地推动质化研究的发展。一个典型的例子是迪尤肯阵营的 C·T·费希尔。2001 年,她在就任美国心理学会第 32 分会人本主义心理学会主席时发表演讲,倡导在人本

① Giorgi, A. (2005). The phenomenological movement and research in the human sciences. *Nursing Science Quarterly*, No. 1, 75~82.

② Osborne, J. W. (2002). Some similarities and differences among phenomenological and other methods of psychological qualitative research. *Canadian Psychology*, No. 3, pp. 167~189.

③ Giorgi, A., Fischer, C., Murray, E. (1979). *Duquesne Studies in Phenomenological Psychology*: Volum Ⅲ. Pittsburgh: Duquesne University Press, p. ix.

主义心理学中开展质化研究。[1] 2006年，她主编了《写给心理学家的质化研究方法》一书，不遗余力地为推广质化研究而努力。

五、倡导面向实事本身的工作风格

现象学心理学继承了现象学哲学的工作精神，倡导面向实事本身的工作风格。我们在第五章提到，胡塞尔倡导一种工作哲学，要求直面实事本身，放弃各种命题和理论的"大纸票"，用细致的概念分析和实事描述的"小零钱"来取而代之。现象学心理学与此一致，要求研究者面对具体的现象，进行翔实的考察。它不主张建设宏大的理论，要求研究者投入到研究对象之中，从基础做起，进行扎扎实实的研究。胡塞尔曾对现象学心理学的这种工作进行了形象的描绘："除非我们变得像孩子一样，否者我们将不会进入真正的心理学的王国。我们必须寻求意识的ABC，由此成为真正的ABC初学者。这条道路朝向ABC，并由ABC向上，朝向基础语法，随之逐步朝向关于具体组织的普遍的先天知识，这是一条使真正的科学成为可能，并使世界(universe)得到理解的道路。"[2]我们在第三章看到，现象学心理学的诸多学者都践行了这条路线。例如，斯特劳斯从临床经验出发，自发地走上现象学心理学之路。他从具体现象开始，提倡直接去观察，去看现象本身，并不进行宏大的理论建设。他甚至将歌德的话用作自己的墓志铭标题："生来为观看，矢志在守望。"

现象学心理学的这种工作风格贯彻到各种理论形态中。思辨现象学心理学直接延续了胡塞尔的工作哲学精神，通过悬搁先在的假设，多次变更对象，以穷尽其可能的形式，来得到心理现象的本质。实验现象学心理学从具体的经验入手，通过精确的实验，得出细致的结论，在此基础上，缓慢积累知识。经验现象学心理学要求从具体情境中的经验出发，对参与者的材料进行详细的分析，以得出对象的本质。在解释现象学心理学那里，研究者的研究活动已经成为自身的实践过程的一部分。从现象学的研究领域看，这种情况体现得更加明显。现象学心理学的研究集中于基础性心理过程，以知觉和情绪为重点。知觉是实验现象学心理学的重点，经验现象学心理学的学者虽然多处于心理治疗领域，但却致力于心理过程的研究。可以说，现象

---

① Fischer, C. T. (2006). Humanistic psychology and qualitative research: affinity, clarifications, and invitations. *The Humanistic Psychologist*, No. 1, pp. 3～11.

② Spiegelberg, H. (1972). *Phenomenology in psychology and psychiatry: A historical introduction*. Evanston: Northwestern University Press, p. 365.

学的这种细致扎实的工作风格有力地推动了自身乃至人文科学路线的发展。

第三节　现象学心理学的主要局限

现象学心理学的主要局限在于，它缺乏综合性的理论体系，难以推广，且在发展中不平衡，对知识与社会的关联重视不够。

一、缺乏统合性的理论体系

现象学心理学缺乏统合性的理论框架，这在其哲学基础现象学那里就已经体现出来。我们在第二章看到，胡塞尔的现象学与存在主义和解释学之间存在较大的差异。胡塞尔提出现象学，通过无条件地悬搁先在的假设，对意识进行描述，以得到普遍的本质。存在主义转换视角，将人视作现实中的具体存在，通过对人在具体情境中的经验的分析来获得本质。海德格尔则否认了获得本质的可能性，他转而提出，应通过此在的理解来彰显存在的意义，解释学在此基础上，将研究对象界定为文本，通过对文本的解读来产生新的意义。将三者维系在一起的，是对“面向实事本身”原则的倡导。但即使是这个原则，在具体的理解上也存在差异。我国现象学研究者陈立胜指出：“在某种意义上，我们可以说，回到实事本身这句口号颇具讽刺意味，在不同的现象学家那里，对实事的理解竟是如此不同，我们甚至可以说回到实事本身差不多成了回到每个现象学家的理论的代名词。”①

理论基础上的差异直接导致了现象学心理学内部难以统一，这种情况又由于心理学中原有的实验现象学传统而表现得更为复杂。从现象学心理学的理论形态上看，各种形态采取了不同的具体途径来获得知识。主要盛行于哲学心理学领域的思辨现象学心理学，采用思辨的研究方式，对心理进行本质的审查；主要盛行于实验心理学领域的实验现象学心理学，采用实验

① 陈立胜著：《自我与世界——以问题为中心的现象学运动研究》，广东人民出版社 1999 年版，第 4 页。

的研究方式，来考察心理的本质结构；经验现象学心理学采用访谈等方式，强调获得心理的本质结结构；解释的现象学心理学通过对文本的理解，强调产生新的意义。不仅如此，四种形态在研究领域上存在较大的差异：思辨现象学心理学关注基础性的心理过程，实验现象学心理学主要关注知觉领域，经验现象学心理学主要关注情绪等领域，解释现象学心理学主要关注各种生活实践活动。另外，四种形态使得现象学的研究方法复杂多样。正如克莱因和韦斯科特所指出的："第一次接触现象学心理学的读者，可能为这一运动中所表现出的方法的多样性感到震惊。"[①]因此，我们难以从现象学心理学中提出更具有包容性的体系，将各种理论形态有机地整合在一起。

二、发展不平衡

与缺乏统合性的理论体系一致，现象学心理学在历史发展上不平衡，甚至出现多头并进的情形。现象学心理学在思想的雏形时期，就有胡塞尔的现象学心理学和哥廷根的实验现象学两种不同的取向。此后，在欧洲现象学心理学中，有的受到前者影响，有的受到后者影响，有的受到现象学的直接影响，还有的自发地形成现象学心理学，只是在后来才从现象学中找到共鸣之处。安斯沃思甚至指出这样的情形："我们中那些从现象学角度探讨心理学问题的人，几乎没有接受心理学的教育，这种教育包括对现象学观点的严肃考虑。因此，现象学是我们通过一段历史才得到的一个东西，在那段历史中，我们放弃了一种理论的各方面，支持另一种理论的各方面（如可能放弃假定的行为主义的机械本质，转而受到人本主义心理学的吸引），最终——出于某种原因——选择了现象一学（phenomeno-logical）取向。"[②]这就是说，一些现象学心理学家如同人本主义心理学家一样，通过反对自然主义走向了现象学心理学之路。

这种发展上的不平衡使得现象学心理学难以能取得一致的见解，同时，它还使得现象学心理学存在良莠不齐的情况。我们在第八章提到，在价值取向上，乌特列支学派持强烈的价值负载立场，他们对自然科学路线的价值中立提出了激烈的批评。而乔治认为，现象学心理学应持批判性的价值负载立场。研究者在反对与研究对象隔离开来的同时，也不能与对象产生任

① Klein P., Westcott, M. R. (1994). The changing character of phenomenological psychology. *Canadian Psychology*, No. 2, pp. 133～158.

② Ashworth, P. D. (1981). Equivocal alliances of phenomenological psychologist. *Journal of Phenomenological Psychology*, No. 1, pp. 1～31.

意的关联。研究者应反对任意的主观性，在忠于现象的前提下，批判性地与对象相关联。

发展上的不平衡还使得现象学心理学领域的界线模糊。斯皮内利观察到，存在现象学心理学甚至出现“过分扩张”的现象，他举例说，尼采(F. W. Nietzsche)对存在现象学心理学有着重要的意义，但由此并不能将尼采归入存在现象学心理学家之列。[①]

三、对知识与社会的关联重视不够

现象学心理学通过现象学延续了古希腊思想中追求普遍知识的主张。按照胡塞尔的观点，在古希腊思想中，出现了纯粹的理论态度，以理性认识整个世界而获得真理为自任，主张人可以通过认识原初的世界来揭示生活的意义，从而过上一种真实的生活。现象学心理学遵从这一主张，指引人通过追求知识来过上美好生活。自然主义的问题恰恰在没有认识到原初的世界，将世界视作遵循物理规律的自然物，视作没有意义的事实，难以揭示生活世界的面目，由此致使怀疑论盛行，进一步导致生活意义的丧失，欧洲科学乃至欧洲人出现危机。但胡塞尔没有注意到，追求真知恰恰是以人的存在为基础的。换句话说，真理必须以人的存在的自由为基础。[②] 因此，当现象学心理学致力于考察心理的本质结构，来揭示世界的原本面目时，并未对研究者的现实存在给予足够的重视。更确切地说，现象学心理学没有对研究者产生知识的过程以及知识与社会的关联进行批判性的审查。

现象学心理学的不足在面对后现代心理学思潮时突出地体现出来。后现代心理学思潮注意到心理学知识与文化和社会的关联，尤其重视考察在知识的产生和推广中，是否隐含有权力的渗透，从而影响到知识的接受者。相比而言，现象学心理学对知识的社会处境重视程度是不够的。我们看到，只是在解释现象学心理学中，开始有学者注意到这一方面的问题。我们在第六章讨论消费心理学研究时看到，安斯图斯通过对广告的现象学分析，揭示了广告的潜在意义，从而主张通过研究来对世界进行解释。但即使是解释现象学心理学也侧重利科所谓的共情取向，强调通过与文本的视域融合，产生新的意义，它不太重视与之相对的怀疑取向，来发掘文本与深层的潜意

---

① Spinelli, E. (2005). *The interpreted world: an introduction to phenomenological psychology*. London・Thousand Oaks・New Delh: Sage Publications, p. 210.

② 黄裕生著:《真理与自由——康德哲学的存在论阐释》,江苏人民出版社 2002 年版,第 2 页。

识欲望和意识形态等的关联。

四、推广难度大

现象学心理学难以推广,这是因为环境和自身两方面的因素。从环境因素看,乔治认为,现象学难以在心理学中传播开来,主要原因在于没有一个充分的学术环境。初学者找不到合适的场所接受教育。这是因为,现象学家们主要驻足于现象学哲学,对现象学在心理学等领域的推广不感兴趣;主流心理学延续自己的传统,不关注现象学问题。对于现象学心理学来说,后者尤为严重。现象学心理学在美国的生存环境并不理想。J·迈克劳德提到,迪尤肯的经验现象学心理学"多年来照看着现象学的火焰",是"处在北美经验主义者心理学的敌意环境"中的。[①] 乔治对此有深刻的体会,他认为自己一直身处美国心理学的边缘。他指出,如果一位学者采取了主流心理学之外的立场,通常会产生职业的边缘化。他将自己与弗洛伊德相比,弗洛伊德处于维也纳的文化边缘,这反而激发他开创了精神分析运动。乔治的边缘处境也同样激发他展开现象学心理学研究。但他的学生就没有这样的运气了。20 世纪 70 年代,他的两位学生在表明自己学术背景的情况下,向 100 多所大学和学院申请教职,结果是没有得到一次面试的机会。[②]

从现象学心理学自身因素来看,首先,它在培养学生上面临较大的困难。美国迄今只有少数的几所心理学院系培养现象学心理学方向的学生。乔治指出,在他从教 40 多年来教授的学生中,没有一位具有指导博士生的资格。其次,现象学心理学由于与现象学哲学的密切关联,易采用难以把握的概念和观点,也为自身发展增加了难度。乔治举例说,自己曾询问斯特劳斯追随者少的原因,斯特劳斯回答说在于现象学的难度。[③] 乔治由此表达了对现象学心理学发展的忧虑。最后,现象学心理学方法难以像自然科学路线那样易于操作。杜克斯(S. Dukes)指出,在严格操作的意义上,现象学方法论甚至不能称作方法论,它仅是一种研究视角,要求研究者要具备灵活

① Mcleod, J. (2001). *Qualitative research in counseling and psychotherapy*. London · Thousand Oaks · New Delhi: Sage Publications, p. 40.

② Giorgi, A. (2003). Lessons for the future from the margins of psychology. *Journal of Phenomenological Psychology*, No. 2, pp. 179～201.

③ Giogi, A. The origins of the Journal of Phenomenological Psychology and some difficulties in introducing phenomenology into scientific psychology. *Journal of Phenomenological Psychology*, 1998, 2.

性、独创性和持续性的自我检查。[①] 2006 年，乔治通过考察当前的六篇研究现象学心理学的博士学位论文，结果证实了杜克斯的观点：这些论文在理解与使用现象学方法上存在较多误解。[②] 所有这一切都表明，现象学心理学的发展依然任重而道远。

第四节　现象学心理学的启示

在对现象学心理学进行评价的基础上，我们再来看它所带来的启示。这主要体现在四个方面：加强观念上的批判性、关注生活、推进面向实事本身的工作风格、保持开放性。

一、加强观念上的批判性

现象学心理学在沿循现象学的道路时，也与现象学一致，处于观念和经验的张力之中。现象学心理学在面向真实的生活世界的同时，要保持知识的普遍性。伯尔顿(N. Bolton)指出，现象学方法具有一种志向，力图将经验与批判结合起来。[③] 它在经验上要求面向对象本身，在批判上要求对经验形成清晰而一致的判断。因此现象学心理学在观念上具有较强的批判性。它对自然科学路线的批评之一，就在于自然科学路线朴素地借用了自然科学的概念，没有意识到这些概念的内涵。现象学心理学虽然主要是一门经验科学，但也将本质科学层面的胡塞尔式的现象学心理学纳入其中。我们看到，思辨现象学心理学在很大程度上处于本质科学的层面，能够为现象学心理学提供本质的概念，这些概念需要在观念上进行批判性的审查，需要内涵明确，需要概念之间保持逻辑上的一致性。现象学心理学的这一特征使得

---

① Dukes, S. (1984). Phenomenological methodology in the human sciences. *Journal of Religion and Health*, No. 3, pp. 197～203.

② Giorgi, A. Difficulties encountered in the application of the phenomenological method in the social sciences, *Análise Psicológica*, 2006, 3, pp. 353～361.

③ Bolton, N. (1979). Phenomenology and education. *British Journal of Educational Studies*, No. 3, pp. 245～258.

自身在积累正确知识的基础上，能够稳健地迈步前进。

对于当前心理学来说，这一层面的工作是迫切需要的。主流的自然科学心理学路线积累了大量材料，但并未建立心理学的知识大厦；相反，各分支领域相互独立，甚至出现难以对话和交流的情形。乔治站在现象学心理学的立场上指出："原则上，只有做出了理论上的进展，一门连贯的(coherent)的心理学科学才是可能的。扎实的、有意义的思考对于以下问题是必要的：心理科学的意义是什么？它有着怎样的视界(scope)？它的一般对象是什么？它的方法是什么？在面向日常世界的现象时采取的心理学观点意味着什么？"①

此外，对于我国心理学来说，加强观念上的批判性也是必要的。兰德里奇曾指出：在当前英国心理学界，包括现象学心理学在内的质化的研究势头猛进，与此相比，美国学界中量化的研究要占据绝对的优势。② 原因在于，20世纪70年代，欧洲爆发了社会心理学的危机，欧洲学者开始对所接受的美国社会心理学进行反思，并逐渐发展出与自己本土相契合的理论与方法。在这种学术氛围下，英国心理学界中质化的方法以及现象学心理学得到快速的发展。可以看出，观念层面上的批判性有利于本土心理学的发展。

二、关注生活

现象学心理学的最大启示在于关注生活，关注人身处其中的生活样态，关注人的日常生活经验。现象学心理学沿循着现象学所指出的道路，在经验层次上对原初的世界进行考察。它接受了现象学关于生活世界的观点，将生活世界作为出发点，通过发展出可行的方法来研究人在生活情境中的种种日常经验。在这种意义上，现象学心理学揭示了生活的原初性，能够赋予生活以原本的地位，呈现出生活经验的丰富内涵。

进一步看，现象学心理学在关注生活中发展出可行的研究方法，包括思辨、实验、经验和解释的研究方法。现象学心理学通过可行的方法，得出有关生活经验本质的知识，来关注生活。如在情绪研究中，现象学心理学尤其通过经验方法，得到情绪的本质结构，来展现日常生活中情绪经验的丰富内

① Giorgi, A. (1992). Toward the articulation of psychology as a coherent discipline. In: S. Koch, D. E. Leary(Ed.). *A century of psychology as science*. Washington D. C.: American Psychological Association. p. 58.

② Langdrigde, D. (2007). *Phenomenological psychology: theory, research and method*. Harlow: Pearson Education Limited, p. 154.

涵。甚至在思维这种高级的心理过程中，现象学心理学也根置于原初的生活情境，来展现思维过程中人的具体情况。我们在第六章讨论安斯图斯的研究时看到，棋手的思维过程事实上是与情境相关联的流动的经验过程。在这种意义上，现象学心理学提醒我们，要在保证生活经验的原本面目下，以科学的研究途径来关注生活。

此外，现象学心理学还提示我们注意到自然科学路线在关注生活中的不足。现象学心理学通过生活世界的观点，揭示出两种面向生活的途径：一种是从生活世界出发，通过考察具体处境中的心理现象，得到有关的知识，来展现原初世界的意义；另一种途径是从科学世界出发，将得出的知识应用于生活。在现象学心理学看来，科学世界是对生活世界的抽象。这种途径事实上是从假设的世界出发，将得出的知识作为可行的原理和规则，套用到生活世界之上。苛费尔对此提出批评："作为心理学研究范式的物理试验，仅仅是对以下范式的托词和烟雾(smoke-screen)：一种更根本的、隐藏着的研究人和社会的技术范式。"①认知心理学在远离日常生活的实验室情境中进行研究，招致了很多批评。新近兴起的认知心理学生态取向呼吁关注生活情境中的心理现象，在一定程度上回应了现象学心理学的关注。

三、推进面向实事本身的工作风格

现象学心理学接受了现象学"面向实事本身"的主张，践行一种研究的工作风格。它致力于具体现象的研究，对脱离具体问题的理论探讨不感兴趣。从现象学心理学家们的著述来看，类似乔治《作为人文科学的心理学：一种现象学取向》理论探讨的著作是少见的，类似蒂内斯的《现象学与行为科学：一种历史与认识论的取向》侧重历史与理论分析的著作更为少见。现象学心理学家们著作较少，论文则颇为丰富，他们似乎更愿将精力用于具体的研究。我们在第六章看到，现象学心理学家在具体研究中，将研究重心置于基础性的心理过程上，对知觉、想象、记忆、思维、情绪和意志等问题进行了大量探讨。其中，知觉和情绪是研究的重点，但对知觉和情绪的研究很难找到一个统合性的理论框架将这些研究有机地聚在一起。

倪梁康先生在探讨现象学精神时，对现象学哲学家们的工作风格进行了描述，这同样适于现象学心理学家："他们都不是体系哲学家，无力也无愿

① Kvale, S. (1973). The technological paradigm of psychological research. *Journal of Phenomenological Psychology*, No. 1, pp. 143～159.

通过体系的折叠而将世界装入自己口袋之中。他们不做惊世骇俗的壮举，不以救世主自居，而是一步一步地进行踏实的'工作哲学'的基础研究，并为向前迈出的每一步都感到由衷的喜悦。"[①]从美国现象学心理学的发展看，迪尤肯阵营正是通过有效的方法，对基础心理过程进行了大量的实践，从而突破了斯尼格、迈克劳德等局限于理论层面的局限，使美国产生了真正本土意义上的现象学心理学。这对于心理学尤其是我国心理学的发展有着重要的启示意义。我国心理学尚处于对西方心理学进行本土化的阶段。在这一时期，亟需扎实而稳健的基础研究，以推进对西方心理学的吸收，促进我国心理学的健康发展。

四、保持开放性

现象学心理学对自身有着深刻的省察，它提倡思想上的开放性，但并不排斥其他的观点。这种开放性有利于自身的发展，甚至在最初的发展中就受惠于对其他心理学的开放性。我们在第二章提到，施皮格伯格在评价詹姆斯的作用时曾指出，詹姆斯的开放的心理学精神有助于创设一种氛围，使得现象学能够在美国心理学中扎下根基。

现象学心理学从它的理论即基础现象学哲学那里继承了开放性。施皮格伯格指出："确实有理由承认，并不是人类经验与行为的全部意义都是能直接理解的。现象学始终知道这一点，甚至强调这样一个事实，即我们的世界图像的中心的清晰领域被一些模糊不清的晕圈包围着。而其中有一些晕圈不仅是暂时的和偶然的，而是本质的，是建立在这种知识的结构本身之上的。"[②]正是在这种意义上，他赞同将现象学运动比喻为一棵伸展着的树，而非一条朝向共同方向的河流。现象学心理学阐发了这种开放性。德罗贝蒂斯在考察了现象学心理学之后指出，现象学是一种视角，如同其他视角一样，它并非最终的结论。[③] 达尔伯格(K. Dahlberg)和哈林甚至将开放性视作人文科学研究取向的核心原则。[④] 它不但在研究者对待他人的观点上有

① 倪梁康：《何谓现象学精神？》，见倪梁康著：《会意集》，东方出版社 2001 年版，第 265 页。

② 施皮格伯格著，王炳文、张金言译：《现象学运动》，商务印书馆 1995 年版，第 960 页。

③ DeRobertis, E. M. (1996). *Phenomenological psychology*. Lanham: University Press of America, Inc., p. 68.

④ Dahlberg, K., Halling, S. (2001). Human science research as the embodiment of openness: swimming upstream in a technological culture. *Journal of Phenomenological Psychology*, No. 1, pp. 12～21.

所体现，它甚至体现在研究者对情境乃至自身上：研究者在开放地面对情境时，能够意识到所研究的现象的隐藏部分，从而能够深化研究；在开放地面对自身时，能够深化对自身先见和人格等方面的反思，由此提升自己的研究水平。

对于当前的现象学心理学来说，保持对他人观点的开放性具有更重要的意义。我们在第四章看到，经验现象学心理学在诞生之初，为保持自身的独立，采取激进的观点，这不利于它后来与其他心理学派别的对话。在当前现象学心理学研究中，研究者必须保持自身的开放性，在与主流自然科学心理学的对话中，推动现象学心理学逐步壮大，摆脱其边缘性的不利地位。

第五节　对现象学心理学的展望

在对现象学心理学评价的基础上，我们还要对它的未来作一展望。我们在第六章讨论记忆时指出，未来并非与现在割裂的存在，相反，未来作为可能的存在前摄到现在。换句话说，未来是从当前看到的可能性。我们分两个部分进行考察：现象学心理学之“可能”，探讨现象学的可能情形；现象学心理学的“可为”，探讨现象学心理学的努力方向。

一、现象学心理学之“可能”

从当前现象学心理学所处的学术环境、自身发展状况和理论特质来看，现象学心理学的前景并不乐观，要想成为一门“显学”，还需要走过一条严峻而漫长的道路。

我们先从现象学所处的学术环境来看。1979 年，乔治等在《迪尤肯现象学心理学研究：卷Ⅲ》“导言”中做出论断：“心理学大体上似乎缓慢地朝向更接近我们的观点前进。”[1]这个判断带有一定的乐观性。1981 年，安斯沃思

---

① Giorgi, A., Knowles, R., Smith, D. L. (1979). Introduction. In A. Giorgi, R. Knowles, D. L. Smith(Ed.). *Duquesne studies in phenomenological psychology*: Volume Ⅲ. Pittsburgh: Duquesne University Press, p. x.

提出不同的观点："尽管现象学心理学有着自布伦塔诺时期以来持续发展的意义深远的历史，但它并未在心理学的主流处找到准备好了的接纳。"①安斯沃思的判断是准确的。1997年，乔治在接受美国心理学会人本主义心理学分会颁发的夏洛特与卡尔·彪勒奖时说："现象学心理学家们在今天被逼入寄生的生存境遇：他们通过宣称可接受的专长模式来获得工作——临床家、心理学史家、知觉或其他认知现象方面的专家——接下来才在私下里作为现象学家存在。这一领域的发展依然不充分，这还有什么疑问吗？"②进入21世纪以来，乔治这位"现象学心理学名副其实的国际大使"③表述了自己的边缘性："我一直公开而自由地以严肃且学术的方式，发表关于心理学领域的意见，但我恐怕没有人在听。"④由此看来，现象学心理学的前景并不容乐观。

从培养机构上看，依然可以得出类似的论断。2005年，斯皮内利指出："尽管对他们的要求抱以同情，但我不得不告诉他们，很不幸，心理学中现象学取向的研究生培养方案在今天依然相对少见。"⑤我们在第三章看到，美国只有迪尤肯大学、塞布鲁克学院、达拉斯大学、西佐治亚大学、西雅图大学和田纳西大学等几所机构涉及现象学心理学的研究和教学，而迪尤肯大学的临床心理学博士生培养方案在2001年才获得APA批准。英国仅有谢菲尔德哈拉姆大学等少数高校有现象学心理学的研究和教学。

从当前发展状况来看，现象学心理学中盛行的是经验现象学心理学，解释现象学心理学逐渐表现出较强的发展势头。我们注意到，欧洲现象学心理学尤其是实验现象学心理学已经较少进入当今现象学心理学的视野。经验与解释的现象学心理学随着当今心理学中质化研究的兴起，得到一定的传播。但我们不应过高估计这种情形。伦尼(D. L. Rennie)等调查了1900—1999年间PsycINFO数据库中的质化研究文献。⑥ 他们以EP(em-

---

① Ashworth, P. D. (1981). Equivocal alliances of phenomenological psychologist. *Journal of Phenomenological Psychology*, No. 1, pp. 1～31.

② Giorgi, A. (1998). The origins of the Journal of Phenomenological Psychology and some difficulties in introducing phenomenology. *Journal of Phenomenological Psychology*. No. 2.

③ Halling, S. (2004). Book review. *Journal of Phenomenological Psychology*; 2004, No. 1, pp. 115～120.

④ Giorgi, A. (2003). Lessons for the future from the margins of psychology. *Journal of Phenomenological Psychology*, No. 2, pp. 179～201.

⑤ Spinelli, E. (2005). *The interpreted world: an introduction to phenomenological psychology*. London · Thousand Oaks · New Delh: Sage Publications, p. 217.

⑥ Rennie, D. L., Watson, K. D., Monteiro, A. M. (2002). The rise of qualitative research in psychology, *Canadian Psychology*, No. 3, pp. 179～189.

pirical phenomenological)指代经验现象学心理学研究，以 PP(phenomenological psychology)指代其他现象学心理学研究。从他们的研究结果中可以看出，在 1990 之前，现象学心理学在质化研究中占据优势地位。1900—1969 年间，心理学中质化研究文献为 27 篇，其中 PP 为 24 篇，EP 为 2 篇；1970—1979 年间，心理学中质化研究文献为 108 篇，其中 PP 为 88 篇，EP 为 12 篇；1980—1989 年间，心理学中质化研究文献为 229 篇，其中 PP 为 75 篇，EP 为 41 篇。但到了 1990 年代，随着其他方法取向的质化研究的兴起，现象学心理学丧失了优势地位。1990—1999 年间，心理学中质化研究文献猛增到 1018 篇，但是，PP 仅为 69 篇，EP 仅为 39 篇。因此，现象学心理学并未随着质化研究取得更大的发展。

从理论特质来看，现象学心理学家提倡面向实事本身的工作风格，这使它的研究扎实而稳健，但却付出了缓慢的代价。这种风格在当今学术环境中是较为独特的。从伦尼的统计数据来看，现象学心理学研究从 1980 年以来，并未取得较大的发展，这与质化的研究取向中其他方法形成了鲜明的对照。1980—1999 年间，心理学中的扎根理论研究为 21 篇，话语分析研究为 28 篇；1990—1999 年间，心理学中的扎根理论为 178 篇，而话语分析上升到 408 篇。由此可见，现象学心理学难以在较短的时间内成为一门显学。另外，现象学心理学推广难度也较大。如前所述，现象学心理学涉及现象学哲学诸多难以把握的概念和观点，现象学心理学方法也难以操作。这也使得现象学心理学仅有较少的追随者，对现象学心理学的发展造成了困难。

在现象学心理学面临严峻现实的同时，我们也应注意到，现象学心理学在理论上具有独特的长处，能够通过严谨的研究途径来揭示人与世界的真实面貌。就这一点而言，现象学心理学在人文科学路线中具有较大的优势。在对具体问题的研究中，它的优势明显体现出来。解释现象学分析在应用心理学尤其是健康心理学领域得到了较多的应用，原因就在于它能够通过研究揭示出特定情境中人的经验的本质。现象学心理学的这种优势也吸引了一些追随者，斯皮内利指出，他在近 25 年的教学中，经常遇到学生询问到哪里可以进行现象学心理学的深造，他为此“有些自鸣得意”。这些学生以朴素的方式表达了对现象学心理学优势的认识。他们认为，与其他取向相比，现象学心理学“感觉更像心理学应该成为的样子”①。我们由此可以总结说，现象学心理学存在着未来发展的可能性，但还要走过一条漫长而严峻的

① Spinelli, E.(2005). *The interpreted world: an introduction to phenomenological psychology*. London • Thousand Oaks • New Delh: Sage Publications, p.217.

道路。

此外,需要指出的是,当前现象学心理学在英国取得了一定进展。兰德里奇和斯皮内利都以乐观的态度指出了这一点。[①] 前已述及,英国心理学界因为欧洲社会心理学的危机,对美国心理学盛行的自然科学路线进行了反思,因此倡导较为开放的心理学氛围,使得质化的研究得到较大发展,现象学心理学在社会与应用心理学领域得到较多的使用。解释现象学分析则呈现出较好的发展势头。这意味着,现象学心理学在美国以外的国家和地区也得到一定的发展。但现象学心理学依然需要保持警惕,以防止斯皮内利所谓的"过分扩张"的情形,以使自身健康地发展。在这一点上,施皮格伯格曾告诫过:"仅仅'现象学'这个词在某一著作中的出现并不就是承认其为现象学的充分理由。"[②]

二、现象学心理学之"可为"

现象学心理学如何走向未来?我们认为以下三方面的努力是非常重要的。

1. 现象学心理学应积极展开与自然科学路线心理学的对话

自心理学跻身于科学之林起,自然科学取向就一直处于主流地位。现象学心理学作为一种人文科学取向,始终处于自然科学取向的边缘化。在这种情形中,为促进自身的发展,现象学心理学需要积极与自然科学路线展开对话。从解释学的角度看,现象学心理学应从自身的视野出发,通过与自然科学路线平等的交流,来产生新的理解,在与自然科学取向共同推进心理学中,使自身得以发展壮大。

在与自然科学路线展开对话中,现象学心理学应澄清并坚持自己的理论前提与逻辑理路。我们在第一章提到,现象学心理学面临诸多的误解,澄清这些误解,对于现象学心理学的健康发展是极其关键的,尤其在当前现象学心理学仍处于发展的情境下,是需要持续进行的一项重要工作。另外,这项澄清工作也是现象学心理学与其他领域交流的契机。我们看到,当今现象学心理学最为重要的代表乔治在这方面做出了大量工作。他的大多论文

① Spinelli, E. (2005). *The interpreted world: an introduction to phenomenological psychology*. London • Thousand Oaks • New Delh: Sage Publications, p. 217. Langdrigde, D. (2007). *Phenomenological psychology: theory, research and method*. Harlow: Pearson Education Limited, p. 154.

② 施皮格伯格著,王炳文、张金言译:《现象学运动》,商务印书馆 1995 年版,第 42 页。

都是与他人的讨论，通过这些讨论澄清了自己的立场与观点。他甚至在《美国心理学家》杂志上发表短篇的“否认声明”(disclaimer)，认为他人并未真正理解自己的观点。① 进入新世纪以来，他发表了多篇论文，厘清对现象学、现象学心理学的理解和使用。2006年，他在获得美国心理学会理论与哲学心理学分会颁发的心理学杰出理论与哲学贡献奖时，发表演讲对当前各种现象学方法进行考察，指出其长处和不足。同一年，他考察了六篇博士学位论文，来讨论对现象学心理学的误解和误用。2008年，这位近耄耋之年的老人又发表《关于心理学的现象学方法本质的一个严重误解》，认为爱德华兹(D. Edwards)在论述迪尤肯阵营的现象学心理学方法时，采用了自然主义立场，由此出现严重的误解。② 我们认为，正是在这种严肃的交流与对话中，现象学心理学才拥有生命力，才能够取得稳健的发展。

现象学心理学在对话中，不应将对自然科学路线的理解停留在表面层次上。普罗克特(R. W. Proctor)和卡佩蒂(E. J. Capaldi)就此类交流提出过警告。③ 他们发现，社会建构论的代表格根(K. J. Gergen)曾说过这样的话：“经验心理学反映出一种话语、实践和政治传统，即它如其他传统一样，有同样的权力维持自身的存在。在我看来，后现代批评的论点并不在于消除传统，而是给所有传统的权力，以参与到展开的对话中。”④这表明，格根能够以多元的视角，容纳传统及各种心理学势力。但普罗克特和卡佩蒂同时发现，格根虽然在上述话中承认经验心理学的权力，即它可以使用实验，但事实上，格根本人在其他的著述中，又否认了可以通过实验得到基本的知识。这样，格根自身的观点表现出不一致，使得对话难以进行下去。这是值得现象学心理学警戒的。

我们在第三章、第六章和第七章已看到，现象学心理学在对话中能够就自然科学取向的研究进行批判性地理解，能够澄清其本来面目，阐述其长处和不足，以及与自身理论的关联。在迪尤肯阵营的历届学位论文中可以看到，关于这些论文主题的研究均建立在系统且如实地阐述前人研究的基础之上。另一个鲜明的例子是W·F·费希尔的《焦虑理论》。该书共12章，

---

① Giorgi, A. (1982). A disclaimer. *American Psychologist*, Dec, p. 1410.

② Giorgi, A. (2008). Concerning a serious misunderstanding of the essence of phenomenological method in psychology. *Journal of Phenomenological Psychology*. No. 1, pp. 33～58.

③ Proctor, R. W., Capaldi, E. J. (2006). *Why science matters: understanding the methods of psychological research*. Malden: Blackwell Publishing, p. 138.

④ Gergen, K. J. (2001). Psychological science in a postmodern context. *American Psychologist*, Vol. 56, pp. 803～813.

前八章分别论述他人的观点，包括正统的弗洛伊德观点、沙利文(H. S. Sullivan)的新弗洛伊德观点、雅克布森(E. Jacobson)的自我心理学观点、生理学观点、行为主义的学习理论观点、存在心理学观点、沙赫特尔(E. Schachtel)的观点和戈尔德斯坦(K. Goldstein)的观点。在余下的四章中，作者用两章的篇幅研究焦虑经验和焦虑的普遍描述，另两章讨论整合。在前一章的整合中，作者厘清了各种理论与现象学心理学的差异和关联，如在考察生理学观点时，作者认为这种观点采用了自然科学取向，研究处于焦虑中的他人(other-being-anxious)，将情绪视作一种事实，考察情绪与身体等因素的因果关联，忽视了人的经验和意义。作者在后一章的整合中，指出现象学心理学的焦虑观点，并与沙赫特(S. Schachter)的生理学观点等相比较。作者认为，沙赫特的观点揭示了身心关系的重要性，但由于采取二元论，将情绪体验与身体截然分开，由此将情绪视作身体的唤醒，并借助认知解释个体所知。现象学心理学的观点则从身心一元论出发，将情绪视作个体在世界之中的身心变化，它处于前反思状态。但与沙赫特观点一致的是，在个体认清这种情绪时，个体已经进行了反思，进行了认知活动。并且，尽管体验千差万别，但与沙赫特的观点一致，个体通过反思得出了普遍的结论。

在W·F·费希尔的研究中，可以看出对话中的一种趋向，即尝试提出一种框架，将现象学心理学与自然科学取向包容在内。所谓的整合正是在这种层次上进行的。在第七章，我们看到，现象学心理学与自然科学尤其是行为主义和认知心理学进行了交流。在这种交流中，梅洛—庞蒂的理论表现出较强的生命力。在当今心理学中，现象学心理学与自然科学路线的交流依然进行着，主要表现为现象学心理学与(认知)神经科学的沟通。应该说，自然科学路线通过吸收梅洛—庞蒂的思想取得了较大进展，这主要反映在法国科学家瓦雷拉(F. J. Varela, 1946—2001)的工作中。瓦雷拉提出神经现象学(neurophenomenology)，将心理视作身体与世界互动中突现的结果：心理一方面朝向经验，另一方面朝向神经系统。[①] 在具体研究中，研究者训练被试悬置前在假设，报告自身的经验，同时通过客观方法记录反应，结合二者得出结论。卢茨(A. Lutz)等人结合被试报告、行为测量和EEG记录，考察注意状态、自发的思维过程和策略决策等认知变量的变异性，弥补

① Varela, Francisco. (1996) Neurophenomenology: a methodological remedy for the hard problem. *Journal of Consciousness Studies*, June. http://members.tripod.com/enaction/id151.htm.

了此前忽略此类变量作用的不足。[①] 1999 年，埃利斯(R. D. Ellis)在《现象学心理学杂志》上撰文[②]，在瓦雷拉观点的基础上，力图进行神经科学与现象学之间的对话。这标志着瓦雷拉的工作已经进入现象学心理学的视野，这似乎预示着现象学心理学与(认知)神经科学即将展开深入的对话。

2. 现象学心理学应注重应用研究

通过考察现象学心理学的发展历史，可以看出，现象学心理学的发展与其在社会中的应用具有一定关联。当现象学心理学的重心转到美国时，思辨和实验的现象学心理学逐渐衰落，经验和解释的现象学心理学却逐渐成为现象学心理学的主要组成部分。一个重要的原因在于，前两者处于学院环境中，而后两者则处于临床环境中，表现出侧重应用的特色。就解释现象学心理学而言，解释现象学分析方法由于可用于大量具体情境，成为当前英国最流行的现象学心理学研究方法。因此，能否应用于社会，更确切地说，能否适应于社会的需求，是制约现象学心理学发展的重要因素。

这里需要注意的是，现象学心理学并不完全适应社会的需求，它对应用有着自身独特的理解。现象学心理学重视应用研究，表现在它侧重对具体情境中经验的研究。这是因为，它以生活世界为出发点，研究人所经历的生活经验。这些经验处于具体情境中。试以谢菲尔德哈拉姆大学 1988—2003 年间的九篇博士学位论文为例，研究主题分别涉及前语言时期显著聋的年轻成人的教育经验与自我觉知的发展(1988)、材料使用不足与儿童健康关怀(1988)、护理中人际关怀关系的意义(1991)、中年女性的休闲(1997)、对学习与教授统计的知觉(1998)、职业咨询中咨询师与来访者的互动(1999)、教师与学生对学生反馈的知觉和经验(2000)、俱乐部文化中女性的身体经验(2001)和学习取向(2003)等。[③] 在这些研究中，现象学心理学得出与具体情境相契合的知识，这种知识为社会所接受、所理解，由此使得现象学心理学应用到社会中去。

现象学心理学所提供的是能够为社会理解的知识，但并不是能够直接应用到社会中的技术性知识。现象学心理学不像自然科学取向那样，将研

---

① Lutz, A., Lachaux, J. P., Martinerie, J., Varela, F. J. Guiding the Study of Brain Dynamics by Using First-person Data: Synchrony Patterns Correlate with Ongoing Conscious States During a Simple Visual Task. *Proceedings of the National Academy of Sciences USA*, 2002 (17): 11543～11546.

② Ellis, R. D. (1999). Integrating neuroscience and phenomenology in the study of consciousness. *Journal of Phenomenological Psychology*, No. 1.

③ Ashworth, P. (2003). An approach to phenomenological psychology: the contingencies of the lifeworld. *Journal of Phenomenological Psychology*, No. 2, pp. 145～156.

究对象视作类似自然物的事实，由此得出因素之间的因果性关系，并将这种关系用到对社会的预测和控制中去。现象学心理学的目的并不在于控制，而是在于促进对社会的理解。从解释学的角度看，理解过程本身就是人的存在与对象打交道的过程，是人的存在的生成变化过程，进一步说，是人的实践过程。在这种意义上，现象学心理学应大力倡导对具体情境中经验的研究，来促进社会对世界的理解，推动人的实践。

3. 现象学心理学应注重推广工作

前面提到，现象学心理学在理念的把握、概念的理解以及方法的操作上都具有一定难度。在现象学心理学的未来发展中，如何使自身为更多的研究者所用，使研究成果为更多的人理解，是其面临的一件重要工作。在将研究推广到更多的研究者中，现象学心理学的教育和培训至为关键。在培养模式上，现象学心理学强调对基本理念的反思。例如，迪尤肯阵营在APA批准的临床心理学培养模式中，采用学者—实践者模式，而不是流行的科学家—实践者模式。与后者强调接受方法的科学训练相比，迪尤肯的培养模式更强调反思和对哲学假设的关注。

随着当前质化研究的兴起，现象学心理学作为一种研究方法得到越来越多的推广，其培训的重要性也日益突出。教师需要通过传授和指导，使学生掌握现象学心理学的基本原理和研究过程。在教授基本原理过程，教师可采用哲学中的范例性学习。[①] 教师应选取现象学心理学乃至现象学的经典著作或者该类著作中的重要部分，指导学生逐字逐句地阅读。教师应重视学生对基本概念和观点的切实把握，并力求通过生活中的实例逐一展现给初学者。

在教授学生掌握现象学心理学的研究过程时，教师应重视具体过程的操作和落实。现象学心理学家丘吉尔发现，他所指导的本科生论文，在阐述悬搁和本质直观等概念上较为细致，但在具体研究过程中却难以将这些环节落到实处。他因此感叹“做”远远难于“说”。[②] 丘吉尔推崇施皮格伯格的“合作式研究”(cooperative research)，即提倡研究者在一起开展研究，将自己的研究过程展现出来，由此发现彼此的长处和不足。丘吉尔将其应用于工作坊(workshop)中：教师通过引导学生参与一些反思性练习，来使其体会研究的具体过程；教师尤其可以通过案例教学，如将访谈材料的具体分析过

① 张慎：《学术之反叛与传统》，《读书》，1996年第4期。

② Churchill, S. D. (1990). Considerations for teaching a phenomenological approach to psychological research. *Journal of Phenomenological Psychology*, No. 1, pp. 46～67.

versity.

Aanstoos, C. M. (1983). A phenomenological study of thinking. In: A. Giorgi, R. Knowles, D. L. Smith. (Ed.). *Duquesne Studies in Phenomenological Psychology: Volume* Ⅳ. Pittsburgh: Duquesne University Press.

Aanstoos, C. M. (1985). Psychology as a human science. *American Psychologist*, No. Dec.

Aanstoos, C. M. (1987). A critique of the computational model of thought: the contribution of Merleau-Ponty. *Journal of Phenomenological Psychology*. No. 2.

Aanstoos, C. M. (1997). Toward a phenomenological psychology of cultural artifacts. *Journal of Phenomenological Psychology*, No. 1.

Alapack, R. J. (1971). The physiognomy of the Mueller-Lyer figure. *Journal of Phenomenological Psychology*, No. 2.

Ashworth, P. D. (1981). Equivocal alliances of phenomenological psychologist. *Jouranl of Phenomenological psychology*, No. 1.

Ashworth, P. (2003). An approach to phenomenological psychology: the contingencies of the lifeworld. *Journal of Phenomenological Psychology*, No. 2.

Ashworth, A., Ashworth, P. (2003). The lifeworld as phenomenon and as research heuristic, exemplified by a study of the lifeworld of a person suffering Alzheimer's disease. *Journal of Phenomenological Psychology*, No. 2.

Ashworth, P. D., Chung, M. C. (2006). *Phenomenology and psychological science*. New York: Springer.

Beira, M. L. (1999). *Logos, hermeneutics and psycho-analysis: philosophical foundations for a phenomenologically based human science research approach to psychological phenomena*. Doctoral Dissertation of Duquesne University.

Berndtsson, I. et al. (2007). Issues about thinking phenomenologically while doing phenomenologically. *Journal of Phenomenological Psychology*, No. 2.

Beshai, J. A. (1975). Is psychology a hermeneutic science? *Journal of Phenomenological Psychology*. No. 1.

程展现给学生。

丘吉尔还提出了教学中常见的三种问题。第一个问题是学生发现了普遍结构，但却难以将其展开。例如，学生发现“欲望”经验涉及具身化、期待、时间性和空间性，但学生却无法将这些维度具体展开，如无法说出“欲望”在时间性上的具体情况。这里的问题在于，学生将时间性等视作研究中所“看”的内容，而没有视作“看”的方式。教师要引导学生通过这些方式来看到“欲望”的具体情况。第二个问题是学生面临收集来的大量材料，只得出列表式的结果，无法把握到其中的本质结构，出现“只见树木不见森林”的情况。丘吉尔认为，在这种情况下，学生已经开始在反思，不过他们所得出的总结仅是反思的最初阶段。第三个问题是学生只看到他们所寻求的东西，出现“自我实现的寓言”的情况。这里的问题在于学生未能搁置自己的信念和前设。在一些学生当中，出现自我欺骗的情况。有趣的是，一些学生的研究主题与自身的同一性有关。如一位学生的题目为“作为必要的闲逛场所的酒吧”，研究“酒吧环境中个体对自我的寻求”。这位学生本人常去酒吧，他对别人有关酒吧的非议感到非常不满。这项研究的问题在于，学生力图将闲逛视作一种本真的自我实现，由此通过论文来得到自己蓄意已久的答案。教师需要小心对待这类问题。教师在教学之初就应提醒学生，其研究可能涉及到自我欺骗的情况。教师谨慎地通过反馈，使学生意识到自身的问题，由此使学生对自己的反思得到进一步的提升。

现象学心理学的另一项重要工作，在于如何面向学界乃至大众进行普及。现象学研究者经常遇到别人说“听不懂”的尴尬情形。我国台湾地区学者宋文里曾描述过台湾两位研究现象学心理学的学者蔡铮云和余德慧的遭遇：哲学界有学者称蔡铮云“讲授的东西，不知道在讲什么”；心理学和相关的学者称“余德慧有太多自言自语的新语言，太难懂”。① 但宋文里的结论是：从乔治开始，是很容易理解现象学心理学的。这里的原因是多方面的，除了受众采用了自然主义的立场外，对学界的普及也是重要的因素。这一点已引起现象学心理学家们的注意。迪尤肯阵营的哈林曾提出，应从以下五方面入手，开展普及工作②：强调现象学研究对理解经验的价值，通过网络等途径，使现象学心理学为更多人所知；呈现关于研究过程的真相，使得读者在阅读文献过程中能够分享研究者的经验；创造性地使用语言和例子，使

① 宋文里：《难懂的现象学？》，《应用心理研究》，2006 年第 30 期，第 9～10 页。

② Halling, S. (2002). Making phenomenology accessible to a wider audience. *Journal of Phenomenological Psychology*, No. 1, pp. 19～38.

得研究更为读者接受;考虑到面向不同的受众,可以以不同的形式写研究报告;参与到与其他写作者的对话中,加强现象学心理学与其他领域的联系。

我们引用奥地利诗人里尔克(R. M. Rilke)的话,作为本书的结束语。现象学心理学家贾格尔曾解读这位诗人的作品,揭示出他与现象学心理学的深刻关联。贾格尔指出,里尔克的诗歌超越了自然主义的视野,展现了人所栖居的世界。[1] 我们认为,里尔克的话回应了现象学心理学对真实世界的探索:"我们必须和花,葡萄叶,果实一道去做。"[2]

如何去"做"呢?里尔克在讨论法国雕塑家罗丹(A. Rodin)的工作时作出精妙的阐述:

"一门手艺的产生,仿佛是一个不朽的人的手艺,它是这样的宽广,这样的无始无终,这样的要求不断学习。而哪里会有这种手艺所特有的耐心呢?

它就在这位劳动者的爱好里,它从这种爱好出发不断地进行自我更新。他是一个爱好者,没有什么能够抗拒他,这大概就是这位大师的秘密。他的要求是那么长久、热烈和持续不断,一切的物都会听命于他,包括天然的物和一切时代的神秘的物,在这些物里,人为的东西渴望成为自然。他并不停留在那些容易引起赞赏的物的水平上。他希望全部彻底地学会赞赏。他接过那些沉重而默默无言的物,拥有它们,而它们则以自己的重负越来越使他陷入自己的手艺里。在它们的重压之下,他一定会弄明白,艺术——物完全像一件兵器或者一架天平一样,并不取决于某种外表的形象,并借此发挥'作用',而是更多地取决于把它'做好'。

这种'做好',这种以最纯洁的良智所从事的劳动,就是一切。仿造一个物,意味着仔细对待每一个局部,什么都不隐瞒,什么都不忽略,任何地方都不作弊;熟悉所有上百个侧面,熟悉从上面看到的每一个点,从下面看到的每一个点,熟悉每一个交叉点,这样才能产生一个物,产生一座四周与隐隐约约的大陆相隔绝的岛屿。"[3]

① Jager, B. (2003). Rilke's "Archaic Torso of Apollo". *Journal of Phenomenological Psychology*, No. 1, pp. 79~98.

② 里尔克著,臧棣编:《里尔克诗选》,中国文学出版社 1999 年版,第 209 页。

③ 里尔克著,张黎译:《艺术家画像》,花城出版社 1999 年版,第 168~169 页。

参考文献

中文文献

波林著，高觉敷译：《实验心理学史》，商务印书馆 1981 年版。

布伦南著，郭本禹等译：《心理学的历史与体系》，安徽人民出版社 2008 年版。

蔡铮云、龚卓军：《现象学心理学》，《应用心理研究》，2006 年第 29 期。

蔡铮云：《现象学心理学的理论与应用(第二部分)：实证与诠释两种应用模式系谱上的对照》，《应用心理研究》，2006 年第 29 期。

陈立胜著：《自我与世界——以问题为中心的现象学运动研究》，广东人民出版社 1999 年版。

崔光辉：《高级对象的意向性把握——麦农的形质心理学思想研究》，南京师范大学硕士学位论文，2005 年。

崔光辉：《现象学心理学视界中的情绪》，《南京师范大学学报》(社会科学版)，2008 年第 2 期。

崔光辉、郭本禹：《从内知觉到相即知觉——胡塞尔对意动心理学方法论的推进》，《自然辩证法通讯》，2007 年第 6 期。

崔光辉、郭本禹：《论经验现象学心理学》，《华东师范大学学报》(教育科学版)，2008 年第 2 期。

崔光辉：《走向真实的世界——现象学心理学研究》，南京师范大学博士学位论文，2008 年。

德布尔著，李河译：《胡塞尔思想的发展》，三联书店 1995 年版。

高峰强编译，刘恩久校：《美国现象学心理学的几点贡献》，《心理学探新》,1989 年第 3 期。

高觉敷著:《高觉敷心理学文选》,江苏教育出版社 1986 年版。

高觉敷主编:《西方心理学史论》,安徽教育出版社 1995 年版。

高淑清:《在美华人留学生太太的生活世界:诠释与反思》,《本土心理学研究》,2001 年 12 月。

古德温著,郭本禹等译:《现代心理学史》,中国人民大学出版社 2008 年版。

管健:《现象学心理学述评》,《国外社会科学》,2001 年第 3 期。

郭本禹:《布伦塔诺的意动心理学述评》,《心理学报》,1998 年第 1 期。

郭本禹:《重评斯顿夫的机能心理学》,《南京师范大学学报》(社会科学版),2002 年第 4 期。

郭本禹:《意大利格式塔心理学源流考》,《南京师范大学学报》(社会科学版),2005 年第 6 期。

郭本禹:《精神分析运动的发展逻辑》,《南京师范大学学报》(社会科学版),2006 年第 5 期。

郭本禹编,高觉敷著:《高觉敷心理学文选》,人民教育出版社 2006 年版。

郭本禹主编:《西方心理学史》,人民卫生出版社 2007 年版。

郭本禹主编:《现代西方心理学史》,中国人民大学出版社 2008 年版。

郭本禹、崔光辉:《现象学心理学的两种研究取向初探》,《南京师范大学学报》(社会科学版),2004 年第 6 期。

郭本禹、崔光辉:《意向性:从布伦塔诺到麦农》,《华东师范大学学报》(教育科学版),2006 年第 4 期。

郭本禹、崔光辉:《实验现象学源流考》,《教育研究与实验》,2007 年第 4 期。

郭本禹、崔光辉:《论解释现象学心理学》,《心理研究》,2008 年第 1 期。

郭永玉、陶宏斌:《现代西方心理学的实证主义与现象学方法论之比较》,《华中师范大学学报》(人文社会科学版),1999 年第 6 期。

海德格尔著,陈嘉映、王庆节译,熊伟校:《存在与时间》,三联书店 1988 年版。

何佳讯:《消费者研究:存在主义现象学方法论与应用》,《心理科学进展》,2006 年第 5 期。

赫根汗著,郭本禹等译:《心理学史导论》,华东师范大学出版社 2004 年版。

胡塞尔著,黑尔德编,倪梁康译:《现象学方法》,上海译文出版社 1994 年版。

胡塞尔著,倪梁康译:《逻辑研究》,上海译文出版社 1994、1998、1999 年版.

胡塞尔著,李幼蒸译:《纯粹现象学通论》,商务印书馆 1996 年版。

胡塞尔著,倪梁康选编:《胡塞尔选集》,上海三联书店 1997 年版。

胡塞尔著,倪梁康译:《哲学作为严格的科学》,商务印书馆 1999 年版。

胡塞尔著,兰德格雷贝编,邓晓芒、张廷国译:《经验与判断》,三联书店 1999 年版。

胡塞尔著,杨富斌译:《内在时间意识现象学》,华夏出版社 2000 年版。

胡塞尔著,王炳文译:《欧洲科学的危机与超越论的现象学》,商务印书馆 2005 年版。

黄裕生著:《时间与永恒——论海德格尔哲学中的时间问题》,社会科学文献出版社 2002 年版。

黄裕生著:《真理与自由——康德哲学的存在论阐释》,江苏人民出版社 2002 年版。

霍瑟萨尔著,郭本禹等译:《心理学史》,人民邮电出版社 2008 年版。

考夫卡著,黎炜译:《格式塔心理学原理》,浙江教育出版社 1997 年版。

迦达默尔著,洪汉鼎译:《真理与方法》,上海译文出版社 1999 年版。

靳希平、吴增定著:《十九世纪德国非主流哲学——现象学前史札记》,北京大学出版社 2004 年版。

科克利曼斯著,郭蔚萱译:《胡塞尔现象学的心理学——历史批判的研究》,幼狮文化事业公司 1983 年版。

雷伯著,李伯黍等译:《心理学词典》,上海译文出版社 1996 年版。

黎黑著,刘恩久等译:《心理学史——心理学思想的主要趋势》,上海译文出版社 1990 年版。

李维纶:《本土心理学必须超越“心理实体论”》,《本土心理学研究》,1995 年第 4 期。

李维纶、莫少依:《生活世界取向的心理衡鉴:一种本土化的可能性》,《本土心理学研究》,2005 年第 24 期。

李维纶:《论婴儿的微笑》,《应用心理研究》,2006 年第 29 期。

利科著,陶远华等译:《解释学与人文科学》,河北人民出版社 1987 年版。

刘恩久:《狄尔泰的社会科学心理学思想》,见《哲学史与科学史研究文集》,1985 年。

罗洛·梅著,方红、郭本禹译:《存在之发现》,中国人民大学出版社 2008 年版。

罗洛·梅著,郭本禹、方红译:《人的自我寻求》,中国人民大学出版社 2008 年版。

罗洛·梅著,杨韶刚译:《创造的勇气》,中国人民大学出版社 2008 年版。

梅洛—庞蒂著,杨大春、张尧均译:《行为的结构》,商务印书馆 2005 年版。

梅洛—庞蒂著,姜志辉译:《知觉现象学》,商务印书馆 2005 年版。

倪梁康著:《现象学及其效应》,三联书店 1994 年版。

倪梁康主编:《面对实事本身——现象学经典文选》,东方出版社 2000 年版。

倪梁康著:《会意集》,东方出版社 2001 年版。

倪梁康著:《胡塞尔现象学概念通释》,三联书店 2007 年版。

普凡德尔著,张廷国译:《〈意愿现象学〉引论》,见倪梁康主编:《面对实事本身》,东方出版社 2000 年版。

萨特著,陈宣良等译,杜小真校:《存在与虚无》,三联书店 1987 年版。

萨特著,潘培庆、汤永宽、魏金声等译:《萨特哲学论文集》,安徽文艺出版社 1998 年版。

萨特著,刘国英译:《现象学的一个基本概念:意向性》,见倪梁康主编:《面对实事本身——现象学经典文选》,东方出版社 2000 年版。

舍勒著,刘小枫编校,罗悌伦等译:《资本主义的未来》,三联书店、牛津大学出版社 1997 年版。

施皮格伯格著,王炳文、张金言译:《现象学运动》,商务印书馆 1995 年版。

宋文里:《难懂的现象学?》,《应用心理研究》,2006 年第 30 期。

孙周兴著:《我们时代的思想姿态》,东方出版社 2001 年版。

孙周兴:《本质与实存——西方形而上学的实存哲学路线》,《中国社会科学》,2004 年第 6 期。

史密斯著,郭本禹等译:《当代心理学体系》,陕西师范大学出版社 2005 年版。

苏醒:《萨特的现象学心理学的"意象"理论》,首都师范大学硕士学位论文,2006 年。

涂成林著:《现象学的使命——从胡塞尔、海德格尔到萨特》,广东人民出版社 1998 年版。

汪子嵩著:《亚里士多德·理性·自由》,河北大学出版社 2003 年版。

伍麟:《意识自然化的终结——论美国的现象学心理学的基本精神》,吉林大学博士学位论文,2002 年。

伍麟:《“生活世界”中的心理学》,《南京师范大学学报》(社会科学版),2003 年第 2 期。

伍麟:《20 世纪的美国的现象学心理学简评》,《心理科学》,2004 年第 1 期。

伍麟:《心理学的“自然主义”情结》,《南京师范大学学报》(社会科学版),2004 年第 4 期。

伍麟:《西方心理学中的两种人文取向——关于人本主义心理学和现象学心理学的辨析》,《西北师范大学学报》(社会科学版),2005 年第 2 期。

伍麟:《胡塞尔的心理学情怀——现象学心理学思想对西方主流心理学的价值》,《吉林大学社会科学学报》,2005 年第 5 期。

伍麟,郭增花:《心理学的人文取向——20 世纪美国的现象学心理学的历史和理论主张》,《西北师范大学学报》(社会科学版),2003 年第 6 期。

谢地坤著:《走向精神科学之路——狄尔泰哲学思想研究》,江苏人民出版社 2003 年版。

修巧艳:《试论斯塔茨的心理学整合观——兼谈心理学的分裂与统一问题》,南京师范大学博士学位论文,2006 年。

徐辉富:《教育研究的现象学视角》,华东师范大学博士学位论文,2006 年。

严平著:《走向解释学的真理——伽达默尔哲学述评》,东方出版社 1998 年版。

杨韶刚著:《存在心理学》,南京师范大学出版社 2000 年版。

杨鑫辉主编:《心理学通史》(5 卷),山东教育出版社 2000 年版。

叶浩生主编:《西方心理学的历史与体系》,人民教育出版社 1998 年版。

叶浩生:《西方心理学中两种文化的分裂及其整合》,《心理学报》,1999 年第 3 期。

叶秀山著:《叶秀山文集》(哲学卷·下),重庆出版社 2000 年版。

尤娜、杨广学著:《象征与叙事——现象学心理治疗》,山东人民出版社 2006 年版。

尤娜:《现象学—诠释学心理治疗的综合研究》,南京师范大学博士学位论文,2007 年。

游淙祺:《现象学心理学与超验现象学:从胡塞尔的脉络来看》,《应用心理研究》,2006 年第 29 期。

瓦伊尼、金著,郭本禹等译:《心理学史:观念与背景》,世界图书出版公司 2008 年版。

余德慧等:《伦理疗愈作为建构临床心理学本土化的起点》,《本土心理学研究》,2004 年第 22 期。

余慧元:《一种"纯粹"的经验如何可能?——胡塞尔现象学经验问题的扩展研究》,浙江大学博士学位论文,2004 年。

詹姆斯著,田平译:《心理学原理》,中国城市出版社 2003 年版。

扎哈维著,李忠伟译:《胡塞尔现象学》,上海世纪出版集团 2007 年版。

张庆熊著:《熊十力的新唯识论与胡塞尔的现象学》,上海人民出版社 1995 年版。

张述祖等审校:《西方心理学家文选》,人民教育出版社 1983 年版。

张廷国著:《重建经验世界:胡塞尔晚期思想研究》,华中科技大学出版社 2003 年版。

张祥龙著:《朝向事情本身:现象学导论七讲》,团结出版社 2003 年版。

张尧均著:《隐喻的身体——梅洛—庞蒂的身体现象学研究》,浙江大学博士学位论文,2004 年。

赵敦华著:《西方哲学简史》,北京大学出版社 2001 年版。

赵敦华著:《现代西方哲学新编》,北京大学出版社 2001 年版。

张惠君:《实证心理学与超验哲学之间:胡塞尔现象学心理学研究》,东吴大学硕士学位论文,2007 年。

张慎:《学术之反叛与传统》,《读书》,1996 年第 4 期。

张旺山著:《狄尔泰》,东大图书公司 1986 年版。

英文文献

Aanstoos, C. M. (1983). A phenomenological study of thinking as it is exemplified during chess playing, Doctoral Dissertation of Duquesne Uni-

Blasio, L. D. (1992). *Rogers' concept of the fully functioning person: an adequate portrayal of human freedom?* Masteral Thesis of University of Ottawa.

Bolton, N. (1979). Phenomenology and education. *British Journal of Educational Studies*, No. 3.

Breakwell, G. M. et al. (2006). *Research methods in Psychology*. London · Thousand Oaks · New Delhi: Sage Publication.

Brennan, J. F. (2003). *History and systems of psychology*. New Jersey: Pearson Education.

Brentano, B. (1973). *Psychology from an Empirical Standpoint*. New York: Routledge & Kegan Paul.

Brocki, J. M. & Wearden A. J. (2006). A critical evaluation of the use of interpretative phenomenological analysis(IPA) in health psychology. *Psychology and Health*, No. 1.

Bryant, M. A. (1990). *D. J. van Lennep, the Four Picture Test, and female-male differences*. Doctoral Dissertation of The University of Tennessee.

Bucklew, J. (1955). The subjective tradition in phenomenological psychology. *Philosophy of Science*, No. 4.

Buytendijk, F. J. J. (1957). The meaning of pain. *Philosophy Today*, No. 3.

Buytendijk, F. J. J. (1987). Husserl's phenomenology and its significance for contemporary psychology. In: J. J. Kochelmans (Ed.). *Phenomenological psychology: the Dutch school*. The Hague: Martinus Nijhoff.

Buytendijk, F. J. J. (1987). The Phenomenological approach to the problem of feelings and emotions. In: J. J. Kockelmans(Ed.). *Phenomenological Psychology: the Dutch School*. The Hague: Martinus Nijhoff.

Calabro, R. J. (2002). *Goethe's phenomenology of nature and Husserl's transcendental phenomenology*. Doctoral Dissertation of Columbia University.

Camic, P. M., Rhodes, J. E. and Yardley, L. (2003). *Qualitative research in psychology: expanding perspectives in methodology and design*. *Washington* D. C.: American Psychological Association.

Carson, L. (1990). *An introduction to Giorgi's phenomenological ap-*

proach to psychology and an application of this approach to investigate the cultural context in which the symbol, Tao, is experienced in the Chinese and U. S. occidental cultures. Doctoral Dissertation of California Institute of Integral Studies.

Casey, E. S. (1976). Comparative phenomenology of mental activity: memory, hallucination, and fantasy contrasted with imagination. *Research in Phenomenology*, No. 6.

Casey, E. S. (1977). Imagining and remembering. *Review of Metaphysics*, No. Dec.

Chessick, R. D. (1999). The phenomenology of Erwin Straus and the epistemology of psychoanalysis. *American Journal of Psychotherapy*, No. 1.

Churchill, S. D. (1990). Considerations for teaching a phenomenological approach to psychological research. *Journal of Phenomenological Psychology*, No. 1.

Churchill, S. D. (2000). Phenomenological Psychology. In: A. E. Kazdin(Ed.). *Encyclopedia of Psychology*. New York: Oxford University Press.

Cloonan, T. F. (1995). The early history of phenomenological psychological research in America. *Journal of Phenomenological Psychology*, No. 1.

Cloonan, T. F. (2006). Clarifications with respect to phenomenology and psychololgy. *American Psychologist*, Vol. 61.

Colaizzi, P. F. (1978). Learning and existence. In: R. Valle, M. King (Ed.). *Existential-phenomenological alternatives for psychology*. New York: Oxford University Press.

Colaizzi, P. F. (1978). *The descriptive methods and the types of subject-matter of a phenomenologically based psychology: exemplified by the phenomenon of learning*. Doctoral Dissertation of Duquesne University.

Cole, J. A. (1985). *A conceptual analysis of Adrian van Kaam's foundational theory of personality*. Doctoral Dissertation of Biola University.

Cornish, K. A. (2001). *Phenomenology of spiritual experience*. Doctor Dissertation of The University of Tennessee.

Coufal, D. (1997). *Being impatient: an existential phenomenological study*. Doctoral dissertation of Duquesne University.

Dahlberg, K., Halling, S. (2001). Human science research as the embodiment of openness: swimming upstream in a technological culture. *Journal of Phenomenological Psychology*, No. 1.

Danto, D. (2004). *From philosophy to practice: A hermeneutic analysis of existential-phenomenological psychotherapy*. Doctoral Dissertation of Duquesne University.

Day, M. D. (2002). *Home in the western culture: a culture-hermeneutic study*. Doctoral Dissertation of Duquesne University.

Deegan, P. E. (1981). An empirical phenomenological study of failing to learn. *Journal of Phenomenological Psychology*, No. 2.

Deforest, C. A. (2007). *The bloody truth: a psychological and cultural study of menstruation as lived and experienced by women*. Doctoral Dissertation of Duquesne University.

Dehue, T. (1995). *Changing the rules: psychology in the Netherlands 1900—1985*. Cambridge: Cambridge University Press.

DeRobertis, E. M. (1996). *Phenomenological psychology*. Lanham: University Press of America, Inc.

Dubose, J. T. (2004). *Mourning, evil and grace: a hermeneutical-phenomenological approach*. Doctoral Dissertation of Duquesne University.

Dukes, S. (1984). Phenomenological methodology in the human sciences. *Journal of Religion and Health*, No. 3.

Eatough, V., Smith, J. (2006). "I was like a wild wild person": understanding feelings of anger using interpretative phenomenological analysis. *British Journal of Psychology*, Vol. 97.

Edie, J. M. (1987). *William James and phenomenology*. Bloomington and Indianapolis: Indiana University Press.

Egan, L. J. (1980). *The experience of the subject and the experimenter in the experimental situation*. Doctoral Dissertation of Duquesne University.

Embree, L. (2003). Aron Gurwitsch's cultural-scientific phenomenological psychology. *Husserl Studies*, Vol. 19.

Eng, E. (1976). Locating Erwin Straus. *Journal of Phenomenologi-*

cal Psychology, No. 2.

Feigl, H. (1954). Philosophical embarrassments of psychology. *American Psychologist*, Vol. 14.

Fischer, C. T. (1974). Phenomenological, Existential, and Humanistic Psychologies: A Historical Survey (Book Review). *Journal of Phenomenological Psychology*.

Fischer, C. T. (1980). Phenomenology and psychological assessment: re-presentational description. *Journal of Phenomenological Psychology*, No. 2.

Fischer, C. T. (1989). Personality and assessment, In R. Valle, S. Halling(Ed.). *Existential-phenomenological perspectives in psychology: exploring the breadth of human experience*. New York: Plenum Press.

Fischer, C. T. (2000). Collaborative, individualized assessment. *Journal of Personality Assessment*, No. 1.

Fischer, C. T. et al. (2001). Empirical phenomenological research in psychotherapy: Duquesne dissertations. *Psychologische Beiträge*, No. 3.

Fischer, C. T. (2006). Humanistic psychology and qualitative research: affinity, clarifications, and invitations. *The Humanistic Psychologist*, No. 1.

Fischer, C. T. (2006). Qualitative psychological research and individualized/collaborative psychological assessment: implications of their similarities for promoting a life-world orientation. *The Humanistic Psychologist*, No. 4.

Fischer, C. T. (2006). *Qualitative research methods for psychologists: introduction through empirical studies*. San Diego: Academic Press.

Fischer, W. F. (1988). *Theories of anxiety*. Washington, D. C.: University Press of America.

Fischer, W. F. (1989). An empirical-phenomenological investigation of being-anxious: an example of the phenomenological approach to emotion. In: R. Valle, S. Halling(Ed.). *Existential-phenomenological perspectives in psychology: exploring the breadth of human experience*. New York: Plenum Press.

Fouché, F. (1984). Is the phenomenological reduction of use to the human scientist? *Journal of Phenomenological Psychology*, No. 2.

Frankel, C. A. (1985). The phenomenology of being angry: an empirical study approached from the perspectives of self and other. Doctoral dissertation of Duquesne Universtiy.

Fuller, A. R. (1990). *Insight into value: an exploration of the premises of a phenomenological psychology*. New York: State University of New York Press.

Gaffron, M. (1956). Some new dimensions in the phenomenal analysis of visual experience. *Journal of Personality*, Vol. 24.

Garza, G. (2006). Clarifications with respect to psychology and phenomenology. *American Psychologist*, Vol. 61.

Giorgi, A. (1969). Psychology: a human science. *Social Research*, No. Autumn.

Giorgi, A. (1970). Psychology as a human science: *A phenomenological approach*. New York: Harper & Row.

Giorgi, A. (1974). The meta-psychology of Merleau-Ponty as a possible basis for unity in psychology. *Journal of Phenomenological Psychology*, No. 2.

Giorgi, A. (1982). A disclaimer. *American Psychologist*, No. Dec.

Giorgi, A. (1983). Concerning the possibility of phenomenological psychological research. *Journal of Phenomenological Psychology*, No. 2.

Giorgi, A. (1986). A phenomenological analysis of descriptions of conceptions of learning obtained from a phenomenographic perspective. *Publications from the Department of Education*, Göteborg university, 18. http://www.ped.gu.se/biorn/phgraph/misc/constr/giorgi.html.

Giorgi, A. (1987). Phenomenology and the research tradition in the psychology of the imagination. In: E. L. Murry(Ed.). *Imagination and Phenomenological Psychology*. Pittsburgh: Duquesne University Press.

Giorgi, A. (1989). Learning and memory from the perspective of phenomenological psychology. In: R. Valle, S. Halling (Ed.). *Existential-phenomenological perspectives in psychology: exploring the breadth of human experience*. New York: Plenum Press.

Giorgi, A. (1989). Self-presentation. In: E. F. Kaelin and C. O. Schrag(Ed.). *American phenomenology: origins and development* (Analecta Husserliana, vol 26). Dordrecht: Kluwer Academic Publishers.

Giorgi, A. (1992). Toward the articulation of psychology as a coherent discipline. In: S. Koch, D. E. Leary(Ed.). *A century of psychology as science*. Washington D. C.: American Psychological Association.

Giorgi, A. (1992). Description versus interpretation: competing alternative strategies for qualitative research. *Journal of Phenomenological Psychology*, No. 2.

Giorgi, A. (1997). The theory, practice and evaluation of the phenomeomenological method as a qualitative research procedure. *Journal of Phenomenological Psychology*, No. 2.

Giorgi, A. (1998). The origins of the Journal of Phenomenological Psychology and some difficulties in introducing phenomenology. *Journal of Phenomenological Psychology*. No. 2.

Giorgi, A. (2000). Psychology as a human science revisited. *Journal of Humanistic Psychology*, No. 3.

Giorgi, A. (2003). Lessons for the future from the margins of psychology. *Journal of Phenomenological Psychology*, No. 2.

Giorgi, A. (2005). The phenomenological movement and research in the human sciences. *Nursing Science Quarterly*.

Giorgi, A. (2006). Facts, values and the psychology of human person. *Indo-Pacific Journal of Phenomenology*, No. August, Special Edition.

Giorgi, A. (2006). Difficulties encountered in the application of the phenomenological method in the social sciences. *Análise Psicológica*, No. 3.

Giorgi, A. (2006). Concerning variations in the application of phenomenological method. *The Humanistic Psychologist*, No. 4.

Giorgi, A. (2008). Concerning a serious misunderstanding of the essence of the phenomenological method in psychology. *Journal of Phenomenological Psychology*, No. 1.

Giorgi, A., Giorgi, B. M. (2003). The descriptive phenomenological psychological method. In: P. M. Camic, J. E. Rhodes and L. Yardley

(Ed.). *Qualitative research in psychology: expanding perspectives in methodology and design*. Washington D. C.: American Psychological Association.

Giorgi, A., Giorgi, B. M. (2008). Phenomenology. In: Smith, J. A. (Ed.). *Qualitative psychology: A practical guide to research methods*. Los Angeles · London · New Delhl · Singapore: Sage Publications.

Giorgi, A., Fischer, C., Murray, E. (1979). *Duquesne Studies in Phenomenological Psychology*: Volum Ⅲ. Pittsburgh: Duquesne University Press.

Giorgi, A., Knowles, R., Smith, D. L. (1983). *Duquesne Studies in Phenomenological Psychology*: Volume Ⅳ, Pittsburgh: Duquesne University Press.

Giorgi, B. (2005). Reflections on therapeutic practice guided by a Husserlian perspective. *Journal of Phenomenological Psychology*, No. 2.

Graumann, C. F. (1975). Meaning vs. Gestalt. *Research in Phenomenology*, No. 5.

Graumann, C. F. (1971). Conflicting and convergent trends in psychological theory. *Journal of Phenomenological Psychology*, No. 2.

Grene, M. (1967). Straus's phenomenological psychology. *Review of Metaphysics*, No. 1.

Halling, S. (1979). Eugene O'Neill's understanding of forgiveness. In: A. Giorgi, C. Fischer, and E. Murray (Ed.). *Duquesne Studies in Phenomenological Psychology*: Volume Ⅲ. Pittsburgh: Duquesne University Press.

Halling, S. (1993). "Entering the Circle: Hermeneutic Investigation in Psychology", by Martin J. Packer and Richard B. Addison (Editors) (book review). *Journal of Phenomenological Psychology*, No. 2.

Halling, S. (1995). A brief history of existential-phenomenological psychiatry and Psychotherapy. *Journal of Phenomenological Psychology*, No. 1.

Halling, S. (2002). Making phenomenology accessible to a wilder audience. *Journal of Phenomenological Psychology*, No. 1.

Halling, S. (2004). Book review. *Journal of Phenomenological Psy-

chology; 2004, No. 1.

Hannush, M. J. (1981). *The nature of the relationship between biographical and professional values: a challenge to the value-neutrality of the behaviorisms of J. B. Watson and B. F. Skinner*. Doctoral Dissertation of Duquesne University.

Hauser, D. W. (1982). *Delevoping phenomenological psychology: the argument of Edmund Husserl's 1925 phenomenological psychology lectures*. Doctoral Dissertation of Duquesne University.

Hughey, D. R. (1991). *A phenomenological-psychological study of the experience of Chronic Fatigue Syndrome*. Doctoral Dissertation of Saybrook Institute.

Hezewijk, R. V., Stam, H. J. and Panhuysen, G. (2001). *Existential questions: no, one or two Utrecht schools?* Paper presented at the 20th Conference of the European Society for the History of the Human Sciences, Amsterdam.

Hill, J. R. (1993). *A comparative analysis of three approaches for doing scientific research in psychology*. Doctoral Dissertation of Southern Illinois University at Carbondale.

Holroyd, Carl(2001). Phenomenological research method, design and procedure: a phenomenological investigation of the phenomenon of being-in-community as experienced by two individuals who have participated in a Community Building Workshop. *Indo-Pacific Journal of Phenomenology*, Vol. 1.

Hoshino, F. H. (1985). *Phenomenological method: a comparison of Husserl and Girogi*. Doctoral Dissertation of California School of Professional Psychology.

Husserl, E. (1977). *Phenomenological psychology*. The Hague: Martinus Nijhoff.

Husserl, E. (1994). *Phenomenological psychology: The Amsterdam lecutures*. http://www. stanford. edu/dept/relstud/faculty/sheehan. bak/EHtrans/z-amster. pdf.

James, J. L. (2002). *Introduction to Husserl's transcendental phenomenological psychology*. Doctoral Dissertation of Saybrook Graduate

School and Research Center.

Hein, S., Austin, W. (2001). Empirical and hermeneutic approaches to phenomenological research in psychology. *Psychological Methods*, No. 1.

Herzog, M. (1995). William James and the development of phenomenological psychology in Europe. *History of the Human Sciences*, No. 8.

Homans, P. (1975). Psychology and hermeneutics: an exploration of basic issues and resources. *The Journal of Religion*, No. 3.

Jager, B. (1997). Concerning the festive and the mundane. *Journal of Phenomenological Psychology*, No. 2.

Jager, B. (1998). Human subjectivity and the law of the threshold: phenomenological and humanistic perspectives. In: R. Valle(Ed.). *Phenomenological inquiry in psychology: existential and transpersonal dimensions*. New York: Plenum Press.

Jager, B. (2001). Introduction. *Journal of Phenomenological Psychology*, No. 2.

Jennings, J. (1986). Husserl revisited: the forgotten relation between psychology and phenomenology. *American Psychologist*, Vol. 41.

Karlsson, G. (1992). The grounding of psychological research in a phenomenological epistemology. *Theory & Psychology*, No. 4.

Karlsson, G. (1993). *Psychological qualitative research from a phenomenological perspective*. Stockholm: Almqvist & Wiksell International.

Katz, D. (1952). David Katz. In: E. G. Boring, et al. (Ed.). *A History of Psychology in Autobiography*: Volume Ⅳ. New York: Russell & Russell.

Kendler, H. H. (2005). Psychology and phenomenology: a clarification. *American Psychologist*, No. 4.

Klein, P. (1990). *The methodology of Husserlian vs. contemporary phenomenological psychology: a historico-critical study*. Masteral Thesis of York University.

Klein P., Westcott, M. R. (1994). The changing character of phenomenological psychology. *Canadian Psychology*, No. 2.

Kockelmans, J. J. (1971). Phenomenological psychology in the United

States: a critical analysis of the actual situation. *Journal of Phenomenological Psychology*, No. 2.

Kochelmans, J. J. (1987). *Phenomenological psychology: the Dutch school*. The Hague: Martinus Nijhoff.

Kruger, D. (1983). Psychotherapy research and existential-phenomenological psychology: an exploration. In: A. Giorgi, R. Knowles, D. L. Smith(Ed.). *Duquesne Studies in Phenomenological Psychology*: Volume Ⅳ. Pittsburgh: Duquesne University Press.

Kruger, D. (2001). A short history of phenomenological psychology in South Africa. *Indo-Pacific Journal of Phenomenology*, Vol. 1.

Kugelmann, R. (2003). Health in the light of critical health psychology. *Psicología desde el Caribe*, No. 11.

Kvale, S. (1973). The technological paradigm of psychological research. *Journal of Phenomenological Psychology*, No. 2.

Kvale, S. (1983). The qualitative research interview: a phenomenological and a hermeneutical mode of understanding. *Journal of Phenomenological Psychology*, No. 2.

Langdrigde, D. (2007). *Phenomenological psychology: theory, research and method*. Harlow: Pearson Education Limited.

Leigh, D. S. (1974). *Recent developments of phenomenological psychology in the United States and their implications for empirical inquiry*. Masteral Theses of West Michigan University.

Linschoten, H. (1968). *On the way toward a Phenomenological psychology*. Pittsburgh: Duquesne University Press.

Linschoten, H. (1987). On falling asleep. In: J. J. Kockelmans (Ed.). *Phenomenological Psychology: the Dutch School*. The Hague: Martinus Nijhoff.

Linschoten, H. (1979). The inevitability of phenomenology. In A. Giorgi, R. Knowles, D. L. Smith (Ed.). *Duquesne Studies in Phenomenlogy*: Volume Ⅲ. Pittsburgh: Duquesne University Press.

Luccio, R. (2003). The emergence of pr ägnanz: Gatetano Kanizsa's legacies. *Axiomathes*, Vol. 13.

Lyons, J. (1963). *Psychology and the measure of man: A phenome-*

nological approach. London: The Free Press of Glencoe.

Macleod, R. B. (1969). *William James: unfinished business*. Washington, D. C.: American Psychological Association Inc.

MacLeod, R. B. (1968). Phenomenology. In D. L. Sills (Ed.). *International Encyclopedia of the Social Sciences*. London: The Macmillan Company & The Free Press, Vol. 12.

MacLeod, R. B. (1954). The Phenomenological Approach to Social Psychology. *Psychological Review*, No. 1.

Mahmood, N. M. (1987). *An understanding of the meaning of being in stress: a study of the phenomenon of stress of Malaysian administrators in a job related situation*. Masteral Thesis of Duquesne University.

Matherne L. M. (1969). *Dimensions of remembering*. Masteral Thesis of Duquesne University.

McCall, R. J. (1983). Phenomenological psychology: an introduction with a glossary of some key Heideggerian terms. Wisconsin: The University of Wisconsin Press.

McConville, M. (1978). The phenomenological approach to perception. In: R. Valle, M. King (Ed.). *Existential-phenomenological alternatives for psychology*. New York: Oxford University Press.

McDonald, L. D. (2002). *The dynamics of denial: a hermeneutic-phenomenological exploration of sexual offenders' coming to terms with their offenses*. Doctoral Dissertation of Duquesne University.

Mcleod, J. (2001). *Qualitative research in counseling and psychotherapy*. London · Thousand Oaks · New Delhi: Sage Publications.

Mitchell, R. M. (1975). *An existential-phenomenological study of the structure of addiction with alcohol as revealed through the significant life-historical drinking situations or alcohol related situations of one self-confined alcohol male*. Doctoral Dissertation of Duquesne University.

Michotte, A. (1963). *The Perception of Causality*. New York: Basic Books, Inc., Publishers.

Michotte, A. (1952). Albert Michotte van den berck, In E. G. Boring, et al. (Ed.). *A History of Psychology in Autobiography*: Volume Ⅳ. New York: Russell & Russell.

Michotte, A. (1991). The perception of the "tool effect". In: G. Thinès, A. Costall, G. Butterworth(Ed.). *Michotte's experimental phenomenology of perception*. New Jersey: Lawrence Erlabaum Associates, Inc.

Mintz, N. (1959). Concerning Goethe's approach to the theory of color. *Journal of Individual Psychology*, No. 1.

Misiak, H., Sexton, V. S. (1973). *Phenomenological, existential and humanistic psychology*. New York: Grune & Stratton.

Morley, J. (2005). Introduction: phenomenology of imagination. *Phenomenology and the Cognitive Sciences*, No. 4.

Moustgaard, I. K. (1975). Phenomenological descriptions after the manner of Edgar Rubin. *Journal of Phenomenological Psychology*, No. 2.

Mruk, C. J. (1989). Phenomenological psychology and the computer revolution: friend, foe, or opportunity? *Journal of Phenomenological Psychology*, No. 1.

Münch, D. (2001). The relation of Husserl's Logical Investigations to descriptive psychology and cognitive science, in F. Stjernfelt, D. Zahavi (Ed.). 100 *years of phenomenology. Logical Investigations revisited*. Dordrecht: Kluwer Academic Publishers, http://www.tu-berlin.de/fb1/kogwiss/LI_Cogsci.htm.

Murray, E. L. (1973). Phenomenology in Psychology and Psychiatry (book review). *Journal of Phenomenological Psychology*, No. 2.

Murry, E. L. (1987). *Imagination and Phenomenological Psychology*. Pittsburgh: Duquesne University Press.

O'Neill P. (2002). Tectonic change: The qualitative paradigm in psychology. *Canadian Psychology*, No. 3.

Osborne, J. W. (2002). Some similarities and differences among phenomenological and other methods of psychological qualitative research. *Canadian Psychology*, No. 3.

Ostrow, J. M. (1994). "Insight into Value: An Exploration of the Premises of a Phenomenological Psychology", by Andrew R. Fuller (book review). *Philosophy of the Social Sciences*, No. 1.

Packer, M. J. (1992). Hermeneutic inquiry in the study of human conduct. In: R. B. Miller. (Ed). *The restoration of dialogue: readings in the philosophy of clinical psychology*. Washington D. C.: American Psychological Association.

Perrott, L. A. (1974). *Research on research: a human science investigation*. Doctoral Dissertation of Duquesne University.

Perrott, L. A. (1979). Lived aspects of natural scientific method. In: A. Giorgi, C. Fischer, and E. Murray (Ed.). *Duquesne Studies in Phenomenological Psychology*: Volume Ⅲ. Pittsburgh: Duquesne University Press.

Pfänder, A. (1967). *Phenomenology of willing and motivation*. Evanston: Northwestern University Press.

Pietrzak, D. M. (1981). *The role of Agostino Gemelli in the evolution of psychology in Italy*. Doctoral Dissertation of Fordham University.

Polizzi, D. (2003). *The experience of antiblack racism: a phenomenological hermeneutic of The Autobiography of Malcolm X*. Doctoral Dissertation of Duquesne University.

Pollio, H. R. et al. (1997). *The phenomenology of everyday life*. Cambridge: Cambridge University Press.

Pollio, H. R. Ursiak, M. J. (2006). A thematic analysis of written accounts: thinking about thought. In: C. T Fischer(Ed.). *Qualitative research methods for psychologists: introduction through empirical studies*. San Diego: Academic Press.

Ponterotto. J. G. (2002). Qualitative research methods: The fifth force in psychology. *The Counseling Psychologist*, 3.

Rennie, D. L., Watson, K. D., Monteiro, A. M. (2002). The rise of qualitative research in psychology. *Canadian Psychology*, No. 3.

Romanyshyn, R. D. (1977). Phenomenology and the reading of behavior. *Journal of Phenomenological Psychology*, No. 2.

Sartre, J-P. (1972). *The psychology of imagination*. London: Methuen & CO LTD.

Scanlon, J. (2001). Is it or isn't it? Phenomenology as descriptive psychology in the Logical Investigations, *Journal of Phenomenological Psy-*

chology, No. 1.

Schneider, K. J. et al. (2001). *The Handbook of Humanistic Psychology*. London · Thousand Oaks · New Delhi: Sage Publications.

Schweitzer, R. (1996). A phenomenological study of dream interpretation among the Xhosa-speaking perple in rural South Africa. *Journal of Phenomenological Psychology*, No. 1.

Smith, D. L. (1976). "A Primer in Phenomenological Psychology" by Ernest Keen (book review). *Journal of Phenomenological Psychology*, No. 1.

Smith, D. L. (1979). Phenomenological psychotherapy: a why and how. In: A. Giorgi, C. Fischer, and E. Murray(Ed.). *Duquesne Studies in Phenomenological Psychology*: Volume Ⅲ. Pittsburgh: Duquesne University Press.

Smith, D. L. (1983). The history of the graduate program via existential-phenomenological psychology at Duquesne University. In: A. Giorgi, R. Knowles, D. L. Smith(Ed.). *Duquesne Studies in Phenomenological Psychology*: Volume Ⅳ. Pittsburgh: Duquesne University Press.

Smith, J. A. (2004). Reflecting on interpretative phenomenological analysis and its contribution to qualitative research in psychology. *Qualitative Research in Psychology*, No. 1.

Smith, J. A. (2008). *Qualitative psychology: A practical guide to research methods*. Los Angeles · London · New Delhl · Singapore: Sage Publications.

Smith, J. A., Eatough, V. (2006). Interpretative phenomenological analysis. In: G. M. Breakwell, et al. (Ed.). *Research methods in Psychology*. London · Thousand Oaks · New Delhi: Sage Publication.

Smith, N. L. (2002). *A phenomenological study of the experience of travel*. Doctoral Dissertation of Tennessee.

Snyder, D. (1988). Comment on Jennings. *American Psychologist*, Vol. 43.

Snygg, D. (1941). The need for a phenomenological system of psychology. *Psychological Review*, Vol. 48.

Sonneman, U. (1954). *Existence and therapy: an introduction to phenomenological psychology and existential analysis*. New York: Grune & Stratton.

Sørensen, J. B. (2005). The Alien-Hand Experiment. *Phenomenology and Cognitive Science*, No. 4.

Spiegelberg, H. (1972). *Phenomenology in psychology and psychiatry: a historical introduction*. Evanston: Northwestern University Press.

Spinelli, E. (2005). *The interpreted world: an introduction to phenomenological psychology*. London · Thousand Oaks · New Delh: Sage Publications.

Strasser, S. (1957). Phenomenological trends in European psychology. *Philosophy and Phenomenological Research*, No. 1.

Straus, E. W. (1963). *The primary world of senses: a vindication of sensory experience*. London: The Free Press of Glencoe.

Straus, E. W. (1980). *Phenomenological psycholgy*. New York: Garland Publishing Inc.

Struijker-Boudier, H. (1988). Letters between F. J. J. Buytendijk and Erwin W. Strauss. *Journal of Phenomenological Psychology*, No. 1.

Thines, G. (1970). The Phenomenological Approach in Comparative Psychology. *Journal of Phenomenological Psychology*, No. 2.

Thines, G. (1977). *Phenomenology and the Science of Behavior*. London: George Allen & Unwin.

Thinès, G., Costall, A., Butterworth G. (1991). *Michotte's experimental phenomenology of perception*. New Jersy: Lawrence Erlabaum Associates, Inc.

Thompson, C. L., Locander, W. B., Pollio, H. R. (1989). Putting consumer experience back into consumer research: the philosophy and method of existential-phenomenology. *Journal of Consumer Research*, No. 2.

Titelman, P. (1979). Some implications of Ricoeur's conception of Hermeneutics for phenomenology. In: A. Giorgi, C. Fischer, E. Murray (Ed.). *Duquesne Studies in Phenomenological Psychology*: Volume Ⅲ. Pittsburgh: Duquesne University Press.

Topper, C. J. (1983). *Carl Rogers and philosophical phenomenolo-*

gy. Doctoral Dissertation of The George Washington University.

Tougas, C. T. (1993). Sketch for a phenomenology of dreaming. *Journal of Phenomenological Psychology*, No. 2.

Valle, R., King M. (1978). *Existential-phenomenological alternatives for psychology*. New York: Oxford University Press.

Valle, R., Halling, S. (1989). *Existential-phenomenological perspectives in psychology: exploring the breadth of human experience*. New York: Plenum Press.

Valle, R. (1998). *Phenomenological inquiry in psychology: existential and transpersonal dimensions*. New York: Plenum Press.

van den Berg, J. H. (1980). Phenomenology and psychotherapy. *Journal of Phenomenological Psychology*, No. 2.

van der Veer, R. (2000). Tamara Dembo's European years: working with Lewin and Buytendijk. *Journal of the History of the Behavioral Sciences*, No. 2.

van Kaam, A. L. (1958). Assumptions in Psychology. *Journal of Individual Psychology*, No. 1.

van Kaam, A. (1959). Phenomenal analysis: exemplified by a study of the experience of "really feeling understood". *Journal of Individual Psychology*, No. 1.

van Lennep, D. J. (1987). The psychology of driving a car. In: J. J. Kockelmans(Ed.). *Phenomenological Psychology: the Dutch School*. The Hague: Martinus Nijhoff.

van Lennep, D. J. (1987). The hotel room. In: J. J. Kockelmans (Ed.). *Phenomenological Psychology: the Dutch School*. The Hague: Martinus Nijhoff.

Vicario, G. (1993). On experimental phenomenology. in S. C. Masin (Ed.). *Foundations of Perceptual Theory*. Elsevier Science Publishers B. V.

von Eckartsberg, R. (1972). Experiential psychology: A descriptive protocol and a reflection. *Journal of Phenomenological Psychology*, 1.

von Eckartsberg, R. (1979). The Eco-Psychology of Personal Culture Building: an existential- hermeneutic approach. In: A. Giorgi, C. Fischer, and E. Murray (ed.). *Duquesne Studies in Phenomenological Psychology*

VolⅢ. Pittsburgh: Duquesne University Press.

von Eckartsberg, R. (1983). Existential-phenomenology, validity and the trans-personal ground of psychological theorizing. A. Giorgi, R. Knowles, D. L. Smith(ed.). *Duquesne Studies in Phenomenological Psychology* vol Ⅳ. Pittsburgh: Duquesne University Press.

von Eckartsberg, R. (1989). The social psychology of person perception and the experience of valued relationships. In: R. Valle, S. Halling (Ed.). *Existential-phenomenological perspectives in psychology: exploring the breadth of human experience*. New York: Plenum Press.

von Eckartsberg, R. (1998). Introducing existential-phenomenological psychology. In: R. Valle(ed.). *Phenomenological inquiry in pyshcology: exitential and transpersonal dimensions*. New York: Plenum Press.

von Eckartsberg, R. (1998). Existential-phenomenological research. R. Valle(ed.). *Phenomenological inquiry in pyshcology: exitential and transpersonal dimensions*. New York: Plenum Press.

von Eckartsberg, R. (2005). How will I proceed? —What is my method? *The Humanisitc Psychologist*, No. 4.

von Eckartsberg, R., Valle, R. S. (1981). Heideggerian thinking and the eastern mind, In: R. S. Valle and R. von Eckartsberg(Ed.). Metaphors of consciousness. New York: Plenum Press.

Wagemans, J., van Lier, R., Scholl, B. J. (2006). Introduction to Michotte's heritage in perception and cognition research. *Acta Psychologica*, Vol. 123.

Wertz, F. J. (1983). From everyday to psychological description: analyzing the moments of a qualitative data analysis. *Journal of Phenomenological Psychology*, No. 2.

Wertz, F. J. (1987). Cognitive Psychology and the understanding of perception. *Journal of Phenomenological Psychology*, No. 2.

Wertz, F. J. (1993). The phenomenology of Sigmund Freud. *Journal of Phenomenological Psychology*, No. 2.

Wertz, F. J. (1993). On psychoanalysis and academic psychology. *American Psychologist*, No. 5.

Wertz, F. J. (1995). Editorial introduction. *Journal of Phenomeno-*

logical Psychology, No. 1.

Wertz, F. J. (1997). Toward a phenomenological consumer psychology: an empirical investigation of buying. *Journal of Phenomenological Psychology*, No. 2.

Wertz, F. (2005). Phenomenological research methods for counseling psychology. *Journal of Counseling Psychology*, No. 2.

Young, P. T. (1924). The Phenomenological point of view. *Psychological Review*, Vol. 31.

Zaner, R. M. (1967). Criticism of "Methodological Differences Between Behaviorism and Phenomenology in Psychology". *Psychological Review*, No. 4.

Zaner, R. M. (2004). The discipline of the "Norm": a critical appreciation of Erwin Straus. *Human Studies*, Vol. 27.

Zimmer, A. (1998). On agents and objects: some remarks on Brentanian perception. In: R. Poli (Ed.). *The Brentano puzzle*. Aldershot: Ashgate Publishing Ltd.

后　记

本书是在我的博士学位论文《走向真实的世界——现象学心理学研究》基础上修改而成的，也是我在现象学心理学领域的初步探索。

我的思维是缓慢的。1998 年，我在烟台读大学，借到高觉敷先生主编的《西方心理学的新发展》，从“绪论”中首次看到“现象学”。记得杨广学教授当时对我说，这里面大有学问。2002 年，我在南京读硕士，开始接触到“现象学心理学”，导师郭本禹教授告诉我，现象学心理学“博大精深”。郭老师随即将米西亚克和塞克斯顿的书给我，同时建议我以胡塞尔的师兄麦农的形质心理学思想为硕士论文选题，由此为进入现象学心理学做好准备。2005 年，我在郭老师的指导下，攻读博士学位。经杨建平先生介绍，我得以向方向红教授请教现象学，并旁听了他的“胡塞尔《逻辑研究》‘第六研究’通读”课程，在现象学方面有了“入门”的感受。但在把握现象学以及现象学心理学上，依然有着很长的路要走，本书便是在这条路上的一个初步总结。

博士学位论文的写作中，有着诸多“惊心动魄”的感受。一方面是由于在对历史梳理中，看到许多的人和事，另一方面更是由于现象学心理学的具体研究始终牵动着自己的内心。在后一种意义上，博士学位论文写作的过程，也是自我反思和自我发现的过程。论文完成后，我依然沉浸于其中，不能走出来。直到稍近的一段时间，我才觉得自己扩大了视野，逐渐看到胡塞尔之后的时空。

在学习之余，我也感受到，现象学在告诉我们“面向实事”时，其实也隐含着尊重“实事”的伦理原则。换一个角度看，或许我们所面向的“实事”，使得我们的“面向”成为可能。由此联想到我们自身的存在，事实上，我们并未充分反思到，他人在很大程度上为我们提供了活在这个世界的可能性。在这种意义上，我对使得世界形成的一切充满感激之情。

感谢我的导师郭本禹教授。在宁六年，从学术、工作到生活各个方面，他都给我无私的指导和帮助。如果没有他，便不会有现在乃至将来的一切。我从他那里，深深感到传统意义上师傅带徒弟所付出的一切。他以自己的心血，开出一片园地，并在那里浇灌着学生的成长。我迄今发表的每一个铅字，都有着他仔细改动的痕迹。从最初蹒跚学步似的写作，到现在稍稍顺畅的状态，我自觉走过了漫长的路途。但在回首时，我才能够感受到，这漫长路途的背后，导师所付出的心力。我有时甚至猜想，在默默等待一个人的缓慢成长时，究竟是怎样的情形。谨将这本小书献给他。

谭顶良教授、傅宏教授、汪凤炎教授和邓铸副教授在论文开题时均给予许多点拨。许燕教授、郭永玉教授、桑标教授、谭顶良教授和傅宏教授在论文答辩时均提出许多修改意见。杨韶刚教授在学术和生活上给予很多指导和帮助。南师大教科院的诸位老师给我许多的关怀。河南大学的许波副教授先后从香港、天津和开封等地为我复印了大量资料，依然还记得 2006 年在武夷山开会期间，从他那里拿到蒂内斯著作时的激动。在此向他们致以衷心的感谢。

我的同门任其平、姜飞月、王志琳、郗浩丽、赵芳、林万贵、高剑婷、马晓东、纪海英、修巧艳、王云强、吕英军、方红、徐萍萍、王艳萍、蔡智勇、司群英、王健、孙平等，在学术、工作和生活等方面给予我许多帮助。他们形成了一个温馨的团队，能够容纳着师门中的每一个人。尤其是任其平老师，我们一起度过了漫长的论文写作阶段。在此向他们表示深深的谢意。

山东教育出版社的李广军老师对书稿进行了细致的审阅，提出了许多宝贵意见，在此致以特别的感谢。

我的家人默默地为我负起生活的重担，在此向他们说一声“谢谢”。

最后需要说明的是，由于水平有限，敬请各位专家学者不吝指教。

崔光辉

2008 年 8 月 10 日